소방시설관리사
2차 실기 이론 + 예상문제
점검실무행정

북스케치

학습문의 및 정오표 안내

저희 북스케치는 오류 없는 책을 만들기 위해 노력하고 있으나, 미처 발견하지 못한 잘못된 내용이 있을 수 있습니다. 학습하시다 문의 사항이 생기실 경우, 북스케치 이메일(booksk@booksk.co.kr)로 교재 이름, 페이지, 문의 내용 등을 보내주시면 확인 후 성실히 답변 드리도록 하겠습니다.

또한, 출간 후 발견되는 정오 사항은 북스케치 홈페이지(www.booksk.co.kr)의 도서정오표 게시판에 신속히 게재하도록 하겠습니다.

좋은 콘텐츠와 유용한 정보를 전하는 '간직하고 싶은 수험서'를 만들기 위해 늘 노력하겠습니다.

소방시설관리사
2차 실기 이론+예상문제
점검실무행정

초판발행	2025년 03월 30일
편저자	김종상
펴낸곳	북스케치
출판등록	제2022-000047호
주소	경기도 파주시 광인사길 193, 2층
전화	070-4821-5514
팩스	0303-0955-3012
학습문의	booksk@booksk.co.kr
홈페이지	www.booksk.co.kr
ISBN	979-11-94041-35-1

이 책은 저작권법의 보호를 받습니다.
수록된 내용은 무단으로 복제, 인용, 사용할 수 없습니다.
Copyright©booksk, 2025 Printed in Korea

머리말

본 교재는 소방시설관리사시험의 최신 트렌드에 맞추어 기초이론 및 응용력 향상에 중점을 두고 구성되었으며, 단순한 문제풀이 위주의 내용이 아닌 변형된 문제가 출제되더라도 쉽게 풀 수 있도록 서술되어 있어 탄탄한 기초 실력을 키워줄 것입니다.

또한 이 교재는 스터디채널 소방시설관리사 강의 교재로서의 전문성과 착실한 기초 이론의 정립으로 소방시설관리사 합격의 나침반이 될 것입니다.

본서의 특징
1. 본 교재와 더불어 동영상 강의와 연계하면 기초실력 향상에 도움이 됩니다.
2. 스터디채널 홈페이지에서 소방시설관리사 유료강의에서 다양한 자료 및 기출문제를 제공합니다.
3. 최근 출제문제에 대한 다각도의 접근으로 쉽게 문제를 풀 수 있는 응용력을 키워 줄 것입니다.
4. 교재만으로 해결이 어려운 부분은 스터디채널 강의 게시판을 통해 문의 답변을 제공합니다.

부족하지만 심혈을 기울여 쓴 본 교재가 수험생 여러분의 합격에 일조할 수 있는 수험서가 되기를 간절히 바라며, 다시 한 번 합격의 영광을 위해 불철주야 공부에 매진하고 있는 수험생 여러분께 가슴으로부터 우러나오는 격려와 애정을 표현하면서 수험생 여러분의 합격을 진심으로 기원합니다.

마지막으로 이 책의 출판과 강의를 위해 많은 도움을 주신 북스케치와 스터디채널 직원 분들에게 진심으로 감사드립니다.

소방시설관리사 **김종상**

시험 GUIDE

- 자 격 증 : **소방시설관리사**
- 영 문 명 : **Fire Facilities Manager**
- 관련부서 : 소방청
- 시행기관 : 한국산업인력공단
- 응시자격

  1. 아래 각호에 어느 하나에 해당하는 자
  1) 소방기술사 · 위험물기능장 · 건축사 · 건축기계설비기술사 · 건축사 · 전기설비기술사 또는 공조냉동기계기술사
  2) 소방설비기사 자격을 취득한 후 2년 이상 소방청장이 정하여 고시하는 소방에 관한 실무 경력(이해 "소방실무경력"이라 함)이 있는 자
  3) 소방설비산업기사 자격을 취득한 후 3년 이상 소방실무경력이 있는 자
  4) 「국가과학기술 경쟁력 강화를 위한 이공계지원 특별법」 제2조 제1호에 따른 이공계(이하 "이공계"라 한다) 분야를 전공한 사람으로서 다음 각 목의 어느 하나에 해당하는 사람
     가. 이공계 분야의 박사학위를 취득한 사람
     나. 이공계 분야의 석사학위를 취득한 후 2년 이상 소방실무경력이 있는 사람
     다. 이공계 분야의 학사학위를 취득한 후 3년 이상 소방실무경력이 있는 사람
  5) 소방안전공학(소방방재공학, 안전공학을 포함)분야를 전공한 후 다음 각 목의 어느 하나에 해당하는 사람
     가. 해당 분야의 석사학위 이상을 취득한 사람
     나. 2년 이상 소방실무경력이 있는 사람
  6) 위험물산업기사 또는 위험물기능사 자격을 취득한 후 3년 이상 소방실무경력이 있는 자
  7) 소방공무원으로 5년 이상 근무한 경력이 있는 자
  8) 소방안전 관련 학과의 학사학위를 취득한 후 3년이상 소방실무경력이 있는 사람
  9) 산업안전기사 자격을 취득한 후 3년 이상 소방실무경력이 있는 자
  10) 다음 각목의 어느 하나에 해당하는 사람
     가. 특급 소방안전관리대상물의 소방안전관리자로 2년이상 근무한 실무경력이 있는 사람
     나. 1급 소방안전관리대상물의 소방안전관리자로 3년이상 근무한 실무경력이 있는 사람
     다. 2급 소방안전관리대상물의 소방안전관리자로 5년이상 근무한 실무경력이 있는 사람
     라. 3급 소방안전관리대상물의 소방안전관리자로 7년이상 근무한 실무경력이 있는 사람
     마. 10년 이상 소방실무경력이 있는 사람

시험 GUIDE

※ 응시자격 경력 산정 서류심사 기준일은 원서접수 마감일임
※ 부정행위자로 처분을 받은 자에 대해서는 그 처분이 있는 날로부터 2년간 응시제한

2. 결격사유

1. 피성년후견인
2. 「소방시설 설치 및 관리에 관한 법률」, 「화재의 예방 및 안전관리에 관한 법률」, 「소방기본법」, 「소방시설공사업법」 또는 「위험물안전관리법」에 따른 금고 이상의 형의 선고를 받고 그 집행이 종료(집행이 종료된 것으로 보는 경우를 포함한다)되거나 집행이 면제된 날부터 2년이 지나지 아니한 사람
3. 「소방시설 설치 및 관리에 관한 법률」, 「화재의 예방 및 안전관리에 관한 법률」, 「소방기본법」, 「소방시설공사업법」 또는 「위험물안전관리법」에 따른 금고 이상의 형의 집행유예의 선고를 받고 그 유예기간중에 있는 사람
4. 자격이 취소된 날부터 2년이 지나지 아니한 사람

- 시험과목 및 방법

구 분	교시	시험과목	시험시간	문항수	시험방법
제1차 시험	1	1. 소방안전관리론(연소 및 소화 · 화재예방관리 · 건축물 소방 안전기준 · 인원수용 및 피난계획에 관한 부분에 한함) 및 연소속도 · 구획화재 · 연소생성물 · 연기의 생성 및 이동에 관한 부분에 한함. 2. 소방수리학 · 약제화학 및 소방전기(소방관련 전기공사 재료 및 전기제어에 관한 부분에 한함) 3. 소방관련법령(「소방기본법」, 동법 시행령 및 동법시행규칙, 「소방시설공사업법」, 동법 시행령 및 동법시행규칙, 「화재의 예방 및 안전관리에 관한 법률」, 동법 시행령 및 동법시행규칙, 「소방시설 설치 및 관리에 관한 법률」, 동법 시행령 및 동법 시행규칙, 「다중이용업소의 안전관리에 관한 특별법」, 동법 시행령 및 동법 시행규칙) 4. 위험물의 성상 및 시설기준 5. 소방시설의 구조원리(고장진단 및 정비를 포함)	09:30 ~ 11:35(125분)	과목별 25문항 (총 125문항)	객관식 4지 택일형
제2차 시험	1	소방시설의 점검실무 행정(점검절차 및 점검기구 사용법)	09:30 ~ 11:00(90분)	과목별 3문항 (총 6문항)	논술형
	2	소방시설의 설계 및 시공	11:50 ~ 13:20(90분)		

시험 GUIDE

- 합격기준

구분	합격 결정 기준
제1차 시험	매 과목 100점을 만점으로 하여 매 과목 40점 이상, 전 과목 평균 60점 이상 득점한 자
제2차 시험	시험과목별 5인의 채점위원이 각각 채점하는 독립 5심제이며, 최고점수와 최저점서를 제외한 점수가 채점위원 1명당 100점을 만점으로 하여 매 과목 평균 40점 이상 전 과목 평균 60점 이상 득점한 자

- 면제 대상자

과목 일부 면제자

번호	자격	1차 시험 면제 과목	2차 시험 면제 과목
1	소방기술사 자격을 취득한 후 15년 이상 소방실무경력이 있는 자	소방수리학 · 약제화학 및 소방전기(소방관련 전기공사 재료 및 전기제어에 관한 부분에 한함)	
2	소방공무원으로 15년 이상 근무한 경력이 있는 사람으로서 5년 이상 소방청장이 정하여 고시하는 소방 관련 업무 경력이 있는 자	소방관련법령	
3	소방기술사 · 위험물기능장 · 건축사 · 건축기계설비기술사 · 건축전기설비기술사 · 공조냉동기계기술사		소방시설의 설계 및 시공
4	소방공무원으로 5년 이상 근무한 경력이 있는 자		소방시설의 점검실무 행정
5	소방공무원으로 5년 이상 근무한 경력이 있는 자로서 소방기술사 · 위험물기능장 · 건축사 · 건축기계설비기술사 · 건축전기설비기술사 · 공조냉동기계기술사		한 과목 선택하여 응시 가능

※ 1, 2호(또는 3, 4호) 모두에 해당하는 사람은 본인이 선택한 한 과목만 면제받을 수 있음

전년도 제1차 시험 합격에 의한 면제자

제1차 시험에 합격한 자에 대하여는 다음 회의 시험에 한하여 제1차 시험을 면제함

Contents

이론 점검실무행정

Chapter 01 소방관련법령

❶ 소방기본법 ·· 3
❷ 소방시설공사업법 ··· 7
❸ 화재의 예방 및 안전관리에 관한 법률 ······················ 9
❹ 소방시설 설치 및 관리에 관한 법률 ························ 33
❺ 위험물 관련 법령 ·· 88
❻ 다중이용업소 안전관리에 관한 특별법 ·················· 94
❼ 공공기관의 소방안전관리에 관한 규정 ················ 108
❽ 초고층 및 지하연계 복합건축물 재난관리에 관한 특별법 ········ 110
❾ 소방시설 자체점검사항 등에 관한 고시 ··············· 115

Chapter 02 건축관련법령

건축관련법령 ·· 118

Chapter 03 소방용품의 형식승인 (성능인증) 및 제품검사의 기술기준

❶ 성능인증의 대상이 되는 소방용품의 품목에 관한 고시 ········ 138
❷ 감지기의 형식승인 및 제품검사의 기술기준 ························ 139
❸ 발신기의 형식승인 및 제품검사의 기술기준 ························ 146
❹ 소화기의 형식승인 및 제품검사의 기술기준 ························ 147
❺ 수신기의 형식승인 및 제품검사의 기술기준 ························ 151
❻ 유도등의 형식승인 및 제품검사의 기술기준 ························ 157
❼ 캐비닛형 간이스프링클러설비의 성능인증 및 제품검사의 기술기준 ··· 160
❽ 중계기의 형식승인 및 제품검사의 기술기준 ························ 161
❾ 스프링클러헤드의 형식승인 및 제품검사의 기술기준 ··········· 163
❿ 소화설비용헤드의 성능인증 및 제품검사의 기술기준 ··········· 164
⓫ 소화전함의 성능인증 및 제품검사의 기술기준 ····················· 166
⓬ 유수제어밸브의 형식승인 및 제품검사의 기술기준 ··············· 167

Chapter 04 점검기구의 종류 및 사용법

❶ 점검기구의 종류 ·· 170
❷ 모든 소방시설의 점검장비 ······································ 171
❸ 소화기구의 점검장비 ·· 173
❹ 옥내소화전, 옥외소화전설비의 점검장비 ·············· 173
❺ 스프링클러, 포소화설비의 점검장비 ····················· 174
❻ 이산화탄소, 할론, 분말, 할로겐화합물 및 불활성기체 소화설비의 점검장비 ··· 174

Contents

❼ 자동화재탐지설비의 점검장비 ………………………………… 176
❽ 누전경보기의 점검장비 ………………………………………… 185
❾ 제연설비의 점검장비 …………………………………………… 185
❿ 통로유도등, 비상조명등의 점검장비 ………………………… 188

Chapter 05
설비별 점검항목 (종합/작동) 및 점검순서

❶ 소화기구 및 자동소화장치의 점검 …………………………… 190
❷ 옥내소화전설비의 점검 ………………………………………… 191
❸ 스프링클러설비등의 점검 ……………………………………… 202
❹ 물분무소화설비 점검 …………………………………………… 216
❺ 미분무소화설비 점검 …………………………………………… 218
❻ 포소화설비 점검 ………………………………………………… 220
❼ 이산화탄소, 할론, 할로겐화합물 및 불활성기체,
　분말 소화설비의 점검 ………………………………………… 224
❽ 옥외소화전설비 점검 …………………………………………… 233
❾ 자동화재탐지설비등 소방전기설비의 점검 ………………… 235
❿ 피난기구 및 인명구조기구 점검 ……………………………… 243
⓫ 유도등 및 유도표지 점검 ……………………………………… 244
⓬ 비상조명등, 휴대용비상조명등 점검 ………………………… 246
⓭ 소화용수설비 점검 ……………………………………………… 246
⓮ 제연설비 점검 …………………………………………………… 247
⓯ 특별피난계단의 계단실 및 부속실의 제연설비 점검 ……… 248
⓰ 연결송수관설비 점검 …………………………………………… 252
⓱ 연결살수설비 점검 ……………………………………………… 254
⓲ 비상콘센트설비 점검 …………………………………………… 255
⓳ 무선통신보조설비 점검 ………………………………………… 255
⓴ 연소방지설비 점검 ……………………………………………… 257
㉑ 다중이용업소 점검 ……………………………………………… 257
㉒ 기타사항 점검 …………………………………………………… 260
㉓ 소방시설등 외관점검표 ………………………………………… 261

예상문제 점검실무행정

❶ 소방기본법 ··· 279
❷ 소방시설공사업법 ··· 283
❸ 화재의 예방 및 안전관리에 관한 법률 ············· 284
❹ 소방시설 설치 및 관리에 관한 법률 ················· 292
❺ 위험물안전관리법 ··· 315
❻ 다중이용업소의 안전관리에 관한 특별법 ········· 316
❼ 초고층 및 지하연계 복합건축물 재난관리에 관한 특별법 ········· 330
❽ 건축관련법령 ··· 335
❾ 소방용품의 형식승인(성능인증) 및 제품검사의 기술기준 ······ 350
❿ 점검장비 종류 및 사용법 ································ 362
⓫ 설비별 점검절차 및 문제점 분석 ···················· 368
⓬ 소방시설등 점검표 점검항목 ························· 392
⓭ 소방시설 성능시험조사표 점검항목 ················ 428
⓮ 소방시설등 외관점검표 점검항목 ··················· 431
⓯ 소방시설 외관점검표(세대 점검용) 점검항목 ···· 438

이론 PART

점검실무행정

점검실무행정

CHAPTER 01 소방관련법령

1 소방기본법

(1) 소방용수시설 및 비상소화장치

① **소방용수시설의 설치 및 관리 등**
  ㉠ 시 · 도지사는 소방활동에 필요한 소화전(消火栓) · 급수탑(給水塔) · 저수조(貯水槽)(이하 "소방용수시설"이라 한다)를 설치하고 유지 · 관리하여야 한다. 다만,「수도법」제45조에 따라 소화전을 설치하는 일반수도사업자는 관할 소방서장과 사전협의를 거친 후 소화전을 설치하여야 하며, 설치 사실을 관할 소방서장에게 통지하고, 그 소화전을 유지 · 관리하여야 한다.
  ㉡ 시 · 도지사는 제21조제1항에 따른 소방자동차의 진입이 곤란한 지역 등 화재발생 시에 초기 대응이 필요한 지역으로서 대통령령으로 정하는 지역에 소방호스 또는 호스릴 등을 소방용수시설에 연결하여 화재를 진압하는 시설이나 장치(이하 "비상소화장치"라 한다)를 설치하고 유지 · 관리할 수 있다.
  ㉢ ㉠에 따른 소방용수시설과 ㉡에 따른 비상소화장치의 설치기준은 행정안전부령으로 정한다.

② **소방기본법 시행령 제2조의2(비상소화장치의 설치대상 지역)**
  법 제10조제2항에서 "대통령령으로 정하는 지역"이란 다음의 어느 하나에 해당하는 지역을 말한다.

> **Reference**
> **화재예방법 제18조(화재예방강화지구의 지정 등)**
> ① 시 · 도지사는 다음 각 호의 어느 하나에 해당하는 지역을 화재예방강화지구로 지정하여 관리할 수 있다.
>   1. 시장지역
>   2. 공장 · 창고가 밀집한 지역
>   3. 목조건물이 밀집한 지역
>   4. 노후 · 불량건축물이 밀집한 지역
>   5. 위험물의 저장 및 처리 시설이 밀집한 지역

> 6. 석유화학제품을 생산하는 공장이 있는 지역
> 7. 「산업입지 및 개발에 관한 법률」 제2조 제8호에 따른 산업단지
> 8. 소방시설·소방용수시설 또는 소방출동로가 없는 지역
> 9. 「물류시설의 개발 및 운영에 관한 법률」 제2조 제6호에 따른 물류단지
> 10. 그 밖에 제1호부터 제9호까지에 준하는 지역으로서 소방관서장이 화재예방강화지구로 지정할 필요가 있다고 인정하는 지역

㉠ 「화재의 예방 및 안전관리에 관한 법률」 제18조제1항에 따라 지정된 화재예방강화지구
㉡ 시·도지사가 법 제10조제2항에 따른 비상소화장치의 설치가 필요하다고 인정하는 지역

③ 소방용수시설 및 비상소화장치의 설치기준

㉠ 특별시장·광역시장·특별자치시장·도지사 또는 특별자치도지사(이하 "시·도지사"라 한다)는 법 제10조제1항의 규정에 의하여 설치된 소방용수시설에 대하여 별표 2의 소방용수표지를 보기 쉬운 곳에 설치하여야 한다.
㉡ 법 제10조제1항에 따른 소방용수시설의 설치기준은 별표 3과 같다.

> ■ 소방기본법 시행규칙 [별표 3]
>
> ## 소방용수시설의 설치기준(제6조제2항관련)
>
> 1. 공통기준
>   가. 국토의계획및이용에관한법률 제36조제1항제1호의 규정에 의한 주거지역·상업지역 및 공업지역에 설치하는 경우 : 소방대상물과의 수평거리를 100미터 이하가 되도록 할 것
>   나. 가목 외의 지역에 설치하는 경우 : 소방대상물과의 수평거리를 140미터 이하가 되도록 할 것
> 2. 소방용수시설별 설치기준
>   가. 소화전의 설치기준 : 상수도와 연결하여 지하식 또는 지상식의 구조로 하고, 소방용호스와 연결하는 소화전의 연결금속구의 구경은 65밀리미터로 할 것
>   나. 급수탑의 설치기준 : 급수배관의 구경은 100밀리미터 이상으로 하고, 개폐밸브는 지상에서 1.5미터 이상 1.7미터 이하의 위치에 설치하도록 할 것
>   다. 저수조의 설치기준
>   (1) 지면으로부터의 낙차가 4.5미터 이하일 것
>   (2) 흡수부분의 수심이 0.5미터 이상일 것
>   (3) 소방펌프자동차가 쉽게 접근할 수 있도록 할 것
>   (4) 흡수에 지장이 없도록 토사 및 쓰레기 등을 제거할 수 있는 설비를 갖출 것

(5) 흡수관의 투입구가 사각형의 경우에는 한 변의 길이가 60센티미터 이상, 원형의 경우에는 지름이 60센티미터 이상일 것
(6) 저수조에 물을 공급하는 방법은 상수도에 연결하여 자동으로 급수되는 구조일 것

ⓒ 법 제10조제2항에 따른 비상소화장치의 설치기준은 다음 각 호와 같다.
ⓐ 비상소화장치는 비상소화장치함, 소화전, 소방호스(소화전의 방수구에 연결하여 소화용수를 방수하기 위한 도관으로서 호스와 연결금속구로 구성되어 있는 소방용릴호스 또는 소방용고무내장호스를 말한다), 관창(소방호스용 연결금속구 또는 중간연결금속구 등의 끝에 연결하여 소화용수를 방수하기 위한 나사식 또는 차입식 토출기구를 말한다)을 포함하여 구성할 것
ⓑ 소방호스 및 관창은 「소방시설 설치 및 관리에 관한 법률」제37조제5항에 따라 소방청장이 정하여 고시하는 형식승인 및 제품검사의 기술기준에 적합한 것으로 설치할 것
ⓒ 비상소화장치함은 「소방시설 설치 및 관리에 관한 법률」제40조제4항에 따라 소방청장이 정하여 고시하는 성능인증 및 제품검사의 기술기준에 적합한 것으로 설치할 것
ⓓ ⓒ에서 규정한 사항 외에 비상소화장치의 설치기준에 관한 세부 사항은 소방청장이 정한다.

(2) 소방자동차 전용구역

① 소방기본법 제21조의2(소방자동차 전용구역 등)
㉠ 「건축법」제2조제2항제2호에 따른 공동주택 중 대통령령으로 정하는 공동주택의 건축주는 제16조제1항에 따른 소방활동의 원활한 수행을 위하여 공동주택에 소방자동차 전용구역(이하 "전용구역"이라 한다)을 설치하여야 한다.
㉡ 누구든지 전용구역에 차를 주차하거나 전용구역에의 진입을 가로막는 등의 방해행위를 하여서는 아니 된다.
㉢ 전용구역의 설치 기준·방법, ㉡에 따른 방해행위의 기준, 그 밖의 필요한 사항은 대통령령으로 정한다.

② 소방자동차 전용구역 설치 대상
법 제21조의2제1항에서 "대통령령으로 정하는 공동주택"이란 다음 각 호의 주택을 말한다. 다만, 하나의 대지에 하나의 동(棟)으로 구성되고 「도로교통법」제32조 또는 제33조에 따라 정차 또는 주차가 금지된 편도 2차선 이상의 도로에 직접 접하여 소방자동차

가 도로에서 직접 소방활동이 가능한 공동주택은 제외한다.
㉠ 「건축법 시행령」 별표 1 제2호가목의 아파트 중 세대수가 100세대 이상인 아파트
㉡ 「건축법 시행령」 별표 1 제2호라목의 기숙사 중 3층 이상의 기숙사

③ **소방자동차 전용구역의 설치 기준 · 방법**
㉠ 제7조의12 각 호 외의 부분 본문에 따른 공동주택의 건축주는 소방자동차가 접근하기 쉽고 소방활동이 원활하게 수행될 수 있도록 각 동별 전면 또는 후면에 소방자동차 전용구역(이하 "전용구역"이라 한다)을 1개소 이상 설치해야 한다. 다만, 하나의 전용구역에서 여러 동에 접근하여 소방활동이 가능한 경우로서 소방청장이 정하는 경우에는 각 동별로 설치하지 않을 수 있다.
㉡ 전용구역의 설치 방법은 별표 2의5와 같다.

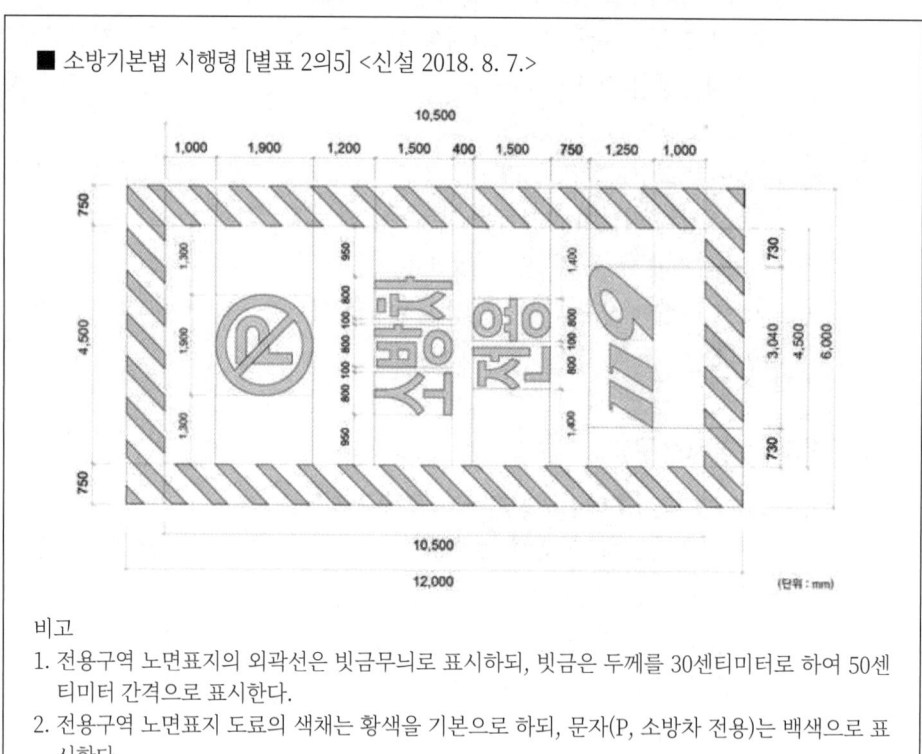

■ 소방기본법 시행령 [별표 2의5] <신설 2018. 8. 7.>

비고
1. 전용구역 노면표지의 외곽선은 빗금무늬로 표시하되, 빗금은 두께를 30센티미터로 하여 50센티미터 간격으로 표시한다.
2. 전용구역 노면표지 도료의 색채는 황색을 기본으로 하되, 문자(P, 소방차 전용)는 백색으로 표시한다.

④ **소방기본법 시행령 제7조의14(전용구역 방해행위의 기준) 법 제21조의2제2항에 따른 방해행위의 기준은 다음 각 호와 같다.**
㉠ 전용구역에 물건 등을 쌓거나 주차하는 행위
㉡ 전용구역의 앞면, 뒷면 또는 양 측면에 물건 등을 쌓거나 주차하는 행위. 다만, 「주차장법」 제19조에 따른 부설주차장의 주차구획 내에 주차하는 경우는 제외한다.

ⓒ 전용구역 진입로에 물건 등을 쌓거나 주차하여 전용구역으로의 진입을 가로막는 행위
ⓔ 전용구역 노면표지를 지우거나 훼손하는 행위
ⓜ 그 밖의 방법으로 소방자동차가 전용구역에 주차하는 것을 방해하거나 전용구역으로 진입하는 것을 방해하는 행위

⑤ **소방기본법 벌칙**
제21조의2제2항을 위반하여 전용구역에 차를 주차하거나 전용구역에의 진입을 가로막는 등의 방해행위를 한 자에게는 100만원 이하의 과태료를 부과한다.

2 소방시설공사업법

(1) 소방시설공사의 착공신고 대상

① 특정소방대상물에 다음의 어느 하나에 해당하는 설비를 신설하는 공사
  ㉠ 옥내소화전설비(호스릴옥내소화전설비를 포함한다. 이하 같다), 옥외소화전설비, 스프링클러설비ㆍ간이스프링클러설비(캐비닛형 간이스프링클러설비를 포함한다. 이하 같다) 및 화재조기진압용 스프링클러설비(이하 "스프링클러설비등"이라 한다), 물분무소화설비ㆍ포소화설비ㆍ이산화탄소소화설비ㆍ할론소화설비ㆍ할로겐화합물 및 불활성기체소화설비ㆍ미분무소화설비ㆍ강화액소화설비 및 분말소화설비(이하 "물분무등소화설비"라 한다), 연결송수관설비, 연결살수설비, 제연설비(소방용 외의 용도와 겸용되는 제연설비를「건설산업기본법 시행령」별표 1에 따른 기계설비ㆍ가스공사업자가 공사하는 경우는 제외한다), 소화용수설비(소화용수설비를「건설산업기본법 시행령」별표 1에 따른 기계설비ㆍ가스공사업자 또는 상ㆍ하수도설비공사업자가 공사하는 경우는 제외한다) 또는 연소방지설비
  ㉡ 자동화재탐지설비, 비상경보설비, 비상방송설비(소방용 외의 용도와 겸용되는 비상방송설비를「정보통신공사업법」에 따른 정보통신공사업자가 공사하는 경우는 제외한다), 비상콘센트설비(비상콘센트설비를「전기공사업법」에 따른 전기공사업자가 공사하는 경우는 제외한다) 또는 무선통신보조설비(소방용 외의 용도와 겸용되는 무선통신보조설비를「정보통신공사업법」에 따른 정보통신공사업자가 공사하는 경우는 제외한다)
② 특정소방대상물에 다음의 어느 하나에 해당하는 설비 또는 구역 등을 증설하는 공사
  ㉠ 옥내ㆍ옥외소화전설비
  ㉡ 스프링클러설비ㆍ간이스프링클러설비 또는 물분무등소화설비의 방호구역, 자동화재탐지설비의 경계구역, 제연설비의 제연구역(소방용 외의 용도와 겸용되는 제연설

비를 「건설산업기본법시행령」 별표 1에 따른 기계설비・가스공사업자가 공사하는 경우는 제외한다), 연결살수설비의 살수구역, 연결송수관설비의 송수구역, 비상콘센트설비의 전용회로, 연소방지설비의 살수구역
③ 특정소방대상물에 설치된 소방시설등을 구성하는 다음의 어느 하나에 해당하는 것의 전부 또는 일부를 개설(改設), 이전(移轉) 또는 정비(整備)하는 공사. 다만, 고장 또는 파손 등으로 인하여 작동시킬 수 없는 소방시설을 긴급히 교체하거나 보수하여야 하는 경우에는 신고하지 않을 수 있다.
㉠ 수신반(受信盤)
㉡ 소화펌프
㉢ 동력(감시)제어반

(2) 완공검사를 위한 현장확인 대상 특정소방대상물의 범위

① 문화 및 집회시설, 종교시설, 판매시설, 노유자시설, 수련시설, 운동시설, 숙박시설, 창고시설, 지하상가 및 「다중이용업소의 안전관리에 관한 특별법」에 따른 다중이용업소
② 다음의 어느 하나에 해당하는 설비가 설치되는 특정소방대상물
㉠ 스프링클러설비등
㉡ 물분무등소화설비(호스릴방식의 소화설비는 제외)
③ 연면적 1만제곱미터 이상이거나 11층 이상인 특정소방대상물(아파트는 제외)
④ 가연성가스를 제조・저장 또는 취급하는 시설 중 지상에 노출된 가연성가스탱크의 저장 용량 합계가 1천톤 이상인 시설

(3) 하자보수대상 소방시설과 하자보수 보증기간

① 피난기구, 유도등, 유도표지, 비상경보설비, 비상조명등, 비상방송설비 및 무선통신보조설비 : 2년
② 자동소화장치, 옥내소화전설비, 스프링클러설비, 간이스프링클러설비, 물분무등소화설비, 옥외소화전설비, 자동화재탐지설비, 상수도소화용수설비 및 소화활동설비(무선통신보조설비는 제외한다) : 3년

3 화재의 예방 및 안전관리에 관한 법률

(1) 화재안전조사
① **화재안전조사권자** : 소방청장, 소방본부장, 소방서장[소방관서장]
② **화재안전조사 실시사유**
  ㉠ 「소방시설 설치 및 관리에 관한 법률」 제22조에 따른 자체점검이 불성실하거나 불완전하다고 인정되는 경우
  ㉡ 화재예방강화지구 등 법령에서 화재안전조사를 하도록 규정되어 있는 경우
  ㉢ 화재예방안전진단이 불성실하거나 불완전하다고 인정되는 경우
  ㉣ 국가적 행사 등 주요 행사가 개최되는 장소 및 그 주변의 관계 지역에 대하여 소방안전관리 실태를 조사할 필요가 있는 경우
  ㉤ 화재가 자주 발생하였거나 발생할 우려가 뚜렷한 곳에 대한 조사가 필요한 경우
  ㉥ 재난예측정보, 기상예보 등을 분석한 결과 소방대상물에 화재의 발생 위험이 크다고 판단되는 경우
  ㉦ ㉠부터 ㉥까지에서 규정한 경우 외에 화재, 그 밖의 긴급한 상황이 발생할 경우 인명 또는 재산 피해의 우려가 현저하다고 판단되는 경우
③ **화재안전조사 대상 선정권자** : 소방청장, 소방본부장, 소방서장
④ **화재안전조사단** : 소방관서장은 화재안전조사를 효율적으로 수행하기 위하여 대통령령으로 정하는 바에 따라 소방청에는 중앙화재안전조사단을, 소방본부 및 소방서에는 지방화재안전조사단을 편성하여 운영할 수 있다.
⑤ **화재안전조사위원회 구성권자** : 소방청장, 소방본부장, 소방서장
⑥ **화재안전조사위원회 구성**
  ㉠ 화재안전조사위원회(이하 "위원회"라 한다)는 위원장 1명을 포함하여 7명 이내의 위원으로 성별을 고려하여 구성한다.
  ㉡ 위원장 : 소방관서장
  ㉢ 위원회의 위원은 다음 각 호의 어느 하나에 해당하는 사람 중에서 소방관서장이 임명하거나 위촉한다.
    ⓐ 과장급 직위 이상의 소방공무원
    ⓑ 소방기술사
    ⓒ 소방시설관리사
    ⓓ 소방 관련 분야의 석사 이상 학위를 취득한 사람
    ⓔ 소방 관련 법인 또는 단체에서 소방 관련 업무에 5년 이상 종사한 사람

ⓕ 「소방공무원 교육훈련규정」 제3조제2항에 따른 소방공무원 교육훈련기관, 「고등교육법」 제2조의 학교 또는 연구소에서 소방과 관련한 교육 또는 연구에 5년 이상 종사한 사람

⑦ **화재안전조사시 합동조사반 편성 기관**
   ㉠ 관계 중앙행정기관 또는 지방자치단체
   ㉡ 「소방기본법」 제40조에 따른 한국소방안전원(이하 "안전원"이라 한다)
   ㉢ 「소방산업의 진흥에 관한 법률」 제14조에 따른 한국소방산업기술원(이하 "기술원"이라 한다)
   ㉣ 「화재로 인한 재해보상과 보험가입에 관한 법률」 제11조에 따른 한국화재보험협회(이하 "화재보험협회"라 한다)
   ㉤ 「고압가스 안전관리법」 제28조에 따른 한국가스안전공사(이하 "가스안전공사"라 한다)
   ㉥ 「전기안전관리법」 제30조에 따른 한국전기안전공사(이하 "전기안전공사"라 한다)
   ㉦ 그 밖에 소방청장이 정하여 고시하는 소방 관련 법인 또는 단체

⑧ **화재안전조사 통보**
   소방관서장은 화재안전조사를 실시하려는 경우 사전에 법 제8조제2항 각 호 외의 부분 본문에 따라 조사대상, 조사기간 및 조사사유 등 조사계획을 소방청, 소방본부 또는 소방서(이하 "소방관서"라 한다)의 인터넷 홈페이지나 법 제16조제3항에 따른 전산시스템을 통해 7일 이상 공개해야 한다.(조사 3일 전 연기신청 가능)

⑨ **통보예외사항 / 해가 진 뒤나 뜨기 전 조사 / 개인주거 승낙없이 조사할 수 있는 사항**
   ㉠ 화재가 발생할 우려가 뚜렷하여 긴급하게 조사할 필요가 있는 경우
   ㉡ ㉠ 외에 화재안전조사의 실시를 사전에 통지하거나 공개하면 조사목적을 달성할 수 없다고 인정되는 경우

⑩ **연기신청사유**
   ㉠ 「재난 및 안전관리 기본법」 제3조제1호에 해당하는 재난이 발생한 경우
   ㉡ 관계인의 질병, 사고, 장기출장의 경우
   ㉢ 권한 있는 기관에 자체점검기록부, 교육·훈련일지 등 화재안전조사에 필요한 장부·서류 등이 압수되거나 영치(領置)되어 있는 경우
   ㉣ 소방대상물의 증축·용도변경 또는 대수선 등의 공사로 화재안전조사를 실시하기 어려운 경우

⑪ **화재안전조사결과 조치명령권자** : 소방청장, 소방본부장, 소방서장
⑫ **조치명령 내용** : 관계인에게 그 소방대상물의 개수(改修)·이전·제거, 사용의 금지 또는 제한, 사용폐쇄, 공사의 정지 또는 중지, 그 밖의 필요한 조치를 명할 수 있다.

⑬ **조치명령으로 손실을 입은 자가 있는 경우 보상** : 소방청장, 시·도지사

(2) 화재의 예방조치등

① 화재예방강화지구 및 이에 준하는 대통령령으로 정하는 장소[제조소등, 가스저장소, 액화석유가스저장소·판매소, 수소연료공급시설 및 수소연료사용시설, 화약류를 저장하는 장소]에서는 다음의 행위를 해서는 안 된다.
　㉠ 모닥불, 흡연 등 화기의 취급
　㉡ 풍등 등 소형열기구 날리기
　㉢ 용접·용단 등 불꽃을 발생시키는 행위
　㉣ 그 밖에 대통령령으로 정하는 화재 발생 위험이 있는 행위

> ※ 다만, 다음의 안전조치등을 한 경우 그러하지 아니하다.
> 1. 「국민건강증진법」 제9조제4항 각 호 외의 부분 후단에 따라 설치한 흡연실 등 법령에 따라 지정된 장소에서 화기 등을 취급하는 경우
> 2. 소화기 등 소방시설을 비치 또는 설치한 장소에서 화기 등을 취급하는 경우
> 3. 「산업안전보건기준에 관한 규칙」 제241조의2제1항에 따른 화재감시자 등 안전요원이 배치된 장소에서 화기 등을 취급하는 경우
> 4. 그 밖에 소방관서장과 사전 협의하여 안전조치를 한 경우

② **예방조치명령**
소방관서장은 화재 발생 위험이 크거나 소화 활동에 지장을 줄 수 있다고 인정되는 행위나 물건에 대하여 행위 당사자나 그 물건의 소유자, 관리자 또는 점유자에게 다음 각 호의 명령을 할 수 있다. 다만, 제2호 및 제3호에 해당하는 물건의 소유자, 관리자 또는 점유자를 알 수 없는 경우 소속 공무원으로 하여금 그 물건을 옮기거나 보관하는 등 필요한 조치를 하게 할 수 있다.
　㉠ ①의 어느 하나에 해당하는 행위의 금지 또는 제한
　㉡ 목재, 플라스틱 등 가연성이 큰 물건의 제거, 이격, 적재 금지 등
　㉢ 소방차량의 통행이나 소화 활동에 지장을 줄 수 있는 물건의 이동

③ **보관기간 및 보관기간 경과 후 처리**
　㉠ 소방관서장은 법 제17조제2항 각 호 외의 부분 단서에 따라 옮긴물건등(이하 "옮긴물건등"이라 한다)을 보관하는 경우에는 그날부터 14일 동안 해당 소방관서의 인터넷 홈페이지에 그 사실을 공고해야 한다.

ⓛ 옮긴물건등의 보관기간은 ㉠에 따른 공고기간의 종료일 다음 날부터 7일까지로 한다.
ⓒ 소방관서장은 ⓛ에 따른 보관기간이 종료된 때에는 보관하고 있는 옮긴물건등을 매각해야 한다. 다만, 보관하고 있는 옮긴물건등이 부패·파손 또는 이와 유사한 사유로 정해진 용도로 계속 사용할 수 없는 경우에는 폐기할 수 있다.
② 소방관서장은 보관하던 옮긴물건등을 ⓒ 본문에 따라 매각한 경우에는 지체 없이 「국가재정법」에 따라 세입조치를 해야 한다.
⑩ 소방관서장은 ⓒ에 따라 매각되거나 폐기된 옮긴물건등이 소유자가 보상을 요구하는 경우에는 보상금액에 대하여 소유자와의 협의를 거쳐 이를 보상해야 한다.
ⓑ ⑩의 손실보상의 방법 및 절차 등에 관하여는 제14조를 준용한다.

(3) 불을 사용하는 설비의 관리기준 등

■ 화재의 예방 및 안전관리에 관한 법률 시행령 [별표 1]

보일러 등의 설비 또는 기구 등의 위치·구조 및 관리와 화재예방을 위하여 불을 사용할 때 지켜야 하는 사항(제18조제2항 관련)

1. 보일러 점15회
   가. 가연성 벽·바닥 또는 천장과 접촉하는 증기기관 또는 연통의 부분은 규조토 등 난연성 또는 불연성 단열재로 덮어씌워야 한다.
   나. 경유·등유 등 액체연료를 사용할 때에는 다음 사항을 지켜야 한다.
      1) 연료탱크는 보일러 본체로부터 수평거리 1미터 이상의 간격을 두어 설치할 것
      2) 연료탱크에는 화재 등 긴급상황이 발생하는 경우 연료를 차단할 수 있는 개폐밸브를 연료탱크로부터 0.5미터 이내에 설치할 것
      3) 연료탱크 또는 보일러 등에 연료를 공급하는 배관에는 여과장치를 설치할 것
      4) 사용이 허용된 연료 외의 것을 사용하지 않을 것
      5) 연료탱크가 넘어지지 않도록 받침대를 설치하고, 연료탱크 및 연료탱크 받침대는 「건축법 시행령」제2조제10호에 따른 불연재료(이하 "불연재료"라 한다)로 할 것
   다. 기체연료를 사용할 때에는 다음 사항을 지켜야 한다.
      1) 보일러를 설치하는 장소에는 환기구를 설치하는 등 가연성 가스가 머무르지 않도록 할 것
      2) 연료를 공급하는 배관은 금속관으로 할 것
      3) 화재 등 긴급 시 연료를 차단할 수 있는 개폐밸브를 연료용기 등으로부터 0.5미터 이내에 설치할 것
      4) 보일러가 설치된 장소에는 가스누설경보기를 설치할 것
   라. 화목(火木) 등 고체연료를 사용할 때에는 다음 사항을 지켜야 한다.
      1) 고체연료는 보일러 본체와 수평거리 2미터 이상 간격을 두어 보관하거나 불연재료로

된 별도의 구획된 공간에 보관할 것
    2) 연통은 천장으로부터 0.6미터 떨어지고, 연통의 배출구는 건물 밖으로 0.6미터 이상 나오도록 설치할 것
    3) 연통의 배출구는 보일러 본체보다 2미터 이상 높게 설치할 것
    4) 연통이 관통하는 벽면, 지붕 등은 불연재료로 처리할 것
    5) 연통재질은 불연재료로 사용하고 연결부에 청소구를 설치할 것
  마. 보일러 본체와 벽·천장 사이의 거리는 0.6미터 이상이어야 한다.
  바. 보일러를 실내에 설치하는 경우에는 콘크리트바닥 또는 금속 외의 불연재료로 된 바닥 위에 설치해야 한다.

2. 난로
  가. 연통은 천장으로부터 0.6미터 이상 떨어지고, 연통의 배출구는 건물 밖으로 0.6미터 이상 나오게 설치해야 한다.
  나. 가연성 벽·바닥 또는 천장과 접촉하는 연통의 부분은 규조토 등 난연성 또는 불연성의 단열재로 덮어씌워야 한다.
  다. 이동식난로는 다음의 장소에서 사용해서는 안 된다. 다만, 난로가 쓰러지지 않도록 받침대를 두어 고정시키거나 쓰러지는 경우 즉시 소화되고 연료의 누출을 차단할 수 있는 장치가 부착된 경우에는 그렇지 않다.
    1) 「다중이용업소의 안전관리에 관한 특별법」 제2조제1항제4호에 따른 다중이용업소
    2) 「학원의 설립·운영 및 과외교습에 관한 법률」 제2조제1호에 따른 학원
    3) 「학원의 설립·운영 및 과외교습에 관한 법률 시행령」 제2조제1항제4호에 따른 독서실
    4) 「공중위생관리법」 제2조제1항제2호에 따른 숙박업, 같은 항 제3호에 따른 목욕장업 및 같은 항 제6호에 따른 세탁업의 영업장
    5) 「의료법」 제3조제2항제1호에 따른 의원·치과의원·한의원, 같은 항 제2호에 따른 조산원 및 같은 항 제3호에 따른 병원·치과병원·한방병원·요양병원·정신병원·종합병원
    6) 「식품위생법 시행령」 제21조제8호에 따른 식품접객업의 영업장
    7) 「영화 및 비디오물의 진흥에 관한 법률」 제2조제10호에 따른 영화상영관
    8) 「공연법」 제2조제4호에 따른 공연장
    9) 「박물관 및 미술관 진흥법」 제2조제1호에 따른 박물관 및 같은 조 제2호에 따른 미술관
    10) 「유통산업발전법」 제2조제7호에 따른 상점가
    11) 「건축법」 제20조에 따른 가설건축물
    12) 역·터미널

3. 건조설비
  가. 건조설비와 벽·천장 사이의 거리는 0.5미터 이상이어야 한다.
  나. 건조물품이 열원과 직접 접촉하지 않도록 해야 한다.
  다. 실내에 설치하는 경우에 벽·천장 및 바닥은 불연재료로 해야 한다.

4. 가스·전기시설
  가. 가스시설의 경우 「고압가스 안전관리법」, 「도시가스사업법」 및 「액화석유가스의 안전

관리 및 사업법」에서 정하는 바에 따른다.
나. 전기시설의 경우 「전기사업법」 및 「전기안전관리법」에서 정하는 바에 따른다.

5. 불꽃을 사용하는 용접·용단 기구 점20회
용접 또는 용단 작업장에서는 다음의 사항을 지켜야 한다. 다만, 「산업안전보건법」 제38조의 적용을 받는 사업장에는 적용하지 않는다.
가. 용접 또는 용단 작업장 주변 반경 5미터 이내에 소화기를 갖추어 둘 것
나. 용접 또는 용단 작업장 주변 반경 10미터 이내에는 가연물을 쌓아두거나 놓아두지 말 것. 다만, 가연물의 제거가 곤란하여 방화포 등으로 방호조치를 한 경우는 제외한다.

6. 노·화덕설비
가. 실내에 설치하는 경우에는 흙바닥 또는 금속 외의 불연재료로 된 바닥에 설치해야 한다.
나. 노 또는 화덕을 설치하는 장소의 벽·천장은 불연재료로 된 것이어야 한다.
다. 노 또는 화덕의 주위에는 녹는 물질이 확산되지 않도록 높이 0.1미터 이상의 턱을 설치해야 한다.
라. 시간당 열량이 30만킬로칼로리 이상인 노를 설치하는 경우에는 다음의 사항을 지켜야 한다.
   1) 「건축법」 제2조제1항제7호에 따른 주요구조부(이하 "주요구조부"라 한다)는 불연재료 이상으로 할 것
   2) 창문과 출입구는 「건축법 시행령」 제64조에 따른 60분+ 방화문 또는 60분 방화문으로 설치할 것
   3) 노 주위에는 1미터 이상 공간을 확보할 것

7. 음식조리를 위하여 설치하는 설비
「식품위생법 시행령」 제21조제8호에 따른 식품접객업 중 일반음식점 주방에서 조리를 위하여 불을 사용하는 설비를 설치하는 경우에는 다음의 사항을 지켜야 한다.
가. 주방설비에 부속된 배출덕트(공기 배출통로)는 0.5밀리미터 이상의 아연도금강판 또는 이와 같거나 그 이상의 내식성 불연재료로 설치할 것
나. 주방시설에는 동물 또는 식물의 기름을 제거할 수 있는 필터 등을 설치할 것
다. 열을 발생하는 조리기구는 반자 또는 선반으로부터 0.6미터 이상 떨어지게 할 것
라. 열을 발생하는 조리기구로부터 0.15미터 이내의 거리에 있는 가연성 주요구조부는 단열성이 있는 불연재료로 덮어 씌울 것

비고
1. "보일러"란 사업장 또는 영업장 등에서 사용하는 것을 말하며, 주택에서 사용하는 가정용 보일러는 제외한다.
2. "건조설비"란 산업용 건조설비를 말하며, 주택에서 사용하는 건조설비는 제외한다.
3. "노·화덕설비"란 제조업·가공업에서 사용되는 것을 말하며, 주택에서 조리용도로 사용되는 화덕은 제외한다.
4. 보일러, 난로, 건조설비, 불꽃을 사용하는 용접·용단기구 및 노·화덕설비가 설치된 장소에는 소화기 1개 이상을 갖추어 두어야 한다.

(4) 특수가연물의 종류

■ 화재의 예방 및 안전관리에 관한 법률 시행령 [별표 2]

특수가연물(제19조제1항 관련)

품명		수량
면화류		200킬로그램 이상
나무껍질 및 대팻밥		400킬로그램 이상
넝마 및 종이부스러기		1,000킬로그램 이상
사류(絲類)		1,000킬로그램 이상
볏짚류		1,000킬로그램 이상
가연성 고체류		3,000킬로그램 이상
석탄·목탄류		10,000킬로그램 이상
가연성 액체류		2세제곱미터 이상
목재가공품 및 나무부스러기		10세제곱미터 이상
고무류·플라스틱류	발포시킨 것	20세제곱미터 이상
	그 밖의 것	3,000킬로그램 이상

비고
1. "면화류"란 불연성 또는 난연성이 아닌 면상(綿狀) 또는 팽이모양의 섬유와 마사(麻絲) 원료를 말한다.
2. 넝마 및 종이부스러기는 불연성 또는 난연성이 아닌 것(동물 또는 식물의 기름이 깊이 스며들어 있는 옷감·종이 및 이들의 제품을 포함한다)으로 한정한다.
3. "사류"란 불연성 또는 난연성이 아닌 실(실부스러기와 솜털을 포함한다)과 누에고치를 말한다.
4. "볏짚류"란 마른 볏짚·북데기와 이들의 제품 및 건초를 말한다. 다만, 축산용도로 사용하는 것은 제외한다.
5. "가연성 고체류"란 고체로서 다음 각 목에 해당하는 것을 말한다.
    가. 인화점이 섭씨 40도 이상 100도 미만인 것
    나. 인화점이 섭씨 100도 이상 200도 미만이고, 연소열량이 1그램당 8킬로칼로리 이상인 것
    다. 인화점이 섭씨 200도 이상이고 연소열량이 1그램당 8킬로칼로리 이상인 것으로서 녹는점(융점)이 100도 미만인 것
    라. 1기압과 섭씨 20도 초과 40도 이하에서 액상인 것으로서 인화점이 섭씨 70도 이상 섭씨 200도 미만이거나 나목 또는 다목에 해당하는 것
6. 석탄·목탄류에는 코크스, 석탄가루를 물에 갠 것, 마세크탄(조개탄), 연탄, 석유코크스, 활성탄 및 이와 유사한 것을 포함한다.
7. "가연성 액체류"란 다음의 것을 말한다.
    가. 1기압과 섭씨 20도 이하에서 액상인 것으로서 가연성 액체량이 40중량퍼센트 이하이면서 인화점이 섭씨 40도 이상 섭씨 70도 미만이고 연소점이 섭씨 60도 이상인 것
    나. 1기압과 섭씨 20도에서 액상인 것으로서 가연성 액체량이 40중량퍼센트 이하이고 인화점이

섭씨 70도 이상 섭씨 250도 미만인 것
다. 동물의 기름과 살코기 또는 식물의 씨나 과일의 살에서 추출한 것으로서 다음의 어느 하나에 해당하는 것
1) 1기압과 섭씨 20도에서 액상이고 인화점이 250도 미만인 것으로서 「위험물안전관리법」 제20조제1항에 따른 용기기준과 수납·저장기준에 적합하고 용기외부에 물품명·수량 및 "화기엄금" 등의 표시를 한 것
2) 1기압과 섭씨 20도에서 액상이고 인화점이 섭씨 250도 이상인 것
8. "고무류·플라스틱류"란 불연성 또는 난연성이 아닌 고체의 합성수지제품, 합성수지반제품, 원료합성수지 및 합성수지 부스러기(불연성 또는 난연성이 아닌 고무제품, 고무반제품, 원료고무 및 고무 부스러기를 포함한다)를 말한다. 다만, 합성수지의 섬유·옷감·종이 및 실과 이들의 넝마와 부스러기는 제외한다.

(5) 특수가연물의 저장 및 취급기준

■ 화재의 예방 및 안전관리에 관한 법률 시행령 [별표 3]

특수가연물의 저장 및 취급 기준(제19조제2항 관련)

1. 특수가연물의 저장·취급 기준
   특수가연물은 다음의 기준에 따라 쌓아 저장해야 한다. 다만, 석탄·목탄류를 발전용(發電用)으로 저장하는 경우는 제외한다.
   가. 품명별로 구분하여 쌓을 것
   나. 다음의 기준에 맞게 쌓을 것

구분	살수설비를 설치하거나 방사능력 범위에 해당 특수가연물이 포함되도록 대형수동식소화기를 설치하는 경우	그 밖의 경우
높이	15미터 이하	10미터 이하
쌓는 부분의 바닥면적	200제곱미터(석탄·목탄류의 경우에는 300제곱미터) 이하	50제곱미터(석탄·목탄류의 경우에는 200제곱미터) 이하

다. 실외에 쌓아 저장하는 경우 쌓는 부분이 대지경계선, 도로 및 인접 건축물과 최소 6미터 이상 간격을 둘 것. 다만, 쌓는 높이보다 0.9미터 이상 높은 「건축법 시행령」 제2조제7호에 따른 내화구조(이하 "내화구조"라 한다) 벽체를 설치한 경우는 그렇지 않다.
라. 실내에 쌓아 저장하는 경우 주요구조부는 내화구조이면서 불연재료여야 하고, 다른 종류의 특수가연물과 같은 공간에 보관하지 않을 것. 다만, 내화구조의 벽으로 분리하는 경우는 그렇지 않다.
마. 쌓는 부분 바닥면적의 사이는 실내의 경우 1.2미터 또는 쌓는 높이의 1/2 중 큰 값 이상으로 간격을 두어야 하며, 실외의 경우 3미터 또는 쌓는 높이 중 큰 값 이상으로 간격을 둘 것

2. 특수가연물 표지
    가. 특수가연물을 저장 또는 취급하는 장소에는 품명, 최대저장수량, 단위부피당 질량 또는 단위체적당 질량, 관리책임자 성명·직책, 연락처 및 화기취급의 금지표시가 포함된 특수가연물 표지를 설치해야 한다.
    나. 특수가연물 표지의 규격은 다음과 같다.
        1) 특수가연물 표지는 한 변의 길이가 0.3미터 이상, 다른 한 변의 길이가 0.6미터 이상인 직사각형으로 할 것
        2) 특수가연물 표지의 바탕은 흰색으로, 문자는 검은색으로 할 것. 다만, "화기엄금" 표시 부분은 제외한다.
        3) 특수가연물 표지 중 화기엄금 표시 부분의 바탕은 붉은색으로, 문자는 백색으로 할 것
    다. 특수가연물 표지는 특수가연물을 저장하거나 취급하는 장소 중 보기 쉬운 곳에 설치해야 한다.

(6) 화재예방강화지구

① 시·도지사는 다음의 어느 하나에 해당하는 지역을 화재예방강화지구로 지정하여 관리할 수 있다.
  ㉠ 시장지역
  ㉡ 공장·창고가 밀집한 지역
  ㉢ 목조건물이 밀집한 지역
  ㉣ 노후·불량건축물이 밀집한 지역
  ㉤ 위험물의 저장 및 처리 시설이 밀집한 지역
  ㉥ 석유화학제품을 생산하는 공장이 있는 지역
  ㉦ 「산업입지 및 개발에 관한 법률」 제2조제8호에 따른 산업단지
  ㉧ 소방시설·소방용수시설 또는 소방출동로가 없는 지역
  ㉨ 「물류시설의 개발 및 운영에 관한 법률」 제2조제6호에 따른 물류단지
  ㉩ 그 밖에 ㉠부터 ㉨까지에 준하는 지역으로서 소방관서장이 화재예방강화지구로 지정할 필요가 있다고 인정하는 지역

② ①에도 불구하고 시·도지사가 화재예방강화지구로 지정할 필요가 있는 지역을 화재예방강화지구로 지정하지 아니하는 경우 소방청장은 해당 시·도지사에게 해당 지역의 화재예방강화지구 지정을 요청할 수 있다.

③ 소방관서장은 대통령령으로 정하는 바에 따라 ①에 따른 화재예방강화지구 안의 소방대상물의 위치·구조 및 설비 등에 대하여 화재안전조사를 연 1회 이상 실시해야 한다.

④ 소방관서장은 법 제18조제5항에 따라 화재예방강화지구 안의 관계인에 대하여 소방에 필요한 훈련 및 교육을 연 1회 이상 실시할 수 있다.

⑤ 소방관서장은 ④에 따라 훈련 및 교육을 실시하려는 경우에는 화재예방강화지구 안의 관계인에게 훈련 또는 교육 10일 전까지 그 사실을 통보해야 한다.
⑥ 시·도지사는 법 제18조제6항에 따라 다음 각 호의 사항을 행정안전부령으로 정하는 화재예방강화지구 관리대장에 작성하고 관리해야 한다.
　㉠ 화재예방강화지구의 지정 현황
　㉡ 화재안전조사의 결과
　㉢ 법 제18조제4항에 따른 소화기구, 소방용수시설 또는 그 밖에 소방에 필요한 설비(이하 "소방설비등"이라 한다)의 설치(보수, 보강을 포함한다) 명령 현황
　㉣ 법 제18조제5항에 따른 소방훈련 및 교육의 실시 현황
　㉤ 그 밖에 화재예방 강화를 위하여 필요한 사항

(7) 소방안전관리

① **특정소방대상물에 대하여 소방안전관리 업무를 수행하기 위하여 소방안전관리자를 선임하여야 하는자** : 관계인
② **소방안전관리자 및 소방안전관리보조자 선임**
　완공일, 증축완공일, 용도변경사실 건축물관리대장에 기재한 날, 경매등의 경우 해당권리를 취득한 날 또는 관할소방서장으로부터 소방안전관리자 선임안내를 받은 날, 해임한 날, 소방안전관리업무대행이 끝난 날로부터 30일 이내 선임, 선임일로부터 14일 이내 신고
③ **소방안전관리대상물의 범위와 선임대상별 자격 및 인원기준**

■ 화재의 예방 및 안전관리에 관한 법률 시행령 [별표 4]

**소방안전관리자를 선임해야 하는 소방안전관리대상물의 범위와
소방안전관리자의 선임 대상별 자격 및 인원기준** (제25조제1항 관련)

1. 특급 소방안전관리대상물
　가. 특급 소방안전관리대상물의 범위
　　「소방시설 설치 및 관리에 관한 법률 시행령」 별표 2의 특정소방대상물 중 다음의 어느 하나에 해당하는 것
　　1) 50층 이상(지하층은 제외한다)이거나 지상으로부터 높이가 200미터 이상인 아파트
　　2) 30층 이상(지하층을 포함한다)이거나 지상으로부터 높이가 120미터 이상인 특정소방대상물(아파트는 제외한다)
　　3) 2)에 해당하지 않는 특정소방대상물로서 연면적이 10만제곱미터 이상인 특정소방대

상물(아파트는 제외한다)
  나. 특급 소방안전관리대상물에 선임해야 하는 소방안전관리자의 자격
    다음의 어느 하나에 해당하는 사람으로서 특급 소방안전관리자 자격증을 발급받은 사람
    1) 소방기술사 또는 소방시설관리사의 자격이 있는 사람
    2) 소방설비기사의 자격을 취득한 후 5년 이상 1급 소방안전관리대상물의 소방안전관리자로 근무한 실무경력(법 제24조제3항에 따라 소방안전관리자로 선임되어 근무한 경력은 제외한다. 이하 이 표에서 같다)이 있는 사람
    3) 소방설비산업기사의 자격을 취득한 후 7년 이상 1급 소방안전관리대상물의 소방안전관리자로 근무한 실무경력이 있는 사람
    4) 소방공무원으로 20년 이상 근무한 경력이 있는 사람
    5) 소방청장이 실시하는 특급 소방안전관리대상물의 소방안전관리에 관한 시험에 합격한 사람
  다. 선임인원 : 1명 이상

2. 1급 소방안전관리대상물
  가. 1급 소방안전관리대상물의 범위
    「소방시설 설치 및 관리에 관한 법률 시행령」 별표 2의 특정소방대상물 중 다음의 어느 하나에 해당하는 것(제1호에 따른 특급 소방안전관리대상물은 제외한다)
    1) 30층 이상(지하층은 제외한다)이거나 지상으로부터 높이가 120미터 이상인 아파트
    2) 연면적 1만5천제곱미터 이상인 특정소방대상물(아파트 및 연립주택은 제외한다)
    3) 2)에 해당하지 않는 특정소방대상물로서 지상층의 층수가 11층 이상인 특정소방대상물(아파트는 제외한다)
    4) 가연성 가스를 1천톤 이상 저장·취급하는 시설
  나. 1급 소방안전관리대상물에 선임해야 하는 소방안전관리자의 자격
    다음의 어느 하나에 해당하는 사람으로서 1급 소방안전관리자 자격증을 발급받은 사람 또는 제1호에 따른 특급 소방안전관리대상물의 소방안전관리자 자격증을 발급받은 사람
    1) 소방설비기사 또는 소방설비산업기사의 자격이 있는 사람
    2) 소방공무원으로 7년 이상 근무한 경력이 있는 사람
    3) 소방청장이 실시하는 1급 소방안전관리대상물의 소방안전관리에 관한 시험에 합격한 사람
  다. 선임인원 : 1명 이상

3. 2급 소방안전관리대상물
  가. 2급 소방안전관리대상물의 범위
    「소방시설 설치 및 관리에 관한 법률 시행령」 별표 2의 특정소방대상물 중 다음의 어느 하나에 해당하는 것(제1호에 따른 특급 소방안전관리대상물 및 제2호에 따른 1급 소방안전관리대상물은 제외한다)
    1) 「소방시설 설치 및 관리에 관한 법률 시행령」 별표 4 제1호다목에 따라 옥내소화전설비를 설치해야 하는 특정소방대상물, 같은 호 라목에 따라 스프링클러설비를 설치해야 하는 특정소방대상물 또는 같은 호 바목에 따라 물분무등소화설비[화재안전기

준에 따라 호스릴(hose reel) 방식의 물분무등소화설비만을 설치할 수 있는 특정소방대상물은 제외한다]를 설치해야 하는 특정소방대상물
  2) 가스 제조설비를 갖추고 도시가스사업의 허가를 받아야 하는 시설 또는 가연성 가스를 100톤 이상 1천톤 미만 저장·취급하는 시설
  3) 지하구
  4) 「공동주택관리법」 제2조제1항제2호의 어느 하나에 해당하는 공동주택(「소방시설 설치 및 관리에 관한 법률 시행령」 별표 4 제1호다목 또는 라목에 따른 옥내소화전설비 또는 스프링클러설비가 설치된 공동주택으로 한정한다)
  5) 「문화유산의 보존 및 활용에 관한 법률」 제23조에 따라 보물 또는 국보로 지정된 목조건축물
 나. 2급 소방안전관리대상물에 선임해야 하는 소방안전관리자의 자격
  다음의 어느 하나에 해당하는 사람으로서 2급 소방안전관리자 자격증을 발급받은 사람, 제1호에 따른 특급 소방안전관리대상물 또는 제2호에 따른 1급 소방안전관리대상물의 소방안전관리자 자격증을 발급받은 사람
  1) 위험물기능장·위험물산업기사 또는 위험물기능사 자격이 있는 사람
  2) 소방공무원으로 3년 이상 근무한 경력이 있는 사람
  3) 소방청장이 실시하는 2급 소방안전관리대상물의 소방안전관리에 관한 시험에 합격한 사람
  4) 「기업활동 규제완화에 관한 특별조치법」 제29조, 제30조 및 제32조에 따라 소방안전관리자로 선임된 사람(소방안전관리자로 선임된 기간으로 한정한다)
 다. 선임인원 : 1명 이상

4. 3급 소방안전관리대상물
 가. 3급 소방안전관리대상물의 범위
  「소방시설 설치 및 관리에 관한 법률 시행령」 별표 2의 특정소방대상물 중 다음의 어느 하나에 해당하는 것(제1호에 따른 특급 소방안전관리대상물, 제2호에 따른 1급 소방안전관리대상물 및 제3호에 따른 2급 소방안전관리대상물은 제외한다)
  1) 「소방시설 설치 및 관리에 관한 법률 시행령」 별표 4 제1호마목에 따라 간이스프링클러설비(주택전용 간이스프링클러설비는 제외한다)를 설치해야 하는 특정소방대상물
  2) 「소방시설 설치 및 관리에 관한 법률 시행령」 별표 4 제2호다목에 따른 자동화재탐지설비를 설치해야 하는 특정소방대상물
 나. 3급 소방안전관리대상물에 선임해야 하는 소방안전관리자의 자격
  다음의 어느 하나에 해당하는 사람으로서 3급 소방안전관리자 자격증을 발급받은 사람 또는 제1호부터 제3호까지의 규정에 따라 특급 소방안전관리대상물, 1급 소방안전관리대상물 또는 2급 소방안전관리대상물의 소방안전관리자 자격증을 발급받은 사람
  1) 소방공무원으로 1년 이상 근무한 경력이 있는 사람
  2) 소방청장이 실시하는 3급 소방안전관리대상물의 소방안전관리에 관한 시험에 합격한 사람
  3) 「기업활동 규제완화에 관한 특별조치법」 제29조, 제30조 및 제32조에 따라 소방안전관리자로 선임된 사람(소방안전관리자로 선임된 기간으로 한정한다)
 다. 선임인원 : 1명 이상

비고
1. 동·식물원, 철강 등 불연성 물품을 저장·취급하는 창고, 위험물 저장 및 처리 시설 중 제조소등과 지하구는 특급 소방안전관리대상물 및 1급 소방안전관리대상물에서 제외한다.
2. 이 표 제1호에 따른 특급 소방안전관리대상물에 선임해야 하는 소방안전관리자의 자격을 산정할 때에는 동일한 기간에 수행한 경력이 두 가지 이상의 자격기준에 해당하는 경우 하나의 자격기준에 대해서만 그 기간을 인정하고 기간이 중복되지 않는 소방안전관리자 실무경력의 경우에는 각각의 기간을 실무경력으로 인정한다. 이 경우 자격기준별 실무경력 기간을 해당 실무경력 기준기간으로 나누어 합한 값이 1 이상이면 선임자격을 갖춘 것으로 본다.

④ 소방안전관리보조자를 추가로 선임해야 하는 소방안전관리대상물의 범위와 같은 조 제4항에 따른 소방안전관리보조자의 선임 대상별 자격 및 인원기준

■ 화재의 예방 및 안전관리에 관한 법률 시행령 [별표 5]

소방안전관리보조자를 선임해야 하는 소방안전관리대상물의 범위와 선임 대상별 자격 및 인원기준 (제25조제2항 관련)

1. 소방안전관리보조자를 선임해야 하는 소방안전관리대상물의 범위
   별표 4에 따라 소방안전관리자를 선임해야 하는 소방안전관리대상물 중 다음의 어느 하나에 해당하는 소방안전관리대상물
   가. 「건축법 시행령」 별표 1 제2호가목에 따른 아파트 중 300세대 이상인 아파트
   나. 연면적이 1만5천제곱미터 이상인 특정소방대상물(아파트 및 연립주택은 제외한다)
   다. 가목 및 나목에 따른 특정소방대상물을 제외한 특정소방대상물 중 다음의 어느 하나에 해당하는 특정소방대상물
      1) 공동주택 중 기숙사
      2) 의료시설
      3) 노유자 시설
      4) 수련시설
      5) 숙박시설(숙박시설로 사용되는 바닥면적의 합계가 1천500제곱미터 미만이고 관계인이 24시간 상시 근무하고 있는 숙박시설은 제외한다)

2. 소방안전관리보조자의 자격
   가. 별표 4에 따른 특급 소방안전관리대상물, 1급 소방안전관리대상물, 2급 소방안전관리대상물 또는 3급 소방안전관리대상물의 소방안전관리자 자격이 있는 사람
   나. 「국가기술자격법」 제2조제3호에 따른 국가기술자격의 직무분야 중 건축, 기계제작, 기계장비설비·설치, 화공, 위험물, 전기, 전자 및 안전관리에 해당하는 국가기술자격이 있는 사람

다. 「공공기관의 소방안전관리에 관한 규정」 제5조제1항제2호나목에 따른 강습교육을 수료한 사람
라. 법 제34조제1항제1호에 따른 강습교육 중 이 영 제33조제1호부터 제4호까지에 해당하는 사람을 대상으로 하는 강습교육을 수료한 사람
마. 소방안전관리대상물에서 소방안전 관련 업무에 2년 이상 근무한 경력이 있는 사람

3. 선임인원
   가. 제1호가목에 따른 소방안전관리대상물의 경우에는 1명. 다만, 초과되는 300세대마다 1명 이상을 추가로 선임해야 한다.
   나. 제1호나목에 따른 소방안전관리대상물의 경우에는 1명. 다만, 초과되는 연면적 1만5천제곱미터(특정소방대상물의 방재실에 자위소방대가 24시간 상시 근무하고 「소방장비관리법 시행령」 별표 1 제1호가목에 따른 소방자동차 중 소방펌프차, 소방물탱크차, 소방화학차 또는 무인방수차를 운용하는 경우에는 3만제곱미터로 한다)마다 1명 이상을 추가로 선임해야 한다.
   다. 제1호다목에 따른 소방안전관리대상물의 경우에는 1명. 다만, 해당 특정소방대상물이 소재하는 지역을 관할하는 소방서장이 야간이나 휴일에 해당 특정소방대상물이 이용되지 않는다는 것을 확인한 경우에는 소방안전관리보조자를 선임하지 않을 수 있다.

⑤ 소방안전관리자의 업무사항

특정소방대상물(소방안전관리대상물은 제외한다)의 관계인과 소방안전관리대상물의 소방안전관리자는 다음 각 호의 업무를 수행한다. 다만, 제1호·제2호·제5호 및 제7호의 업무는 소방안전관리대상물의 경우에만 해당한다.

1. 제36조에 따른 피난계획에 관한 사항과 대통령령으로 정하는 사항이 포함된 소방계획서의 작성 및 시행
2. 자위소방대(自衛消防隊) 및 초기대응체계의 구성, 운영 및 교육
3. 「소방시설 설치 및 관리에 관한 법률」 제16조에 따른 피난시설, 방화구획 및 방화시설의 관리
4. 소방시설이나 그 밖의 소방 관련 시설의 관리
5. 제37조에 따른 소방훈련 및 교육
6. 화기(火氣) 취급의 감독
7. 행정안전부령으로 정하는 바에 따른 소방안전관리에 관한 업무수행에 관한 기록·유지(제3호·제4호 및 제6호의 업무를 말한다)
8. 화재발생 시 초기대응
9. 그 밖에 소방안전관리에 필요한 업무

⑥ 소방안전관리자 정보의 게시
　㉠ 소방안전관리대상물의 명칭 및 등급
　㉡ 소방안전관리자의 성명 및 선임일자
　㉢ 소방안전관리자의 연락처
　㉣ 소방안전관리자의 근무 위치(화재 수신기 또는 종합방재실을 말한다)
⑦ 관리의 권원이 분리된 특정소방대상물 소방안전관리
　다음의 어느 하나에 해당하는 특정소방대상물로서 그 관리의 권원(權原)이 분리되어 있는 특정소방대상물의 경우 그 관리의 권원별 관계인은 대통령령으로 정하는 바에 따라 제24조제1항에 따른 소방안전관리자를 선임하여야 한다.
　㉠ 복합건축물(지하층을 제외한 층수가 11층 이상 또는 연면적 3만제곱미터 이상인 건축물)
　㉡ 지하가(지하의 인공구조물 안에 설치된 상점 및 사무실, 그 밖에 이와 비슷한 시설이 연속하여 지하도에 접하여 설치된 것과 그 지하도를 합한 것을 말한다)
　㉢ 그 밖에 대통령령으로 정하는 특정소방대상물[판매시설 중 도매시장, 소매시장 및 전통시장]

 Reference

화재예방법 시행령
제34조(관리의 권원별 소방안전관리자 선임 및 조정 기준) ① 법 제35조제1항 본문에 따라 관리의 권원이 분리되어 있는 특정소방대상물의 관계인은 소유권, 관리권 및 점유권에 따라 각각 소방안전관리자를 선임해야 한다. 다만, 둘 이상의 소유권, 관리권 또는 점유권이 동일인에게 귀속된 경우에는 하나의 관리 권원으로 보아 소방안전관리자를 선임할 수 있다.
　② 제1항에도 불구하고 다음 각 호의 어느 하나에 해당하는 경우에는 해당 호에서 정하는 바에 따라 소방안전관리자를 선임할 수 있다.
　1. 법령 또는 계약 등에 따라 공동으로 관리하는 경우 : 하나의 관리 권원으로 보아 소방안전관리자 1명 선임
　2. 화재 수신기 또는 소화펌프(가압송수장치를 포함한다. 이하 이 항에서 같다)가 별도로 설치되어 있는 경우 : 설치된 화재 수신기 또는 소화펌프가 화재를 감지·소화 또는 경보할 수 있는 부분을 각각 하나의 관리 권원으로 보아 각각 소방안전관리자 선임
　3. 하나의 화재 수신기 및 소화펌프가 설치된 경우 : 하나의 관리 권원으로 보아 소방안전관리자 1명 선임
　③ 제1항 및 제2항에도 불구하고 소방본부장 또는 소방서장은 법 제35조제1항 각 호 외의 부분 단서에 따라 관리의 권원이 많아 효율적인 소방안전관리가 이루어지지 않는다고 판단되는 경우 제1항 각 호의 기준 및 해당 특정소방대상물의 화재위험성 등을 고려하여 관리의 권원이 분리되어 있는 특정소방대상물의 관리의 권원을 조정하여 소방안전관리자를 선임하도록 할 수 있다.

제35조(관리의 권원이 분리된 특정소방대상물) 법 제35조제1항제3호에서 "대통령령으로 정하는 특정소방대상물"이란 「소방시설 설치 및 관리에 관한 법률 시행령」 별표 2에 따른 판매시설 중 도매시장, 소매시장 및 전통시장을 말한다.

제36조(총괄소방안전관리자 선임자격) 법 제35조제2항에 따른 특정소방대상물의 전체에 걸쳐 소방안전관리상 필요한 업무를 총괄하는 소방안전관리자(이하 "총괄소방안전관리자"라 한다)는 별표 4에 따른 소방안전관리대상물의 등급별 선임자격을 갖춰야 한다. 이 경우 관리의 권원이 분리되어 있는 특정소방대상물에 대하여 소방안전관리대상물의 등급을 결정할 때에는 해당 특정소방대상물 전체를 기준으로 한다.

■ 화재의 예방 및 안전관리에 관한 법률 시행규칙 [별표 1]

소방안전관리업무 대행인력의 배치기준·자격 및 방법 등 준수사항
(제12조 관련)

1. 업무대행 인력의 배치기준
「소방시설 설치 및 관리에 관한 법률」 제29조에 따라 소방시설관리업을 등록한 소방시설관리업자가 법 제25조제1항에 따라 영 제28조제2항 각 호의 소방안전관리업무를 대행하는 경우에는 다음 각 목에 따른 소방안전관리업무 대행인력(이하 "대행인력"이라 한다)을 배치해야 한다.
가. 소방안전관리대상물의 등급 및 소방시설의 종류에 따른 대행인력의 배치기준

[표 1] 소방안전관리등급 및 설치된 소방시설에 따른 대행인력의 배치 등급

소방안전관리 대상물의 등급	설치된 소방시설의 종류	대행인력의 기술등급
1급 또는 2급	스프링클러설비, 물분무등소화설비 또는 제연설비	중급점검자 이상 1명 이상
	옥내소화전설비 또는 옥외소화전설비	초급점검자 이상 1명 이상
3급	자동화재탐지설비 또는 간이스프링클러설비	초급점검자 이상 1명 이상

비고
1. 소방안전관리대상물의 등급은 영 별표 4에 따른 소방안전관리대상물의 등급을 말한다.
2. 대행인력의 기술등급은 「소방시설공사업법 시행규칙」 별표 4의2에 따른 소방기술자의 자격등급에 따른다.
3. 연면적 5천제곱미터 미만으로서 스프링클러설비가 설치된 1급 또는 2급 소방안전관리대상물의 경우에는 초급점검자를 배치할 수 있다. 다만, 스프링클러설비 외에 제연설비 또는 물분무등소화설비가 설치된 경우에는 그렇지 않다
4. 스프링클러설비에는 화재조기진압용 스프링클러설비를 포함하고, 물분무등소화설비에는 호스릴(hose reel)방식은 제외한다.

나. 대행인력 1명의 1일 소방안전관리업무 대행 업무량은 [표 2] 및 [표 3]에 따라 산정한 배점을 합산하여 산정하며, 이 합산점수는 8점(이하 "1일 한도점수"라 한다)을 초과할 수 없다.

[표 2] 하나의 소방안전관리대상물의 면적별 배점기준표(아파트는 제외한다)

소방안전관리 대상물의 등급	연면적	대행인력 등급별 배점		
		초급점검자	중급점검자	고급점검자 이상
3급	전체		0.7	
1급 또는 2급	1,500㎡ 미만	0.8	0.7	0.6
	1,500㎡ 이상 3,000㎡ 미만	1.0	0.8	0.7
	3,000㎡ 이상 5,000㎡ 미만	1.2	1.0	0.8
	5,000㎡ 이상 10,000㎡ 이하	1.9	1.3	1.1
	10,000㎡ 초과 15,000㎡ 이하	-	1.6	1.4

비고
주상복합아파트의 경우 세대부를 제외한 연면적과 세대수에「소방시설 설치 및 관리에 관한 법률 시행규칙」별표 3의 종합점검 대상의 경우 32, 작동점검 대상의 경우 40을 곱하여 계산된 값을 더하여 연면적을 산정한다. 다만, 환산한 연면적이 1만5천제곱미터를 초과한 경우에는 1만5천제곱미터로 본다.

[표 3] 하나의 소방안전관리대상물 중 아파트 배점기준표

소방안전관리 대상물의 등급	세대구분	대행인력 등급별 배점		
		초급점검자	중급점검자	고급점검자 이상
3급	전체		0.7	
1급 또는 2급	30세대 미만	0.8	0.7	0.6
	30세대 이상 50세대 미만	1.0	0.8	0.7
	50세대 이상 150세대 미만	1.2	1.0	0.8
	150세대 이상 300세대 미만	1.9	1.3	1.1
	300세대 이상 500세대 미만	-	1.6	1.4
	500세대 이상 1,000세대 미만	-	2.0	1.8
	1,000세대 초과	-	2.3	2.1

다. 하루에 2개 이상의 대행 업무를 수행하는 경우에는 소방안전관리대상물 간의 이동거리 (좌표거리를 말한다) 5킬로미터 마다 1일 한도점수에 0.01을 곱하여 계산된 값을 1일 한도점수에서 뺀다. 다만, 육지와 도서지역 간에 차량 출입이 가능한 교량으로 연결되지 않은 지역 또는 소방시설관리업자가 없는 시·군 지역은 제외한다.
라. 2명 이상의 대행인력이 함께 대행업무를 수행하는 경우 [표 2] 및 [표 3]의 배점을 인원수로 나누어 적용하되, 소수점 둘째자리에서 절사한다.
마. 영 별표 4 제2호가목3)에 해당하는 1급 소방안전관리대상물은 [표 2]의 배점에 10%를 할증하여 적용한다.

2. 대행인력의 자격기준 및 점검표
    가. 대행인력은 「소방시설 설치 및 관리에 관한 법률」 제29조에 따라 소방시설관리업에 등록된 기술인력을 말한다.
    나. 대행인력의 기술등급은 「소방시설공사업법 시행규칙」 별표 4의2 제3호다목의 소방시설 자체점검 점검자의 기술등급 자격에 따른다.
    다. 대행인력은 소방안전관리업무 대행 시 [표 4]에 따른 소방안전관리업무 대행 점검표를 작성하고 관계인에게 제출해야 한다.

[표 4] 소방안전관리업무 대행 점검표

건물명		점검일	년 월 일(요일)
주 소			
점검업체명		건물등급	급
설비명	점검결과 세부 내용		
소방시설			
피난시설			
방화시설			
방화구획			
기타			

확인자	관계인 (서명)
기술인력	대행인력의 기술등급: 대행인력: (서명)

비고
1. 소방시설 점검 시 공용부 점검을 원칙으로 한다. 다만, 단독경보형 감지기 등이 동작(오동작)한 경우에는 단독경보형 감지기 등이 동작한 장소도 점검을 실시한다.
2. 방문 시 리모델링 또는 내부 구획변경 등이 있는 경우에는 해당 부분을 점검하여 점검표에 그 결과를 기재한다.
3. 계단, 통로 등 피난통로 상에 피난에 장애가 되는 물건 등이 쌓여 있는 경우에는 즉시 이동조치하도록 관계인에게 설명한다.
4. 방화문은 항시 닫힘 상태를 유지하거나 정상 작동될 수 있도록 관계인에게 설명한다.
5. 점검 완료 시 해당 소방안전관리자(또는 관계인)에게 점검결과를 설명하고 점검표에 기재한다.

(8) 건설현장 소방안전관리

「소방시설 설치 및 관리에 관한 법률」 제15조제1항에 따른 공사시공자가 화재발생 및 화재피해의 우려가 큰 대통령령으로 정하는 특정소방대상물(이하 "건설현장 소방안전관리대상물"이라 한다)을 신축·증축·개축·재축·이전·용도변경 또는 대수선 하는 경우에는 제24조제1항에 따른 소방안전관리자로서 제34조에 따른 교육을 받은 사람을 소방시설공사 착공 신고일부터 건축물 사용승인일(「건축법」 제22조에 따라 건축물을 사용할 수 있게 된 날을 말한다)까지 소방안전관리자로 선임하고 행정안전부령으로 정하는 바에 따라 소방본부장 또는 소방서장에게 신고하여야 한다.

① 신축·증축·개축·재축·이전·용도변경 또는 대수선을 하려는 부분의 연면적의 합계가 1만5천제곱미터 이상인 것
② 신축·증축·개축·재축·이전·용도변경 또는 대수선을 하려는 부분의 연면적이 5천제곱미터 이상인 것으로서 다음의 어느 하나에 해당하는 것
  ㉠ 지하층의 층수가 2개 층 이상인 것
  ㉡ 지상층의 층수가 11층 이상인 것
  ㉢ 냉동창고, 냉장창고 또는 냉동·냉장창고

(9) 피난유도 안내정보의 제공

피난유도 안내정보는 다음 각 호의 어느 하나의 방법으로 제공한다.
① 연 2회 피난안내 교육을 실시하는 방법
② 분기별 1회 이상 피난안내방송을 실시하는 방법
③ 피난안내도를 층마다 보기 쉬운 위치에 게시하는 방법
④ 엘리베이터, 출입구 등 시청이 용이한 장소에 피난안내영상을 제공하는 방법

(10) 소방안전 특별관리시설물

① 소방안전 특별관리시설물 : 화재 등 재난이 발생할 경우 사회·경제적으로 피해가 큰 시설을 말한다.
② 소방안전 특별관리시설물의 안전관리의 주체 : 소방청장
③ 소방안전 특별관리시설물의 대상
  ㉠ 「공항시설법」 제2조제7호의 공항시설
  ㉡ 「철도산업발전기본법」 제3조제2호의 철도시설
  ㉢ 「도시철도법」 제2조제3호의 도시철도시설
  ㉣ 「항만법」 제2조제5호의 항만시설

ⓜ 「문화유산의 보존 및 활용에 관한 법률」 제2조제3항의 지정문화유산 및 「자연유산의 보존 및 활용에 관한 법률」 제2조제5호에 따른 천연기념물등인 시설(시설이 아닌 지정문화유산 및 천연기념물등을 보호하거나 소장하고 있는 시설을 포함한다)
ⓗ 「산업기술단지 지원에 관한 특례법」 제2조제1호의 산업기술단지
ⓢ 「산업입지 및 개발에 관한 법률」 제2조제8호의 산업단지
ⓞ 「초고층 및 지하연계 복합건축물 재난관리에 관한 특별법」 제2조제1호 및 제2호의 초고층 건축물 및 지하연계 복합건축물
ⓩ 「영화 및 비디오물의 진흥에 관한 법률」 제2조제10호의 영화상영관 중 수용인원 1,000명 이상인 영화상영관
ⓒ 전력용 및 통신용 지하구
ⓚ 「한국석유공사법」 제10조제1항제3호의 석유비축시설
ⓣ 「한국가스공사법」 제11조제1항제2호의 천연가스 인수기지 및 공급망
ⓟ 전통시장으로서 대통령령으로 정하는 전통시장(점포500개이상)
ⓗ 그 밖에 대통령령으로 정하는 시설물(발전소, 물류창고 10만제곱미터이상, 가스공급시설)
④ **소방안전 특별관리기본계획을 수립시행권자** : 소방청장[년마다 시 · 도지사와 사전협의] 특별관리기본계획
　㉠ 화재예방을 위한 중기 · 장기 안전관리정책
　㉡ 화재예방을 위한 교육 · 홍보 및 점검 · 진단
　㉢ 화재대응을 위한 훈련
　㉣ 화재대응 및 사후조치에 관한 역할 및 공조체계
　㉤ 그 밖에 화재 등의 안전관리를 위하여 필요한 사항

(11) 화재예방안전진단

① 대통령령으로 정하는 소방안전 특별관리시설물의 관계인은 화재의 예방 및 안전관리를 체계적 · 효율적으로 수행하기 위하여 대통령령으로 정하는 바에 따라 「소방기본법」 제40조에 따른 한국소방안전원(이하 "안전원"이라 한다) 또는 소방청장이 지정하는 화재예방안전진단기관(이하 "진단기관"이라 한다)으로부터 정기적으로 화재예방안전진단을 받아야 한다.

② **화재예방안전진단의 대상(시행령 제43조)**
　법 제41조제1항에서 "대통령령으로 정하는 소방안전 특별관리시설물"이란 다음의 시설을 말한다.
　㉠ 법 제40조제1항제1호에 따른 공항시설 중 여객터미널의 연면적이 1천제곱미터 이상인 공항시설

ⓛ 법 제40조제1항제2호에 따른 철도시설 중 역 시설의 연면적이 5천제곱미터 이상인 철도시설
ⓒ 법 제40조제1항제3호에 따른 도시철도시설 중 역사 및 역 시설의 연면적이 5천제곱미터 이상인 도시철도시설
ⓔ 법 제40조제1항제4호에 따른 항만시설 중 여객이용시설 및 지원시설의 연면적이 5천제곱미터 이상인 항만시설
ⓜ 법 제40조제1항제10호에 따른 전력용 및 통신용 지하구 중 「국토의 계획 및 이용에 관한 법률」 제2조제9호에 따른 공동구
ⓗ 법 제40조제1항제12호에 따른 천연가스 인수기지 및 공급망 중 「소방시설 설치 및 관리에 관한 법률 시행령」 별표 2 제17호나목에 따른 가스시설
ⓢ 제41조제2항제1호에 따른 발전소 중 연면적이 5천제곱미터 이상인 발전소
ⓞ 제41조제2항제3호에 따른 가스공급시설 중 가연성 가스 탱크의 저장용량의 합계가 100톤 이상이거나 저장용량이 30톤 이상인 가연성 가스 탱크가 있는 가스공급시설

(12) 화재예방법 벌칙

다음의 어느 하나에 해당하는 자는 300만원 이하의 벌금에 처한다.
① 화재안전조사를 정당한 사유 없이 거부·방해 또는 기피한 자
② 제17조제2항 각 호의 어느 하나에 따른 명령(예방조치등명령)을 정당한 사유 없이 따르지 아니하거나 방해한 자
③ 소방안전관리자, 총괄소방안전관리자 또는 소방안전관리보조자를 선임하지 아니한 자
④ 소방시설·피난시설·방화시설 및 방화구획 등이 법령에 위반된 것을 발견하였음에도 필요한 조치를 할 것을 요구하지 아니한 소방안전관리자
⑤ 소방안전관리자에게 불이익한 처우를 한 관계인
⑥ 화재예방안전진단 및 위탁업무종사시 업무를 수행하면서 알게 된 비밀을 이 법에서 정한 목적 외의 용도로 사용하거나 다른 사람 또는 기관에 제공하거나 누설한 자
 [화재안전조사시 관계인의 정당한 업무를 방해하거나, 조사업무를 수행하면서 취득한 자료나 알게 된 비밀을 다른 사람 또는 기관에게 제공 또는 누설하거나 목적 외의 용도로 사용한 자 : 1년이하의 징역 또는 1,000만원이하의 벌금]

(13) 화재예방법 과태료

① 다음 각 호의 어느 하나에 해당하는 자에게는 300만원 이하의 과태료를 부과한다.
 ㉠ 정당한 사유 없이 제17조제1항 각 호의 어느 하나에 해당하는 행위를 한 자
 ㉡ 제24조제2항을 위반하여 소방안전관리자를 겸한 자

ⓒ 제24조제5항에 따른 소방안전관리업무를 하지 아니한 특정소방대상물의 관계인 또는 소방안전관리대상물의 소방안전관리자
　　② 제27조제2항을 위반하여 소방안전관리업무의 지도·감독을 하지 아니한 자
　　⑩ 제29조제2항에 따른 건설현장 소방안전관리대상물의 소방안전관리자의 업무를 하지 아니한 소방안전관리자
　　ⓑ 제36조제3항을 위반하여 피난유도 안내정보를 제공하지 아니한 자
　　ⓢ 제37조제1항을 위반하여 소방훈련 및 교육을 하지 아니한 자
　　ⓞ 제41조제4항을 위반하여 화재예방안전진단 결과를 제출하지 아니한 자
② 다음 각 호의 어느 하나에 해당하는 자에게는 200만원 이하의 과태료를 부과한다.
　　㉠ 제17조제4항에 따른 불을 사용할 때 지켜야 하는 사항 및 같은 조 제5항에 따른 특수가연물의 저장 및 취급 기준을 위반한 자
　　㉡ 제18조제4항에 따른 소방설비등의 설치 명령을 정당한 사유 없이 따르지 아니한 자
　　㉢ 제26조제1항을 위반하여 기간 내에 선임신고를 하지 아니하거나 소방안전관리자의 성명 등을 게시하지 아니한 자
　　㉣ 제29조제1항을 위반하여 기간 내에 선임신고를 하지 아니한 자
　　㉤ 제37조제2항을 위반하여 기간 내에 소방훈련 및 교육 결과를 제출하지 아니한 자
③ 제34조제1항제2호를 위반하여 실무교육을 받지 아니한 소방안전관리자 및 소방안전관리보조자에게는 100만원 이하의 과태료를 부과한다.
④ ①부터 ③까지에 따른 과태료는 대통령령으로 정하는 바에 따라 소방청장, 시·도지사, 소방본부장 또는 소방서장이 부과·징수한다.

■ 화재의 예방 및 안전관리에 관한 법률 시행령 [별표 9]

과태료의 부과기준 (제51조 관련)

1. 일반기준

　가. 위반행위의 횟수에 따른 과태료의 가중된 부과기준은 최근 1년간 같은 위반행위로 과태료 부과처분을 받은 경우에 적용한다. 이 경우 기간의 계산은 위반행위에 대하여 과태료 부과처분을 받은 날과 그 처분 후 다시 같은 위반행위를 하여 적발된 날을 기준으로 한다.
　나. 가목에 따라 가중된 부과처분을 하는 경우 가중처분의 적용 차수는 그 위반행위 전 부과처분 차수(가목에 따른 기간 내에 과태료 부과처분이 둘 이상 있었던 경우에는 높은 차수를 말한다)의 다음 차수로 한다.
　다. 부과권자는 다음의 어느 하나에 해당하는 경우에는 제2호의 개별기준에 따른 과태료의 2분의 1 범위에서 그 금액을 줄여 부과할 수 있다. 다만, 과태료를 체납하고 있는 위반행위자에 대해서는 그렇지 않다.
　　1) 위반행위가 사소한 부주의나 오류로 인한 것으로 인정되는 경우

2) 위반행위자가 법 위반상태를 시정하거나 해소하기 위하여 노력한 사실이 인정되는 경우
3) 위반행위자가 처음 위반행위를 한 경우로서 3년 이상 해당 업종을 모범적으로 영위한 사실이 인정되는 경우
4) 위반행위자가 화재 등 재난으로 재산에 현저한 손실을 입거나 사업 여건의 악화로 그 사업이 중대한 위기에 처하는 등 사정이 있는 경우
5) 위반행위자가 같은 위반행위로 다른 법률에 따라 과태료·벌금·영업정지 등의 처분을 받은 경우
6) 그 밖에 위반행위의 정도, 위반행위의 동기와 그 결과 등을 고려하여 과태료 금액을 줄일 필요가 있다고 인정되는 경우

2. 개별기준

위반행위	근거 법조문	과태료 금액 (단위 : 만원)		
		1차 위반	2차 위반	3차 이상 위반
가. 정당한 사유 없이 법 제17조제1항 각 호의 어느 하나에 해당하는 행위를 한 경우	법 제52조 제1항제1호	300		
나. 법 제17조제4항에 따른 불을 사용할 때 지켜야 하는 사항 및 같은 조 제5항에 따른 특수가연물의 저장 및 취급 기준을 위반한 경우	법 제52조 제2항제1호	200		
다. 법 제18조제4항에 따른 소방설비등의 설치 명령을 정당한 사유 없이 따르지 않은 경우	법 제52조 제2항제2호	200		
라. 법 제24조제2항을 위반하여 소방안전관리자를 겸한 경우	법 제52조 제1항제2호	300		
마. 법 제24조제5항에 따른 소방안전관리업무를 하지 않은 경우	법 제52조 제1항제3호	100	200	300
바. 법 제26조제1항을 위반하여 기간 내에 선임신고를 하지 않거나 소방안전관리자의 성명 등을 게시하지 않은 경우	법 제52조 제2항제3호			
1) 지연 신고기간이 1개월 미만인 경우		50		
2) 지연 신고기간이 1개월 이상 3개월 미만인 경우		100		
3) 지연 신고기간이 3개월 이상이거나 신고하지 않은 경우		200		
4) 소방안전관리자의 성명 등을 게시하지 않은 경우		50	100	200
사. 법 제27조제2항을 위반하여 소방안전관리업무의 지도·감독을 하지 않은 경우	법 제52조 제1항제4호	300		

아. 법 제29조제1항을 위반하여 기간 내에 선임신고를 하지 않은 경우
  1) 지연 신고기간이 1개월 미만인 경우
  2) 지연 신고기간이 1개월 이상 3개월 미만인 경우
  3) 지연 신고기간이 3개월 이상이거나 신고하지 않은 경우
	법 제52조
	제2항제4호
			50
			100
			200	

자. 법 제29조제2항에 따른 건설현장 소방안전관리대상물의 소방안전관리자의 업무를 하지 않은 경우	법 제52조 제1항제5호	100	200	300
차. 법 제34조제1항제2호를 위반하여 실무교육을 받지 않은 경우	법 제52조 제3항		50	
카. 법 제36조제3항을 위반하여 피난유도 안내정보를 제공하지 않은 경우	법 제52조 제1항제6호	100	200	300
타. 법 제37조제1항을 위반하여 소방훈련 및 교육을 하지 않은 경우	법 제52조 제1항제7호	100	200	300

파. 법 제37조제2항을 위반하여 기간 내에 소방훈련 및 교육 결과를 제출하지 않은 경우
  1) 지연 제출기간이 1개월 미만인 경우
  2) 지연 제출기간이 1개월 이상 3개월 미만인 경우
  3) 지연 제출기간이 3개월 이상이거나 제출을 하지 않은 경우
	법 제52조
	제2항제5호
			50
			100
			200	

하. 법 제41조제4항을 위반하여 화재예방안전진단 결과를 제출하지 않은 경우
  1) 지연 제출기간이 1개월 미만인 경우
  2) 지연 제출기간이 1개월 이상 3개월 미만인 경우
  3) 지연 제출기간이 3개월 이상이거나 제출하지 않은 경우
	법 제52조
	제1항제8호
			100
			200
			300	

4 소방시설 설치 및 관리에 관한 법률

(1) 용어정의

① "소방시설"이란 소화설비, 경보설비, 피난구조설비, 소화용수설비, 그 밖에 소화활동설비로서 대통령령으로 정하는 것을 말한다.

② "소방시설등"이란 소방시설과 비상구(非常口), 그 밖에 소방 관련 시설로서 대통령령으로 정하는 것을 말한다. [방화문, 자동방화셔터]

③ "특정소방대상물"이란 건축물 등의 규모·용도 및 수용인원 등을 고려하여 소방시설을 설치하여야 하는 소방대상물로서 대통령령으로 정하는 것을 말한다.

④ "화재안전성능"이란 화재를 예방하고 화재발생 시 피해를 최소화하기 위하여 소방대상물의 재료, 공간 및 설비 등에 요구되는 안전성능을 말한다.

⑤ "성능위주설계"란 건축물 등의 재료, 공간, 이용자, 화재 특성 등을 종합적으로 고려하여 공학적 방법으로 화재 위험성을 평가하고 그 결과에 따라 화재안전성능이 확보될 수 있도록 특정소방대상물을 설계하는 것을 말한다.

⑥ "화재안전기준"이란 소방시설 설치 및 관리를 위한 다음의 기준을 말한다.
  ㉠ 성능기준 : 화재안전 확보를 위하여 재료, 공간 및 설비 등에 요구되는 안전성능으로서 소방청장이 고시로 정하는 기준
  ㉡ 기술기준 : ㉠에 따른 성능기준을 충족하는 상세한 규격, 특정한 수치 및 시험방법 등에 관한 기준으로서 행정안전부령으로 정하는 절차에 따라 소방청장의 승인을 받은 기준

⑦ "소방용품"이란 소방시설등을 구성하거나 소방용으로 사용되는 제품 또는 기기로서 대통령령으로 정하는 것을 말한다.

⑧ "무창층"(無窓層)이란 지상층 중 다음의 요건을 모두 갖춘 개구부(건축물에서 채광·환기·통풍 또는 출입 등을 위하여 만든 창·출입구, 그 밖에 이와 비슷한 것을 말한다. 이하 같다)의 면적의 합계가 해당 층의 바닥면적(「건축법 시행령」 제119조제1항제3호에 따라 산정된 면적을 말한다. 이하 같다)의 30분의 1 이하가 되는 층을 말한다.
  ㉠ 크기는 지름 50센티미터 이상의 원이 통과할 수 있을 것
  ㉡ 해당 층의 바닥면으로부터 개구부 밑부분까지의 높이가 1.2미터 이내일 것
  ㉢ 도로 또는 차량이 진입할 수 있는 빈터를 향할 것
  ㉣ 화재 시 건축물로부터 쉽게 피난할 수 있도록 창살이나 그 밖의 장애물이 설치되지 않을 것
  ㉤ 내부 또는 외부에서 쉽게 부수거나 열 수 있을 것

⑨ "피난층"이란 곧바로 지상으로 갈 수 있는 출입구가 있는 층을 말한다.

(2) 소방시설

■ 소방시설 설치 및 관리에 관한 법률 시행령 [별표 1] [시행일 : 2023. 12. 1.] 제2호마목

소방시설 (제3조 관련)

1. 소화설비 : 물 또는 그 밖의 소화약제를 사용하여 소화하는 기계·기구 또는 설비로서 다음의 것
   가. 소화기구
      1) 소화기
      2) 간이소화용구 : 에어로졸식 소화용구, 투척용 소화용구, 소공간용 소화용구 및 소화약제 외의 것을 이용한 간이소화용구
      3) 자동확산소화기
   나. 자동소화장치
      1) 주거용 주방자동소화장치
      2) 상업용 주방자동소화장치
      3) 캐비닛형 자동소화장치
      4) 가스자동소화장치
      5) 분말자동소화장치
      6) 고체에어로졸자동소화장치
   다. 옥내소화전설비[호스릴(hose reel) 옥내소화전설비를 포함한다]
   라. 스프링클러설비등
      1) 스프링클러설비
      2) 간이스프링클러설비(캐비닛형 간이스프링클러설비를 포함한다)
      3) 화재조기진압용 스프링클러설비
   마. 물분무등소화설비
      1) 물분무소화설비
      2) 미분무소화설비
      3) 포소화설비
      4) 이산화탄소소화설비
      5) 할론소화설비
      6) 할로겐화합물 및 불활성기체(다른 원소와 화학반응을 일으키기 어려운 기체를 말한다. 이하 같다) 소화설비
      7) 분말소화설비
      8) 강화액소화설비
      9) 고체에어로졸소화설비

바. 옥외소화전설비
2. 경보설비 : 화재발생 사실을 통보하는 기계·기구 또는 설비로서 다음의 것
    가. 단독경보형 감지기
    나. 비상경보설비
        1) 비상벨설비
        2) 자동식사이렌설비
    다. 자동화재탐지설비
    라. 시각경보기
    마. 화재알림설비
    바. 비상방송설비
    사. 자동화재속보설비
    아. 통합감시시설
    자. 누전경보기
    차. 가스누설경보기
3. 피난구조설비 : 화재가 발생할 경우 피난하기 위하여 사용하는 기구 또는 설비로서 다음의 것
    가. 피난기구
        1) 피난사다리
        2) 구조대
        3) 완강기
        4) 간이완강기
        5) 그 밖에 화재안전기준으로 정하는 것
    나. 인명구조기구
        1) 방열복, 방화복(안전모, 보호장갑 및 안전화를 포함한다)
        2) 공기호흡기
        3) 인공소생기
    다. 유도등
        1) 피난유도선
        2) 피난구유도등
        3) 통로유도등
        4) 객석유도등
        5) 유도표지
    라. 비상조명등 및 휴대용비상조명등
4. 소화용수설비 : 화재를 진압하는 데 필요한 물을 공급하거나 저장하는 설비로서 다음의 것
    가. 상수도소화용수설비
    나. 소화수조·저수조, 그 밖의 소화용수설비
5. 소화활동설비 : 화재를 진압하거나 인명구조활동을 위하여 사용하는 설비로서 다음의 것
    가. 제연설비
    나. 연결송수관설비
    다. 연결살수설비

라. 비상콘센트설비
마. 무선통신보조설비
바. 연소방지설비

(3) 특정소방대상물

■ 소방시설 설치 및 관리에 관한 법률 시행령 [별표 2]
 [시행일 : 2024. 12. 1.] 제1호나목, 제1호다목

특정소방대상물 (제5조 관련)

1. 공동주택
   가. 아파트등 : 주택으로 쓰는 층수가 5층 이상인 주택
   나. 연립주택 : 주택으로 쓰는 1개 동의 바닥면적(2개 이상의 동을 지하주차장으로 연결하는 경우에는 각각의 동으로 본다) 합계가 660㎡를 초과하고, 층수가 4개 층 이하인 주택
   다. 다세대주택 : 주택으로 쓰는 1개 동의 바닥면적(2개 이상의 동을 지하주차장으로 연결하는 경우에는 각각의 동으로 본다) 합계가 660㎡ 이하이고, 층수가 4개 층 이하인 주택
   라. 기숙사 : 학교 또는 공장 등의 학생 또는 종업원 등을 위하여 쓰는 것으로서 1개 동의 공동취사시설 이용 세대 수가 전체의 50퍼센트 이상인 것(「교육기본법」 제27조제2항에 따른 학생복지주택 및 「공공주택 특별법」 제2조제1호의3에 따른 공공매입임대주택 중 독립된 주거의 형태를 갖추지 않은 것을 포함한다)
2. 근린생활시설
   가. 슈퍼마켓과 일용품(식품, 잡화, 의류, 완구, 서적, 건축자재, 의약품, 의료기기 등) 등의 소매점으로서 같은 건축물(하나의 대지에 두 동 이상의 건축물이 있는 경우에는 이를 같은 건축물로 본다. 이하 같다)에 해당 용도로 쓰는 바닥면적의 합계가 1천㎡ 미만인 것
   나. 휴게음식점, 제과점, 일반음식점, 기원(棋院), 노래연습장 및 단란주점(단란주점은 같은 건축물에 해당 용도로 쓰는 바닥면적의 합계가 150㎡ 미만인 것만 해당한다)
   다. 이용원, 미용원, 목욕장 및 세탁소(공장에 부설된 것과 「대기환경보전법」, 「물환경보전법」 또는 「소음·진동관리법」에 따른 배출시설의 설치허가 또는 신고의 대상인 것은 제외한다)
   라. 의원, 치과의원, 한의원, 침술원, 접골원(接骨院), 조산원, 산후조리원 및 안마원(「의료법」 제82조제4항에 따른 안마시술소를 포함한다)
   마. 탁구장, 테니스장, 체육도장, 체력단련장, 에어로빅장, 볼링장, 당구장, 실내낚시터, 골프연습장, 물놀이형 시설(「관광진흥법」 제33조에 따른 안전성검사의 대상이 되는 물놀이형 시설을 말한다. 이하 같다), 그 밖에 이와 비슷한 것으로서 같은 건축물에 해당 용도

로 쓰는 바닥면적의 합계가 500㎡ 미만인 것
- 바. 공연장(극장, 영화상영관, 연예장, 음악당, 서커스장, 「영화 및 비디오물의 진흥에 관한 법률」 제2조제16호가목에 따른 비디오물감상실업의 시설, 같은 호 나목에 따른 비디오물소극장업의 시설, 그 밖에 이와 비슷한 것을 말한다. 이하 같다) 또는 종교집회장[교회, 성당, 사찰, 기도원, 수도원, 수녀원, 제실(祭室), 사당, 그 밖에 이와 비슷한 것을 말한다. 이하 같다]으로서 같은 건축물에 해당 용도로 쓰는 바닥면적의 합계가 300㎡ 미만인 것
- 사. 금융업소, 사무소, 부동산중개사무소, 결혼상담소 등 소개업소, 출판사, 서점, 그 밖에 이와 비슷한 것으로서 같은 건축물에 해당 용도로 쓰는 바닥면적의 합계가 500㎡ 미만인 것
- 아. 제조업소, 수리점, 그 밖에 이와 비슷한 것으로서 같은 건축물에 해당 용도로 쓰는 바닥면적의 합계가 500㎡ 미만인 것(「대기환경보전법」, 「물환경보전법」 또는 「소음·진동관리법」에 따른 배출시설의 설치허가 또는 신고의 대상인 것은 제외한다)
- 자. 「게임산업진흥에 관한 법률」 제2조제6호의2에 따른 청소년게임제공업 및 일반게임제공업의 시설, 같은 조 제7호에 따른 인터넷컴퓨터게임시설제공업의 시설 및 같은 조 제8호에 따른 복합유통게임제공업의 시설로서 같은 건축물에 해당 용도로 쓰는 바닥면적의 합계가 500㎡ 미만인 것
- 차. 사진관, 표구점, 학원(같은 건축물에 해당 용도로 쓰는 바닥면적의 합계가 500㎡ 미만인 것만 해당하며, 자동차학원 및 무도학원은 제외한다), 독서실, 고시원(「다중이용업소의 안전관리에 관한 특별법」에 따른 다중이용업 중 고시원업의 시설로서 독립된 주거의 형태를 갖추지 않은 것으로서 같은 건축물에 해당 용도로 쓰는 바닥면적의 합계가 500㎡ 미만인 것을 말한다), 장의사, 동물병원, 총포판매사, 그 밖에 이와 비슷한 것
- 카. 의약품 판매소, 의료기기 판매소 및 자동차영업소로서 같은 건축물에 해당 용도로 쓰는 바닥면적의 합계가 1천㎡ 미만인 것

3. 문화 및 집회시설
    - 가. 공연장으로서 근린생활시설에 해당하지 않는 것
    - 나. 집회장 : 예식장, 공회당, 회의장, 마권(馬券) 장외 발매소, 마권 전화투표소, 그 밖에 이와 비슷한 것으로서 근린생활시설에 해당하지 않는 것
    - 다. 관람장 : 경마장, 경륜장, 경정장, 자동차 경기장, 그 밖에 이와 비슷한 것과 체육관 및 운동장으로서 관람석의 바닥면적의 합계가 1천㎡ 이상인 것
    - 라. 전시장 : 박물관, 미술관, 과학관, 문화관, 체험관, 기념관, 산업전시장, 박람회장, 견본주택, 그 밖에 이와 비슷한 것
    - 마. 동·식물원 : 동물원, 식물원, 수족관, 그 밖에 이와 비슷한 것

4. 종교시설
    - 가. 종교집회장으로서 근린생활시설에 해당하지 않는 것
    - 나. 가목의 종교집회장에 설치하는 봉안당(奉安堂)

5. 판매시설
    - 가. 도매시장 : 「농수산물 유통 및 가격안정에 관한 법률」 제2조제2호에 따른 농수산물도매시장, 같은 조 제5호에 따른 농수산물공판장, 그 밖에 이와 비슷한 것(그 안에 있는 근린생활시설을 포함한다)

나. 소매시장 : 시장,「유통산업발전법」제2조제3호에 따른 대규모점포, 그 밖에 이와 비슷한 것(그 안에 있는 근린생활시설을 포함한다)
다. 전통시장 :「전통시장 및 상점가 육성을 위한 특별법」제2조제1호에 따른 전통시장(그 안에 있는 근린생활시설을 포함하며, 노점형시장은 제외한다)
라. 상점 : 다음의 어느 하나에 해당하는 것(그 안에 있는 근린생활시설을 포함한다)
　1) 제2호가목에 해당하는 용도로서 같은 건축물에 해당 용도로 쓰는 바닥면적 합계가 1천㎡ 이상인 것
　2) 제2호자목에 해당하는 용도로서 같은 건축물에 해당 용도로 쓰는 바닥면적 합계가 500㎡ 이상인 것

6. 운수시설
　가. 여객자동차터미널
　나. 철도 및 도시철도 시설[정비창(整備廠) 등 관련 시설을 포함한다]
　다. 공항시설(항공관제탑을 포함한다)
　라. 항만시설 및 종합여객시설

7. 의료시설
　가. 병원 : 종합병원, 병원, 치과병원, 한방병원, 요양병원
　나. 격리병원 : 전염병원, 마약진료소, 그 밖에 이와 비슷한 것
　다. 정신의료기관
　라.「장애인복지법」제58조제1항제4호에 따른 장애인 의료재활시설

8. 교육연구시설
　가. 학교
　　1) 초등학교, 중학교, 고등학교, 특수학교, 그 밖에 이에 준하는 학교 :「학교시설사업촉진법」제2조제1호나목의 교사(校舍)(교실·도서실 등 교수·학습활동에 직접 또는 간접적으로 필요한 시설물을 말하되, 병설유치원으로 사용되는 부분은 제외한다. 이하 같다), 체육관,「학교급식법」제6조에 따른 급식시설, 합숙소(학교의 운동부, 기능선수 등이 집단으로 숙식하는 장소를 말한다. 이하 같다)
　　2) 대학, 대학교, 그 밖에 이에 준하는 각종 학교 : 교사 및 합숙소
　나. 교육원(연수원, 그 밖에 이와 비슷한 것을 포함한다)
　다. 직업훈련소
　라. 학원(근린생활시설에 해당하는 것과 자동차운전학원·정비학원 및 무도학원은 제외한다)
　마. 연구소(연구소에 준하는 시험소와 계량계측소를 포함한다)
　바. 도서관

9. 노유자 시설
　가. 노인 관련 시설 :「노인복지법」에 따른 노인주거복지시설, 노인의료복지시설, 노인여가복지시설, 주·야간보호서비스나 단기보호서비스를 제공하는 재가노인복지시설(「노인장기요양보험법」에 따른 장기요양기관을 포함한다), 노인보호전문기관, 노인일자리지원기관, 학대피해노인 전용쉼터, 그 밖에 이와 비슷한 것
　나. 아동 관련 시설 :「아동복지법」에 따른 아동복지시설,「영유아보육법」에 따른 어린이집,「유아교육법」에 따른 유치원[제8호가목1)에 따른 학교의 교사 중 병설유치원으로 사용되는 부분을 포함한다], 그 밖에 이와 비슷한 것

다. 장애인 관련 시설 : 「장애인복지법」에 따른 장애인 거주시설, 장애인 지역사회재활시설(장애인 심부름센터, 한국수어통역센터, 점자도서 및 녹음서 출판시설 등 장애인이 직접 그 시설 자체를 이용하는 것을 주된 목적으로 하지 않는 시설은 제외한다), 장애인 직업재활시설, 그 밖에 이와 비슷한 것
라. 정신질환자 관련 시설 : 「정신건강증진 및 정신질환자 복지서비스 지원에 관한 법률」에 따른 정신재활시설(생산품판매시설은 제외한다), 정신요양시설, 그 밖에 이와 비슷한 것
마. 노숙인 관련 시설 : 「노숙인 등의 복지 및 자립지원에 관한 법률」 제2조제2호에 따른 노숙인복지시설(노숙인일시보호시설, 노숙인자활시설, 노숙인재활시설, 노숙인요양시설 및 쪽방상담소만 해당한다), 노숙인종합지원센터 및 그 밖에 이와 비슷한 것
바. 가목부터 마목까지에서 규정한 것 외에 「사회복지사업법」에 따른 사회복지시설 중 결핵환자 또는 한센인 요양시설 등 다른 용도로 분류되지 않는 것

10. 수련시설
    가. 생활권 수련시설 : 「청소년활동 진흥법」에 따른 청소년수련관, 청소년문화의집, 청소년특화시설, 그 밖에 이와 비슷한 것
    나. 자연권 수련시설 : 「청소년활동 진흥법」에 따른 청소년수련원, 청소년야영장, 그 밖에 이와 비슷한 것
    다. 「청소년활동 진흥법」에 따른 유스호스텔

11. 운동시설
    가. 탁구장, 체육도장, 테니스장, 체력단련장, 에어로빅장, 볼링장, 당구장, 실내낚시터, 골프연습장, 물놀이형 시설, 그 밖에 이와 비슷한 것으로서 근린생활시설에 해당하지 않는 것
    나. 체육관으로서 관람석이 없거나 관람석의 바닥면적이 1천㎡ 미만인 것
    다. 운동장 : 육상장, 구기장, 볼링장, 수영장, 스케이트장, 롤러스케이트장, 승마장, 사격장, 궁도장, 골프장 등과 이에 딸린 건축물로서 관람석이 없거나 관람석의 바닥면적이 1천㎡ 미만인 것

12. 업무시설
    가. 공공업무시설 : 국가 또는 지방자치단체의 청사와 외국공관의 건축물로서 근린생활시설에 해당하지 않는 것
    나. 일반업무시설 : 금융업소, 사무소, 신문사, 오피스텔[업무를 주로 하며, 분양하거나 임대하는 구획 중 일부의 구획에서 숙식을 할 수 있도록 한 건축물로서 「건축법 시행령」 별표 1 제14호나목2)에 따라 국토교통부장관이 고시하는 기준에 적합한 것을 말한다], 그 밖에 이와 비슷한 것으로서 근린생활시설에 해당하지 않는 것
    다. 주민자치센터(동사무소), 경찰서, 지구대, 파출소, 소방서, 119안전센터, 우체국, 보건소, 공공도서관, 국민건강보험공단, 그 밖에 이와 비슷한 용도로 사용하는 것
    라. 마을회관, 마을공동작업소, 마을공동구판장, 그 밖에 이와 유사한 용도로 사용되는 것
    마. 변전소, 양수장, 정수장, 대피소, 공중화장실, 그 밖에 이와 유사한 용도로 사용되는 것

13. 숙박시설
    가. 일반형 숙박시설 : 「공중위생관리법 시행령」 제4조제1호에 따른 숙박업의 시설
    나. 생활형 숙박시설 : 「공중위생관리법 시행령」 제4조제2호에 따른 숙박업의 시설
    다. 고시원(근린생활시설에 해당하지 않는 것을 말한다)
    라. 그 밖에 가목부터 다목까지의 시설과 비슷한 것

14. 위락시설
    가. 단란주점으로서 근린생활시설에 해당하지 않는 것
    나. 유흥주점, 그 밖에 이와 비슷한 것
    다. 「관광진흥법」에 따른 유원시설업(遊園施設業)의 시설, 그 밖에 이와 비슷한 시설(근린생활시설에 해당하는 것은 제외한다)
    라. 무도장 및 무도학원
    마. 카지노영업소
15. 공장
    물품의 제조·가공[세탁·염색·도장(塗裝)·표백·재봉·건조·인쇄 등을 포함한다] 또는 수리에 계속적으로 이용되는 건축물로서 근린생활시설, 위험물 저장 및 처리 시설, 항공기 및 자동차 관련 시설, 자원순환 관련 시설, 묘지 관련 시설 등으로 따로 분류되지 않는 것
16. 창고시설(위험물 저장 및 처리 시설 또는 그 부속용도에 해당하는 것은 제외한다)
    가. 창고(물품저장시설로서 냉장·냉동 창고를 포함한다)
    나. 하역장
    다. 「물류시설의 개발 및 운영에 관한 법률」에 따른 물류터미널
    라. 「유통산업발전법」 제2조제15호에 따른 집배송시설
17. 위험물 저장 및 처리 시설
    가. 제조소등
    나. 가스시설 : 산소 또는 가연성 가스를 제조·저장 또는 취급하는 시설 중 지상에 노출된 산소 또는 가연성 가스 탱크의 저장용량의 합계가 100톤 이상이거나 저장용량이 30톤 이상인 탱크가 있는 가스시설로서 다음의 어느 하나에 해당하는 것
        1) 가스 제조시설
            가) 「고압가스 안전관리법」 제4조제1항에 따른 고압가스의 제조허가를 받아야 하는 시설
            나) 「도시가스사업법」 제3조에 따른 도시가스사업허가를 받아야 하는 시설
        2) 가스 저장시설
            가) 「고압가스 안전관리법」 제4조제5항에 따른 고압가스 저장소의 설치허가를 받아야 하는 시설
            나) 「액화석유가스의 안전관리 및 사업법」 제8조제1항에 따른 액화석유가스 저장소의 설치 허가를 받아야 하는 시설
        3) 가스 취급시설
            「액화석유가스의 안전관리 및 사업법」 제5조에 따른 액화석유가스 충전사업 또는 액화석유가스 집단공급사업의 허가를 받아야 하는 시설
18. 항공기 및 자동차 관련 시설(건설기계 관련 시설을 포함한다)
    가. 항공기 격납고
    나. 차고, 주차용 건축물, 철골 조립식 주차시설(바닥면이 조립식이 아닌 것을 포함한다) 및 기계장치에 의한 주차시설
    다. 세차장
    라. 폐차장
    마. 자동차 검사장

바. 자동차 매매장
사. 자동차 정비공장
아. 운전학원·정비학원
자. 다음의 건축물을 제외한 건축물의 내부(「건축법 시행령」 제119조제1항제3호다목에 따른 필로티와 건축물의 지하를 포함한다)에 설치된 주차장
　1) 「건축법 시행령」 별표 1 제1호에 따른 단독주택
　2) 「건축법 시행령」 별표 1 제2호에 따른 공동주택 중 50세대 미만인 연립주택 또는 50세대 미만인 다세대주택
차. 「여객자동차 운수사업법」, 「화물자동차 운수사업법」 및 「건설기계관리법」에 따른 차고 및 주기장(駐機場)

19. 동물 및 식물 관련 시설
　가. 축사[부화장(孵化場)을 포함한다]
　나. 가축시설 : 가축용 운동시설, 인공수정센터, 관리사(管理舍), 가축용 창고, 가축시장, 동물검역소, 실험동물 사육시설, 그 밖에 이와 비슷한 것
　다. 도축장
　라. 도계장
　마. 작물 재배사(栽培舍)
　바. 종묘배양시설
　사. 화초 및 분재 등의 온실
　아. 식물과 관련된 마목부터 사목까지의 시설과 비슷한 것(동·식물원은 제외한다)

20. 자원순환 관련 시설
　가. 하수 등 처리시설
　나. 고물상
　다. 폐기물재활용시설
　라. 폐기물처분시설
　마. 폐기물감량화시설

21. 교정 및 군사시설
　가. 보호감호소, 교도소, 구치소 및 그 지소
　나. 보호관찰소, 갱생보호시설, 그 밖에 범죄자의 갱생·보호·교육·보건 등의 용도로 쓰는 시설
　다. 치료감호시설
　라. 소년원 및 소년분류심사원
　마. 「출입국관리법」 제52조제2항에 따른 보호시설
　바. 「경찰관 직무집행법」 제9조에 따른 유치장
　사. 국방·군사시설(「국방·군사시설 사업에 관한 법률」 제2조제1호가목부터 마목까지의 시설을 말한다)

22. 방송통신시설
　가. 방송국(방송프로그램 제작시설 및 송신·수신·중계시설을 포함한다)
　나. 전신전화국
　다. 촬영소

라. 통신용 시설
　　마. 그 밖에 가목부터 라목까지의 시설과 비슷한 것
23. 발전시설
　　가. 원자력발전소
　　나. 화력발전소
　　다. 수력발전소(조력발전소를 포함한다)
　　라. 풍력발전소
　　마. 전기저장시설[20킬로와트시(kWh)를 초과하는 리튬·나트륨·레독스플로우 계열의 2차 전지를 이용한 전기저장장치의 시설을 말한다. 이하 같다]
　　바. 그 밖에 가목부터 마목까지의 시설과 비슷한 것(집단에너지 공급시설을 포함한다)
24. 묘지 관련 시설
　　가. 화장시설
　　나. 봉안당(제4호나목의 봉안당은 제외한다)
　　다. 묘지와 자연장지에 부수되는 건축물
　　라. 동물화장시설, 동물건조장(乾燥葬)시설 및 동물 전용의 납골시설
25. 관광 휴게시설
　　가. 야외음악당
　　나. 야외극장
　　다. 어린이회관
　　라. 관망탑
　　마. 휴게소
　　바. 공원·유원지 또는 관광지에 부수되는 건축물
26. 장례시설
　　가. 장례식장[의료시설의 부수시설(「의료법」 제36조제1호에 따른 의료기관의 종류에 따른 시설을 말한다)은 제외한다]
　　나. 동물 전용의 장례식장
27. 지하가
　　지하의 인공구조물 안에 설치되어 있는 상점, 사무실, 그 밖에 이와 비슷한 시설이 연속하여 지하도에 면하여 설치된 것과 그 지하도를 합한 것
　　가. 지하상가
　　나. 터널: 차량(궤도차량용은 제외한다) 등의 통행을 목적으로 지하, 수저 또는 산을 뚫어서 만든 것
28. 지하구
　　가. 전력·통신용의 전선이나 가스·냉난방용의 배관 또는 이와 비슷한 것을 집합수용하기 위하여 설치한 지하 인공구조물로서 사람이 점검 또는 보수를 하기 위하여 출입이 가능한 것 중 다음의 어느 하나에 해당하는 것
　　　　1) 전력 또는 통신사업용 지하 인공구조물로서 전력구(케이블 접속부가 없는 경우는 제외한다) 또는 통신구 방식으로 설치된 것
　　　　2) 1)외의 지하 인공구조물로서 폭이 1.8미터 이상이고 높이가 2미터 이상이며 길이가 50미터 이상인 것
　　나. 「국토의 계획 및 이용에 관한 법률」 제2조제9호에 따른 공동구

29. 국가유산
    가. 「문화유산의 보존 및 활용에 관한 법률」에 따른 지정문화유산 중 건축물
    나. 「자연유산의 보존 및 활용에 관한 법률」에 따른 천연기념물등 중 건축물
30. 복합건축물 점14회
    가. 하나의 건축물이 제1호부터 제27호까지의 것 중 둘 이상의 용도로 사용되는 것. 다만, 다음의 어느 하나에 해당하는 경우에는 복합건축물로 보지 않는다.
        1) 관계 법령에서 주된 용도의 부수시설로서 그 설치를 의무화하고 있는 용도 또는 시설
        2) 「주택법」제35조제1항제3호 및 제4호에 따라 주택 안에 부대시설 또는 복리시설이 설치되는 특정소방대상물
        3) 건축물의 주된 용도의 기능에 필수적인 용도로서 다음의 어느 하나에 해당하는 용도
            가) 건축물의 설비(제23호마목의 전기저장시설을 포함한다), 대피 또는 위생을 위한 용도, 그 밖에 이와 비슷한 용도
            나) 사무, 작업, 집회, 물품저장 또는 주차를 위한 용도, 그 밖에 이와 비슷한 용도
            다) 구내식당, 구내세탁소, 구내운동시설 등 종업원후생복리시설(기숙사는 제외한다) 또는 구내소각시설의 용도, 그 밖에 이와 비슷한 용도
    나. 하나의 건축물이 근린생활시설, 판매시설, 업무시설, 숙박시설 또는 위락시설의 용도와 주택의 용도로 함께 사용되는 것

비고
1. 내화구조로 된 하나의 특정소방대상물이 개구부 및 연소 확대 우려가 없는 내화구조의 바닥과 벽으로 구획되어 있는 경우에는 그 구획된 부분을 각각 별개의 특정소방대상물로 본다. 다만, 제9조에 따라 성능위주설계를 해야 하는 범위를 정할 때에는 하나의 특정소방대상물로 본다.
2. 둘 이상의 특정소방대상물이 다음의 어느 하나에 해당하는 구조의 복도 또는 통로(이하 이 표에서 "연결통로"라 한다)로 연결된 경우에는 이를 하나의 특정소방대상물로 본다. 점10회
    가. 내화구조로 된 연결통로가 다음의 어느 하나에 해당되는 경우
        1) 벽이 없는 구조로서 그 길이가 6미터 이하인 경우
        2) 벽이 있는 구조로서 그 길이가 10미터 이하인 경우. 다만, 벽 높이가 바닥에서 천장까지의 높이의 2분의 1 이상인 경우에는 벽이 있는 구조로 보고, 벽 높이가 바닥에서 천장까지의 높이의 2분의 1 미만인 경우에는 벽이 없는 구조로 본다.
    나. 내화구조가 아닌 연결통로로 연결된 경우
    다. 컨베이어로 연결되거나 플랜트설비의 배관 등으로 연결되어 있는 경우
    라. 지하보도, 지하상가, 지하가로 연결된 경우
    마. 자동방화셔터 또는 60분+ 방화문이 설치되지 않은 피트(전기설비 또는 배관설비 등이 설치되는 공간을 말한다)로 연결된 경우
    바. 지하구로 연결된 경우
3. 제2호에도 불구하고 연결통로 또는 지하구와 특정소방대상물의 양쪽에 다음의 어느 하나에 해당하는 시설이 적합하게 설치된 경우에는 각각 별개의 특정소방대상물로 본다.
    가. 화재 시 경보설비 또는 자동소화설비의 작동과 연동하여 자동으로 닫히는 자동방화셔터 또는 60분+ 방화문이 설치된 경우
    나. 화재 시 자동으로 방수되는 방식의 드렌처설비 또는 개방형 스프링클러헤드가 설치된 경우
4. 위 제1호부터 제30호까지의 특정소방대상물의 지하층이 지하가와 연결되어 있는 경우 해당 지하층의 부분을 지하가로 본다. 다만, 다음 지하가와 연결되는 지하층에 지하층 또는 지하가에 설치된 자동방화셔터 또는 60분+ 방화문이 화재 시 경보설비 또는 자동소화설비의 작동과 연동하여 자동으로 닫히는 구조이거나 그 윗부분에 드렌처설비가 설치된 경우에는 지하가로 보지 않는다.

(4) 소방용품

> ■ 소방시설 설치 및 관리에 관한 법률 시행령 [별표 3]
>
> **소방용품** (제6조 관련)　점14회
>
> 1. 소화설비를 구성하는 제품 또는 기기
>   가. 별표 1 제1호가목의 소화기구(소화약제 외의 것을 이용한 간이소화용구는 제외한다)
>   나. 별표 1 제1호나목의 자동소화장치
>   다. 소화설비를 구성하는 소화전, 관창(菅槍), 소방호스, 스프링클러헤드, 기동용 수압개폐장치, 유수제어밸브 및 가스관선택밸브
> 2. 경보설비를 구성하는 제품 또는 기기
>   가. 누전경보기 및 가스누설경보기
>   나. 경보설비를 구성하는 발신기, 수신기, 중계기, 감지기 및 음향장치(경종만 해당한다)
> 3. 피난구조설비를 구성하는 제품 또는 기기
>   가. 피난사다리, 구조대, 완강기(지지대를 포함한다) 및 간이완강기(지지대를 포함한다)
>   나. 공기호흡기(충전기를 포함한다)
>   다. 피난구유도등, 통로유도등, 객석유도등 및 예비 전원이 내장된 비상조명등
> 4. 소화용으로 사용하는 제품 또는 기기
>   가. 소화약제[별표 1 제1호나목2) 및 3)의 자동소화장치와 같은 호 마목3)부터 9)까지의 소화설비용만 해당한다]
>   나. 방염제(방염액·방염도료 및 방염성물질을 말한다)
> 5. 그 밖에 행정안전부령으로 정하는 소방 관련 제품 또는 기기

(5) 건축허가등의 동의

① 관할 건축허가 행정기관이 관할 소방본부장 또는 소방서장에게 건축허가 동의
　　이 경우 5일 이내 회신(특급 : 10일 이내), 서류보완 4일

② **건축허가 동의시 제출서류**
　㉠ 건축허가신청서 및 건축허가서 또는 건축·대수선·용도변경신고서 등 건축허가등을 확인할 수 있는 서류의 사본
　㉡ 설계도서
　　ⓐ 건축물 설계도서
　　　㉮ 건축물 개요 및 배치도
　　　㉯ 주단면도 및 입면도(立面圖 : 물체를 정면에서 본 대로 그린 그림을 말한다. 이하 같다)

㉰ 층별 평면도(용도별 기준층 평면도를 포함한다. 이하 같다)
㉱ 방화구획도(창호도를 포함한다)
㉲ 실내·실외 마감재료표
㉳ 소방자동차 진입 동선도 및 부서 공간 위치도(조경계획을 포함한다)
ⓑ 소방시설 설계도서
㉮ 소방시설(기계·전기 분야의 시설을 말한다)의 계통도(시설별 계산서를 포함한다)
㉯ 소방시설별 층별 평면도
㉰ 실내장식물 방염대상물품 설치 계획(「건축법」 제52조에 따른 건축물의 마감재료는 제외한다)
㉱ 소방시설의 내진설계 계통도 및 기준층 평면도(내진 시방서 및 계산서 등 세부 내용이 포함된 상세 설계도면은 제외한다)
ⓒ 소방시설 설치계획표
ⓓ 임시소방시설 설치계획서(설치시기·위치·종류·방법 등 임시소방시설의 설치와 관련된 세부사항을 포함한다)
ⓔ 소방시설설계업등록증과 소방시설을 설계한 기술인력자의 기술자격증 사본
ⓕ 소방시설설계 계약서 사본

③ 건축허가 동의 대상물의 범위(대통령령)
㉠ 연면적(「건축법 시행령」 제119조제1항제4호에 따라 산정된 면적을 말한다. 이하 같다)이 400제곱미터 이상인 건축물이나 시설. 다만, 다음의 어느 하나에 해당하는 건축물이나 시설은 해당 규정에서 정한 기준 이상인 건축물이나 시설로 한다.
ⓐ 「학교시설사업 촉진법」 제5조의2제1항에 따라 건축등을 하려는 학교시설 : 100제곱미터
ⓑ 별표 2의 특정소방대상물 중 노유자(老幼者) 시설 및 수련시설 : 200제곱미터
ⓒ 「정신건강증진 및 정신질환자 복지서비스 지원에 관한 법률」 제3조제5호에 따른 정신의료기관(입원실이 없는 정신건강의학과 의원은 제외하며, 이하 "정신의료기관"이라 한다) : 300제곱미터
ⓓ 「장애인복지법」 제58조제1항제4호에 따른 장애인 의료재활시설(이하 "의료재활시설"이라 한다) : 300제곱미터
㉡ 지하층 또는 무창층이 있는 건축물로서 바닥면적이 150제곱미터(공연장의 경우에는 100제곱미터) 이상인 층이 있는 것
㉢ 차고·주차장 또는 주차 용도로 사용되는 시설로서 다음의 어느 하나에 해당하는 것

ⓐ 차고·주차장으로 사용되는 바닥면적이 200제곱미터 이상인 층이 있는 건축물이나 주차시설
ⓑ 승강기 등 기계장치에 의한 주차시설로서 자동차 20대 이상을 주차할 수 있는 시설
㉣ 층수(「건축법 시행령」제119조제1항제9호에 따라 산정된 층수를 말한다. 이하 같다)가 6층 이상인 건축물
㉤ 항공기 격납고, 관망탑, 항공관제탑, 방송용 송수신탑
㉥ 별표 2의 특정소방대상물 중 의원(입원실이 있는 것으로 한정한다)·조산원·산후조리원, 위험물 저장 및 처리 시설, 발전시설 중 풍력발전소·전기저장시설, 지하구(地下溝)
㉦ ㉠의 ⓑ에 해당하지 않는 노유자 시설 중 다음의 어느 하나에 해당하는 시설. 다만, ⓐ의 ㉯ 및 ⓑ부터 ⓕ까지의 시설 중「건축법 시행령」별표 1의 단독주택 또는 공동주택에 설치되는 시설은 제외한다.
　　ⓐ 별표 2 제9호가목에 따른 노인 관련 시설 중 다음의 어느 하나에 해당하는 시설
　　　㉮「노인복지법」제31조제1호에 따른 노인주거복지시설, 같은 조 제2호에 따른 노인의료복지시설 및 같은 조 제4호에 따른 재가노인복지시설
　　　㉯「노인복지법」제31조제7호에 따른 학대피해노인 전용쉼터
　　ⓑ「아동복지법」제52조에 따른 아동복지시설(아동상담소, 아동전용시설 및 지역아동센터는 제외한다)
　　ⓒ「장애인복지법」제58조제1항제1호에 따른 장애인 거주시설
　　ⓓ 정신질환자 관련 시설(「정신건강증진 및 정신질환자 복지서비스 지원에 관한 법률」제27조제1항제2호에 따른 공동생활가정을 제외한 재활훈련시설과 같은 법 시행령 제16조제3호에 따른 종합시설 중 24시간 주거를 제공하지 않는 시설은 제외한다)
　　ⓔ 별표 2 제9호마목에 따른 노숙인 관련 시설 중 노숙인자활시설, 노숙인재활시설 및 노숙인요양시설
　　ⓕ 결핵환자나 한센인이 24시간 생활하는 노유자 시설
㉧「의료법」제3조제2항제3호라목에 따른 요양병원(이하 "요양병원"이라 한다). 다만, 의료재활시설은 제외한다.
㉨ 별표 2의 특정소방대상물 중 공장 또는 창고시설로서「화재의 예방 및 안전관리에 관한 법률 시행령」별표 2에서 정하는 수량의 750배 이상의 특수가연물을 저장·취급하는 것
㉩ 별표 2 제17호나목에 따른 가스시설로서 지상에 노출된 탱크의 저장용량의 합계가 100톤 이상인 것

④ 건축허가 동의 제외대상
  ㉠ 별표 4에 따라 특정소방대상물에 설치되는 소화기구, 자동소화장치, 누전경보기, 단독경보형감지기, 가스누설경보기 및 피난구조설비(비상조명등은 제외한다)가 화재안전기준에 적합한 경우 해당 특정소방대상물
  ㉡ 건축물의 증축 또는 용도변경으로 인하여 해당 특정소방대상물에 추가로 소방시설이 설치되지 않는 경우 해당 특정소방대상물
  ㉢ 「소방시설공사업법 시행령」제4조에 따른 소방시설공사의 착공신고 대상에 해당하지 않는 경우 해당 특정소방대상물

(6) 내진설계기준
① 내진설계기준 대상설비 : 옥내소화전설비, 스프링클러설비 및 물분무등소화설비
② 내진설계기준 : 소방청장이 정하여 고시한다

(7) 성능위주설계(성능위주설계 대상 특정소방대상물)
① 연면적 20만제곱미터 이상인 특정소방대상물. 다만, 별표 2 제1호가목에 따른 아파트등(이하 "아파트등"이라 한다)은 제외한다.
② 50층 이상(지하층은 제외한다)이거나 지상으로부터 높이가 200미터 이상인 아파트등
③ 30층 이상(지하층을 포함한다)이거나 지상으로부터 높이가 120미터 이상인 특정소방대상물(아파트등은 제외한다)
④ 연면적 3만제곱미터 이상인 특정소방대상물로서 다음의 어느 하나에 해당하는 특정소방대상물
  ㉠ 별표 2 제6호나목의 철도 및 도시철도 시설
  ㉡ 별표 2 제6호다목의 공항시설
⑤ 별표 2 제16호의 창고시설 중 연면적 10만제곱미터 이상인 것 또는 지하층의 층수가 2개 층 이상이고 지하층의 바닥면적의 합계가 3만제곱미터 이상인 것
⑥ 하나의 건축물에 「영화 및 비디오물의 진흥에 관한 법률」제2조제10호에 따른 영화상영관이 10개 이상인 특정소방대상물
⑦ 「초고층 및 지하연계 복합건축물 재난관리에 관한 특별법」제2조제2호에 따른 지하연계 복합건축물에 해당하는 특정소방대상물
⑧ 별표 2 제27호의 터널 중 수저(水底)터널 또는 길이가 5천미터 이상인 것

(8) 주택에 설치하는 소방시설

① **대상** : 단독주택, 공동주택(아파트 및 기숙사 제외)
② **설치 소방시설** : 소화기 및 단독경보형감지기
③ **주택용소방시설의 설치기준 및 자율적인 안전관리등에 관한 사항** : 시·도의 조례

(9) 특정소방대상물의 규모, 용도, 수용인원에 따른 소방시설의 종류

■ 소방시설 설치 및 관리에 관한 법률 시행령 [별표 4] <개정 2024. 5. 7.>

<u>특정소방대상물의 관계인이 특정소방대상물에 설치·관리해야 하는 소방시설의 종류</u> (제11조 관련)

1. 소화설비
　가. 화재안전기준에 따라 소화기구를 설치해야 하는 특정소방대상물은 다음의 어느 하나에 해당하는 것으로 한다.
　　1) 연면적 33㎡ 이상인 것. 다만, 노유자 시설의 경우에는 투척용 소화용구 등을 화재안전기준에 따라 산정된 소화기 수량의 2분의 1 이상으로 설치할 수 있다.
　　2) 1)에 해당하지 않는 시설로서 가스시설, 발전시설 중 전기저장시설 및 문화재
　　3) 터널
　　4) 지하구
　나. 자동소화장치를 설치해야 하는 특정소방대상물은 다음의 어느 하나에 해당하는 특정소방대상물 중 후드 및 덕트가 설치되어 있는 주방이 있는 특정소방대상물로 한다. 이 경우 해당 주방에 자동소화장치를 설치해야 한다.
　　1) 주거용 주방자동소화장치를 설치해야 하는 것 : 아파트등 및 오피스텔의 모든 층
　　2) 상업용 주방자동소화장치를 설치해야 하는 것
　　　가) 판매시설 중 「유통산업발전법」 제2조제3호에 해당하는 대규모점포에 입점해 있는 일반음식점
　　　나) 「식품위생법」 제2조제12호에 따른 집단급식소
　　3) 캐비닛형 자동소화장치, 가스자동소화장치, 분말자동소화장치 또는 고체에어로졸자동소화장치를 설치해야 하는 것 : 화재안전기준에서 정하는 장소
　다. 옥내소화전설비를 설치해야 하는 특정소방대상물은 다음의 어느 하나에 해당하는 것으로 한다. 다만, 위험물 저장 및 처리 시설 중 가스시설, 지하구 및 업무시설 중 무인변전소(방재실 등에서 스프링클러설비 또는 물분무등소화설비를 원격으로 조정할 수 있는 무인변전소로 한정한다)는 제외한다.
　　1) 다음의 어느 하나에 해당하는 경우에는 모든 층
　　　가) 연면적 3천㎡ 이상인 것(지하가 중 터널은 제외한다)
　　　나) 지하층·무창층(축사는 제외한다)으로서 바닥면적이 600㎡ 이상인 층이 있는 것

다) 층수가 4층 이상인 것 중 바닥면적이 600㎡ 이상인 층이 있는 것
2) 1)에 해당하지 않는 근린생활시설, 판매시설, 운수시설, 의료시설, 노유자 시설, 업무시설, 숙박시설, 위락시설, 공장, 창고시설, 항공기 및 자동차 관련 시설, 교정 및 군사시설 중 국방·군사시설, 방송통신시설, 발전시설, 장례시설 또는 복합건축물로서 다음의 어느 하나에 해당하는 경우에는 모든 층
   가) 연면적 1천5백㎡ 이상인 것
   나) 지하층·무창층으로서 바닥면적이 300㎡ 이상인 층이 있는 것
   다) 층수가 4층 이상인 것 중 바닥면적이 300㎡ 이상인 층이 있는 것
3) 건축물의 옥상에 설치된 차고·주차장으로서 사용되는 면적이 200㎡ 이상인 경우 해당 부분
4) 지하가 중 터널로서 다음에 해당하는 터널
   가) 길이가 1천미터 이상인 터널
   나) 예상교통량, 경사도 등 터널의 특성을 고려하여 행정안전부령으로 정하는 터널
5) 1) 및 2)에 해당하지 않는 공장 또는 창고시설로서 「화재의 예방 및 안전관리에 관한 법률 시행령」별표 2에서 정하는 수량의 750배 이상의 특수가연물을 저장·취급하는 것

라. 스프링클러설비를 설치해야 하는 특정소방대상물(위험물 저장 및 처리 시설 중 가스시설 및 지하구는 제외한다)은 다음의 어느 하나에 해당하는 것으로 한다. `설15, 19회`
  1) 층수가 6층 이상인 특정소방대상물의 경우에는 모든 층. 다만, 다음의 어느 하나에 해당하는 경우는 제외한다.
     가) 주택 관련 법령에 따라 기존의 아파트등을 리모델링하는 경우로서 건축물의 연면적 및 층의 높이가 변경되지 않는 경우. 이 경우 해당 아파트등의 사용검사 당시의 소방시설의 설치에 관한 대통령령 또는 화재안전기준을 적용한다.
     나) 스프링클러설비가 없는 기존의 특정소방대상물을 용도변경하는 경우. 다만, 2)부터 6)까지 및 9)부터 12)까지의 규정에 해당하는 특정소방대상물로 용도변경하는 경우에는 해당 규정에 따라 스프링클러설비를 설치한다.
  2) 기숙사(교육연구시설·수련시설 내에 있는 학생 수용을 위한 것을 말한다) 또는 복합건축물로서 연면적 5천㎡ 이상인 경우에는 모든 층
  3) 문화 및 집회시설(동·식물원은 제외한다), 종교시설(주요구조부가 목조인 것은 제외한다), 운동시설(물놀이형 시설 및 바닥이 불연재료이고 관람석이 없는 운동시설은 제외한다)로서 다음의 어느 하나에 해당하는 경우에는 모든 층
     가) 수용인원이 100명 이상인 것
     나) 영화상영관의 용도로 쓰는 층의 바닥면적이 지하층 또는 무창층인 경우에는 500㎡ 이상, 그 밖의 층의 경우에는 1천㎡ 이상인 것
     다) 무대부가 지하층·무창층 또는 4층 이상의 층에 있는 경우에는 무대부의 면적이 300㎡ 이상인 것
     라) 무대부가 다) 외의 층에 있는 경우에는 무대부의 면적이 500㎡ 이상인 것
  4) 판매시설, 운수시설 및 창고시설(물류터미널로 한정한다)로서 바닥면적의 합계가 5천㎡ 이상이거나 수용인원이 500명 이상인 경우에는 모든 층
  5) 다음의 어느 하나에 해당하는 용도로 사용되는 시설의 바닥면적의 합계가 600㎡ 이

상인 것은 모든 층
　가) 근린생활시설 중 조산원 및 산후조리원
　나) 의료시설 중 정신의료기관
　다) 의료시설 중 종합병원, 병원, 치과병원, 한방병원 및 요양병원
　라) 노유자 시설
　마) 숙박이 가능한 수련시설
　바) 숙박시설
6) 창고시설(물류터미널은 제외한다)로서 바닥면적 합계가 5천㎡ 이상인 경우에는 모든 층
7) 특정소방대상물의 지하층·무창층(축사는 제외한다) 또는 층수가 4층 이상인 층으로서 바닥면적이 1천㎡ 이상인 층이 있는 경우에는 해당 층
8) 랙식 창고(rack warehouse) : 랙(물건을 수납할 수 있는 선반이나 이와 비슷한 것을 말한다. 이하 같다)을 갖춘 것으로서 천장 또는 반자(반자가 없는 경우에는 지붕의 옥내에 면하는 부분을 말한다)의 높이가 10미터를 초과하고, 랙이 설치된 층의 바닥면적의 합계가 1천5백㎡ 이상인 경우에는 모든 층
9) 공장 또는 창고시설로서 다음의 어느 하나에 해당하는 시설
　가) 「화재의 예방 및 안전관리에 관한 법률 시행령」 별표 2에서 정하는 수량의 1천배 이상의 특수가연물을 저장·취급하는 시설
　나) 「원자력안전법 시행령」 제2조제1호에 따른 중·저준위방사성폐기물(이하 "중·저준위방사성폐기물"이라 한다)의 저장시설 중 소화수를 수집·처리하는 설비가 있는 저장시설
10) 지붕 또는 외벽이 불연재료가 아니거나 내화구조가 아닌 공장 또는 창고시설로서 다음의 어느 하나에 해당하는 것 　설17회
　가) 창고시설(물류터미널로 한정한다) 중 4)에 해당하지 않는 것으로서 바닥면적의 합계가 2천5백㎡ 이상이거나 수용인원이 250명 이상인 경우에는 모든 층
　나) 창고시설(물류터미널은 제외한다) 중 6)에 해당하지 않는 것으로서 바닥면적의 합계가 2천5백㎡ 이상인 경우에는 모든 층
　다) 공장 또는 창고시설 중 7)에 해당하지 않는 것으로서 지하층·무창층 또는 층수가 4층 이상인 것 중 바닥면적이 500㎡ 이상인 경우에는 모든 층
　라) 랙식 창고 중 8)에 해당하지 않는 것으로서 바닥면적의 합계가 750㎡ 이상인 경우에는 모든 층
　마) 공장 또는 창고시설 중 9)가)에 해당하지 않는 것으로서 「화재의 예방 및 안전관리에 관한 법률 시행령」 별표 2에서 정하는 수량의 500배 이상의 특수가연물을 저장·취급하는 시설
11) 교정 및 군사시설 중 다음의 어느 하나에 해당하는 경우에는 해당 장소
　가) 보호감호소, 교도소, 구치소 및 그 지소, 보호관찰소, 갱생보호시설, 치료감호시설, 소년원 및 소년분류심사원의 수용거실
　나) 「출입국관리법」 제52조제2항에 따른 보호시설(외국인보호소의 경우에는 보호대상자의 생활공간으로 한정한다. 이하 같다)로 사용하는 부분. 다만, 보호시설이 임차건물에 있는 경우는 제외한다.

다) 「경찰관 직무집행법」 제9조에 따른 유치장
12) 지하가(터널은 제외한다)로서 연면적 1천㎡ 이상인 것
13) 발전시설 중 전기저장시설
14) 1)부터 13)까지의 특정소방대상물에 부속된 보일러실 또는 연결통로 등

마. 간이스프링클러설비를 설치해야 하는 특정소방대상물은 다음의 어느 하나에 해당하는 것으로 한다. 설20회

1) 공동주택 중 연립주택 및 다세대주택(연립주택 및 다세대주택에 설치하는 간이스프링클러설비는 화재안전기준에 따른 주택전용 간이스프링클러설비를 설치한다)
2) 근린생활시설 중 다음의 어느 하나에 해당하는 것
    가) 근린생활시설로 사용하는 부분의 바닥면적 합계가 1천㎡ 이상인 것은 모든 층
    나) 의원, 치과의원 및 한의원으로서 입원실이 있는 시설
    다) 조산원 및 산후조리원으로서 연면적 600㎡ 미만인 시설
3) 의료시설 중 다음의 어느 하나에 해당하는 시설
    가) 종합병원, 병원, 치과병원, 한방병원 및 요양병원(의료재활시설은 제외한다)으로 사용되는 바닥면적의 합계가 600㎡ 미만인 시설
    나) 정신의료기관 또는 의료재활시설로 사용되는 바닥면적의 합계가 300㎡ 이상 600㎡ 미만인 시설
    다) 정신의료기관 또는 의료재활시설로 사용되는 바닥면적의 합계가 300㎡ 미만이고, 창살(철재·플라스틱 또는 목재 등으로 사람의 탈출 등을 막기 위하여 설치한 것을 말하며, 화재 시 자동으로 열리는 구조로 되어 있는 창살은 제외한다)이 설치된 시설
4) 교육연구시설 내에 합숙소로서 연면적 100㎡ 이상인 경우에는 모든 층
5) 노유자 시설로서 다음의 어느 하나에 해당하는 시설
    가) 제7조제1항제7호 각 목에 따른 시설[같은 호 가목2) 및 같은 호 나목부터 바목까지의 시설 중 단독주택 또는 공동주택에 설치되는 시설은 제외하며, 이하 "노유자 생활시설"이라 한다]
    나) 가)에 해당하지 않는 노유자 시설로 해당 시설로 사용하는 바닥면적의 합계가 300㎡ 이상 600㎡ 미만인 시설
    다) 가)에 해당하지 않는 노유자 시설로 해당 시설로 사용하는 바닥면적의 합계가 300㎡ 미만이고, 창살(철재·플라스틱 또는 목재 등으로 사람의 탈출 등을 막기 위하여 설치한 것을 말하며, 화재 시 자동으로 열리는 구조로 되어 있는 창살은 제외한다)이 설치된 시설
6) 숙박시설로 사용되는 바닥면적의 합계가 300㎡ 이상 600㎡ 미만인 시설
7) 건물을 임차하여 「출입국관리법」 제52조제2항에 따른 보호시설로 사용하는 부분
8) 복합건축물(별표 2 제30호나목의 복합건축물만 해당한다)로서 연면적 1천㎡ 이상인 것은 모든 층

바. 물분무등소화설비를 설치해야 하는 특정소방대상물(위험물 저장 및 처리 시설 중 가스시설 및 지하구는 제외한다)은 다음의 어느 하나에 해당하는 것으로 한다. 점22회

1) 항공기 및 자동차 관련 시설 중 항공기 격납고
2) 차고, 주차용 건축물 또는 철골 조립식 주차시설. 이 경우 연면적 800㎡ 이상인 것만

해당한다.

3) 건축물의 내부에 설치된 차고·주차장으로서 차고 또는 주차의 용도로 사용되는 면적이 200㎡ 이상인 경우 해당 부분(50세대 미만 연립주택 및 다세대주택은 제외한다)
4) 기계장치에 의한 주차시설을 이용하여 20대 이상의 차량을 주차할 수 있는 시설
5) 특정소방대상물에 설치된 전기실·발전실·변전실(가연성 절연유를 사용하지 않는 변압기·전류차단기 등의 전기기기와 가연성 피복을 사용하지 않은 전선 및 케이블만을 설치한 전기실·발전실 및 변전실은 제외한다)·축전지실·통신기기실 또는 전산실, 그 밖에 이와 비슷한 것으로서 바닥면적이 300㎡ 이상인 것[하나의 방화구획 내에 둘 이상의 실(室)이 설치되어 있는 경우에는 이를 하나의 실로 보아 바닥면적을 산정한다]. 다만, 내화구조로 된 공정제어실 내에 설치된 주조정실로서 양압시설(외부 오염 공기 침투를 차단하고 내부의 나쁜 공기가 자연스럽게 외부로 흐를 수 있도록 한 시설을 말한다)이 설치되고 전기기기에 220볼트 이하인 저전압이 사용되며 종업원이 24시간 상주하는 곳은 제외한다.
6) 소화수를 수집·처리하는 설비가 설치되어 있지 않은 중·저준위방사성폐기물의 저장시설. 이 시설에는 이산화탄소소화설비, 할론소화설비 또는 할로겐화합물 및 불활성기체 소화설비를 설치해야 한다.
7) 지하가 중 예상 교통량, 경사도 등 터널의 특성을 고려하여 행정안전부령으로 정하는 터널. 이 시설에는 물분무소화설비를 설치해야 한다.
8) 국가유산 중 「문화유산의 보존 및 활용에 관한 법률」에 따른 지정문화유산(문화유산자료를 제외한다) 또는 「자연유산의 보존 및 활용에 관한 법률」에 따른 천연기념물등(자연유산자료를 제외한다)으로서 소방청장이 국가유산청장과 협의하여 정하는 것

사. 옥외소화전설비를 설치해야 하는 특정소방대상물(아파트등, 위험물 저장 및 처리 시설 중 가스시설, 지하구 및 지하가 중 터널은 제외한다)은 다음의 어느 하나에 해당하는 것으로 한다.
1) 지상 1층 및 2층의 바닥면적의 합계가 9천㎡ 이상인 것. 이 경우 같은 구(區) 내의 둘 이상의 특정소방대상물이 행정안전부령으로 정하는 연소(延燒) 우려가 있는 구조인 경우에는 이를 하나의 특정소방대상물로 본다.
2) 문화유산 중 「문화유산의 보존 및 활용에 관한 법률」 제23조에 따라 보물 또는 국보로 지정된 목조건축물
3) 1)에 해당하지 않는 공장 또는 창고시설로서 「화재의 예방 및 안전관리에 관한 법률 시행령」 별표 2에서 정하는 수량의 750배 이상의 특수가연물을 저장·취급하는 것

2. 경보설비 점19회

가. 단독경보형 감지기를 설치해야 하는 특정소방대상물은 다음의 어느 하나에 해당하는 것으로 한다. 이 경우 5)의 연립주택 및 다세대주택에 설치하는 단독경보형 감지기는 연동형으로 설치해야 한다.
1) 교육연구시설 내에 있는 기숙사 또는 합숙소로서 연면적 2천㎡ 미만인 것
2) 수련시설 내에 있는 기숙사 또는 합숙소로서 연면적 2천㎡ 미만인 것
3) 다목7)에 해당하지 않는 수련시설(숙박시설이 있는 것만 해당한다)
4) 연면적 400㎡ 미만의 유치원
5) 공동주택 중 연립주택 및 다세대주택

나. 비상경보설비를 설치해야 하는 특정소방대상물(모래·석재 등 불연재료 공장 및 창고시설, 위험물 저장 및 처리 시설 중 가스시설, 사람이 거주하지 않거나 벽이 없는 축사 등 동물 및 식물 관련 시설 및 지하구는 제외한다)은 다음의 어느 하나에 해당하는 것으로 한다.
  1) 연면적 400㎡ 이상인 것은 모든 층
  2) 지하층 또는 무창층의 바닥면적이 150㎡(공연장의 경우 100㎡) 이상인 것은 모든 층
  3) 지하가 중 터널로서 길이가 500미터 이상인 것
  4) 50명 이상의 근로자가 작업하는 옥내 작업장

다. 자동화재탐지설비를 설치해야 하는 특정소방대상물은 다음의 어느 하나에 해당하는 것으로 한다.
  1) 공동주택 중 아파트등·기숙사 및 숙박시설의 경우에는 모든 층
  2) 층수가 6층 이상인 건축물의 경우에는 모든 층
  3) 근린생활시설(목욕장은 제외한다), 의료시설(정신의료기관 및 요양병원은 제외한다), 위락시설, 장례시설 및 복합건축물로서 연면적 600㎡ 이상인 경우에는 모든 층
  4) 근린생활시설 중 목욕장, 문화 및 집회시설, 종교시설, 판매시설, 운수시설, 운동시설, 업무시설, 공장, 창고시설, 위험물 저장 및 처리 시설, 항공기 및 자동차 관련 시설, 교정 및 군사시설 중 국방·군사시설, 방송통신시설, 발전시설, 관광 휴게시설, 지하가(터널은 제외한다)로서 연면적 1천㎡ 이상인 경우에는 모든 층
  5) 교육연구시설(교육시설 내에 있는 기숙사 및 합숙소를 포함한다), 수련시설(수련시설 내에 있는 기숙사 및 합숙소를 포함하며, 숙박시설이 있는 수련시설은 제외한다), 동물 및 식물 관련 시설(기둥과 지붕만으로 구성되어 외부와 기류가 통하는 장소는 제외한다), 자원순환 관련 시설, 교정 및 군사시설(국방·군사시설은 제외한다) 또는 묘지 관련 시설로서 연면적 2천㎡ 이상인 경우에는 모든 층
  6) 노유자 생활시설의 경우에는 모든 층
  7) 6)에 해당하지 않는 노유자 시설로서 연면적 400㎡ 이상인 노유자 시설 및 숙박시설이 있는 수련시설로서 수용인원 100명 이상인 경우에는 모든 층
  8) 의료시설 중 정신의료기관 또는 요양병원으로서 다음의 어느 하나에 해당하는 시설
    가) 요양병원(의료재활시설은 제외한다)
    나) 정신의료기관 또는 의료재활시설로 사용되는 바닥면적의 합계가 300㎡ 이상인 시설
    다) 정신의료기관 또는 의료재활시설로 사용되는 바닥면적의 합계가 300㎡ 미만이고, 창살(철재·플라스틱 또는 목재 등으로 사람의 탈출 등을 막기 위하여 설치한 것을 말하며, 화재 시 자동으로 열리는 구조로 되어 있는 창살은 제외한다)이 설치된 시설
  9) 판매시설 중 전통시장
  10) 지하가 중 터널로서 길이가 1천미터 이상인 것
  11) 지하구
  12) 3)에 해당하지 않는 근린생활시설 중 조산원 및 산후조리원
  13) 4)에 해당하지 않는 공장 및 창고시설로서 「화재의 예방 및 안전관리에 관한 법률 시행령」 별표 2에서 정하는 수량의 500배 이상의 특수가연물을 저장·취급하는 것
  14) 4)에 해당하지 않는 발전시설 중 전기저장시설

라. 시각경보기를 설치해야 하는 특정소방대상물은 다목에 따라 자동화재탐지설비를 설치해야 하는 특정소방대상물 중 다음의 어느 하나에 해당하는 것으로 한다. 점19회
   1) 근린생활시설, 문화 및 집회시설, 종교시설, 판매시설, 운수시설, 의료시설, 노유자시설
   2) 운동시설, 업무시설, 숙박시설, 위락시설, 창고시설 중 물류터미널, 발전시설 및 장례시설
   3) 교육연구시설 중 도서관, 방송통신시설 중 방송국
   4) 지하가 중 지하상가
마. 화재알림설비를 설치해야 하는 특정소방대상물은 판매시설 중 전통시장으로 한다.
바. 비상방송설비를 설치해야 하는 특정소방대상물(위험물 저장 및 처리 시설 중 가스시설, 사람이 거주하지 않거나 벽이 없는 축사 등 동물 및 식물 관련 시설, 지하가 중 터널 및 지하구는 제외한다)은 다음의 어느 하나에 해당하는 것으로 한다.
   1) 연면적 3천5백㎡ 이상인 것은 모든 층
   2) 층수가 11층 이상인 것은 모든 층
   3) 지하층의 층수가 3층 이상인 것은 모든 층
사. 자동화재속보설비를 설치해야 하는 특정소방대상물은 다음의 어느 하나에 해당하는 것으로 한다. 다만, 방재실 등 화재 수신기가 설치된 장소에 24시간 화재를 감시할 수 있는 사람이 근무하고 있는 경우에는 자동화재속보설비를 설치하지 않을 수 있다.
   1) 노유자 생활시설
   2) 노유자 시설로서 바닥면적이 500㎡ 이상인 층이 있는 것
   3) 수련시설(숙박시설이 있는 것만 해당한다)로서 바닥면적이 500㎡ 이상인 층이 있는 것
   4) 문화유산 중 「문화유산의 보존 및 활용에 관한 법률」 제23조에 따라 보물 또는 국보로 지정된 목조건축물
   5) 근린생활시설 중 다음의 어느 하나에 해당하는 시설
      가) 의원, 치과의원 및 한의원으로서 입원실이 있는 시설
      나) 조산원 및 산후조리원
   6) 의료시설 중 다음의 어느 하나에 해당하는 것
      가) 종합병원, 병원, 치과병원, 한방병원 및 요양병원(의료재활시설은 제외한다)
      나) 정신병원 및 의료재활시설로 사용되는 바닥면적의 합계가 500㎡ 이상인 층이 있는 것
   7) 판매시설 중 전통시장
아. 통합감시시설을 설치해야 하는 특정소방대상물은 지하구로 한다.
자. 누전경보기는 계약전류용량(같은 건축물에 계약 종류가 다른 전기가 공급되는 경우에는 그중 최대계약전류용량을 말한다)이 100암페어를 초과하는 특정소방대상물(내화구조가 아닌 건축물로서 벽ㆍ바닥 또는 반자의 전부나 일부를 불연재료 또는 준불연재료가 아닌 재료에 철망을 넣어 만든 것만 해당한다)에 설치해야 한다. 다만, 위험물 저장 및 처리 시설 중 가스시설, 지하가 중 터널 및 지하구의 경우에는 그렇지 않다.
차. 가스누설경보기를 설치해야 하는 특정소방대상물(가스시설이 설치된 경우만 해당한다)은 다음의 어느 하나에 해당하는 것으로 한다.
   1) 문화 및 집회시설, 종교시설, 판매시설, 운수시설, 의료시설, 노유자 시설

2) 수련시설, 운동시설, 숙박시설, 창고시설 중 물류터미널, 장례시설
3. 피난구조설비
   가. 피난기구는 특정소방대상물의 모든 층에 화재안전기준에 적합한 것으로 설치해야 한다. 다만, 피난층, 지상 1층, 지상 2층(노유자 시설 중 피난층이 아닌 지상 1층과 피난층이 아닌 지상 2층은 제외한다), 층수가 11층 이상인 층과 위험물 저장 및 처리시설 중 가스시설, 지하가 중 터널 및 지하구의 경우에는 그렇지 않다.
   나. 인명구조기구를 설치해야 하는 특정소방대상물은 다음의 어느 하나에 해당하는 것으로 한다.
      1) 방열복 또는 방화복(안전모, 보호장갑 및 안전화를 포함한다), 인공소생기 및 공기호흡기를 설치해야 하는 특정소방대상물 : 지하층을 포함하는 층수가 7층 이상인 것 중 관광호텔 용도로 사용하는 층
      2) 방열복 또는 방화복(안전모, 보호장갑 및 안전화를 포함한다) 및 공기호흡기를 설치해야 하는 특정소방대상물 : 지하층을 포함하는 층수가 5층 이상인 것 중 병원 용도로 사용하는 층
      3) 공기호흡기를 설치해야 하는 특정소방대상물은 다음의 어느 하나에 해당하는 것으로 한다. 점18회
         가) 수용인원 100명 이상인 문화 및 집회시설 중 영화상영관
         나) 판매시설 중 대규모점포
         다) 운수시설 중 지하역사
         라) 지하가 중 지하상가
         마) 제1호바목 및 화재안전기준에 따라 이산화탄소소화설비(호스릴이산화탄소소화설비는 제외한다)를 설치해야 하는 특정소방대상물
   다. 유도등을 설치해야 하는 특정소방대상물은 다음의 어느 하나에 해당하는 것으로 한다.
      1) 피난구유도등, 통로유도등 및 유도표지는 특정소방대상물에 설치한다. 다만, 다음의 어느 하나에 해당하는 경우는 제외한다.
         가) 동물 및 식물 관련 시설 중 축사로서 가축을 직접 가두어 사육하는 부분
         나) 지하가 중 터널
      2) 객석유도등은 다음의 어느 하나에 해당하는 특정소방대상물에 설치한다.
         가) 유흥주점영업시설(「식품위생법 시행령」 제21조제8호라목의 유흥주점영업 중 손님이 춤을 출 수 있는 무대가 설치된 카바레, 나이트클럽 또는 그 밖에 이와 비슷한 영업시설만 해당한다)
         나) 문화 및 집회시설
         다) 종교시설
         라) 운동시설
      3) 피난유도선은 화재안전기준에서 정하는 장소에 설치한다.
   라. 비상조명등을 설치해야 하는 특정소방대상물(창고시설 중 창고 및 하역장, 위험물 저장 및 처리 시설 중 가스시설 및 사람이 거주하지 않거나 벽이 없는 축사 등 동물 및 식물 관련 시설은 제외한다)은 다음의 어느 하나에 해당하는 것으로 한다.
      1) 지하층을 포함하는 층수가 5층 이상인 건축물로서 연면적 3천㎡ 이상인 경우에는 모든 층

2) 1)에 해당하지 않는 특정소방대상물로서 그 지하층 또는 무창층의 바닥면적이 450㎡ 이상인 경우에는 해당 층

3) 지하가 중 터널로서 그 길이가 500미터 이상인 것

마. 휴대용비상조명등을 설치해야 하는 특정소방대상물은 다음의 어느 하나에 해당하는 것으로 한다.

1) 숙박시설

2) 수용인원 100명 이상의 영화상영관, 판매시설 중 대규모점포, 철도 및 도시철도 시설 중 지하역사, 지하가 중 지하상가

4. 소화용수설비

상수도소화용수설비를 설치해야 하는 특정소방대상물은 다음의 어느 하나에 해당하는 것으로 한다. 다만, 상수도소화용수설비를 설치해야 하는 특정소방대상물의 대지 경계선으로부터 180미터 이내에 지름 75㎜ 이상인 상수도용 배수관이 설치되지 않은 지역의 경우에는 화재안전기준에 따른 소화수조 또는 저수조를 설치해야 한다.

가. 연면적 5천㎡ 이상인 것. 다만, 위험물 저장 및 처리 시설 중 가스시설, 지하가 중 터널 또는 지하구의 경우에는 제외한다.

나. 가스시설로서 지상에 노출된 탱크의 저장용량의 합계가 100톤 이상인 것

다. 자원순환 관련 시설 중 폐기물재활용시설 및 폐기물처분시설

5. 소화활동설비

가. 제연설비를 설치해야 하는 특정소방대상물은 다음의 어느 하나에 해당하는 것으로 한다.

점16회

1) 문화 및 집회시설, 종교시설, 운동시설 중 무대부의 바닥면적이 200㎡ 이상인 경우에는 해당 무대부

2) 문화 및 집회시설 중 영화상영관으로서 수용인원 100명 이상인 경우에는 해당 영화상영관

3) 지하층이나 무창층에 설치된 근린생활시설, 판매시설, 운수시설, 숙박시설, 위락시설, 의료시설, 노유자 시설 또는 창고시설(물류터미널로 한정한다)로서 해당 용도로 사용되는 바닥면적의 합계가 1천㎡ 이상인 경우 해당 부분

4) 운수시설 중 시외버스정류장, 철도 및 도시철도 시설, 공항시설 및 항만시설의 대기실 또는 휴게시설로서 지하층 또는 무창층의 바닥면적이 1천㎡ 이상인 경우에는 모든 층

5) 지하가(터널은 제외한다)로서 연면적 1천㎡ 이상인 것

6) 지하가 중 예상 교통량, 경사도 등 터널의 특성을 고려하여 행정안전부령으로 정하는 터널

7) 특정소방대상물(갓복도형 아파트등은 제외한다)에 부설된 특별피난계단, 비상용 승강기의 승강장 또는 피난용 승강기의 승강장

나. 연결송수관설비를 설치해야 하는 특정소방대상물(위험물 저장 및 처리 시설 중 가스시설 및 지하구는 제외한다)은 다음의 어느 하나에 해당하는 것으로 한다.

1) 층수가 5층 이상으로서 연면적 6천㎡ 이상인 경우에는 모든 층

2) 1)에 해당하지 않는 특정소방대상물로서 지하층을 포함하는 층수가 7층 이상인 경우에는 모든 층

3) 1) 및 2)에 해당하지 않는 특정소방대상물로서 지하층의 층수가 3층 이상이고 지하층의 바닥면적의 합계가 1천㎡ 이상인 경우에는 모든 층
4) 지하가 중 터널로서 길이가 1천미터 이상인 것

다. 연결살수설비를 설치해야 하는 특정소방대상물(지하구는 제외한다)은 다음의 어느 하나에 해당하는 것으로 한다.
1) 판매시설, 운수시설, 창고시설 중 물류터미널로서 해당 용도로 사용되는 부분의 바닥면적의 합계가 1천㎡ 이상인 경우에는 해당 시설
2) 지하층(피난층으로 주된 출입구가 도로와 접한 경우는 제외한다)으로서 바닥면적의 합계가 150㎡ 이상인 경우에는 지하층의 모든 층. 다만, 「주택법 시행령」제46조제1항에 따른 국민주택규모 이하인 아파트등의 지하층(대피시설로 사용하는 것만 해당한다)과 교육연구시설 중 학교의 지하층의 경우에는 700㎡ 이상인 것으로 한다.
3) 가스시설 중 지상에 노출된 탱크의 용량이 30톤 이상인 탱크시설
4) 1) 및 2)의 특정소방대상물에 부속된 연결통로

라. 비상콘센트설비를 설치해야 하는 특정소방대상물(위험물 저장 및 처리 시설 중 가스시설 및 지하구는 제외한다)은 다음의 어느 하나에 해당하는 것으로 한다.
1) 층수가 11층 이상인 특정소방대상물의 경우에는 11층 이상의 층
2) 지하층의 층수가 3층 이상이고 지하층의 바닥면적의 합계가 1천㎡ 이상인 것은 지하층의 모든 층
3) 지하가 중 터널로서 길이가 500미터 이상인 것

마. 무선통신보조설비를 설치해야 하는 특정소방대상물(위험물 저장 및 처리 시설 중 가스시설은 제외한다)은 다음의 어느 하나에 해당하는 것으로 한다. 점22회
1) 지하가(터널은 제외한다)로서 연면적 1천㎡ 이상인 것
2) 지하층의 바닥면적의 합계가 3천㎡ 이상인 것 또는 지하층의 층수가 3층 이상이고 지하층의 바닥면적의 합계가 1천㎡ 이상인 것은 지하층의 모든 층
3) 지하가 중 터널로서 길이가 500미터 이상인 것
4) 지하구 중 공동구
5) 층수가 30층 이상인 것으로서 16층 이상 부분의 모든 층

바. 연소방지설비는 지하구(전력 또는 통신사업용인 것만 해당한다)에 설치해야 한다.

비고
1. 별표 2 제1호부터 제27호까지 중 어느 하나에 해당하는 시설(이하 이 호에서 "근린생활시설등"이라 한다)의 소방시설 설치기준이 복합건축물의 소방시설 설치기준보다 강화된 경우 복합건축물 안에 있는 해당 근린생활시설등에 대해서는 그 근린생활시설등의 소방시설 설치기준을 적용한다.
2. 원자력발전소 중 「원자력안전법」제2조에 따른 원자로 및 관계시설에 설치하는 소방시설에 대해서는 「원자력안전법」제11조 및 제21조에 따른 허가기준에 따라 설치한다.
3. 특정소방대상물의 관계인은 제8조제1항에 따른 내진설계 대상 특정소방대상물 및 제9조에 따른 성능위주설계 대상 특정소방대상물에 설치·관리해야 하는 소방시설에 대해서는 법 제7조에 따른 소방시설의 내진설계기준 및 법 제8조에 따른 성능위주설계의 기준에 맞게 설치·관리해야 한다.

> **시행규칙 제16조(소방시설을 설치해야 하는 터널)** ① 영 별표 4 제1호다목4)나)에서 "행정안전부령으로 정하는 터널"이란 「도로의 구조·시설 기준에 관한 규칙」 제48조에 따라 국토교통부장관이 정하는 도로의 구조 및 시설에 관한 세부 기준에 따라 옥내소화전설비를 설치해야 하는 터널을 말한다.
> ② 영 별표 4 제1호바목7) 전단에서 "행정안전부령으로 정하는 터널"이란 「도로의 구조·시설 기준에 관한 규칙」 제48조에 따라 국토교통부장관이 정하는 도로의 구조 및 시설에 관한 세부 기준에 따라 물분무소화설비를 설치해야 하는 터널을 말한다.
> ③ 영 별표 4 제5호가목6)에서 "행정안전부령으로 정하는 터널"이란 「도로의 구조·시설 기준에 관한 규칙」 제48조에 따라 국토교통부장관이 정하는 도로의 구조 및 시설에 관한 세부 기준에 따라 제연설비를 설치해야 하는 터널을 말한다.
>
> **시행규칙 제17조(연소 우려가 있는 건축물의 구조)** 영 별표 4 제1호사목1) 후단에서 "행정안전부령으로 정하는 연소(延燒) 우려가 있는 구조"란 다음 각 호의 기준에 모두 해당하는 구조를 말한다.
> 1. 건축물대장의 건축물 현황도에 표시된 대지경계선 안에 둘 이상의 건축물이 있는 경우
> 2. 각각의 건축물이 다른 건축물의 외벽으로부터 수평거리가 1층의 경우에는 6미터 이하, 2층 이상의 층의 경우에는 10미터 이하인 경우
> 3. 개구부(영 제2조제1호 각 목 외의 부분에 따른 개구부를 말한다)가 다른 건축물을 향하여 설치되어 있는 경우

(10) 내용연수

① **대상** : 분말형태의 소화약제를 사용하는 소화기
② **내용연수** : 10년

(11) 수용인원 산정

> ■ 소방시설 설치 및 관리에 관한 법률 시행령 [별표 7]
>
> <u>**수용인원의 산정 방법**</u> (제17조 관련)
>
> 1. 숙박시설이 있는 특정소방대상물
>   가. 침대가 있는 숙박시설 : 해당 특정소방대상물의 종사자 수에 침대 수(2인용 침대는 2개로 산정한다)를 합한 수
>   나. 침대가 없는 숙박시설 : 해당 특정소방대상물의 종사자 수에 숙박시설 바닥면적의 합계

를 3㎡로 나누어 얻은 수를 합한 수
2. 제1호 외의 특정소방대상물 점12회
   가. 강의실·교무실·상담실·실습실·휴게실 용도로 쓰는 특정소방대상물 : 해당 용도로 사용하는 바닥면적의 합계를 1.9㎡로 나누어 얻은 수
   나. 강당, 문화 및 집회시설, 운동시설, 종교시설 : 해당 용도로 사용하는 바닥면적의 합계를 4.6㎡로 나누어 얻은 수(관람석이 있는 경우 고정식 의자를 설치한 부분은 그 부분의 의자 수로 하고, 긴 의자의 경우에는 의자의 정면너비를 0.45미터로 나누어 얻은 수로 한다)
   다. 그 밖의 특정소방대상물 : 해당 용도로 사용하는 바닥면적의 합계를 3㎡로 나누어 얻은 수

비고
1. 위 표에서 바닥면적을 산정할 때에는 복도(「건축법 시행령」 제2조제11호에 따른 준불연재료 이상의 것을 사용하여 바닥에서 천장까지 벽으로 구획한 것을 말한다), 계단 및 화장실의 바닥면적을 포함하지 않는다.
2. 계산 결과 소수점 이하의 수는 반올림한다.

(12) 임시소방시설

① 임시소방시설을 설치하여야 하는 작업(대통령령으로 정하는 작업)

㉠ 인화성·가연성·폭발성 물질을 취급하거나 가연성 가스를 발생시키는 작업
㉡ 용접·용단(금속·유리·플라스틱 따위를 녹여서 절단하는 일을 말한다) 등 불꽃을 발생시키거나 화기(火氣)를 취급하는 작업
㉢ 전열기구, 가열전선 등 열을 발생시키는 기구를 취급하는 작업
㉣ 알루미늄, 마그네슘 등을 취급하여 폭발성 부유분진(공기 중에 떠다니는 미세한 입자를 말한다)을 발생시킬 수 있는 작업
㉤ 그 밖에 제1호부터 제4호까지와 비슷한 작업으로 소방청장이 정하여 고시하는 작업

② 임시소방시설의 종류 및 설치기준 등

■ 소방시설 설치 및 관리에 관한 법률 시행령 [별표 8] [시행일 : 2023. 7. 1.] 제1호라목, 제1호바목, 제1호사목, 제2호라목, 제2호바목, 제2호사목

임시소방시설의 종류와 설치기준 등 (제18조제2항 및 제3항 관련)

1. 임시소방시설의 종류
   가. 소화기
   나. 간이소화장치 : 물을 방사(放射)하여 화재를 진화할 수 있는 장치로서 소방청장이 정하는 성능을 갖추고 있을 것

다. 비상경보장치 : 화재가 발생한 경우 주변에 있는 작업자에게 화재사실을 알릴 수 있는 장치로서 소방청장이 정하는 성능을 갖추고 있을 것
라. 가스누설경보기 : 가연성 가스가 누설되거나 발생된 경우 이를 탐지하여 경보하는 장치로서 법 제37조에 따른 형식승인 및 제품검사를 받은 것
마. 간이피난유도선 : 화재가 발생한 경우 피난구 방향을 안내할 수 있는 장치로서 소방청장이 정하는 성능을 갖추고 있을 것
바. 비상조명등 : 화재가 발생한 경우 안전하고 원활한 피난활동을 할 수 있도록 자동 점등되는 조명장치로서 소방청장이 정하는 성능을 갖추고 있을 것
사. 방화포 : 용접·용단 등의 작업 시 발생하는 불티로부터 가연물이 점화되는 것을 방지해주는 천 또는 불연성 물품으로서 소방청장이 정하는 성능을 갖추고 있을 것

2. 임시소방시설을 설치해야 하는 공사의 종류와 규모
   가. 소화기 : 법 제6조제1항에 따라 소방본부장 또는 소방서장의 동의를 받아야 하는 특정소방대상물의 신축·증축·개축·재축·이전·용도변경 또는 대수선 등을 위한 공사 중 법 제15조제1항에 따른 화재위험작업의 현장(이하 이 표에서 "화재위험작업현장"이라 한다)에 설치한다.
   나. 간이소화장치 : 다음의 어느 하나에 해당하는 공사의 화재위험작업현장에 설치한다.
      1) 연면적 3천㎡ 이상
      2) 지하층, 무창층 또는 4층 이상의 층. 이 경우 해당 층의 바닥면적이 600㎡ 이상인 경우만 해당한다.
   다. 비상경보장치 : 다음의 어느 하나에 해당하는 공사의 화재위험작업현장에 설치한다.
      1) 연면적 400㎡ 이상
      2) 지하층 또는 무창층. 이 경우 해당 층의 바닥면적이 150㎡ 이상인 경우만 해당한다.
   라. 가스누설경보기 : 바닥면적이 150㎡ 이상인 지하층 또는 무창층의 화재위험작업현장에 설치한다.
   마. 간이피난유도선 : 바닥면적이 150㎡ 이상인 지하층 또는 무창층의 화재위험작업현장에 설치한다.
   바. 비상조명등 : 바닥면적이 150㎡ 이상인 지하층 또는 무창층의 화재위험작업현장에 설치한다.
   사. 방화포 : 용접·용단 작업이 진행되는 화재위험작업현장에 설치한다.

3. 임시소방시설과 기능 및 성능이 유사한 소방시설로서 임시소방시설을 설치한 것으로 보는 소방시설 점15회
   가. 간이소화장치를 설치한 것으로 보는 소방시설 : 소방청장이 정하여 고시하는 기준에 맞는 소화기(연결송수관설비의 방수구 인근에 설치한 경우로 한정한다) [대형소화기를 작업지점으로부터 25[m] 이내 쉽게 보이는 장소에 6개 이상을 배치한 경우] 또는 옥내소화전설비
   나. 비상경보장치를 설치한 것으로 보는 소방시설 : 비상방송설비 또는 자동화재탐지설비
   다. 간이피난유도선을 설치한 것으로 보는 소방시설 : 피난유도선, 피난구유도등, 통로유도등 또는 비상조명등

(13) 소방시설기준 적용의 특례

① 대통령령 또는 화재안전기준이 변경되어 그 기준이 강화되는 경우

㉠ 원칙 : 기존의 특정소방대상물(건축물의 신축·개축·재축·이전 및 대수선 중인 특정소방대상물을 포함한다)의 소방시설에 대하여는 변경 전의 대통령령 또는 화재안전기준을 적용한다.

㉡ 예외 : 다음의 경우 강화된 기준을 적용한다. 점11회

ⓐ 다음의 소방시설 중 대통령령 또는 화재안전기준으로 정하는 것
  ㉮ 소화기구
  ㉯ 비상경보설비
  ㉰ 자동화재탐지설비
  ㉱ 자동화재속보설비
  ㉲ 피난구조설비

ⓑ 다음의 특정소방대상물에 설치하는 소방시설 중 대통령령 또는 화재안전기준으로 정하는 것
  ㉮ 「국토의 계획 및 이용에 관한 법률」제2조제9호에 따른 공동구
  ㉯ 전력 및 통신사업용 지하구
  ㉰ 노유자(老幼者) 시설
  ㉱ 의료시설

> **시행령 제13조(강화된 소방시설기준의 적용대상)** 법 제13조제1항제2호 각 목 외의 부분에서 "대통령령으로 정하는 것"이란 다음 각 호의 소방시설을 말한다.
> 1. 「국토의 계획 및 이용에 관한 법률」제2조제9호에 따른 공동구에 설치하는 소화기, 자동소화장치, 자동화재탐지설비, 통합감시시설, 유도등 및 연소방지설비
> 2. 전력 및 통신사업용 지하구에 설치하는 소화기, 자동소화장치, 자동화재탐지설비, 통합감시시설, 유도등 및 연소방지설비
> 3. 노유자 시설에 설치하는 간이스프링클러설비, 자동화재탐지설비 및 단독경보형 감지기 설16회
> 4. 의료시설에 설치하는 스프링클러설비, 간이스프링클러설비, 자동화재탐지설비 및 자동화재속보설비

② **증축되는 경우**
　㉠ 원칙 : 소방본부장이나 소방서장은 기존의 특정소방대상물이 증축되는 경우에는 대통령령으로 정하는 바에 따라 증축 당시의 소방시설의 설치에 관한 대통령령 또는 화재안전기준을 적용한다.
　㉡ 예외 : 다음의 경우 기존부분에 대하여는 증축 당시의 기준을 적용하지 아니한다.

　　　점17회

　　ⓐ 기존 부분과 증축 부분이 내화구조(耐火構造)로 된 바닥과 벽으로 구획된 경우
　　ⓑ 기존 부분과 증축 부분이 「건축법 시행령」 제46조제1항제2호에 따른 자동방화셔터(이하 "자동방화셔터"라 한다) 또는 같은 영 제64조제1항제1호에 따른 60분+ 방화문(이하 "60분+ 방화문"이라 한다)으로 구획되어 있는 경우
　　ⓒ 자동차 생산공장 등 화재 위험이 낮은 특정소방대상물 내부에 연면적 33제곱미터 이하의 직원 휴게실을 증축하는 경우
　　ⓓ 자동차 생산공장 등 화재 위험이 낮은 특정소방대상물에 캐노피(기둥으로 받치거나 매달아 놓은 덮개를 말하며, 3면 이상에 벽이 없는 구조의 것을 말한다)를 설치하는 경우

③ **용도가 변경되는 경우**
　㉠ 원칙 : 소방본부장이나 소방서장은 기존의 특정소방대상물이 용도가 변경되는 경우에는 대통령령으로 정하는바에 따라 용도변경 당시의 소방시설의 설치에 관한 대통령령 또는 화재안전기준을 적용한다.
　㉡ 예외 : 다음의 경우 전체부분에 대하여는 용도변경 당시의 기준을 적용하지 아니한다.[전체 그대로 둔다]
　　ⓐ 특정소방대상물의 구조·설비가 화재연소 확대 요인이 적어지거나 피난 또는 화재진압활동이 쉬워지도록 변경되는 경우
　　ⓑ 용도변경으로 인하여 천장·바닥·벽 등에 고정되어 있는 가연성 물질의 양이 줄어드는 경우

(14) 소방시설 설치면제 기준

■ 소방시설 설치 및 관리에 관한 법률 시행령 [별표 5]

특정소방대상물의 소방시설 설치의 면제 기준 (제14조 관련)

설치가 면제되는 소방시설	설치가 면제되는 기준
1. 자동소화장치	자동소화장치(주거용 주방자동소화장치 및 상업용 주방자동소화장치는 제외한다)를 설치해야 하는 특정소방대상물에 물분무등 소화설비를 화재안전기준에 적합하게 설치한 경우에는 그 설비의 유효범위(해당 소방시설이 화재를 감지·소화 또는 경보할 수 있는 부분을 말한다. 이하 같다)에서 설치가 면제된다.
2. 옥내소화전설비	소방본부장 또는 소방서장이 옥내소화전설비의 설치가 곤란하다고 인정하는 경우로서 호스릴 방식의 미분무소화설비 또는 옥외소화전설비를 화재안전기준에 적합하게 설치한 경우에는 그 설비의 유효범위에서 설치가 면제된다.
3. 스프링클러설비	가. 스프링클러설비를 설치해야 하는 특정소방대상물(발전시설 중 전기저장시설은 제외한다)에 적응성 있는 자동소화장치 또는 물분무등소화설비를 화재안전기준에 적합하게 설치한 경우에는 그 설비의 유효범위에서 설치가 면제된다. 나. 스프링클러설비를 설치해야 하는 전기저장시설에 소화설비를 소방청장이 정하여 고시하는 방법에 따라 설치한 경우에는 그 설비의 유효범위에서 설치가 면제된다.
4. 간이스프링클러설비	간이스프링클러설비를 설치해야 하는 특정소방대상물에 스프링클러설비, 물분무소화설비 또는 미분무소화설비를 화재안전기준에 적합하게 설치한 경우에는 그 설비의 유효범위에서 설치가 면제된다.
5. 물분무등소화설비	물분무등소화설비를 설치해야 하는 차고·주차장에 스프링클러설비를 화재안전기준에 적합하게 설치한 경우에는 그 설비의 유효범위에서 설치가 면제된다.
6. 옥외소화전설비	옥외소화전설비를 설치해야 하는 문화유산인 목조건축물에 상수도소화 용수설비를 화재안전기준에서 정하는 방수압력·방수량·옥외소화전함 및 호스의 기준에 적합하게 설치한 경우에는 설치가 면제된다.
7. 비상경보설비	비상경보설비를 설치해야 할 특정소방대상물에 단독경보형 감지기를 2개 이상의 단독경보형 감지기와 연동하여 설치한 경우에는 그 설비의 유효범위에서 설치가 면제된다.
8. 비상경보설비 또는 단독경보형 감지기	비상경보설비 또는 단독경보형 감지기를 설치해야 하는 특정소방대상물에 자동화재탐지설비 또는 화재알림설비를 화재안전기준에 적합하게 설치한 경우에는 그 설비의 유효범위에서 설치가 면제된다.

9. 자동화재탐지설비	자동화재탐지설비의 기능(감지·수신·경보기능을 말한다)과 성능을 가진 화재알림설비, 스프링클러설비 또는 물분무등소화설비를 화재안전기준에 적합하게 설치한 경우에는 그 설비의 유효범위에서 설치가 면제된다.	
10. 화재알림설비	화재알림설비를 설치해야 하는 특정소방대상물에 자동화재탐지설비를 화재안전기준에 적합하게 설치한 경우에는 그 설비의 유효범위에서 설치가 면제된다.	
11. 비상방송설비	비상방송설비를 설치해야 하는 특정소방대상물에 자동화재탐지설비 또는 비상경보설비와 같은 수준 이상의 음향을 발하는 장치를 부설한 방송설비를 화재안전기준에 적합하게 설치한 경우에는 그 설비의 유효범위에서 설치가 면제된다.	
12. 자동화재속보설비	자동화재속보설비를 설치해야 하는 특정소방대상물에 화재알림설비를 화재안전기준에 적합하게 설치한 경우에는 그 설비의 유효범위에서 설치가 면제된다.	
13. 누전경보기	누전경보기를 설치해야 하는 특정소방대상물 또는 그 부분에 아크경보기(옥내 배전선로의 단선이나 선로 손상 등으로 인하여 발생하는 아크를 감지하고 경보하는 장치를 말한다) 또는 전기 관련 법령에 따른 지락차단장치를 설치한 경우에는 그 설비의 유효범위에서 설치가 면제된다.	
14. 피난구조설비	피난구조설비를 설치해야 하는 특정소방대상물에 그 위치·구조 또는 설비의 상황에 따라 피난상 지장이 없다고 인정되는 경우에는 화재안전기준에서 정하는 바에 따라 설치가 면제된다.	
15. 비상조명등	비상조명등을 설치해야 하는 특정소방대상물에 피난구유도등 또는 통로유도등을 화재안전기준에 적합하게 설치한 경우에는 그 유도등의 유효범위에서 설치가 면제된다.	
16. 상수도소화용수설비	가. 상수도소화용수설비를 설치해야 하는 특정소방대상물의 각 부분으로부터 수평거리 140미터 이내에 공공의 소방을 위한 소화전이 화재안전기준에 적합하게 설치되어 있는 경우에는 설치가 면제된다. 나. 소방본부장 또는 소방서장이 상수도소화용수설비의 설치가 곤란하다고 인정하는 경우로서 화재안전기준에 적합한 소화수조 또는 저수조가 설치되어 있거나 이를 설치하는 경우에는 그 설비의 유효범위에서 설치가 면제된다.	

17. 제연설비
점16회
	가. 제연설비를 설치해야 하는 특정소방대상물[별표 4 제5호가목6)은 제외한다]에 다음의 어느 하나에 해당하는 설비를 설치한 경우에는 설치가 면제된다.
	  1) 공기조화설비를 화재안전기준의 제연설비기준에 적합하게 설치하고 공기조화설비가 화재 시 제연설비기능으로 자동전환되는 구조로 설치되어 있는 경우
	  2) 직접 외부 공기와 통하는 배출구의 면적의 합계가 해당 제연구역[제연경계(제연설비의 일부인 천장을 포함한다)에 의하여 구획된 건축물 내의 공간을 말한다] 바닥면적의 100분의 1 이상이고, 배출구부터 각 부분까지의 수평거리가 30미터 이내이며, 공기유입구가 화재안전기준에 적합하게(외부 공기를 직접 자연 유입할 경우에 유입구의 크기는 배출구의 크기 이상이어야 한다) 설치되어 있는 경우	

	나. 별표 4 제5호가목6)에 따라 제연설비를 설치해야 하는 특정소방대상물 중 노대(露臺)와 연결된 특별피난계단, 노대가 설치된 비상용 승강기의 승강장 또는 「건축법 시행령」제91조제5호의 기준에 따라 배연설비가 설치된 피난용 승강기의 승강장에는 설치가 면제된다.
18. 연결송수관설비	연결송수관설비를 설치해야 하는 소방대상물에 옥외에 연결송수구 및 옥내에 방수구가 부설된 옥내소화전설비, 스프링클러설비, 간이스프링클러설비 또는 연결살수설비를 화재안전기준에 적합하게 설치한 경우에는 그 설비의 유효범위에서 설치가 면제된다. 다만, 지표면에서 최상층 방수구의 높이가 70미터 이상인 경우에는 설치해야 한다.
19. 연결살수설비	가. 연결살수설비를 설치해야 하는 특정소방대상물에 송수구를 부설한 스프링클러설비, 간이스프링클러설비, 물분무소화설비 또는 미분무소화설비를 화재안전기준에 적합하게 설치한 경우에는 그 설비의 유효범위에서 설치가 면제된다. 나. 가스 관계 법령에 따라 설치되는 물분무장치 등에 소방대가 사용할 수 있는 연결송수구가 설치되거나 물분무장치 등에 6시간 이상 공급할 수 있는 수원(水源)이 확보된 경우에는 설치가 면제된다.
20. 무선통신보조설비	무선통신보조설비를 설치해야 하는 특정소방대상물에 이동통신 구내 중계기 선로설비 또는 무선이동중계기(「전파법」제58조의2에 따른 적합성평가를 받은 제품만 해당한다) 등을 화재안전기준의 무선통신보조설비기준에 적합하게 설치한 경우에는 설치가 면제된다.
21. 연소방지설비	연소방지설비를 설치해야 하는 특정소방대상물에 스프링클러설비, 물분무소화설비 또는 미분무소화설비를 화재안전기준에 적합하게 설치한 경우에는 그 설비의 유효범위에서 설치가 면제된다.

(15) 소방시설을 설치하지 아니할 수 있는 특정소방대상물 및 소방시설의 범위 점17회

■ 소방시설 설치 및 관리에 관한 법률 시행령 [별표 6]

소방시설을 설치하지 않을 수 있는 특정소방대상물 및 소방시설의 범위 (제16조 관련)

구 분	특정소방대상물	설치하지 않을 수 있는 소방시설
1. 화재 위험도가 낮은 특정소방대상물	석재, 불연성금속, 불연성 건축재료 등의 가공공장·기계조립공장 또는 불연성 물품을 저장하는 창고	옥외소화전 및 연결살수설비
2. 화재안전기준을 적용하기 어려운 특정소방대상물 점17회	펄프공장의 작업장, 음료수 공장의 세정 또는 충전을 하는 작업장, 그 밖에 이와 비슷한 용도로 사용하는 것	스프링클러설비, 상수도소화용수설비 및 연결살수설비
	정수장, 수영장, 목욕장, 농예·축산·어류양식용 시설, 그 밖에 이와 비슷한 용도로 사용되는 것	자동화재탐지설비, 상수도소화용수설비 및 연결살수설비
3. 화재안전기준을 달리 적용해야 하는 특수한 용도 또는 구조를 가진 특정소방대상물	원자력발전소, 중·저준위방사성 폐기물의 저장시설	연결송수관설비 및 연결살수설비
4.「위험물 안전관리법」제19조에 따른 자체소방대가 설치된 특정소방대상물	자체소방대가 설치된 제조소등에 부속된 사무실	옥내소화전설비, 소화용수설비, 연결살수설비 및 연결송수관설비

(16) 방염

① 방염성능기준 이상의 실내장식물등을 설치하여야 하는 특정소방대상물의 종류
  ㉠ 근린생활시설 중 의원, 조산원, 산후조리원, 체력단련장, 공연장 및 종교집회장
  ㉡ 건축물의 옥내에 있는 시설로서 다음의 시설
    ⓐ 문화 및 집회시설
    ⓑ 종교시설
    ⓒ 운동시설(수영장은 제외한다)
  ㉢ 의료시설
  ㉣ 교육연구시설 중 합숙소
  ㉤ 노유자시설

ⓑ 숙박이 가능한 수련시설

　　ⓢ 숙박시설

　　ⓞ 방송통신시설 중 방송국 및 촬영소

　　ⓩ 다중이용업소

　　㉣ ㉠부터 ㉣까지의 시설에 해당하지 않는 것으로서 층수가 11층 이상인 것(아파트는 제외한다)

② **방염대상물품의 종류**

　　㉠ 제조 또는 가공 공정에서 방염처리를 한 다음의 물품

　　　ⓐ 창문에 설치하는 커튼류(블라인드를 포함한다)

　　　ⓑ 카펫

　　　ⓒ 벽지류(두께가 2밀리미터 미만인 종이벽지는 제외한다)

　　　ⓓ 전시용 합판 또는 섬유판, 무대용 합판 또는 섬유판

　　　ⓔ 암막·무대막(영화상영관에 설치하는 스크린과 가상체험 체육시설업에 설치하는 스크린을 포함한다)

　　　ⓕ 섬유류 또는 합성수지류 등을 원료로 하여 제작된 소파·의자(단란주점영업, 유흥주점영업 및 노래연습장업의 영업장에 설치하는 것으로 한정한다)

　　㉡ 건축물 내부의 천장이나 벽에 부착하거나 설치하는 것으로서 다음의 어느 하나에 해당하는 것. 다만, 가구류(옷장, 찬장, 식탁, 식탁용 의자, 사무용 책상, 사무용 의자, 계산대 및 그 밖에 이와 비슷한 것을 말한다. 이하 이 조에서 같다)와 너비 10센티미터 이하인 반자돌림대 등과 「건축법」 제52조에 따른 내부마감재료는 제외한다.

　　　ⓐ 종이류(두께 2밀리미터 이상인 것을 말한다)·합성수지류 또는 섬유류를 주원료로 한 물품

　　　ⓑ 합판이나 목재

　　　ⓒ 공간을 구획하기 위하여 설치하는 간이 칸막이(접이식 등 이동 가능한 벽체나 천장 또는 반자가 실내에 접하는 부분까지 구획하지 아니하는 벽체를 말한다)

　　　ⓓ 흡음(吸音)이나 방음(防音)을 위하여 설치하는 흡음재(흡음용 커튼을 포함한다) 또는 방음재(방음용 커튼을 포함한다)

③ **방염성능기준(대통령령)**

　　㉠ 버너의 불꽃을 제거한 때부터 불꽃을 올리며 연소하는 상태가 그칠 때까지 시간은 20초 이내일 것 [잔염시간 : 20초 이내]

　　㉡ 버너의 불꽃을 제거한 때부터 불꽃을 올리지 아니하고 연소하는 상태가 그칠 때까지 시간은 30초 이내일 것 [잔진시간 : 30초 이내]

　　㉢ 탄화(炭化)한 면적은 50제곱센티미터 이내, 탄화한 길이는 20센티미터 이내일 것

ⓔ 불꽃에 의하여 완전히 녹을 때까지 불꽃의 접촉 횟수는 3회 이상일 것
ⓜ 소방청장이 정하여 고시한 방법으로 발연량(發煙量)을 측정하는 경우 최대연기밀도는 400 이하일 것

④ 방염성능기준 이상 권장물품의 종류 : 소방본부장 또는 소방서장은 제1항에 따른 물품 외에 다음 각 호의 어느 하나에 해당하는 물품의 경우에는 방염처리된 물품을 사용하도록 권장할 수 있다.
  ㉠ 다중이용업소, 의료시설, 노유자시설, 숙박시설 또는 장례식장에서 사용하는 침구류·소파 및 의자
  ㉡ 건축물 내부의 천장 또는 벽에 부착하거나 설치하는 가구류

⑤ **방염성능검사**
  ㉠ 방염성능검사권자 : 소방청장
  ㉡ 방염대상물품 중 설치현장에서 방염처리를 하는 합판,목재에 대한 방염성능검사권자 : 시·도지사

⑥ **방염처리능력평가** : 소방청장이 실시

(17) 소방시설의 자체점검 등 점7, 10, 12, 22회

① 소방시설등에 대한 자체점검은 다음 각 목과 같이 구분한다.
  ㉠ 작동점검 : 소방시설등을 인위적으로 조작하여 소방시설이 정상적으로 작동하는지를 소방청장이 정하여 고시하는 소방시설등 작동점검표에 따라 점검하는 것을 말한다.
  ㉡ 종합점검 : 소방시설등의 작동점검을 포함하여 소방시설등의 설비별 주요 구성 부품의 구조기준이 화재안전기준과 「건축법」 등 관련 법령에서 정하는 기준에 적합한 지 여부를 소방청장이 정하여 고시하는 소방시설등 종합점검표에 따라 점검하는 것을 말하며, 다음과 같이 구분한다.
    ⓐ 최초점검 : 법 제22조제1항제1호에 따라 소방시설이 새로 설치되는 경우 「건축법」 제22조에 따라 건축물을 사용할 수 있게 된 날부터 60일 이내 점검하는 것을 말한다.
    ⓑ 그 밖의 종합점검 : 최초점검을 제외한 종합점검을 말한다.

소방관련법령 Chapter 01.

② 점검대상 및 시기, 점검자자격

대 상		횟수 · 시기		점검자
작동 점검	모든 특정소방대상물 [3급이상에 해당] <제외 대상> 1. 특급소방안전관리대상물 (종합점검만 연 2회) 2. 소방안전관리대상물에 속하지 않는 대상물 3. 위험물 제조소등	• 원칙 : 연 1회		관계인 (자탐,간이만해당)
		종합 점검 대상 ×	안전관리 대상 물의 사용 승인 일이 속하는 달 의 말일까지	소방안전관리자 (기술사,관리사)
		종합 점검 대상 ○	종합실시월로 부터 6개월이 되는 달에 실시	관리업자[관리사] (자탐, 간이는 특급점검자가능)
종합 점검	최초 점검	3급이상대상중 최초사용승인 건축물	사용승인일로부터 60일이내		소방안전 관리자 (기술사, 관리사) 관리업자 [관리사]
	그밖 점검	스프링클러설비가 설치된 특정소방 대상물	• 원칙 : 연 1회 (최초사용승인해 다음해부 터 사용 승인일이 속하는 달의 말일까지) 예 학교 : 1~6월이 사용승인 일인 경우 6월 말일까지 • 특급 소방안전관리대상물 : 연2회 (반기별 1회)		
		물분무등소화설비가 설치된 연면적 5,000[㎡] 이상인 특정소방대상물			
		연면적 2,000[㎡] 이상 다중이용업소 (9종)			
		옥내소화전설비 또는 자동화재탐지 설비가 설치된 연면적 1,000[㎡] 이상 공공기관(소방대 제외)			
		제연설비가 설치된 터널			

③ 점검대상 및 시기 그 외 기타사항

㉠ 「공공기관의 소방안전관리에 관한 규정」 제2조에 따른 공공기관의 장은 공공기관에 설치된 소방시설등의 유지 · 관리상태를 맨눈 또는 신체감각을 이용하여 점검하는 외관점검을 월 1회 이상 실시(작동점검 또는 종합점검을 실시한 달에는 실시하지 않을 수 있다)하고, 그 점검 결과를 2년간 자체 보관해야 한다. 이 경우 외관점검의 점검자는 해당 특정소방대상물의 관계인, 소방안전관리자 또는 관리업자(소방시설관리사를 포함하여 등록된 기술인력을 말한다)로 해야 한다.

㉡ 공공기관의 장은 해당 공공기관의 전기시설물 및 가스시설에 대하여 다음의 구분에 따른 점검 또는 검사를 받아야 한다.

ⓐ 전기시설물의 경우 : 「전기사업법」 제63조에 따른 사용전검사

ⓑ 가스시설의 경우 : 「도시가스사업법」 제17조에 따른 검사, 「고압가스 안전관리법」 제16조의2 및 제20조제4항에 따른 검사 또는 「액화석유가스의 안전관리 및 사업법」 제37조 및 제44조제2항 · 제4항에 따른 검사

㉢ 공동주택(아파트등으로 한정한다) 세대별 점검방법은 다음과 같다.

> ⓐ 관리자(관리소장, 입주자대표회의 및 소방안전관리자를 포함한다. 이하 같다) 및 입주민(세대 거주자를 말한다)은 2년 이내 모든 세대에 대하여 점검을 해야 한다.
> ⓑ ⓐ에도 불구하고 아날로그감지기 등 특수감지기가 설치되어 있는 경우에는 수신기에서 원격 점검할 수 있으며, 점검할 때마다 모든 세대를 점검해야 한다. 다만, 자동화재탐지설비의 선로 단선이 확인되는 때에는 단선이 난 세대 또는 그 경계구역에 대하여 현장점검을 해야 한다.
> ⓒ 관리자는 수신기에서 원격 점검이 불가능한 경우 매년 작동점검만 실시하는 공동주택은 1회 점검 시 마다 전체 세대수의 50퍼센트 이상, 종합점검을 실시하는 공동주택은 1회 점검 시 마다 전체 세대수의 30퍼센트 이상 점검하도록 자체점검 계획을 수립·시행해야 한다.
> ⓓ 관리자 또는 해당 공동주택을 점검하는 관리업자는 입주민이 세대 내에 설치된 소방시설등을 스스로 점검할 수 있도록 소방청 또는 사단법인 한국소방시설관리협회의 홈페이지에 게시되어 있는 공동주택 세대별 점검 동영상을 입주민이 시청할 수 있도록 안내하고, 점검서식(별지 제36호서식 소방시설 외관점검표를 말한다)을 사전에 배부해야 한다.
> ⓔ 입주민은 점검서식에 따라 스스로 점검하거나 관리자 또는 관리업자로 하여금 대신 점검하게 할 수 있다. 입주민이 스스로 점검한 경우에는 그 점검 결과를 관리자에게 제출하고 관리자는 그 결과를 관리업자에게 알려주어야 한다.
> ⓕ 관리자는 관리업자로 하여금 세대별 점검을 하고자 하는 경우에는 사전에 점검 일정을 입주민에게 사전에 공지하고 세대별 점검 일자를 파악하여 관리업자에게 알려주어야 한다. 관리업자는 사전 파악된 일정에 따라 세대별 점검을 한 후 관리자에게 점검 현황을 제출해야 한다.
> ⓖ 관리자는 관리업자가 점검하기로 한 세대에 대하여 입주민의 사정으로 점검을 하지 못한 경우 입주민이 스스로 점검할 수 있도록 다시 안내해야 한다. 이 경우 입주민이 관리업자로 하여금 다시 점검받기를 원하는 경우 관리업자로 하여금 추가로 점검하게 할 수 있다.
> ⓗ 관리자는 세대별 점검현황(입주민 부재 등 불가피한 사유로 점검을 하지 못한 세대 현황을 포함한다)을 작성하여 자체점검이 끝난 날부터 2년간 자체 보관해야 한다.

비고
1. 신축·증축·개축·재축·이전·용도변경 또는 대수선 등으로 소방시설이 새로 설치된 경우에는 해당 특정소방대상물의 소방시설 전체에 대하여 실시한다.
2. 작동점검 및 종합점검(최초점검은 제외한다)은 건축물 사용승인 후 그 다음 해부터 실시한다.
3. 특정소방대상물이 증축·용도변경 또는 대수선 등으로 사용승인일이 달라지는 경우 사용승인일이 빠른 날을 기준으로 자체점검을 실시한다.

③ 점검결과보고서의 제출

㉠ 관리업자 또는 소방안전관리자로 선임된 소방시설관리사 및 소방기술사(이하 "관리업자등"이라 한다)는 자체점검을 실시한 경우에는 법 제22조제1항 각 호 외의 부분 후단에 따라 그 점검이 끝난 날부터 10일 이내에 별지 제9호서식의 소방시설등 자체점검 실시결과 보고서(전자문서로 된 보고서를 포함한다)에 소방청장이 정하여 고시하는 소방시설등점검표를 첨부하여 관계인에게 제출해야 한다.

㉡ ㉠에 따른 자체점검 실시결과 보고서를 제출받거나 스스로 자체점검을 실시한 관계인은 법 제23조제3항에 따라 자체점검이 끝난 날부터 15일 이내에 별지 제9호서식의 소방시설등 자체점검 실시결과 보고서(전자문서로 된 보고서를 포함한다)에 다음 각 호의 서류를 첨부하여 소방본부장 또는 소방서장에게 서면이나 소방청장이 지정하는 전산망을 통하여 보고해야 한다.
　ⓐ 점검인력 배치확인서(관리업자가 점검한 경우만 해당한다)
　ⓑ 별지 제10호서식의 소방시설등의 자체점검 결과 이행계획서

㉢ ㉠ 및 ㉡에 따른 자체점검 실시결과의 보고기간에는 공휴일 및 토요일은 산입하지 않는다.

㉣ ㉡에 따라 소방본부장 또는 소방서장에게 자체점검 실시결과 보고를 마친 관계인은 소방시설등 자체점검 실시결과 보고서(소방시설등점검표를 포함한다)를 점검이 끝난 날부터 2년간 자체 보관해야 한다.

㉤ 제2항에 따라 소방시설등의 자체점검 결과 이행계획서를 보고받은 소방본부장 또는 소방서장은 다음 각 호의 구분에 따라 이행계획의 완료 기간을 정하여 관계인에게 통보해야 한다. 다만, 소방시설등에 대한 수리·교체·정비의 규모 또는 절차가 복잡하여 다음 각 호의 기간 내에 이행을 완료하기가 어려운 경우에는 그 기간을 달리 정할 수 있다.
　ⓐ 소방시설등을 구성하고 있는 기계·기구를 수리하거나 정비하는 경우 : 보고일부터 10일 이내
　ⓑ 소방시설등의 전부 또는 일부를 철거하고 새로 교체하는 경우 : 보고일부터 20일 이내

㉥ ㉤에 따른 완료기간 내에 이행계획을 완료한 관계인은 이행을 완료한 날부터 10일 이내에 별지 제11호 서식의 소방시설등의 자체점검 결과 이행완료 보고서(전자문서로 된 보고서를 포함한다)에 다음 각 호의 서류(전자문서를 포함한다)를 첨부하여 소방본부장 또는 소방서장에게 보고해야 한다.
　ⓐ 이행계획 건별 전·후 사진 증명자료
　ⓑ 소방시설공사 계약서

④ 점검배치통보
  ㉠ 법 제29조에 따라 소방시설관리업을 등록한 자(이하 "관리업자"라 한다)는 제1항에 따라 자체점검을 실시하는 경우 점검 대상과 점검 인력 배치상황을 점검인력을 배치한 날 이후 자체점검이 끝난 날부터 5일 이내에 법 제50조제5항에 따라 관리업자에 대한 점검능력 평가 등에 관한 업무를 위탁받은 법인 또는 단체(이하 "평가기관"이라 한다)에 통보해야 한다.
  ㉡ 자체점검 구분에 따른 점검사항, 소방시설등점검표, 점검인원 배치상황 통보 및 세부 점검방법 등 자체점검에 필요한 사항은 소방청장이 정하여 고시한다.

(18) 점검인력 배치기준 점20, 22회

■ 소방시설 설치 및 관리에 관한 법률 시행규칙 [별표 4] <개정 2024. 11. 29.>

소방시설등의 자체점검 시 점검인력의 배치기준 (제20조제1항 관련)

1. 점검인력 1단위는 다음과 같다.
   가. 관리업자가 점검하는 경우에는 주된 점검인력인 특급점검자 1명과 보조 점검인력인 영 별표 9에 따른 주된 기술인력 또는 보조 기술인력 2명을 점검인력 1단위로 하되, 점검인력 1단위에 보조 점검인력으로 2명(같은 건축물을 점검할 때는 4명) 이내의 주된 기술인력 또는 보조 기술인력을 추가할 수 있다.
   나. 소방안전관리자로 선임된 소방시설관리사 또는 소방기술사가 점검하는 경우에는 주된 점검인력인 소방시설관리사 또는 소방기술사 중 1명과 보조 점검인력 2명을 점검인력 1단위로 하되, 점검인력 1단위에 2명 이내의 보조 점검인력을 추가할 수 있다. 이 경우 보조 점검인력은 해당 특정소방대상물의 관계인, 소방안전관리보조자 또는 관리업자 소속의 소방기술인력으로 할 수 있다.
   다. 관계인이 점검하는 경우에는 주된 점검인력인 관계인 1명과 보조 점검인력 2명을 점 인력 1단위로 한다. 이 경우 보조 점검인력은 해당 특정소방대상물의 관계인, 소방안전관리자, 소방안전관리보조자 또는 관리업자 소속의 소방기술인력으로 할 수 있다.
2. 제1호가목에 따라 관리업자가 점검하는 경우 특정소방대상물의 규모 등에 따른 점검인력의 배치기준은 다음과 같다.

구 분	주된 점검인력	보조 기술인력
가. 50층 이상 또는 성능위주설계를 한 특정소방대상물	소방시설관리사 경력 5년 이상인 특급점검자 1명 이상	고급점검자 이상의 기술인력 1명 이상 및 중급점검자 이상의 기술인력 1명 이상

나.「화재의 예방 및 안전관리에 관한 법률 시행령」 별표 4 제1호에 따른 특급 소방안전관리대상물(가목의 특정소방대상물은 제외한다)	소방시설관리사 경력 3년 이상인 특급점검자 1명 이상	고급점검자 이상의 기술인력 1명 이상 및 초급점검자 이상의 기술인력 1명 이상
다.「화재의 예방 및 안전관리에 관한 법률 시행령」 별표 4 제2호 및 제3호에 따른 1급 또는 2급 소방안전관리대상물	소방시설관리사 경력 1년 이상인 특급점검자 1명 이상	중급점점검자 이상의 기술인력 1명 이상 및 초급점검자 이상의 기술인력 1명 이상
라.「화재의 예방 및 안전관리에 관한 법률 시행령」 별표 4 제4호에 따른 3급 소방안전관리대상물	특급점검자 1명 이상	초급점검자 이상의 기술인력 2명 이상

비고
1. "주된 점검인력"이란 해당 점검 업무 전반을 총괄하는 사람을 말한다.
2. "보조 점검인력"이란 주된 점검인력을 보조하고, 주된 점검인력의 지시를 받아 점검 업무를 수행하는 사람을 말한다.
3. 점검인력의 등급구분(특급점검자, 고급점검자, 중급점검자, 초급점검자)은 「소방시설공사업법 시행규칙」 별표 4의2에서 정하는 기준에 따른다.

3. 점검인력 1단위가 하루 동안 점검할 수 있는 특정소방대상물의 연면적(이하 "점검한도 면적"이라 한다)은 다음 각 목과 같다.
   가. 종합점검 : 8,000㎡
   나. 작동점검 : 10,000㎡

4. 점검인력 1단위에 보조 기술인력을 1명씩 추가할 때마다 종합점검의 경우에는 2,000㎡, 작동점검의 경우에는 2,500㎡씩을 점검한도 면적에 더한다. 다만, 하루에 2개 이상의 특정소방대상물을 배치할 경우 1일 점검 한도면적은 특정소방대상물별로 투입된 점검인력에 따른 점검 한도면적의 평균값으로 적용하여 계산한다.

5. 점검인력은 하루에 5개의 특정소방대상물에 한하여 배치할 수 있다. 다만 2개 이상의 특정소방대상물을 2일 이상 연속하여 점검하는 경우에는 배치기한을 초과해서는 안 된다.

6. 관리업자등이 하루 동안 점검한 면적은 실제 점검면적(지하구는 그 길이에 폭의 길이 1.8미터를 곱하여 계산된 값을 말하며, 터널은 3차로 이하인 경우에는 그 길이에 폭의 길이 3.5미터를 곱하고, 4차로 이상인 경우에는 그 길이에 폭의 길이 7미터를 곱한 값을 말한다. 다만, 한쪽 측벽에 소방시설이 설치된 4차로 이상인 터널의 경우에는 그 길이와 폭의 길이 3.5미터를 곱한 값을 말한다. 이하 같다)에 다음의 각 목의 기준을 적용하여 계산한 면적(이하 "점검면적"이라 한다)으로 하되, 점검면적은 점검한도 면적을 초과해서는 안 된다.
   가. 실제 점검면적에 다음의 가감계수를 곱한다. 점20회

구분	대상용도	가감계수
1류	문화 및 집회시설, 종교시설, 판매시설, 의료시설, 노유자시설, 수련시설, 숙박시설, 위락시설, 창고시설, 교정시설, 발전시설, 지하가, 복합건축물	1.1
2류	공동주택, 근린생활시설, 운수시설, 교육연구시설, 운동시설, 업무시설, 방송통신시설, 공장, 항공기 및 자동차 관련 시설, 군사시설, 관광휴게시설, 장례시설, 지하구	1.0
3류	위험물 저장 및 처리시설, 문화유산, 동물 및 식물 관련 시설, 자원순환 관련 시설, 묘지 관련 시설	0.9

  나. 점검한 특정소방대상물이 다음의 어느 하나에 해당할 때에는 다음에 따라 계산된 값을 가목에 따라 계산된 값에서 뺀다.
   1) 영 별표 4 제1호라목에 따라 스프링클러설비가 설치되지 않은 경우 : 가목에 따라 계산된 값에 0.1을 곱한 값
   2) 영 별표 4 제1호바목에 따라 물분무등소화설비(호스릴 방식의 물분무등소화설비는 제외한다)가 설치되지 않은 경우 : 가목에 따라 계산된 값에 0.1을 곱한 값
   3) 영 별표 4 제5호가목에 따라 제연설비가 설치되지 않은 경우 : 가목에 따라 계산된 값에 0.1을 곱한 값
  다. 2개 이상의 특정소방대상물을 하루에 점검하는 경우에는 특정소방대상물 상호간의 좌표 최단거리 5km마다 점검 한도면적에 0.02를 곱한 값을 점검 한도면적에서 뺀다.
7. 제3호부터 제6호까지의 규정에도 불구하고 아파트등(공용시설, 부대시설 또는 복리시설은 포함하고, 아파트등이 포함된 복합건축물의 아파트등 외의 부분은 제외한다. 이하 이 표에서 같다)를 점검할 때에는 다음의 기준에 따른다.
  가. 점검인력 1단위가 하루 동안 점검할 수 있는 아파트등의 세대수(이하 "점검한도 세대수"라 한다)는 종합점검 및 작동점검에 관계없이 250세대로 한다.
  나. 점검인력 1단위에 보조 점검인력을 1명씩 추가할 때마다 60세대씩을 점검한도 세대수에 더한다.
  다. 관리업자등이 하루 동안 점검한 세대수는 실제 점검 세대수에 다음의 기준을 적용하여 계산한 세대수(이하 "점검세대수"라 한다)로 하되, 점검세대수는 점검한도 세대수를 초과해서는 안 된다.
   1) 점검한 아파트등이 다음의 어느 하나에 해당할 때에는 다음에 따라 계산된 값을 실제 점검 세대수에서 뺀다.
    가) 영 별표 4 제1호라목에 따라 스프링클러설비가 설치되지 않은 경우 : 실제 점검 세대수에 0.1을 곱한 값
    나) 영 별표 4 제1호바목에 따라 물분무등소화설비(호스릴 방식의 물분무등소화설비는 제외한다)가 설치되지 않은 경우 : 실제 점검 세대수에 0.1을 곱한 값
    다) 영 별표 4 제5호가목에 따라 제연설비가 설치되지 않은 경우 : 실제 점검 세대수에 0.1을 곱한 값

2) 2개 이상의 아파트를 하루에 점검하는 경우에는 아파트 상호간의 좌표 최단거리 5km마다 점검 한도세대수에 0.02를 곱한 값을 점검한도 세대수에서 뺀다.
8. 아파트등과 아파트등 외 용도의 건축물을 하루에 점검할 때에는 종합점검의 경우 제7호에 따라 계산된 값에 32, 작동점검의 경우 제7호에 따라 계산된 값에 40을 곱한 값을 점검대상 연면적으로 보고 제2호 및 제3호를 적용한다.
9. 종합점검과 작동점검을 하루에 점검하는 경우에는 작동점검의 점검대상 연면적 또는 점검대상 세대수에 0.8을 곱한 값을 종합점검 점검대상 연면적 또는 점검대상 세대수로 본다.
10. 제3호부터 제9호까지의 규정에 따라 계산된 값은 소수점 이하 둘째 자리에서 반올림한다.

Reference

점검일수 계산문제 정리 점22회

① 대상신고 (대상물이 1개인 경우)
  1) 아파트가 아닌 대상물
    ① 연면적 확인
    ② 연면적 곱하기 용도별가감계수 적용 면적을 구함
    ③ ②면적에서 아래의 면적을 뺀다.
      ㉮ SP설비가 없는 경우 ②면적에 0.1을 곱한값
      ㉯ 물분무등소화설비가 없는 경우 ②면적에 0.1을 곱한값
      ㉰ 제연설비가 없는 경우 ②면적에 0.1을 곱한값
    ④ ③면적에서 다음의 점검한도면적으로 나누어 일수를 계산한다.
      ㉮ 종합점검의 경우
        관리사1인 + 보조2인 : 8,000m²   관리사1인 + 보조3인 : 10,000m²
        관리사1인 + 보조4인 : 12,000m²   관리사1인 + 보조5인 : 14,000m²
        관리사1인 + 보조6인 : 16,000m²
      ㉯ 작동점검의 경우
        관리사1인 + 보조2인 : 10,000m²   관리사1인 + 보조3인 : 12,500m²
        관리사1인 + 보조4인 : 15,000m²   관리사1인 + 보조5인 : 17,500m²
        관리사1인 + 보조6인 : 20,000m²

> **예시 1) 특정소방대상물(일반) / 종합점검 / 노유자시설**
>
> 서울 ○○노인요양원
> ※ 대상물 현황 : 노유자 시설, 지하1층/지상5층, 1개동, 연면적 19,200m²
>   (SP설비 있음, 제연설비 없음, 물분무등소화설비 없음)
>   가. 점검 면적 : 16,896m²
>   ① [별표 2] 4호 가목에 의한 용도별 가감계수를 반영한 면적
>   = 19,200m²(실제 연면적)×1.1(노유자시설 가감계수)=21,120m²
>   ② [별표 2] 4호 나목에 의한 감소 면적
>   → 제연설비 없음 : 0.1, 물분무등소화설비 없음 : 0.1
>   = 21,120−(21,120×0.1)−(21,120×0.1)=16,896m²
>   나. 배치하는 점검인력에 따른 점검한도 면적 및 점검일수
>   • 주인력 1인+보조인력 2인 : 16,896m²÷8,000m²=2.11 ⇒ 3일
>   • 주인력 1인+보조인력 5인 : 16,896m²÷14,000m²=1.2 ⇒ 2일

2) 아파트인 대상물
   ① 세대수 확인
   ② 세대수에서 아래의 계산된 세대수를 뺀다.
      ㉮ SP설비가 없는 경우 ②세대수에 0.1을 곱한값
      ㉯ 물분무등소화설비가 없는 경우 ②세대수에 0.1을 곱한값
      ㉰ 제연설비가 없는 경우 ②세대수에 0.1을 곱한값
   ③ ②로 구한 세대수에서 다음의 점검한도세대수로 나누어 일수를 계산한다.
      ㉮ 종합점검의 경우
         관리사 1인 + 보조 2인 : 250세대   관리사 1인 + 보조 3인 : 310세대
         관리사 1인 + 보조 4인 : 370세대   관리사 1인 + 보조 5인 : 430세대
         관리사 1인 + 보조 6인 : 490세대
      ㉯ 작동점검의 경우
         관리사 1인 + 보조 2인 : 250세대   관리사 1인 + 보조 3인 : 310세대
         관리사 1인 + 보조 4인 : 370세대   관리사 1인 + 보조 5인 : 430세대
         관리사 1인 + 보조 6인 : 490세대

> **예시 2) 특정소방대상물(일반) / 종합점검 / 공동주택**
>
> 서울 ○○아파트
> ※ 대상물 현황 : 아파트, 380세대, 지하1층/지상18층, 연면적 19,935m²
>   (SP설비 있음, 제연설비 있음, 물분무등소화설비 없음)
>   가. 점검 세대수 : 342세대
>   ① 점검 대상 세대수 : 380세대(용도별 가감계수 미반영)
>   ② [별표 2] 4호 다목에 의한 감소 세대수
>   → 물분무등소화설비 없음 : 0.1
>   = (380세대)×0.1=38세대
>   ③ (①-②)=380세대-38세대=342세대
>   나. 배치하는 점검인력에 따른 점검한도 세대수 및 점검일수
>   • 주인력 1인+보조인력 2인 : 342세대÷250세대=1.36 ⇒ 2일
>   • 주인력 1인+보조인력 3인 : 342세대÷310세대=1.1 ⇒ 2일

(19) 점검장비 점1, 3, 12, 19, 22회

소방시설	점검 장비	규 격
모든 소방시설	방수압력측정계, 절연저항계(절연저항측정기), 전류전압측정계	
소화기구	저울	
옥내소화전설비 옥외소화전설비	소화전밸브압력계	
스프링클러설비 포소화설비	헤드결합렌치(볼트, 너트, 나사 등을 죄거나 푸는 공구)	
이산화탄소소화설비 분말소화설비 할론소화설비 할로겐화합물 및 불활성기체 소화설비	검량계, 기동관누설시험기, 그 밖에 소화약제의 저장량을 측정할 수 있는 점검기구	
자동화재탐지설비 시각경보기	열감지기시험기, 연(煙)감지기시험기, 공기주입시험기, 감지기시험기연결막대, 음량계	
누전경보기	누전계	누전전류 측정용
무선통신보조설비	무선기	통화시험용

제연설비	풍속풍압계, 폐쇄력측정기, 차압계(압력차측정기)	
통로유도등 비상조명등	조도계(밝기 측정기)	최소눈금이 0.1럭스 이하인 것

(20) 자체점검 결과 조치

① 소방시설등의 자체점검 결과의 조치 등
특정소방대상물의 관계인은 제22조제1항에 따른 자체점검 결과 소화펌프 고장 등 대통령령으로 정하는 중대위반사항(이하 이 조에서 "중대위반사항"이라 한다)이 발견된 경우에는 지체 없이 수리 등 필요한 조치를 하여야 한다.

② 소방시설등의 자체점검 결과의 조치 등(시행령) 점23회
법 제23조제1항에서 "소화펌프 고장 등 대통령령으로 정하는 중대위반사항"이란 다음 각 호의 어느 하나에 해당하는 경우를 말한다.
- ㉠ 소화펌프(가압송수장치를 포함한다. 이하 같다), 동력·감시 제어반 또는 소방시설용 전원(비상전원을 포함한다)의 고장으로 소방시설이 작동되지 않는 경우
- ㉡ 화재 수신기의 고장으로 화재경보음이 자동으로 울리지 않거나 화재 수신기와 연동된 소방시설의 작동이 불가능한 경우
- ㉢ 소화배관 등이 폐쇄·차단되어 소화수(消火水) 또는 소화약제가 자동 방출되지 않는 경우
- ㉣ 방화문 또는 자동방화셔터가 훼손되거나 철거되어 본래의 기능을 못하는 경우

③ 자체점검 결과 공개 점23회
- ㉠ 소방본부장 또는 소방서장은 법 제24조제2항에 따라 자체점검 결과를 공개하는 경우 30일 이상 법 제48조에 따른 전산시스템 또는 인터넷 홈페이지 등을 통해 공개해야 한다.
- ㉡ 소방본부장 또는 소방서장은 ㉠에 따라 자체점검 결과를 공개하려는 경우 공개 기간, 공개 내용 및 공개 방법을 해당 특정소방대상물의 관계인에게 미리 알려야 한다.
- ㉢ 특정소방대상물의 관계인은 ㉡에 따라 공개 내용 등을 통보받은 날부터 10일 이내에 관할 소방본부장 또는 소방서장에게 이의신청을 할 수 있다.
- ㉣ 소방본부장 또는 소방서장은 ㉢에 따라 이의신청을 받은 날부터 10일 이내에 심사·결정하여 그 결과를 지체 없이 신청인에게 알려야 한다.
- ㉤ 자체점검 결과의 공개가 제3자의 법익을 침해하는 경우에는 제3자와 관련된 사실을 제외하고 공개해야 한다.

(21) 자체점검 결과의 게시

소방본부장 또는 소방서장에게 자체점검 결과 보고를 마친 관계인은 법 제24조제1항에 따라 보고한 날부터 10일 이내에 별표 5의 소방시설등 자체점검기록표를 작성하여 특정소방대상물의 출입자가 쉽게 볼 수 있는 장소에 30일 이상 게시해야 한다.

(22) 소방시설관리사

① **소방시설관리사 시험실시권자** : 소방청장
② **관리사시험에 필요한 사항** : 대통령령
③ **관리사시험과목 일부면제** : 소방기술사 등
④ **관리사는 소방시설관리사증을 다른 자에게 빌려주어서는 아니 된다.** : 1년 이하 징역 또는 1천만원 이하 벌금
⑤ **관리사는 동시에 둘 이상의 업체에 취업하여서는 아니 된다.** : 1년 이하 징역 또는 1천만원 이하 벌금
⑥ **부정행위자에 대한 제재**
　소방청장은 시험에서 부정한 행위를 한 응시자에 대하여는 그 시험을 정지 또는 무효로 하고, 그 처분이 있은 날부터 2년간 시험 응시자격을 정지한다.
⑦ **소방시설관리사 시험응시자격**
　㉠ 소방기술사·건축사·건축기계설비기술사·건축전기설비기술사 또는 공조냉동기계기술사
　㉡ 위험물기능장
　㉢ 소방설비기사
　㉣ 「국가과학기술 경쟁력 강화를 위한 이공계지원 특별법」 제2조제1호에 따른 이공계 분야의 박사학위를 취득한 사람
　㉤ 소방청장이 정하여 고시하는 소방안전 관련 분야의 석사 이상의 학위를 취득한 사람
　㉥ 소방설비산업기사 또는 소방공무원 등 소방청장이 정하여 고시하는 사람 중 소방에 관한 실무경력(자격 취득 후의 실무경력으로 한정한다)이 3년 이상인 사람
⑧ **관리사의 결격사유**
　㉠ 피성년후견인
　㉡ 금고 이상의 실형을 선고받고 그 집행이 끝나거나 집행이 면제된 날부터 2년이 지나지 아니한 사람
　㉢ 금고 이상의 형의 집행유예를 선고받고 그 유예기간 중에 있는 사람
　㉣ 자격이 취소(피성년후견인으로 자격이 취소된 경우는 제외한다)된 날부터 2년이 지나지 아니한 사람

⑨ **시험의 시행방법**
　㉠ 관리사시험은 제1차시험과 제2차시험으로 구분하여 시행한다. 이 경우 소방청장은 제1차시험과 제2차시험을 같은 날에 시행할 수 있다.
　㉡ 제1차시험은 선택형을 원칙으로 하고, 제2차시험은 논문형을 원칙으로 하되, 제2차시험에는 기입형을 포함할 수 있다.
　㉢ 제1차시험에 합격한 사람에 대해서는 다음 회의 관리사시험만 제1차시험을 면제한다. 다만, 면제받으려는 시험의 응시자격을 갖춘 경우로 한정한다.
　㉣ 제2차시험은 제1차시험에 합격한 사람만 응시할 수 있다. 다만, 제1항 후단에 따라 제1차시험과 제2차시험을 병행하여 시행하는 경우에 제1차시험에 불합격한 사람의 제2차시험 응시는 무효로 한다.

⑩ **시험위원**
　㉠ 소방청장은 법 제26조제2항에 따라 관리사시험의 출제 및 채점을 위하여 다음 각 호의 어느 하나에 해당하는 사람 중에서 시험위원을 임명하거나 위촉하여야 한다.
　　ⓐ 소방 관련 분야의 박사학위를 가진 사람
　　ⓑ 대학에서 소방안전 관련 학과 조교수 이상으로 2년 이상 재직한 사람
　　ⓒ 소방위 이상의 소방공무원
　　ⓓ 소방시설관리사
　　ⓔ 소방기술사
　㉡ 시험위원의 수는 다음 각 호의 구분에 따른다.
　　ⓐ 출제위원 : 시험 과목별 3명
　　ⓑ 채점위원 : 시험 과목별 5명 이내(제2차시험의 경우로 한정한다)
　㉢ 시험위원으로 임명되거나 위촉된 사람은 소방청장이 정하는 시험문제 등의 출제 시 유의사항 및 서약서 등에 따른 준수사항을 성실히 이행하여야 한다.
　㉣ 임명되거나 위촉된 시험위원과 시험감독 업무에 종사하는 사람에게는 예산의 범위에서 수당과 여비를 지급할 수 있다.

⑪ **시험의 시행 및 공고**
　㉠ 관리사시험은 1년마다 1회 시행하는 것을 원칙으로 하되, 소방청장이 필요하다고 인정하는 경우에는 그 횟수를 늘리거나 줄일 수 있다.
　㉡ 소방청장은 관리사시험을 시행하려면 응시자격, 시험 과목, 일시·장소 및 응시절차 등에 관하여 필요한 사항을 모든 응시 희망자가 알 수 있도록 관리사시험 시행일 90일 전까지 소방청 홈페이지 등에 공고하여야 한다.

⑫ **시험의 합격자 결정 등**
  ㉠ 제1차시험에서는 과목당 100점을 만점으로 하여 모든 과목의 점수가 40점 이상이고, 전 과목 평균 점수가 60점 이상인 사람을 합격자로 한다.
  ㉡ 제2차시험에서는 과목당 100점을 만점으로 하되, 시험위원의 채점점수 중 최고점수와 최저점수를 제외한 점수가 모든 과목에서 40점 이상, 전 과목에서 평균 60점 이상인 사람을 합격자로 한다.
  ㉢ 소방청장은 ㉠과 ㉡에 따라 관리사시험 합격자를 결정하였을 때에는 이를 소방청 홈페이지 등에 공고하여야 한다.

⑬ **자격의 취소 · 정지**
소방청장은 관리사가 다음 어느 하나에 해당할 때에는 그 자격을 취소하거나 1년 이내의 기간을 정하여 그 자격의 정지를 명할 수 있다.

자격취소사유	1. 거짓이나 그 밖의 부정한 방법으로 시험에 합격한 경우 2. 규정을 위반하여 소방시설관리사증을 다른 자에게 빌려준 경우 3. 규정을 위반하여 동시에 둘 이상의 업체에 취업한 경우 4. 결격사유에 해당하게 된 경우
자격정지사유	1. 소방안전관리 업무를 하지 아니하거나 거짓으로 한 경우 2. 자체점검을 하지 아니하거나 거짓으로 한 경우 3. 규정을 위반하여 성실하게 자체점검 업무를 수행하지 아니한 경우

⑭ **시험과목**
  ㉠ 제1차시험
    ⓐ 소방안전관리론(소방 및 화재의 기초이론으로 연소이론, 화재현상, 위험물 및 소방안전관리 등의 내용을 포함한다)
    ⓑ 소방기계 점검실무(소방시설 기계 분야 점검의 기초이론 및 실무능력을 측정하기 위한 과목으로 소방유체역학, 소방 관련 열역학, 소방기계 분야의 화재안전기준을 포함한다)
    ⓒ 소방전기 점검실무(소방시설 전기 · 통신 분야 점검의 기초이론 및 실무능력을 측정하기 위한 과목으로 전기회로, 전기기기, 제어회로, 전자회로 및 소방전기 분야의 화재안전기준을 포함한다)
    ⓓ 다음의 소방 관계 법령
      ㉮ 「소방시설 설치 및 관리에 관한 법률」 및 그 하위법령
      ㉯ 「화재의 예방 및 안전관리에 관한 법률」 및 그 하위법령
      ㉰ 「소방기본법」 및 그 하위법령
      ㉱ 「다중이용업소의 안전관리에 관한 특별법」 및 그 하위법령

　　　　　㉺「건축법」 및 그 하위법령(소방 분야로 한정한다)
　　　　　㉻「초고층 및 지하연계 복합건축물 재난관리에 관한 특별법」 및 그 하위법령
　　ⓒ 제2차시험
　　　　ⓐ 소방시설등 점검실무(소방시설등의 점검에 필요한 종합적 능력을 측정하기 위한 과목으로 소방시설등의 현장점검 시 점검절차, 성능확인, 이상판단 및 조치 등의 내용을 포함한다)
　　　　ⓑ 소방시설등 관리실무(소방시설등 점검 및 관리 관련 행정업무 및 서류작성 등의 업무능력을 측정하기 위한 과목으로 점검보고서의 작성, 인력 및 장비 운용 등 실제 현장에서 요구되는 사무 능력을 포함한다)

소방시설법 시행령[대통령령] 제1절 소방시설관리사

[참고]
　부 칙 <대통령령 제33004호, 2022. 11. 29.>
제1조(시행일) 이 영은 2022년 12월 1일부터 시행한다. 다만, 다음 각 호의 개정규정은 해당 호에서 정하는 날부터 시행한다.
　1. 별표 1 제2호마목(화재알림설비), 별표 4 제1호나목2)(상업용주방자동소화장치설치대상) 및 같은 표 제2호 마목(화재알림설비 설치대상)의 개정규정 : 2023년 12월 1일
　2. 별표 2 제1호나목(연립주택)·다목(다세대주택)의 개정규정 : 2024년 12월 1일
　3. 별표 8 제1호라목(가스누설경보기)·바목(비상조명등)·사목(방화포) 및 같은 표 제2호라목·바목·사목(앞선3가지 설치대상규모)의 개정규정 : 2023년 7월 1일

제6조(소방시설관리사시험에 관한 특례)
　① 법 제25조제2항에 따른 소방시설관리사시험(이하 "관리사시험"이라 한다)에 응시할 수 있는 사람은 제37조의 개정규정에도 불구하고 2026년 12월 31일까지는 다음 각 호에 따른 사람으로 한다.
　　1. 소방기술사·위험물기능장·건축사·건축기계설비기술사·건축전기설비기술사 또는 공조냉동기계기술사
　　2. 소방설비기사 자격을 취득한 후 2년 이상 소방청장이 정하여 고시하는 소방에 관한 실무경력(이하 "소방실무경력"이라 한다)이 있는 사람
　　3. 소방설비산업기사 자격을 취득한 후 3년 이상 소방실무경력이 있는 사람
　　4. 「국가과학기술 경쟁력 강화를 위한 이공계지원 특별법」 제2조제1호에 따른 이공계(이하 "이공계"라 한다) 분야를 전공한 사람으로서 다음의 어느 하나에 해당하는 사람
　　　가. 이공계 분야의 박사학위를 취득한 사람
　　　나. 이공계 분야의 석사학위를 취득한 후 2년 이상 소방실무경력이 있는 사람
　　　다. 이공계 분야의 학사학위를 취득한 후 3년 이상 소방실무경력이 있는 사람
　　5. 소방안전공학(소방방재공학, 안전공학을 포함한다) 분야를 전공한 후 다음의 어느 하나에 해당하는 사람
　　　가. 해당 분야의 석사학위 이상을 취득한 사람

나. 2년 이상 소방실무경력이 있는 사람
6. 위험물산업기사 또는 위험물기능사 자격을 취득한 후 3년 이상 소방실무경력이 있는 사람
7. 소방공무원으로 5년 이상 근무한 경력이 있는 사람
8. 소방안전 관련 학과의 학사학위를 취득한 후 3년 이상 소방실무경력이 있는 사람
9. 산업안전기사 자격을 취득한 후 3년 이상 소방실무경력이 있는 사람
10. 다음의 어느 하나에 해당하는 사람
    가. 특급 소방안전관리대상물의 소방안전관리자로 2년 이상 근무한 실무경력이 있는 사람
    나. 1급 소방안전관리대상물의 소방안전관리자로 3년 이상 근무한 실무경력이 있는 사람
    다. 2급 소방안전관리대상물의 소방안전관리자로 5년 이상 근무한 실무경력이 있는 사람
    라. 3급 소방안전관리대상물의 소방안전관리자로 7년 이상 근무한 실무경력이 있는 사람
    마. 10년 이상 소방실무경력이 있는 사람

② 관리사시험의 시험과목은 제39조의 개정규정에도 불구하고 2026년 12월 31일까지는 다음 각 호에 따른 과목으로 한다.
1. 제1차시험
    가. 소방안전관리론(연소 및 소화, 화재예방관리, 건축물소방안전기준, 인원수용 및 피난계획에 관한 부분으로 한정한다) 및 화재역학[화재의 성질·상태, 화재하중(火災荷重), 열전달, 화염 확산, 연소속도, 구획화재, 연소생성물 및 연기의 생성·이동에 관한 부분으로 한정한다]
    나. 소방수리학, 약제화학 및 소방전기(소방 관련 전기공사재료 및 전기제어에 관한 부분으로 한정한다)
    다. 다음의 소방 관련 법령
        1) 「소방기본법」, 같은 법 시행령 및 같은 법 시행규칙
        2) 「소방시설공사업법」, 같은 법 시행령 및 같은 법 시행규칙
        3) 「소방시설 설치 및 관리에 관한 법률」, 같은 법 시행령 및 같은 법 시행규칙
        4) 「화재의 예방 및 안전관리에 관한 법률」, 같은 법 시행령 및 같은 법 시행규칙
        5) 「위험물안전관리법」, 같은 법 시행령 및 같은 법 시행규칙
        6) 「다중이용업소의 안전관리에 관한 특별법」, 같은 법 시행령 및 같은 법 시행규칙
    라. 위험물의 성질·상태 및 시설기준
    마. 소방시설의 구조 원리(고장진단 및 정비를 포함한다)
2. 제2차시험
    가. 소방시설의 점검실무행정(점검절차 및 점검기구 사용법을 포함한다)
    나. 소방시설의 설계 및 시공

③ 법 제25조제4항에 따라 관리사시험의 제1차시험 과목 가운데 일부를 면제받을 수 있는 사람과 그 면제과목은 제41조의 개정규정에도 불구하고 2026년 12월 31일까지는 다음 각 호의 구분에 따른다. 다만, 제1호 및 제2호에 모두 해당하는 사람은 본인이 선택한 한 과목만 면제받을 수 있다.
1. 소방기술사 자격을 취득한 후 15년 이상 소방실무경력이 있는 사람 : 제2항제1호나목의 과목
2. 소방공무원으로 15년 이상 근무한 경력이 있는 사람으로서 5년 이상 소방청장이 정하여 고시하는 소방 관련 업무 경력이 있는 사람 : 제2항제1호다목의 과목

④ 법 제25조제4항에 따라 관리사시험의 제2차시험 과목 가운데 일부를 면제받을 수 있는 사람과 그 면제과목은 제41조의 개정규정에도 불구하고 2026년 12월 31일까지는 다음 각 호의 구분에 따른

다. 다만, 제1호 및 제2호에 모두 해당하는 사람은 본인이 선택한 한 과목만 면제받을 수 있다.
  1. 제1항제1호에 해당하는 사람 : 제2항제2호나목의 과목
  2. 제1항제7호에 해당하는 사람 : 제2항제2호가목의 과목
⑤ 2026년 소방시설관리사시험 제1차시험에 합격한 사람은 제44조의 개정규정에 따라 제1차시험에 합격한 사람으로 보며, 제2차시험의 응시자격에 관하여는 제37조의 개정규정에도 불구하고 제1항에 따른다.

(23) 소방시설관리업

① 관리업의 등록
  ㉠ 시도지사에게 등록
  ㉡ 등록기준 및 영업범위

■ 소방시설 설치 및 관리에 관한 법률 시행령 [별표 9]

소방시설관리업의 업종별 등록기준 및 영업범위 (제45조제1항 관련)

기술인력 등 업종별	기술인력	영업범위

전문
소방시설
관리업
	가. 주된 기술인력
	  1) 소방시설관리사 자격을 취득한 후 소방 관련 실무경력이 5년 이상인 사람 1명 이상
	  2) 소방시설관리사 자격을 취득한 후 소방 관련 실무경력이 3년 이상인 사람 1명 이상
	나. 보조 기술인력
	  1) 고급점검자 이상의 기술인력: 2명 이상
	  2) 중급점검자 이상의 기술인력: 2명 이상
	  3) 초급점검자 이상의 기술인력: 2명 이상
		모든 특정소방대상물

일반
소방시설
관리업
	가. 주된 기술인력 : 소방시설관리사 자격을 취득한 후 소방 관련 실무경력이 1년 이상인 사람 1명 이상
	나. 보조 기술인력
	  1) 중급점검자 이상의 기술인력: 1명 이상
	  2) 초급점검자 이상의 기술인력: 1명 이상
		특정소방대상물 중 「화재의 예방 및 안전관리에 관한 법률 시행령」 별표 4에 따른 1급, 2급, 3급 소방안전관리대상물

비고
1. "소방 관련 실무경력"이란 「소방시설공사업법」 제28조제3항에 따른 소방기술과 관련된 경력을 말한다.
2. 보조 기술인력의 종류별 자격은 「소방시설공사업법」 제28조제3항에 따라 소방기술과 관련된 자격·학력 및 경력을 가진 사람 중에서 행정안전부령으로 정한다.

ⓒ 최초 등록 시 15일 이내 발급(서류보완 10일), 분실·훼손 시 재발급신청 시 3일 이내, 발급변경신고 시 5일(타 시·도 7일) 이내 발급, 지위승계신고 시 10일 이내 발급
② 변경신고사항, 등록결격사유 : 공사업법과 동일

② **점검능력 평가 공시** : 소방청장

③ **등록의 취소와 영업정지등**
㉠ 관리업의 등록취소와 영업정지권자 : 시·도지사
㉡ 등록의 취소와 영업정지(6개월 이내) 사유

등록취소 사유	1. 거짓이나 그 밖의 부정한 방법으로 등록을 한 경우 2. 등록의 결격사유에 해당하게 된 경우 　① 등록결격사유에 해당되는 법인으로서 결격사유에 해당하게 된 날부터 2개월 이내에 그 임원을 결격사유가 없는 임원으로 바꾸어 선임한 경우는 제외한다. 　② 관리업자의 지위를 승계한 상속인이 등록결격사유에 해당하는 경우에는 상속을 개시한 날부터 6개월 동안은 등록취소를 적용하지 아니한다.
영업정지 사유	1. 점검을 하지 아니하거나 거짓으로 한 경우 2. 등록기준에 미달하게 된 경우

부 칙

제13조(관리업의 업종별 등록기준에 관한 경과조치)
① 이 영 시행 당시 종전의 「화재예방, 소방시설 설치·유지 및 안전관리에 관한 법률 시행령」 제45조제1항 및 별표 9의 개정규정에 따라 등록한 소방시설관리업자는 제45조제1항 및 별표 9의 개정규정에 따라 일반 소방시설관리업을 등록한 것으로 본다.
[등록기준]
ⓐ 인력기준
　㉮ 주된 기술인력 : 소방시설관리사 1명 이상
　㉯ 보조 기술인력 : 2명 이상
　　• 소방설비기사 또는 소방설비산업기사
　　• 소방공무원으로 3년 이상 근무한 사람(소방기술 인정 자격수첩을 발급받은 사람)
　　• 소방 관련 학과의 학사학위를 취득한 사람(소방기술 인정 자격수첩을 발급받은 사람)
　　• 행정안전부령으로 정하는 소방기술과 관련된 자격·경력 및 학력이 있는 사람(소방기술 인정 자격수첩을 발급받은 사람)
② 제1항에 따라 일반 소방시설관리업을 등록한 것으로 보는 자는 제45조제1항 및 별표 9의 개정규정에도 불구하고 2024년 11월 30일까지 모든 특정소방대상물을 영업범위로 한다. 다만, 2024년 12월 1일 이후 모든 특정소방대상물을 영업범위로 하기 위해서는 제45조제1항 및 별표 9의 개정규정에 따라 전문 소방시설관리업의 등록기준을 갖춰 등록해야 한다.

(24) 소방시설법 벌칙

① 5년 이하의 징역 또는 5천만원 이하의 벌금 점17회
㉠ 소방시설의 기능과 성능에 지장을 초래하는 폐쇄·차단 등의 행위를 한 자
㉡ 사람을 상해에 이르게 한 때에는 7년 이하의 징역 또는 7천만원 이하의 벌금
㉢ 사망에 이르게 한 때에는 10년 이하의 징역 또는 1억원 이하의 벌금

② 3년 이하의 징역 또는 3천만원 이하의 벌금
㉠ 소방시설이 화재안전기준에 따라 설치되어있지 않을 때의 조치명령을 위반한 사람
㉡ 피난·방화시설, 방화구획의 유지관리 조치명령을 위반한 사람
㉢ 방염성능물품 조치명령 위반
㉣ 이행계획 조치명령 위반한 사람
㉤ 임시소방시설 또는 소방시설 등의 조치명령을 위반한 사람
㉥ 소방시설관리업 등록을 하지 아니하고 영업을 한 사람
㉦ 소방용품의 형식승인을 받지 아니하고 소방용품을 제조하거나 수입한 자
㉧ 제품검사를 받지 아니한 자
㉨ 규정을 위반하여 소방용품을 판매·진열하거나 소방시설공사에 사용한 자
㉩ 소방용품 제조자·수입자에 대한 회수·교환·폐기 및 판매중지 명령을 위반한 사람
㉪ 거짓이나 그 밖의 부정한 방법으로 전문기관으로 지정을 받은 자

③ 1년 이하의 징역 또는 1천만원 이하의 벌금
㉠ 규정을 위반하여 관리업의 등록증이나 등록수첩을 다른 자에게 빌려준 자
㉡ 영업정지처분을 받고 그 영업정지기간 중에 관리업의 업무를 한 자
㉢ 규정을 위반하여 소방시설등에 대한 자체점검을 하지 아니하거나 관리업자 등으로 하여금 정기적으로 점검하게 하지 아니한 자
㉣ 규정을 위반하여 소방시설관리사증을 다른 자에게 빌려주거나 동시에 둘 이상의 업체에 취업한 사람
㉤ 소방용품 형식승인의 변경승인을 받지 아니한 자
㉥ 소방용품 성능인증의 변경인증을 받지 아니한 자
㉦ 감독업무 수행 시 관계인의 정당한 업무를 방해한 자, 조사·검사 업무를 수행하면서 알게 된 비밀을 제공 또는 누설하거나 목적 외의 용도로 사용한 자

④ 300만원 이하의 벌금
㉠ 중대한 위반사항에 대하여 필요한 조치를 하지 아니한 관계인 또는 관계인에게 중대 위반사항을 알리지 아니한 관리업자등
㉡ 방염성능검사에 합격하지 아니한 물품에 합격표시를 하거나 합격표시를 위조하거나 변조하여 사용한 자

ⓒ 방염처리업 등록자가 규정을 위반하여 거짓 시료를 제출한 자
ⓔ 성능위주설계평가단 업무를 수행하면서 알게 된 비밀 또는 위탁단체에서 업무를 수행하면서 알게된 비밀을 이 법에서 정한 목적 외의 용도로 사용하거나 다른 사람 또는 기관에 제공하거나 누설한 사람

⑤ **300만원 이하의 과태료**
1. 제12조제1항을 위반하여 소방시설을 화재안전기준에 따라 설치·관리하지 아니한 자
2. 제15조제1항을 위반하여 공사 현장에 임시소방시설을 설치·관리하지 아니한 자
3. 제16조제1항을 위반하여 피난시설, 방화구획 또는 방화시설의 폐쇄·훼손·변경 등의 행위를 한 자
4. 제20조제1항을 위반하여 방염대상물품을 방염성능기준 이상으로 설치하지 아니한 자
5. 제22조제1항 전단을 위반하여 점검능력 평가를 받지 아니하고 점검을 한 관리업자
6. 제22조제1항 후단을 위반하여 관계인에게 점검 결과를 제출하지 아니한 관리업자등
7. 제22조제2항에 따른 점검인력의 배치기준 등 자체점검 시 준수사항을 위반한 자
8. 제23조제3항을 위반하여 점검 결과를 보고하지 아니하거나 거짓으로 보고한 자
9. 제23조제4항을 위반하여 이행계획을 기간 내에 완료하지 아니한 자 또는 이행계획 완료 결과를 보고하지 아니하거나 거짓으로 보고한 자
10. 제24조제1항을 위반하여 점검기록표를 기록하지 아니하거나 특정소방대상물의 출입자가 쉽게 볼 수 있는 장소에 게시하지 아니한 관계인
11. 제31조 또는 제32조제3항을 위반하여 신고를 하지 아니하거나 거짓으로 신고한 자
12. 제33조제3항을 위반하여 지위승계, 행정처분 또는 휴업·폐업의 사실을 특정소방대상물의 관계인에게 알리지 아니하거나 거짓으로 알린 관리업자
13. 제33조제4항을 위반하여 소속 기술인력의 참여 없이 자체점검을 한 관리업자
14. 제34조제2항에 따른 점검실적을 증명하는 서류 등을 거짓으로 제출한 자
15. 제52조제1항에 따른 명령을 위반하여 보고 또는 자료제출을 하지 아니하거나 거짓으로 보고 또는 자료제출을 한 자 또는 정당한 사유 없이 관계 공무원의 출입 또는 검사를 거부·방해 또는 기피한 자

(25) 과태료

■ 소방시설 설치 및 관리에 관한 법률 시행령 [별표 10]

과태료의 부과기준 (제52조 관련)

1. 일반기준

  가. 위반행위의 횟수에 따른 과태료의 가중된 부과기준은 최근 1년간 같은 위반행위로 과태료 부과처분을 받은 경우에 적용한다. 이 경우 기간의 계산은 위반행위에 대하여 과태료 부과처분을 받은 날과 그 처분 후 다시 같은 위반행위를 하여 적발된 날을 기준으로 한다.
  나. 가목에 따라 가중된 부과처분을 하는 경우 가중처분의 적용 차수는 그 위반행위 전 부과처분 차수(가목에 따른 기간 내에 과태료 부과처분이 둘 이상 있었던 경우에는 높은 차수를 말한다)의 다음 차수로 한다.
  다. 부과권자는 다음의 어느 하나에 해당하는 경우에는 제2호의 개별기준에 따른 과태료의 2분의 1 범위에서 그 금액을 줄여 부과할 수 있다. 다만, 과태료를 체납하고 있는 위반행위자에 대해서는 그렇지 않다.
   1) 위반행위가 사소한 부주의나 오류로 인한 것으로 인정되는 경우
   2) 위반행위자가 법 위반상태를 시정하거나 해소하기 위하여 노력한 사실이 인정되는 경우
   3) 위반행위자가 처음 위반행위를 한 경우로서 3년 이상 해당 업종을 모범적으로 영위한 사실이 인정되는 경우
   4) 위반행위자가 화재 등 재난으로 재산에 현저한 손실을 입거나 사업 여건의 악화로 그 사업이 중대한 위기에 처하는 등 사정이 있는 경우
   5) 위반행위자가 같은 위반행위로 다른 법률에 따라 과태료 · 벌금 · 영업정지 등의 처분을 받은 경우
   6) 그 밖에 위반행위의 정도, 위반행위의 동기와 그 결과 등을 고려하여 과태료 금액을 줄일 필요가 있다고 인정되는 경우

2. 개별기준

위반행위	근거 법조문	과태료 금액 (단위 : 만원)		
		1차 위반	2차 위반	3차 이상 위반

가. 법 제12조제1항을 위반한 경우
  1) 2) 및 3)의 규정을 제외하고 소방시설을 최근 1년 이내에 2회 이상 화재안전기준에 따라 관리하지 않은 경우
  2) 소방시설을 다음에 해당하는 고장 상태 등으로 방치한 경우
    가) 소화펌프를 고장 상태로 방치한 경우
    나) 화재 수신기, 동력·감시 제어반 또는 소방시설용 전원(비상전원을 포함한다)을 차단하거나, 고장난 상태로 방치하거나, 임의로 조작하여 자동으로 작동이 되지 않도록 한 경우
    다) 소방시설이 작동할 때 소화배관을 통하여 소화수가 방수되지 않는 상태 또는 소화약제가 방출되지 않는 상태로 방치한 경우
  3) 소방시설을 설치하지 않은 경우
	법 제61조 제1항제1호	100
		
		200
		
		300		

나. 법 제15조제1항을 위반하여 공사 현장에 임시소방시설을 설치·관리하지 않은 경우	법 제61조 제1항제2호	300		
다. 법 제16조제1항을 위반하여 피난시설, 방화구획 또는 방화 시설을 폐쇄·훼손·변경하는 등의 행위를 한 경우	법 제61조 제1항제3호	100	200	300
라. 법 제20조제1항을 위반하여 방염대상물품을 방염성능기준 이상으로 설치하지 않은 경우	법 제61조 제1항제4호	200		
마. 법 제22조제1항 전단을 위반하여 점검능력평가를 받지 않고 점검을 한 경우	법 제61조 제1항제5호	300		
바. 법 제22조제1항 후단을 위반하여 관계인에게 점검 결과를 제출하지 않은 경우	법 제61조 제1항제6호	300		
사. 법 제22조제2항에 따른 점검인력의 배치기준 등 자체점검 시 준수사항을 위반한 경우	법 제61조 제1항제7호	300		

아. 법 제23조제3항을 위반하여 점검 결과를 보고하지 않거나 거짓으로 보고한 경우
  1) 지연 보고 기간이 10일 미만인 경우
  2) 지연 보고 기간이 10일 이상 1개월 미만인 경우
  3) 지연 보고 기간이 1개월 이상이거나 보고하지 않은 경우
  4) 점검 결과를 축소·삭제하는 등 거짓으로 보고한 경우
	법 제61조 제1항제8호	
		50
		100
		200
		300		

위반행위	근거 법조문	과태료 금액 (단위 : 만원)		
		1차 위반	2차 위반	3차 이상 위반
자. 법 제23조제4항을 위반하여 이행계획을 기간 내에 완료하지 않은 경우 또는 이행계획 완료 결과를 보고하지 않거나 거짓으로 보고한 경우 1) 지연 완료 기간 또는 지연 보고 기간이 10일 미만인 경우 2) 지연 완료 기간 또는 지연 보고 기간이 10일 이상 1개월 미만인 경우 3) 지연 완료 기간 또는 지연 보고 기간이 1개월 이상이거나, 완료 또는 보고를 하지 않은 경우 4) 이행계획 완료 결과를 거짓으로 보고한 경우	법 제61조 제1항제9호		50 100 200 300	
차. 법 제24조제1항을 위반하여 점검기록표를 기록하지 않거나 특정소방대상물의 출입자가 쉽게 볼 수 있는 장소에 게시하지 않은 경우	법 제61조 제1항제10호	100	200	300
카. 법 제31조 또는 제32조제3항을 위반하여 신고를 하지 않거나 거짓으로 신고한 경우 1) 지연 신고 기간이 1개월 미만인 경우 2) 지연 신고 기간이 1개월 이상 3개월 미만인 경우 3) 지연 신고 기간이 3개월 이상이거나 신고를 하지 않은경우 4) 거짓으로 신고한 경우	법 제61조 제1항제11호		50 100 200 300	
타. 법 제33조제3항을 위반하여 지위승계, 행정처분 또는 휴업·폐업의 사실을 특정소방대상물의 관계인에게 알리지 않거나 거짓으로 알린 경우	법 제61조 제1항제12호		300	
파. 법 제33조제4항을 위반하여 소속 기술인력의 참여 없이 자체점검을 한 경우	법 제61조 제1항제13호		300	
하. 법 제34조제2항에 따른 점검실적을 증명하는 서류 등을 거짓으로 제출한 경우	법 제61조 제1항제14호		300	
거. 법 제52조제1항에 따른 명령을 위반하여 보고 또는 자료제출을 하지 않거나 거짓으로 보고 또는 자료제출을 한 경우 또는 정당한 사유 없이 관계 공무원의 출입 또는 검사를 거부·방해 또는 기피한 경우	법 제61조 제1항제15호	50	100	300

5 위험물 관련 법령

(1) 탱크의 내용적 및 공간용적

① **내용적**

㉠ 양쪽이 볼록한 것

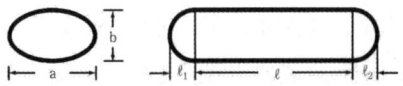

$$V = \frac{\pi ab}{4}\left(l + \frac{l_1 + l_2}{3}\right)$$

㉡ 한쪽은 오목하고 한쪽은 볼록한 것

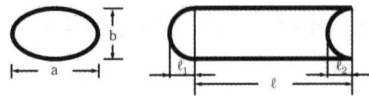

$$V = \frac{\pi ab}{4}\left(l + \frac{l_1 - l_2}{3}\right)$$

㉢ 횡으로 설치한 것

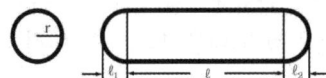

$$V = \pi r^2\left(l + \frac{l_1 + l_2}{3}\right)$$

㉣ 종으로 설치한 것

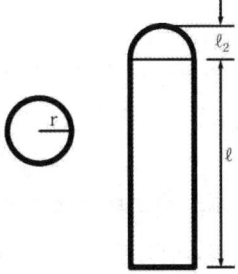

$$V = \pi r^2 l$$

ⓓ 기타의 탱크 : 통상의 수학적 계산방법에 의한다. 다만, 쉽게 그 내용적을 계산하기 어려운 탱크에 있어서는 당해 탱크 내용적의 근사계산에 의할 수 있다.

② **공간용적**

탱크의 공간용적은 탱크 내부에 여유를 가질 수 있는 공간이다. 이는 위험물의 과주입 또는 온도의 상승에 의한 부피 증가에 따른 체적팽창으로 위험물의 넘침을 막아주는 기능을 가지고 있다.

㉠ 일반적인 탱크의 공간용적 : 탱크 내용적의 5/100 이상 10/100 이하
㉡ 소화약제 방출구를 탱크 안의 윗부분에 설치한 탱크 : 당해 탱크의 내용적 중 당해 소화약제 방출구 아래의 0.3미터 이상 1미터 미만 사이의 면으로부터 윗부분의 용적

(2) 위험물 운반에 관한 기준

① 운반용기의 재질

강판 · 알루미늄판 · 양철판 · 유리 · 금속판 · 종이 · 플라스틱 · 섬유판 · 고무류 · 합성섬유 · 삼 · 짚 · 나무 등

② 적재방법

㉠ 위험물이 온도변화 등에 의하여 누설되지 아니하도록 운반용기를 밀봉하여 수납할 것
㉡ 수납하는 위험물과 위험한 반응을 일으키지 아니하는 적합한 재질의 운반용기에 수납할 것
㉢ 고체위험물은 운반용기 내용적의 95% 이하의 수납률로 수납할 것
㉣ 액체위험물은 운반용기 내용적의 98% 이하의 수납률로 수납하되, 55℃에서 누설되지 아니하도록 충분한 공간용적을 유지하도록 할 것(다만, 알킬알루미늄 등은 운반용기 내용적의 90% 이하의 수납률로 수납하되, 50℃의 온도에서 5% 이상의 공간용적을 유지하도록 할 것)
㉤ 제3류 위험물은 다음 기준에 따라 운반용기에 수납할 것
　　ⓐ 자연발화성 물품에 있어서는 불활성 기체를 봉입하여 밀봉하는 등 공기와 접하지 아니하도록 할 것
　　ⓑ 자연발화성 물품 외의 물품에 있어서는 파라핀 · 경유 · 등유 등의 보호액으로 채워 밀봉하거나 불활성 기체를 봉입하여 밀봉하는 등 수분과 접하지 아니하도록 할 것
㉥ 차광성 덮개를 하여야 하는 위험물의 종류 : 제1류 위험물, 3류위험물 중 자연발화성 물품, 제4류 위험물 중 특수인화물, 제5류 위험물 또는 제6류 위험물
㉦ 방수성 덮개를 하여야 하는 위험물의 종류 : 제1류 위험물 중 알칼리금속의 과산화물, 제2류 위험물 중 철분 · 금속분 · 마그네슘 또는 3류 위험물 중 금수성 물품

◎ 제5류 위험물 중 55℃ 이하의 온도에서 분해될 우려가 있는 것은 보냉 컨테이너에 수납하는 등 적정한 온도관리를 할 것
㉣ 위험물을 수납한 운반용기를 겹쳐 쌓는 경우에는 그 높이를 3미터 이하로 할 것
㉤ 운반용기의 외부에 표시하여야 할 사항
  ⓐ 위험물의 품명·위험등급·화학명 및 수용성("수용성" 표시는 제4류 위험물로서 수용성인 것에 한한다.)
  ⓑ 위험물의 수량
  ⓒ 수납하는 위험물에 따른 주의사항

> **위험물별 주의사항**
> - 제1류 위험물
>   - 알칼리금속의 과산화물 : "화기·충격주의", "물기엄금" 및 "가연물접촉주의"
>   - 그 밖의 것 : "화기·충격주의" 및 "가연물접촉주의"
> - 제2류 위험물
>   - 철분·금속분·마그네슘 : "화기주의" 및 "물기엄금"
>   - 인화성 고체 : "화기엄금"
>   - 그 밖의 것 : "화기주의"
> - 제3류 위험물
>   - 자연발화성물품 : "화기엄금" 및 "공기접촉엄금"
>   - 금수성 물품 : "물기엄금"
> - 제4류 위험물 : "화기엄금"
> - 제5류 위험물 : "화기엄금" 및 "충격주의"
> - 제6류 위험물 : "가연물접촉주의"

③ **운반방법**
  ㉠ 위험물 또는 위험물을 수납한 운반용기가 현저하게 마찰 또는 동요를 일으키지 아니하도록 운반할 것
  ㉡ 지정수량 이상의 위험물을 차량으로 운반하는 경우 표지의 설치기준
    ⓐ 한 변의 길이가 0.3미터 이상, 다른 한 변의 길이가 0.6미터 이상인 직사각형의 판으로 할 것
    ⓑ 바탕은 흑색으로 하고, 황색의 반사도료 그 밖의 반사성이 있는 재료로 "위험물"이라고 표시할 것
    ⓒ 표지는 차량의 전면 및 후면의 보기 쉬운 곳에 내걸 것
  ㉢ 지정수량 이상의 위험물을 차량으로 운반하는 경우에는 능력단위 이상의 소형수동식 소화기를 갖출 것

④ 유별을 달리하는 위험물의 혼재기준

위험물의 구분	제1류	제2류	제3류	제4류	제5류	제6류
제1류		×	×	×	×	○
제2류	×		×	○	○	×
제3류	×	×		○	×	×
제4류	×	○	○		○	×
제5류	×	○	×	○		×
제6류	○	×	×	×	×	

비고 : 이 표는 지정수량의 10분의 1 이하의 위험물에 대하여는 적용하지 아니한다.

6 다중이용업소 안전관리에 관한 특별법

(1) 용어의 정의

① **다중이용업** : 불특정 다수인이 이용하는 영업 중 화재 등 재난 발생 시 생명·신체·재산상의 피해가 발생할 우려가 높은 것으로서 대통령령으로 정하는 영업

> **제2조(다중이용업)** 「다중이용업소의 안전관리에 관한 특별법」(이하 "법"이라 한다) 제2조제1항제1호에서 "대통령령으로 정하는 영업"이란 다음 각 호의 영업을 말한다. 다만, 영업을 옥외 시설 또는 옥외 장소에서 하는 경우 그 영업은 제외한다.
> 1. 「식품위생법 시행령」 제21조제8호에 따른 식품접객업 중 다음의 어느 하나에 해당하는 것
>   가. 휴게음식점영업·제과점영업 또는 일반음식점영업으로서 영업장으로 사용하는 바닥면적(「건축법 시행령」 제119조제1항제3호에 따라 산정한 면적을 말한다. 이하 같다)의 합계가 100제곱미터(영업장이 지하층에 설치된 경우에는 그 영업장의 바닥면적 합계가 66제곱미터) 이상인 것. 다만, 영업장(내부계단으로 연결된 복층구조의 영업장을 제외한다)이 다음의 어느 하나에 해당하는 층에 설치되고 그 영업장의 주된 출입구가 건축물 외부의 지면과 직접 연결되는 곳에서 하는 영업을 제외한다.
>   1) 지상 1층
>   2) 지상과 직접 접하는 층
>   나. 단란주점영업과 유흥주점영업
> 1의2. 「식품위생법 시행령」 제21조제9호에 따른 공유주방 운영업 중 휴게음식점영업·제과점영업 또는 일반음식점영업에 사용되는 공유주방을 운영하는 영업으로서 영업장 바닥면적의 합계가 100제곱미터(영업장이 지하층에 설치된 경우에는 그 바닥면적 합계가 66제곱미터) 이상인 것. 다만, 영업장(내부계단으로 연결된 복층구조의 영업장은 제외한다)이 다음의 어느 하나에 해당하는 층에 설치되고 그 영업장의 주된 출입구가 건축물 외부의 지면과 직접 연결되는 곳에서 하는 영업은 제외한다.
>   가. 지상 1층
>   나. 지상과 직접 접하는 층

2. 「영화 및 비디오물의 진흥에 관한 법률」제2조제10호, 같은 조 제16호가목·나목 및 라목에 따른 영화상영관·비디오물감상실업·비디오물소극장업 및 복합영상물제공업
3. 「학원의 설립·운영 및 과외교습에 관한 법률」제2조제1호에 따른 학원(이하 "학원"이라 한다)으로서 다음의 어느 하나에 해당하는 것
    가. 소방시설 설치 및 관리에 관한 법률 시행령」별표 4에 따라 산정된 수용인원(이하 "수용인원"이라 한다)이 300명 이상인 것
    나. 수용인원 100명 이상 300명 미만으로서 다음의 어느 하나에 해당하는 것. 다만, 학원으로 사용하는 부분과 다른 용도로 사용하는 부분(학원의 운영권자를 달리하는 학원과 학원을 포함한다)이 「건축법 시행령」제46조에 따른 방화구획으로 나누어진 경우는 제외한다.
        (1) 하나의 건축물에 학원과 기숙사가 함께 있는 학원
        (2) 하나의 건축물에 학원이 둘 이상 있는 경우로서 학원의 수용인원이 300명 이상인 학원
        (3) 하나의 건축물에 제1호, 제2호, 제4호부터 제7호까지, 제7호의2부터 제7호의5까지 및 제8호의 다중이용업 중 어느 하나 이상의 다중이용업과 학원이 함께 있는 경우
4. 목욕장업으로서 다음 각 목에 해당하는 것
    가. 하나의 영업장에서 「공중위생관리법」제2조제1항제3호가목에 따른 목욕장업 중 맥반석·황토·옥 등을 직접 또는 간접 가열하여 발생하는 열기나 원적외선 등을 이용하여 땀을 배출하게 할 수 있는 시설 및 설비를 갖춘 것으로서 수용인원(물로 목욕을 할 수 있는 시설부분의 수용인원은 제외한다)이 100명 이상인 것
    나. 「공중위생관리법」제2조제1항제3호나목의 시설을 갖춘 목욕장업
5. 「게임산업진흥에 관한 법률」제2조제6호·제6호의2·제7호 및 제8호의 게임제공업·인터넷컴퓨터게임시설제공업 및 복합유통게임제공업. 다만, 게임제공업 및 인터넷컴퓨터게임시설제공업의 경우에는 영업장(내부계단으로 연결된 복층구조의 영업장은 제외한다)이 지상 1층 또는 지상과 직접 접하는 층에 설치되고 그 영업장의 주된 출입구가 건축물 외부의 지면과 직접 연결된 구조에 해당하는 경우는 제외한다.
6. 「음악산업진흥에 관한 법률」제2조제13호에 따른 노래연습장업
7. 「모자보건법」제2조제12호에 따른 산후조리업
7의2. 고시원업[구획된 실(室) 안에 학습자가 공부할 수 있는 시설을 갖추고 숙박 또는 숙식을 제공하는 형태의 영업]
7의3. 「사격 및 사격장 안전관리에 관한 법률 시행령」제2조제1항 및 별표 1에 따른 권총사격장(실내사격장에 한정하며, 같은 조 제1항에 따른 종합사격장에 설치된 경우를 포함한다)
7의4. 「체육시설의 설치·이용에 관한 법률」제10조제1항제2호에 따른 가상체험 체육시설업(실내에 1개 이상의 별도의 구획된 실을 만들어 골프 종목의 운동이 가능한 시설을 경영하는 영업으로 한정한다)
7의5. 「의료법」제82조제4항에 따른 안마시술소
8. 법 제15조제2항에 따른 화재안전등급(이하 "화재안전등급"이라 한다)이 제11조제1항에 해당하거나 화재발생시 인명피해가 발생할 우려가 높은 불특정다수인이 출입하는 영업으로서 행정안전부령으로 정하는 영업. 이 경우 소방청장은 관계 중앙행정기관의 장과 미리 협의하여야 한다.

행정안전부령으로 정하는 영업

1. 전화방업·화상대화방업 : 구획된 실(室) 안에 전화기·텔레비전·모니터 또는 카메라 등 상대방과 대화할 수 있는 시설을 갖춘 형태의 영업
2. 수면방업 : 구획된 실(室) 안에 침대·간이침대 그 밖에 휴식을 취할 수 있는 시설을 갖춘 형태의 영업

3. 콜라텍업 : 손님이 춤을 추는 시설 등을 갖춘 형태의 영업으로서 주류판매가 허용되지 아니하는 영업
4. 방탈출카페업 : 제한된 시간 내에 방을 탈출하는 놀이 형태의 영업
5. 키즈카페업 : 다음의 영업
  가. 「관광진흥법 시행령」 제2조제1항제5호다목에 따른 기타유원시설업으로서 실내공간에서 어린이(「어린이안전관리에 관한 법률」 제3조제1호에 따른 어린이를 말한다. 이하 같다)에게 놀이를 제공하는 영업
  나. 실내에 「어린이놀이시설 안전관리법」 제2조제2호 및 같은 법 시행령 별표 2 제13호에 해당하는 어린이놀이시설을 갖춘 영업
  다. 「식품위생법 시행령」 제21조제8호가목에 따른 휴게음식점영업으로서 실내공간에서 어린이에게 놀이를 제공하고 부수적으로 음식류를 판매·제공하는 영업
6. 만화카페업 : 만화책 등 다수의 도서를 갖춘 다음의 영업. 다만, 도서를 대여·판매만 하는 영업인 경우와 영업장으로 사용하는 바닥면적의 합계가 50제곱미터 미만인 경우는 제외한다.
  가. 「식품위생법 시행령」 제21조제8호가목에 따른 휴게음식점영업
  나. 도서의 열람, 휴식공간 등을 제공할 목적으로 실내에 다수의 구획된 실(室)을 만들거나 입체 형태의 구조물을 설치한 영업

② **실내장식물** : 건축물 내부의 천장 또는 벽에 설치하는 것으로서 대통령령으로 정하는 것

> **제3조(실내장식물)** 법 제2조제1항제3호에서 "대통령령이 정하는 것"이라 함은 건축물 내부의 천장이나 벽에 붙이는(설치하는) 것으로서 다음 각 호의 어느 하나에 해당하는 것을 말한다. 다만, 가구류(옷장, 찬장, 식탁, 식탁용 의자, 사무용 책상, 사무용 의자 및 계산대, 그 밖에 이와 비슷한 것을 말한다)와 너비 10센티미터 이하인 반자돌림대 등과 「건축법」 제52조에 따른 내부마감재료는 제외한다.
> 1. 종이류(두께 2밀리미터 이상인 것을 말한다)·합성수지류 또는 섬유류를 주원료로 한 물품
> 2. 합판이나 목재
> 3. 공간을 구획하기 위하여 설치하는 간이 칸막이(접이식 등 이동 가능한 벽체나 천장 또는 반자가 실내에 접하는 부분까지 구획하지 아니하는 벽체를 말한다)
> 4. 흡음(吸音)이나 방음(防音)을 위하여 설치하는 흡음재(흡음용 커튼을 포함한다) 또는 방음재(방음용 커튼을 포함한다)

③ **화재위험평가** : 다중이용업의 영업소(이하 "다중이용업소"라 함)가 밀집한 지역 또는 건축물에 대하여 화재 발생 가능성과 화재로 인한 불특정 다수인의 생명·신체·재산상의 피해 및 주변에 미치는 영향을 예측·분석하고 이에 대한 대책을 마련하는 것

④ **밀폐구조의 영업장** : 지상층에 있는 다중이용업소의 영업장 중 채광·환기·통풍 및 피난 등이 용이하지 못한 구조로 되어 있으면서 대통령령으로 정하는 기준에 해당하는 영업장을 말한다[대통령령 : 「소방시설 설치 및 관리에 관한 법률 시행령」 제2조제2호 각 목에 따른 요건을 모두 갖춘 개구부의 면적의 합계가 영업장으로 사용하는 바닥면적의 30분의 1 이하가 되는 것을 말한다]. 점15회

> **Reference**
>
> **개구부** 점15회
> ① 개구부의 크기가 지름 50센티미터 이상의 원이 내접할 수 있을 것
> ② 해당 층의 바닥면으로부터 개구부 밑부분까지의 높이가 1.2미터 이내일 것
> ③ 개구부는 도로 또는 차량이 진입할 수 있는 빈터를 향할 것
> ④ 화재시 건축물로부터 쉽게 피난할 수 있도록 개구부에 창살 그 밖의 장애물이 설치되지 아니할 것
> ⑤ 내부 또는 외부에서 쉽게 파괴 또는 개방할 수 있을 것

(2) 다중이용업주가 안전시설등을 설치하기 전 미리 소방본부장이나 소방서장에게 설계도서를 첨부하여 신고하여야 하는 경우

① 안전시설등을 설치하려는 경우
② 영업장 내부구조를 변경하려는 경우로서 다음의 어느 하나에 해당하는 경우
  ㉠ 영업장 면적의 증가
  ㉡ 영업장의 구획된 실의 증가
  ㉢ 내부통로 구조의 변경
③ 안전시설등의 공사를 마친 경우

(3) 다중이용업소의 실내장식물 기준

① 다중이용업소에 설치하거나 교체하는 실내장식물(반자돌림대 등의 너비가 10센티미터 이하인 것은 제외한다)은 불연재료(不燃材料) 또는 준불연재료로 설치하여야 한다.
② ①에도 불구하고 합판 또는 목재로 실내장식물을 설치하는 경우로서 그 면적이 영업장 천장과 벽을 합한 면적의 10분의 3(스프링클러설비 또는 간이스프링클러설비가 설치된 경우에는 10분의 5) 이하인 부분은 「소방시설 설치 및 관리에 관한 법률」제20조제3항에 따른 방염성능기준 이상의 것으로 설치할 수 있다.
③ 소방본부장이나 소방서장은 다중이용업소의 실내장식물이 ① 및 ②에 따른 실내장식물의 기준에 맞지 아니하는 경우에는 그 다중이용업주에게 해당 부분의 실내장식물을 교체하거나 제거하게 하는 등 필요한 조치를 명하거나 허가관청에 관계 법령에 따른 영업정지 처분 또는 허가등의 취소를 요청할 수 있다.

(4) 다중이용업소에 대한 화재위험평가 대상

① 2천제곱미터 지역 안에 다중이용업소가 50개 이상 밀집하여 있는 경우
② 5층 이상인 건축물로서 다중이용업소가 10개 이상 있는 경우

③ 하나의 건축물에 다중이용업소로 사용하는 영업장 바닥면적의 합계가 1천제곱미터 이상인 경우

(5) 화재배상책임보험의 보험금액

① 법 제13조의2제1항에 따라 다중이용업주 및 다중이용업을 하려는 자가 가입하여야 하는 화재배상책임보험은 다음의 기준을 충족하는 것이어야 한다.
  ㉠ 사망의 경우 : 피해자 1명당 1억5천만원의 범위에서 피해자에게 발생한 손해액을 지급할 것. 다만, 그 손해액이 2천만원 미만인 경우에는 2천만원으로 한다.
  ㉡ 부상의 경우 : 피해자 1명당 별표 2에서 정하는 금액의 범위에서 피해자에게 발생한 손해액을 지급할 것
  ㉢ 부상에 대한 치료를 마친 후 더 이상의 치료효과를 기대할 수 없고 그 증상이 고정된 상태에서 그 부상이 원인이 되어 신체의 장애(이하 "후유장애"라 한다)가 생긴 경우 : 피해자 1명당 별표 3에서 정하는 금액의 범위에서 피해자에게 발생한 손해액을 지급할 것
  ㉣ 재산상 손해의 경우 : 사고 1건당 10억원의 범위에서 피해자에게 발생한 손해액을 지급할 것

② ①에 따른 화재배상책임보험은 하나의 사고로 ①의 ㉠부터 ㉢까지 중 둘 이상에 해당하게 된 경우 다음의 기준을 충족하는 것이어야 한다.
  ㉠ 부상당한 사람이 치료 중 그 부상이 원인이 되어 사망한 경우 : 피해자 1명당 ①의 ㉠에 따른 금액과 ①의 ㉡에 따른 금액을 더한 금액을 지급할 것
  ㉡ 부상당한 사람에게 후유장애가 생긴 경우 : 피해자 1명당 ①의 ㉡에 따른 금액과 ①의 ㉢에 따른 금액을 더한 금액을 지급할 것
  ㉢ ①의 ㉢에 따른 금액을 지급한 후 그 부상이 원인이 되어 사망한 경우 : 피해자 1명당 ①의 ㉠에 따른 금액에서 ①의 ㉢에 따른 금액 중 사망한 날 이후에 해당하는 손해액을 뺀 금액을 지급할 것

(6) 화재안전등급

등 급	평가점수
A	80 이상
B	60 이상 79 이하
C	40 이상 59 이하
D	20 이상 39 이하
E	20 미만

(7) 다중이용업소에 설치하는 안전시설등의 종류

① **소방시설** 점9회
  ㉠ 소화설비
    ⓐ 소화기 또는 자동확산소화기
    ⓑ 간이스프링클러설비(캐비닛형 간이스프링클러설비를 포함한다)
  ㉡ 경보설비
    ⓐ 비상벨설비 또는 자동화재탐지설비
    ⓑ 가스누설경보기
  ㉢ 피난설비
    ⓐ 피난기구
      ㉮ 미끄럼대
      ㉯ 피난사다리
      ㉰ 구조대
      ㉱ 완강기
      ㉲ 다수인피난장비
      ㉳ 승강식 피난기
    ⓑ 피난유도선
    ⓒ 유도등, 유도표지 또는 비상조명등
    ⓓ 휴대용비상조명등
② 비상구
③ 영업장 내부 피난통로
④ 그 밖의 안전시설
  ㉠ 영상음향차단장치
  ㉡ 누전차단기
  ㉢ 창문

(8) 다중이용업소에 설치하는 안전시설등의 종류에 따른 설치대상

① **소방시설**
  ㉠ 소화설비
    ⓐ 소화기 또는 자동확산소화기
    ⓑ 간이스프링클러설비(캐비닛형 간이스프링클러설비를 포함한다). 다만, 다음의 영업장에만 설치한다. 설20회

㉮ 지하층에 설치된 영업장
㉯ 법 제9조제1항제1호에 따른 숙박을 제공하는 형태의 다중이용업소의 영업장 중 다음에 해당하는 영업장. 다만, 지상 1층에 있거나 지상과 직접 맞닿아 있는 층(영업장의 주된 출입구가 건축물 외부의 지면과 직접 연결된 경우를 포함한다)에 설치된 영업장은 제외한다.
　(1) 제2조제7호에 따른 산후조리업의 영업장
　(2) 제2조제7호의2에 따른 고시원업(이하 이 표에서 "고시원업"이라 한다)의 영업장
㉰ 법 제9조제1항제2호에 따른 밀폐구조의 영업장
㉱ 제2조제7호의3에 따른 권총사격장의 영업장
ⓒ 경보설비
　ⓐ 비상벨설비 또는 자동화재탐지설비. 다만, 노래반주기 등 영상음향장치를 사용하는 영업장에는 자동화재탐지설비를 설치하여야 한다.
　ⓑ 가스누설경보기. 다만, 가스시설을 사용하는 주방이나 난방시설이 있는 영업장에만 설치한다.
ⓒ 피난설비
　ⓐ 피난기구
　　㉮ 미끄럼대
　　㉯ 피난사다리
　　㉰ 구조대
　　㉱ 완강기
　　㉲ 다수인피난장비
　　㉳ 승강식피난기
　ⓑ 피난유도선. 다만, 영업장 내부 피난통로 또는 복도가 있는 영업장에만 설치한다.
　ⓒ 유도등, 유도표지 또는 비상조명등
　ⓓ 휴대용 비상조명등
② 비상구. 다만, 다음의 어느 하나에 해당하는 영업장에는 비상구를 설치하지 않을 수 있다.
ⓐ 주된 출입구 외에 해당 영업장 내부에서 피난층 또는 지상으로 통하는 직통계단이 주된 출입구로부터 영업장의 긴 변 길이의 2분의 1 이상 떨어진 위치에 별도로 설치된 경우
ⓒ 피난층에 설치된 영업장[영업장으로 사용하는 바닥면적이 33제곱미터 이하인 경우로서 영업장 내부에 구획된 실(室)이 없고, 영업장 전체가 개방된 구조의 영업장을 말

한다]으로서 그 영업장의 각 부분으로부터 출입구까지의 수평거리가 10미터 이하인 경우
③ 영업장 내부 피난통로. 다만, 구획된 실(室)이 있는 영업장에만 설치한다.
④ 그 밖의 안전시설
　㉠ 영상음향차단장치. 다만, 노래반주기 등 영상음향장치를 사용하는 영업장에만 설치한다.
　㉡ 누전차단기
　㉢ 창문. 다만, 고시원업의 영업장에만 설치한다.

> 1. "피난유도선(避難誘導線)"이란 햇빛이나 전등불로 축광(蓄光)하여 빛을 내거나 전류에 의하여 빛을 내는 유도체로서 화재 발생 시 등 어두운 상태에서 피난을 유도할 수 있는 시설을 말한다.
> 2. "비상구"란 주된 출입구와 주된 출입구 외에 화재 발생 시 등 비상시 영업장의 내부로부터 지상·옥상 또는 그 밖의 안전한 곳으로 피난할 수 있도록 「건축법 시행령」에 따른 직통계단·피난계단·옥외피난계단 또는 발코니에 연결된 출입구를 말한다.
> 3. "구획된 실(室)"이란 영업장 내부에 이용객 등이 사용할 수 있는 공간을 벽이나 칸막이 등으로 구획한 공간을 말한다. 다만, 영업장 내부를 벽이나 칸막이 등으로 구획한 공간이 없는 경우에는 영업장 내부 전체 공간을 하나의 구획된 실(室)로 본다.
> 4. "영상음향차단장치"란 영상 모니터에 화상(畵像) 및 음반 재생장치가 설치되어 있어 영화, 음악 등을 감상할 수 있는 시설이나 화상 재생장치 또는 음반 재생장치 중 한 가지 기능만 있는 시설을 차단하는 장치를 말한다.

(9) 다중이용업소에 설치하는 안전시설등의 설치 유지 기준

안전시설등 종류	설치·유지 기준
1. 소방시설	
가. 소화설비	
1) 소화기 또는 자동확산 소화기	영업장 안의 구획된 실마다 설치할 것
2) 간이스프링클러설비	「소방시설 설치 및 관리에 관한 법률」 제2조제6호에 따른 화재안전기준(이하 이 표에서 "화재안전기준"이라 한다)에 따라 설치할 것. 다만, 영업장의 구획된 실마다 간이스프링클러헤드 또는 스프링클러헤드가 설치된 경우에는 그 설비의 유효범위 부분에는 간이스프링클러설비를 설치하지 않을 수 있다.

	나. 비상벨설비 또는 자동화재탐지설비	가) 영업장의 구획된 실마다 비상벨설비 또는 자동화재탐지설비 중 하나 이상을 화재안전기준에 따라 설치할 것 나) 자동화재탐지설비를 설치하는 경우에는 감지기와 지구음향장치는 영업장의 구획된 실마다 설치할 것. 다만, 영업장의 구획된 실에 비상방송설비의 음향장치가 설치된 경우 해당 실에는 지구음향장치를 설치하지 않을 수 있다. 다) 영상음향차단장치가 설치된 영업장에 자동화재탐지설비의 수신기를 별도로 설치할 것
	다. 피난설비	
	1) 피난기구	2층 이상 4층 이하에 위치하는 영업장의 발코니 또는 부속실과 연결되는 비상구에는 피난기구를 화재안전기준에 따라 설치할 것
	2) 피난유도선	가) 영업장 내부 피난통로 또는 복도에 「소방시설 설치 및 관리에 관한 법률」 제12조제1항에 따라 소방청장이 정하여 고시하는 유도등 및 유도표지의 화재안전기준에 따라 설치할 것 나) 전류에 의하여 빛을 내는 방식으로 할 것
	3) 유도등, 유도표지 또는 비상조명등	영업장의 구획된 실마다 유도등, 유도표지 또는 비상조명등 중 하나 이상을 화재안전기준에 따라 설치할 것
	4) 휴대용 비상조명등	영업장안의 구획된 실마다 휴대용 비상조명등을 화재안전기준에 따라 설치할 것
2. 주된 출입구 및 비상구 (이하 이 표에서 "비상구 등"이라 한다)		가. 공통 기준 1) 설치 위치 : 비상구는 영업장(2개 이상의 층이 있는 경우에는 각각의 층별 영업장을 말한다. 이하 이 표에서 같다) 주된 출입구의 반대방향에 설치하되, 주된 출입구 중심선으로부터의 수평거리가 영업장의 가장 긴 대각선 길이, 가로 또는 세로 길이 중 가장 긴 길이의 2분의 1 이상 떨어진 위치에 설치할 것. 다만, 건물구조로 인하여 주된 출입구의 반대방향에 설치할 수 없는 경우에는 주된 출입구 중심선으로부터의 수평거리가 영업장의 가장 긴 대각선 길이, 가로 또는 세로 길이 중 가장 긴 길이의 2분의 1 이상 떨어진 위치에 설치할 수 있다. 2) 비상구등 규격 : 가로 75센티미터 이상, 세로 150센티미터 이상(문틀을 제외한 가로길이 및 세로길이를 말한다)으로 할 것 3) 구조 가) 비상구등은 구획된 실 또는 천장으로 통하는 구조가 아닌 것으로 할 것. 다만, 영업장 바닥에서 천장까지 불연재료(不燃材料)로 구획된 부속실(전실), 「모자보건법」 제2조제10호에 따른 산후조리원에 설치하는 방풍실 또는 「녹색건축물 조성 지원법」에 따라 설계된 방풍구조는 그렇지 않다. 나) 비상구등은 다른 영업장 또는 다른 용도의 시설(주차장은 제외한다)을 경유하는 구조가 아닌 것이어야 할 것

안전시설등 종류	설치·유지 기준
2. 주된 출입구 및 비상구 (이하 이 표에서 "비상구 등"이라 한다)	4) 문 　가) 문이 열리는 방향 : 피난방향으로 열리는 구조로 할 것 　나) 문의 재질 : 주요 구조부(영업장의 벽, 천장 및 바닥을 말한다. 이하 이 표에서 같다)가 내화구조(耐火構造)인 경우 비상구등의 문은 방화문(防火門)으로 설치할 것. 다만, 다음의 어느 하나에 해당하는 경우에는 불연재료로 설치할 수 있다. 　　(1) 주요 구조부가 내화구조가 아닌 경우 　　(2) 건물의 구조상 비상구등의 문이 지표면과 접하는 경우로서 화재의 연소 확대 우려가 없는 경우 　　(3) 비상구등의 문이 「건축법 시행령」 제35조에 따른 피난계단 또는 특별피난계단의 설치 기준에 따라 설치해야 하는 문이 아니거나 같은 영 제46조에 따라 설치되는 방화구획이 아닌 곳에 위치한 경우 　다) 주된 출입구의 문이 나)(3)에 해당하고, 다음의 기준을 모두 충족하는 경우에는 주된 출입구의 문을 자동문[미서기(슬라이딩)문을 말한다]으로 설치할 수 있다. 　　(1) 화재감지기와 연동하여 개방되는 구조 　　(2) 정전 시 자동으로 개방되는 구조 　　(3) 정전 시 수동으로 개방되는 구조 나. 복층구조(複層構造) 영업장(2개 이상의 층에 내부계단 또는 통로가 각각 설치되어 하나의 층의 내부에서 다른 층의 내부로 출입할 수 있도록 되어 있는 구조의 영업장을 말한다)의 기준 　1) 각 층마다 영업장 외부의 계단 등으로 피난할 수 있는 비상구를 설치할 것 　2) 비상구등의 문이 열리는 방향은 실내에서 외부로 열리는 구조로 할 것 　3) 비상구등의 문의 재질은 가목4)나)의 기준을 따를 것 　4) 영업장의 위치 및 구조가 다음의 어느 하나에 해당하는 경우에는 1)에도 불구하고 그 영업장으로 사용하는 어느 하나의 층에 비상구를 설치할 것 　　가) 건축물 주요 구조부를 훼손하는 경우 　　나) 옹벽 또는 외벽이 유리로 설치된 경우 등 다. 2층 이상 4층 이하에 위치하는 영업장의 발코니 또는 부속실과 연결되는 비상구를 설치하는 경우의 기준 　1) 피난 시에 유효한 발코니[활하중 5킬로뉴턴/제곱미터($5kN/m^2$) 이상, 가로 75센티미터 이상, 세로 150센티미터 이상, 면적 1.12제곱미터 이상, 난간의 높이 100센티미터 이상인 것을 말한다. 이하 이 목에서 같다] 또는 부속실(불연재료로 바닥에서 천장까지 구획된 실로서 가로 75센티미터 이상, 세로 150센티미터 이상, 면적 1.12제곱미터 이상인 것을 말한다. 이하 이 목에서 같다)을 설치하고, 그 장소에 적합한 피난기구를 설치할 것

안전시설등 종류	설치·유지 기준
	2) 부속실을 설치하는 경우 부속실 입구의 문과 건물 외부로 나가는 문의 규격은 가목2)에 따른 비상구등의 규격으로 할 것. 다만, 120센티미터 이상의 난간이 있는 경우에는 발판 등을 설치하고 건축물 외부로 나가는 문의 규격과 재질을 가로 75센티미터 이상, 세로 100센티미터 이상의 창호로 설치할 수 있다. 3) 추락 등의 방지를 위하여 다음 사항을 갖추도록 할 것 　가) 발코니 및 부속실 입구의 문을 개방하면 경보음이 울리도록 경보음 발생 장치를 설치하고, 추락위험을 알리는 표지를 문 (부속실의 경우 외부로 나가는 문도 포함한다)에 부착할 것 　나) 부속실에서 건물 외부로 나가는 문 안쪽에는 기둥·바닥·벽 등의 견고한 부분에 탈착이 가능한 쇠사슬 또는 안전로프 등을 바닥에서부터 120센티미터 이상의 높이에 가로로 설치할 것. 다만, 120센티미터 이상의 난간이 설치된 경우에는 쇠사슬 또는 안전로프 등을 설치하지 않을 수 있다.
2의2. 영업장 구획 등	층별 영업장은 다른 영업장 또는 다른 용도의 시설과 불연재료·준불연재료로 된 차단벽이나 칸막이로 분리되도록 할 것. 다만, 가목부터 다목까지의 경우에는 분리 또는 구획하는 별도의 차단벽이나 칸막이 등을 설치하지 않을 수 있다. 가. 둘 이상의 영업소가 주방 외에 객실부분을 공동으로 사용하는 등의 구조인 경우 나. 「식품위생법 시행규칙」 별표 14 제8호가목5)다)에 해당되는 경우 다. 영 제9조에 따른 안전시설등을 갖춘 경우로서 실내에 설치한 유원시설업의 허가 면적 내에 「관광진흥법 시행규칙」 별표 1의2 제1호가목에 따라 청소년게임제공업 또는 인터넷컴퓨터게임시설제공업이 설치된 경우
3. 영업장 내부 피난통로	가. 내부 피난통로의 폭은 120센티미터 이상으로 할 것. 다만, 양 옆에 구획된 실이 있는 영업장으로서 구획된 실의 출입문 열리는 방향이 피난통로 방향인 경우에는 150센티미터 이상으로 설치하여야 한다. 나. 구획된 실부터 주된 출입구 또는 비상구까지의 내부 피난통로의 구조는 세 번 이상 구부러지는 형태로 설치하지 말 것
4. 창문	가. 영업장 층별로 가로 50센티미터 이상, 세로 50센티미터 이상 열리는 창문을 1개 이상 설치할 것 나. 영업장 내부 피난통로 또는 복도에 바깥 공기와 접하는 부분에 설치할 것(구획된 실에 설치하는 것을 제외한다)
5. 영상음향차단장치	가. 화재 시 자동화재탐지설비의 감지기에 의하여 자동으로 음향 및 영상이 정지될 수 있는 구조로 설치하되, 수동(하나의 스위치로 전체의 음향 및 영상장치를 제어할 수 있는 구조를 말한다)으로도 조작할 수 있도록 설치할 것 나. 영상음향차단장치의 수동차단스위치를 설치하는 경우에는 관계인이 일정하게 거주하거나 일정하게 근무하는 장소에 설치할 것. 이 경우 수동차단스위치와 가장 가까운 곳에 "영상음향차단스위치"라는 표지를 부착해야 한다.

안전시설등 종류	설치·유지 기준
	다. 전기로 인한 화재발생 위험을 예방하기 위하여 부하용량에 알맞은 누전차단기(과전류차단기를 포함한다)를 설치할 것 라. 영상음향차단장치의 작동으로 실내 등의 전원이 차단되지 않는 구조로 설치할 것
6. 보일러실과 영업장 사이의 방화구획	보일러실과 영업장 사이의 출입문은 방화문으로 설치하고, 개구부(開口部)에는 방화댐퍼(화재 시 연기 등을 차단하는 장치)를 설치할 것

비고
1. "방화문(防火門)"이란 「건축법 시행령」 제64조에 따른 60분+ 방화문, 60분 방화문, 30분 방화문으로서 언제나 닫힌 상태를 유지하거나 화재로 인한 연기의 발생 또는 온도의 상승에 따라 자동적으로 닫히는 구조를 말한다. 다만, 자동으로 닫히는 구조 중 열에 의하여 녹는 퓨즈[도화선(導火線)을 말한다]타입 구조의 방화문은 제외한다.
2. 법 제15조제4항에 따라 소방청장·소방본부장 또는 소방서장은 해당 영업장에 대해 화재위험평가를 실시한 결과 화재안전등급이 영 제13조에 따른 기준 이상인 업종에 대해서는 소방시설·비상구 또는 그 밖의 안전시설등의 설치를 면제한다.
3. 소방본부장 또는 소방서장은 비상구의 크기, 비상구의 설치 거리, 간이스프링클러설비의 배관 구경(口徑) 등 소방청장이 정하여 고시하는 안전시설등에 대해서는 소방청장이 고시하는 바에 따라 안전시설등의 설치·유지 기준의 일부를 적용하지 않을 수 있다.

(10) 안전점검의 대상, 점검자의 자격 등

① **안전점검 대상** : 다중이용업소의 영업장에 설치된 안전시설등
② **안전점검자의 자격**
  ㉠ 해당 영업장의 다중이용업주 또는 다중이용업소가 위치한 특정소방대상물의 소방안전관리자(소방안전관리자가 선임된 경우에 한함)
  ㉡ 해당 업소의 종업원 중 소방안전관리자 자격을 취득한 자, 소방시설관리사·소방기술사·소방설비기사 또는 소방설비산업기사 자격을 취득한 자
  ㉢ 소방시설관리업자
③ **점검주기** : 매 분기별 1회 이상 점검. 다만, 자체점검을 실시한 경우에는 자체점검을 실시한 그 분기에는 점검을 실시하지 아니할 수 있다.
④ **점검방법** : 소방안전시설등의 작동 및 유지·관리 상태를 점검한다.

(11) 피난안내도의 비치 대상 등

① 피난안내도 비치 대상은 모든 다중이용업소로 한다. 다만, 다음의 어느 하나에 해당하는 경우에는 비치하지 아니할 수 있다.
  ㉠ 영업장으로 사용하는 바닥면적의 합계가 33제곱미터 이하인 경우
  ㉡ 영업장내 구획된 실이 없고, 영업장 어느 부분에서도 출입구 및 비상구 확인이 가능한 경우

② **피난안내 영상물 상영 대상**
　㉠ 영화상영관 및 비디오물소극장업의 영업장
　㉡ 노래연습장업의 영업장
　㉢ 단란주점영업 및 유흥주점영업의 영업장. 다만, 피난안내 영상물을 상영할 수 있는 시설이 설치된 경우만 해당한다.
　㉣ 피난안내 영상물을 상영할 수 있는 시설을 갖춘 영업장

③ **피난안내도 비치 위치**
　㉠ 영업장 주 출입구 부분의 손님이 쉽게 볼 수 있는 위치
　㉡ 구획된 실의 벽, 탁자 등 손님이 쉽게 볼 수 있는 위치
　㉢ 인터넷컴퓨터게임시설제공업 영업장의 인터넷컴퓨터게임시설이 설치된 책상. 다만, 책상 위에 비치된 컴퓨터에 피난안내도를 내장하여 새로운 이용객이 컴퓨터를 작동할 때마다 피난안내도가 모니터에 나오는 경우에는 책상에 피난안내도가 비치된 것으로 본다.

④ **피난안내 영상물 상영시간**
　㉠ 영화상영관 및 비디오물소극장업 : 매 회 영화상영 또는 비디오물 상영 시작 전
　㉡ 노래연습장업 등 그 밖의 영업 : 매 회 새로운 이용객이 입장하여 노래방 기기(機器) 등을 작동할 때

⑤ **피난안내도 및 피난안내 영상물에 포함되어야 할 내용**
　㉠ 화재 시 대피할 수 있는 비상구 위치
　㉡ 구획된 실 등에서 비상구 및 출입구까지의 피난동선
　㉢ 소화기, 옥내소화전 등 소방시설의 위치 및 사용방법
　㉣ 피난 및 대처방법

⑥ **피난안내도의 크기 및 재질**
　㉠ 크기 : B4(257㎜×364㎜) 이상의 크기로 할 것. 다만, 각 층별 영업장의 면적 또는 영업장이 위치한 층의 바닥면적이 각각 400㎡ 이상인 경우에는 A3(297㎜×420㎜) 이상의 크기로 하여야 한다.
　㉡ 재질 : 종이(코팅처리한 것을 말한다), 아크릴, 강판 등 쉽게 훼손 또는 변형되지 않는 것으로 할 것

⑦ **피난안내도 및 피난안내 영상물에 사용하는 언어** : 피난안내도 및 피난안내영상물은 한글 및 1개 이상의 외국어를 사용하여 작성하여야 한다.

⑧ **장애인을 위한 피난안내 영상물 상영**
　영화상영관 중 전체 객석 수의 합계가 300석 이상인 영화상영관의 경우 피난안내 영상물은 장애를 위한 한국수어·폐쇄자막·화면해설 등을 이용하여 상영해야 한다.

(12) 기존 다중이용업소(옥내권총사격장, 골프연습장, 안마시술소)가 있는 건축물의 구조상 비상구를 설치할 수 없는 경우 점15회

① 비상구 설치를 위하여 주요구조부를 관통하여야 하는 경우
② 비상구를 설치하여야 하는 영업장이 인접건축물과의 이격거리(건축물 외벽과 외벽 사이의 거리를 말함)가 100센티미터 이하인 경우
③ 다음의 어느 하나에 해당하는 경우
　㉠ 비상구 설치를 위하여 당해 영업장 또는 다른 영업장의 공조설비, 냉난방설비, 수도설비 등 고정설비를 철거 또는 이전하여야 하는 등 그 설비의 기능과 성능에 지장을 초래하는 경우
　㉡ 비상구 설치를 위하여 인접건물 또는 다른 사람 소유의 대지경계선을 침범하는 등 재산권분쟁의 우려가 있는 경우
　㉢ 영업장이 도시미관지구에 위치하여 비상구를 설치하는 경우 건축물 미관을 훼손한다고 인정되는 경우
　㉣ 당해 영업장으로 사용부분의 바닥면적 합계가 33m² 이하일 경우
④ 그 밖에 관할 소방서장이 현장여건 등을 고려하여 비상구를 설치할 수 없다고 인정하는 경우
　※ 위의 경우로서 다음 어느 하나에 해당하는 시설을 설치한 경우에는 비상구를 설치한 것으로 본다.
　㉠ 실내장식물은 불연재료 또는 준불연재료(천장과 벽을 합한 실내장식물의 면적이 9/10 이상인 경우에 한정)로 설치한 경우
　㉡ 간이스프링클러를 설치한 경우

(13) 안전시설등 세부점검표 점검항목 점11회

① 소화기 또는 자동확산소화기의 외관점검
　㉠ 구획된 실마다 설치되어 있는지 확인
　㉡ 약제 응고상태 및 압력게이지 지시침 확인
② 간이스프링클러설비 작동기능점검
　㉠ 시험밸브 개방 시 펌프기동, 음향경보 확인
　㉡ 헤드의 누수·변형·손상·장애 등 확인
③ 경보설비 작동기능점검
　㉠ 비상벨설비의 누름스위치, 표시등, 수신기 확인
　㉡ 자동화재탐지설비의 감지기, 발신기, 수신기 확인
　㉢ 가스누설경보기 정상작동여부 확인

④ 피난설비 작동기능점검 및 외관점검 점20회
    ㉠ 유도등 · 유도표지 등 부착상태 및 점등상태 확인
    ㉡ 구획된 실마다 휴대용비상조명등 비치 여부
    ㉢ 화재신호 시 피난유도선 점등상태 확인
    ㉣ 피난기구(완강기, 피난사다리 등) 설치상태 확인
⑤ 비상구 관리상태 확인
    ㉠ 비상구 폐쇄 · 훼손, 주변 물건 적치 등 관리상태
    ㉡ 구조변형, 금속표면 부식 · 균열, 용접부 · 접합부 손상 등 확인(건축물 외벽에 발코니 형태의 비상구를 설치한 경우만 해당)
⑥ 영업장 내부 피난통로 관리상태 확인
   - 영업장 내부 피난통로 상 물건 적치 등 관리상태
⑦ 창문(고시원) 관리상태 확인
⑧ 영상음향차단장치 작동기능점검
   - 경보설비와 연동 및 수동작동 여부 점검(화재신호 시 영상음향차단 되는지 확인)
⑨ 누전차단기 작동 여부 확인
⑩ 피난안내도 설치 위치 확인
⑪ 피난안내영상물 상영 여부 확인
⑫ 실내장식물 · 내부구획 재료 교체 여부 확인
    ㉠ 커튼, 카페트 등 방염선처리제품 사용 여부
    ㉡ 합판 · 목재 방염성능확보 여부
    ㉢ 내부구획재료 불연재료 사용 여부
⑬ 방염 소파 · 의자 사용 여부 확인
⑭ 안전시설등 세부점검표 분기별 작성 및 1년간 보관여부
⑮ 화재배상 책임보험 가입여부 및 계약기간 확인

7 공공기관의 소방안전관리에 관한 규정

(1) 적용 범위
① 국가 및 지방자치단체
② 국공립학교
③ 공공기관
④ 지방공사 또는 지방공단
⑤ 사립학교(유치원 포함)

(2) 기관장의 책임

① 소방시설, 피난시설 및 방화시설의 설치·유지 및 관리에 관한 사항
② 소방계획의 수립·시행에 관한 사항
③ 소방관련 훈련 및 교육에 관한 사항
④ 그 밖의 소방안전관리업무에 관한 사항

(3) 소방안전관리자의 선임

① 기관장은 소방안전관리 업무를 원활하게 수행하기 위하여 감독직에 있는 사람으로서 다음의 구분에 따른 자격을 갖춘 사람을 소방안전관리자로 선임하여야 한다. 다만, 「소방시설 설치 및 관리에 관한 법률 시행령」 제11조에 따라 소화기 또는 비상경보설비만을 설치하는 공공기관의 경우에는 소방안전관리자를 선임하지 아니할 수 있다.
　㉠ 특급 소방안전관리대상물에 해당하는 공공기관 : 화재예방법 시행령 별표 4 제1호 나목의 각 호의 어느 하나에 해당하는 사람
　㉡ ㉠에 해당하지 않는 공공기관 : 다음의 어느 하나에 해당하는 사람
　　ⓐ 「화재예방 및 안전관리에 관한 법률 시행령」 별표 4 제1호나목, 제2호나목 및 제3호나목 1), 3), 4)의 어느 하나에 해당하는 사람
　　ⓑ 「화재예방 및 안전관리에 관한 법률」 제34조제1항제1호에 따른 소방안전관리자 등에 대한 강습 교육(특급 소방안전관리대상물의 소방안전관리 업무 또는 공공기관의 소방안전관리 업무를 위한 강습 교육으로 한정하며, 이하 "강습교육"이라 한다)을 받은 사람
② 기관장은 ①에 해당하는 사람이 없는 경우에는 강습 교육을 받을 사람을 미리 지정하고 그 지정된 사람을 소방안전관리자로 선임할 수 있다.
③ 공공기관의 건축물이나 그 밖의 시설이 2개 이상의 구역(건축물대장의 건축물 현황도에 표시된 대지경계선 안쪽 지역을 말한다)에 분산되어 위치한 경우에는 각 구역별로 소방안전관리자를 선임하여야 하며, 공공기관의 건축물이나 그 밖의 시설을 관리하는 기관이 따로 있는 경우에는 그 관리기관의 장이 소방안전관리자를 선임하여야 한다.
④ 기관장은 소방안전관리자의 퇴직 등의 사유로 새로 소방안전관리자를 선임하여야 할 때에는 그 사유가 발생한 날부터 30일 이내에 소방안전관리자를 선임하여야 한다.[14일 이내에 신고]

(4) 자위소방대의 임무

자위소방대의 대장·부대장과 각 반의 임무는 다음과 같다.
① 대장은 자위소방대를 총괄·지휘·운용한다.
② 부대장은 대장을 보좌하고, 대장이 부득이한 사유로 임무를 수행할 수 없을 때에는 그 임무를 대행한다.
③ 지휘반은 대장의 지휘를 받아 다른 반의 임무를 조정하고, 화재진압 등에 관한 훈련계획을 수립·시행한다.
④ 진압반은 대장과 지휘반의 지휘를 받아 화재를 진압한다.
⑤ 구조구급반은 대장과 지휘반의 지휘를 받아 인명을 구조하고 부상자를 응급처치한다.
⑥ 대피유도반은 대장과 지휘반의 지휘를 받아 근무자 등을 안전한 장소로 대피하도록 유도한다.

8 초고층 및 지하연계 복합건축물 재난관리에 관한 특별법

(1) 용어정의 점13회

① "초고층 건축물"이란 층수가 50층 이상 또는 높이가 200미터 이상인 건축물을 말한다(「건축법」 제84조에 따른 높이 및 층수를 말한다. 이하 같다).
② "지하연계 복합건축물"이란 지하부분이 지하역사 또는 지하도상가와 연결된 건축물로서 다음의 요건을 모두 갖춘 것을 말한다. 다만, 화재 발생 시 열과 연기의 배출이 쉬운 구조를 갖춘 건축물로서 대통령령으로 정하는 건축물은 제외한다.
  ㉠ 층수가 11층 이상이거나 용도별 바닥면적 등을 고려하여 대통령령으로 정하는 산정기준에 따른 수용인원이 5천명 이상인 건축물
  ㉡ 건축물 안에 「건축법」 제2조제2항제5호에 따른 문화 및 집회시설, 같은 항 제7호에 따른 판매시설, 같은 항 제8호에 따른 운수시설, 같은 항 제14호에 따른 업무시설, 같은 항 제15호에 따른 숙박시설, 같은 항 제16호에 따른 위락(慰樂)시설 중 유원시설업(遊園施設業)의 시설 또는 대통령령으로 정하는 용도의 시설(종합병원, 요양병원)이 하나 이상 있는 건축물

(2) 이 법의 적용이 되는 건축물 및 시설물

① 초고층 건축물
② 지하연계 복합건축물
③ 그 밖에 ① 및 ②에 준하여 재난관리가 필요한 것으로 대통령령으로 정하는 건축물 및 시설물

(3) 피난안전구역 설치대상

① **초고층 건축물** : 「건축법 시행령」 제34조제3항에 따른 피난안전구역을 설치할 것
 [챕터 2. 건축관련법규 (15) 참조]

①의 2. **30층 이상 49층 이하인 지하연계 복합건축물** : 「건축법 시행령 제34조 제4항」에 따른 피난안전구역을 설치할 것

② **16층 이상 29층 이하인 지하연계 복합건축물** : 지상층별 거주밀도가 제곱미터당 1.5명을 초과하는 층은 해당 층의 사용형태별 면적의 합의 10분의 1에 해당하는 면적을 피난안전구역으로 설치할 것

③ **초고층 건축물등의 지하층이 1) 용어정의 ②의 ⓒ의 용도로 사용되는 경우** : 해당 지하층에 별표 2의 피난안전구역 면적 산정기준에 따라 피난안전구역을 설치하거나, 선큰[지표 아래에 있고 외기(外氣)에 개방된 공간으로서 건축물 사용자 등의 보행·휴식 및 피난 등에 제공되는 공간을 말한다. 이하 같다]을 설치할 것

(4) 피난안전구역에 설치하여야 하는 소방시설의 종류 점13회

① 소화설비 중 소화기구(소화기 및 간이소화용구만 해당한다), 옥내소화전설비 및 스프링클러설비
② 경보설비 중 자동화재탐지설비
③ 피난설비 중 방열복 또는 방화복, 공기호흡기(보조마스크를 포함한다), 인공소생기, 피난유도선(피난안전구역으로 통하는 직통계단 및 특별피난계단을 포함한다), 피난안전구역으로 피난을 유도하기 위한 유도등·유도표지, 비상조명등 및 휴대용비상조명등
④ 소화활동설비 중 제연설비, 무선통신보조설비

(5) 선큰 설치기준

① **다음의 구분에 따라 용도(「건축법 시행령」 별표 1에 따른 용도를 말한다)별로 산정한 면적을 합산한 면적 이상으로 설치할 것**
 ⊙ 문화 및 집회시설 중 공연장, 집회장 및 관람장은 해당 면적의 7퍼센트 이상
 ⓒ 판매시설 중 소매시장은 해당 면적의 7퍼센트 이상
 ⓒ 그 밖의 용도는 해당 면적의 3퍼센트 이상

② **다음의 기준에 맞게 설치할 것**
 ⊙ 지상 또는 피난층(직접 지상으로 통하는 출입구가 있는 층 및 (3)에 따른 피난안전구역을 말한다)으로 통하는 너비 1.8미터 이상의 직통계단을 설치하거나 너비 1.8미터 이상 및 경사도 12.5퍼센트 이하의 경사로를 설치할 것

ⓒ 거실(건축물 안에서 거주, 집무, 작업, 집회, 오락, 그 밖에 이와 유사한 목적을 위하여 사용되는 방을 말한다. 이하 같다) 바닥면적 100제곱미터 마다 0.6미터 이상을 거실에 접하도록 하고, 선큰과 거실을 연결하는 출입문의 너비는 거실 바닥면적 100제곱미터마다 0.3미터로 산정한 값 이상으로 할 것

③ **다음의 기준에 맞는 설비를 갖출 것**
  ㉠ 빗물에 의한 침수 방지를 위하여 차수판(遮水板), 집수정(물저장고), 역류방지기를 설치할 것
  ㉡ 선큰과 거실이 접하는 부분에 제연설비[드렌처(수막)설비 또는 공기조화설비와 별도로 운용하는 제연설비를 말한다]를 설치할 것. 다만, 선큰과 거실이 접하는 부분에 설치된 공기조화설비가 「소방시설 설치 및 관리에 관한 법률」 제12조제1항에 따른 화재안전기준에 맞게 설치되어 있고, 화재발생시 제연설비 기능으로 자동 전환되는 경우에는 제연설비를 설치하지 않을 수 있다.

(6) 피난안전구역에 설치하여야 하는 기타 설비의 종류
① 자동심장충격기 등 심폐소생술을 할 수 있는 응급장비
② **다음의 구분에 따른 수량의 방독면**
  ㉠ 초고층 건축물에 설치된 피난안전구역 : 피난안전구역 위층의 재실자 수(「건축물의 피난·방화구조 등의 기준에 관한 규칙」 별표 1의2에 따라 산정된 재실자 수를 말한다)의 10분의 1 이상
  ㉡ 지하연계 복합건축물에 설치된 피난안전구역 : 피난안전구역이 설치된 층의 수용인원(영 별표 2에 따라 산정된 수용인원을 말한다)의 10분의 1 이상

(7) 피난안전구역 면적 산정기준(초고층법 시행령 별표 2) 점13회
① **지하층이 하나의 용도로 사용되는 경우**
  피난안전구역 면적 = (수용인원 × 0.1) × 0.28㎡
② **지하층이 둘 이상의 용도로 사용되는 경우**
  피난안전구역 면적 = (사용형태별 수용인원의 합 × 0.1) × 0.28㎡

> **Reference**
>
> 1. 수용인원은 사용형태별 면적과 거주밀도를 곱한 값을 말한다. 다만, 업무용도와 주거용도의 수용인원은 용도의 면적과 거주밀도를 곱한 값으로 한다.
> 2. 건축물의 사용형태별 거주밀도는 다음 표와 같다.
>
> | 건축 용도 | 사용형태별 | 거주밀도 (명/㎡) | 비고 |
> |---|---|---|---|
> | 가. 문화·집회 용도 | 1) 좌석이 있는 극장·회의장·전시장 및 기타 이와 비슷한 것
　가) 고정식 좌석
　나) 이동식 좌석
　다) 입석식
2) 좌석이 없는 극장·회의장·전시장 및 기타 이와 비슷한 것
3) 회의실
4) 무대
5) 게임제공업
6) 나이트클럽
7) 전시장(산업전시장) |

n
1.30
2.60
1.80

1.50
0.70
1.00
1.70
0.70 | 1. n은 좌석 수를 말한다.
2. 극장·회의장·전시장 및 그 밖에 이와 비슷한 것에는 「건축법 시행령」 별표 1 제4호 마목의 공연장을 포함한다.
3. 극장·회의장·전시장에는 로비·홀·전실을 포함한다. |
> | 나. 상업 용도 | 1) 매장
2) 연속식 점포
　가) 매장
　나) 통로
3) 창고 및 배송공간
4) 음식점(레스토랑)·바·카페 | 0.50

0.50
0.25
0.37
1.00 | 연속식 점포 : 벽체를 연속으로 맞대거나 복도를 공유하고 있는 점포 수가 둘 이상인 경우를 말한다. |
> | 다. 업무 용도 | | 0.25 | |
> | 라. 주거 용도 | | 0.05 | |
> | 마. 의료 용도 | 1) 입원치료구역
2) 수면구역 | 0.04
0.09 | |

(8) 종합방재실의 설치기준

① 초고층 건축물등의 관리주체는 법 제16조제1항에 따라 다음의 기준에 맞는 종합방재실을 설치·운영하여야 한다.

㉠ 종합방재실의 개수 : 1개. 다만, 100층 이상인 초고층 건축물등[「건축법」 제2조제2항 제2호에 따른 공동주택(같은 법 제11조에 따른 건축허가를 받아 주택 외의 시설과 주택을 동일 건축물로 건축하는 경우는 제외한다. 이하 "공동주택"이라 한다)은 제외한

다]의 관리주체는 종합방재실이 그 기능을 상실하는 경우에 대비하여 종합방재실을 추가로 설치하거나, 관계지역 내 다른 종합방재실에 보조종합재난관리체제를 구축하여 재난관리 업무가 중단되지 아니하도록 하여야 한다.

ⓒ 종합방재실의 위치
  ⓐ 1층 또는 피난층. 다만, 초고층 건축물등에「건축법 시행령」제35조에 따른 특별피난계단(이하 "특별피난계단"이라 한다)이 설치되어 있고, 특별피난계단 출입구로부터 5미터 이내에 종합방재실을 설치하려는 경우에는 2층 또는 지하 1층에 설치할 수 있으며, 공동주택의 경우에는 관리사무소 내에 설치할 수 있다.
  ⓑ 비상용 승강장, 피난 전용 승강장 및 특별피난계단으로 이동하기 쉬운 곳
  ⓒ 재난정보 수집 및 제공, 방재 활동의 거점(據點) 역할을 할 수 있는 곳
  ⓓ 소방대(消防隊)가 쉽게 도달할 수 있는 곳
  ⓔ 화재 및 침수 등으로 인하여 피해를 입을 우려가 적은 곳

ⓒ 종합방재실의 구조 및 면적
  ⓐ 다른 부분과 방화구획(防火區劃)으로 설치할 것. 다만, 다른 제어실 등의 감시를 위하여 두께 7밀리미터 이상의 망입(網入)유리(두께 16.3밀리미터 이상의 접합유리 또는 두께 28밀리미터 이상의 복층유리를 포함한다)로 된 4제곱미터 미만의 붙박이창을 설치할 수 있다.
  ⓑ ②에 따른 인력의 대기 및 휴식 등을 위하여 종합방재실과 방화구획된 부속실(附屬室)을 설치할 것
  ⓒ 면적은 20제곱미터 이상으로 할 것
  ⓓ 재난 및 안전관리, 방범 및 보안, 테러 예방을 위하여 필요한 시설·장비의 설치와 근무 인력의 재난 및 안전관리 활동, 재난 발생 시 소방대원의 지휘 활동에 지장이 없도록 설치할 것
  ⓔ 출입문에는 출입 제한 및 통제 장치를 갖출 것

ⓔ 종합방재실의 설비 등
  ⓐ 조명설비(예비전원을 포함한다) 및 급수·배수설비
  ⓑ 상용전원(常用電源)과 예비전원의 공급을 자동 또는 수동으로 전환하는 설비
  ⓒ 급기(給氣)·배기(排氣) 설비 및 냉방·난방 설비
  ⓓ 전력 공급 상황 확인 시스템
  ⓔ 공기조화·냉난방·소방·승강기 설비의 감시 및 제어시스템
  ⓕ 자료 저장 시스템
  ⓖ 지진계 및 풍향·풍속계(초고층 건축물에 한정한다)
  ⓗ 소화 장비 보관함 및 무정전(無停電) 전원공급장치

ⓘ 피난안전구역, 피난용 승강기 승강장 및 테러 등의 감시와 방범·보안을 위한 폐쇄회로텔레비전(CCTV)
② 초고층 건축물등의 관리주체는 종합방재실에 재난 및 안전관리에 필요한 인력을 3명 이상 상주(常住)하도록 하여야 한다.
③ 초고층 건축물등의 관리주체는 종합방재실의 기능이 항상 정상적으로 작동되도록 종합방재실의 시설 및 장비 등을 수시로 점검하고, 그 결과를 보관하여야 한다.

9 소방시설 자체점검사항 등에 관한 고시

① 최초 점검시기
사용승인일로부터 60일 이내 종합점검[모든 점검대상], 이후 건축물의 사용승인을 받은 다음 연도부터 작동점검과 종합점검을 실시한다.
② 소방시설등 작동점검점검표[설비별 점검항목 참조]
③ 소방시설등 종합점검표[설비별 점검항목 참조]
④ 소방시설등 성능시험조사표[교재 예상문제 참조]
⑤ 소방시설 도시기호[교재 첨부자료 참조]

> **Reference**
>
> **소방시설 자체점검사항 등에 관한 고시**
>
> **제1조(목적)** 이 고시는 「소방시설 설치 및 관리에 관한 법률 시행규칙」 제20조제3항의 소방시설 자체점검 구분에 따른 점검사항·소방시설등점검표·점검인원 배치상황 통보·세부점검방법 및 그 밖에 자체점검에 필요한 사항과 같은 법 별표 3 제3호라목의 종합점검 면제기간 등을 규정함을 목적으로 한다.
> **제2조(점검인력 배치상황 신고 등)** ① 「소방시설 설치 및 관리에 관한 법률 시행규칙」(이하 "규칙"이라 한다) 제20조제2항에 따른 점검인력 배치상황 신고(이하 "배치신고"라 한다)는 관리업자가 평가기관이 운영하는 전산망(이하 "전산망"이라 한다)에 직접 접속하여 처리한다.
> ② 제1항의 배치신고는 다음의 기준에 따른다.
> 1. 1개의 특정소방대상물을 기준으로 별지 제1호서식에 따라 신고한다.
> 2. 제1호에도 불구하고 2 이상의 특정소방대상물에 점검인력을 배치하는 경우에는 별지 제2호서식에 따라 신고한다.
> ③ 관리업자는 점검인력 배치통보 시 최초 1회 및 점검인력 변경 시에는 규칙 별지 제31호서식에 따른 소방기술인력 보유현황을 제1항의 평가기관에 통보하여야 한다.
> ④ 평가기관의 장은 관리업자가 제1항에 따라 배치신고하는 경우에는 신고인에게 별지 제3호서식에 따라 점검인력 배치확인서를 발급하여야 한다.

제3조(점검인력 배치상황 신고사항 수정) 관리업자 또는 평가기관은 배치신고 시 오기로 인한 수정사항이 발생한 경우 다음 각 호의 기준에 따라 수정이력이 남도록 전산망을 통해 수정하여야 한다.
1. 공통기준
   가. 배치신고 기간 내에는 관리업자가 직접 수정하여야 한다. 다만 평가기관이 배치기준 적합여부 확인 결과 부적합인 경우에는 제2호에 따라 수정한다.
   나. 배치신고 기간을 초과한 경우에는 제2호에 따라 수정한다.
2. 관할 소방서의 담당자 승인 후에 평가기관이 수정할 수 있는 사항은 다음과 같다.
   가. 소방시설의 설비 유무
   나. 점검인력, 점검일자
   다. 점검 대상물의 추가 · 삭제
   라. 건축물대장에 기재된 내용으로 확인할 수 없는 사항
      1) 점검 대상물의 주소, 동수
      2) 점검 대상물의 주용도, 아파트(세대수를 포함한다) 여부, 연면적 수정
      3) 점검 대상물의 점검 구분
3. 평가기관은 제2호에도 불구하고 건축물대장 또는 제출된 서류 등에 기재된 내용으로 확인이 가능한 경우에는 수정할 수 있다.

제4조(점검인력 배치상황의 확인) 소방본부장 또는 소방서장은 규칙 제23조제2항에 따라 소방시설등 자체점검 실시결과 보고서를 접수한 때에는 다음 각 호의 사항을 확인하여야 한다. 이 경우 전산망을 이용하여 확인할 수 있다.
1. 해당 자체점검을 위한 점검인력 배치가 규칙 제20조제2항에 따른 점검인력의 배치기준에 적합한지 여부
2. 제3조제2호에 따른 점검인력 배치 수정사항이 적합한지 여부

제5조(점검사항 · 세부점검방법 및 소방시설등점검표 등) ① 특정소방대상물에 설치된 소방시설등에 대하여 자체점검을 실시하고자 하는 경우 별지 제4호서식의 소방시설등(작동점검 · 종합점검)점검표에 따라 실시하여야 한다. 이 경우 전자적 기록방식을 활용할 수 있다.
② 제1항의 자체점검을 실시하는 경우 별지 제4호서식의 점검표는 별표의 소방시설도시기호를 이용하여 작성할 수 있다.
③ 건축물을 신축 · 증축 · 개축 · 재축 · 이전 · 용도변경 또는 대수선 등으로 소방시설이 신설되는 경우에는 건축물의 사용승인을 받은 날 또는 소방시설 완공검사증명서(일반용)를 받은 날로부터 60일 이내 최초점검을 실시하고, 다음 연도부터 작동점검과 종합점검을 실시한다.

제6조(소방시설 종합점검표의 준용) 「소방시설공사업법」 제20조 및 같은 법 시행규칙 제19조에 따른 감리결과보고서에 첨부하는 서류 중 소방시설 성능시험조사표 별지 제5호서식의 소방시설 성능시험조사표에 의한다.

제7조(공공기관의 자체소방점검표 등) 공공기관의 기관장은 규칙 제20조제3항에 따라 소방시설등의 자체점검을 실시한 경우 별지 제7호서식의 소방시설 자체점검 기록부에 기재하여 관리하여야 하며, 외관점검을 실시하는 경우 별지 제6호서식의 소방시설등 외관점검표를 사용하여 점검하여야 한다. 이 경우 전자적 기록방식을 활용할 수 있다.

제8조(자체점검대상 등 표본조사) ① 소방청장, 소방본부장 또는 소방서장은 부실점검을 방지하고 점검품질을 향상시키기 위하여 다음 각 호의 어느 하나에 해당하는 특정소방대상물에 대해 표본조사를 실시하여야 한다.

1. 점검인력 배치상황 확인 결과 점검인력 배치기준 등을 부적정하게 신고한 대상
2. 표준자체점검비 대비 현저하게 낮은 가격으로 용역계약을 체결하고 자체점검을 실시하여 부실점검이 의심되는 대상
3. 특정소방대상물 관계인이 자체점검한 대상
4. 그 밖에 소방청장, 소방본부장 또는 소방서장이 필요하다고 인정한 대상

③ 제1항에 따른 표본조사를 실시할 경우 소방본부장 또는 소방서장은 필요하면 소방기술사, 소방시설관리사, 그 밖에 소방·방재 분야에 관한 전문지식을 갖춘 사람을 참여하게 할 수 있다.

④ 제1항에 따른 표본조사 업무를 수행할 경우에는 「소방시설 설치 및 관리에 관한 법률」 제52조제2항 및 제3항의 규정을 준용한다.

제9조(소방시설등 종합점검 면제 대상 및 기간) ① 소방청장, 소방본부장 또는 소방서장은 규칙 별표 3 제3호다목에 따라 안전관리가 우수한 소방대상물을 포상하고 자율적인 안전관리를 유도하기 위해 다음 각 호의 어느 하나에 해당하는 특정소방대상물의 경우에는 각 호에서 정하는 기간 동안에는 종합점검을 면제할 수 있다. 이 경우 특정소방대상물의 관계인은 1년에 1회 이상 작동점검은 실시하여야 한다.

1. 「화재의 예방 및 안전관리에 관한 법률」 제44조 및 「우수소방대상물의 선정 및 포상 등에 관한 규정」에 따라 대한민국 안전대상을 수상한 우수소방대상물: 다음 각 목에서 정하는 기간
가. 대통령, 국무총리 표창(상장·상패를 포함한다. 이하 같다): 3년
나. 장관, 소방청장 표창: 2년
다. 시·도지사 표창: 1년
2. 사단법인 한국안전인증원으로부터 공간안전인증을 받은 특정소방대상물: 공간안전인증 기간(연장기간을 포함한다. 이하 같다)
3. 사단법인 국가화재평가원으로부터 화재안전등급 지정을 받은 특정소방대상물: 화재안전등급 지정 기간
4. 규칙 별표 3 제3호가목에 해당하는 특정소방대상물로서 그 안에 설치된 다중이용업소 전부가 안전관리우수업소로 인증 받은 대상: 그 대상의 안전관리우수업소 인증기간

② 제1항의 종합점검 면제기간은 포상일(상장 명기일) 또는 인증(지정) 받은 다음 연도부터 기산한다. 다만, 화재가 발생한 경우에는 그러하지 아니하다.

③ 제1항에도 불구하고 특급 소방안전관리대상물 중 연 2회 종합점검 대상인 경우에는 종합점검 1회를 면제한다.

제10조(재검토기한) 소방청장은 「훈령·예규 등의 발령 및 관리에 관한 규정」에 따라 이 고시에 대하여 2023년 1월 1일 기준으로 매 3년이 되는 시점(매 3년째의 12월 31일까지를 말한다)마다 그 타당성을 검토하여 개선 등의 조치를 하여야 한다.

부칙 <제2022-71호, 2022. 12. 1.>

제1조(시행일) 이 고시는 2022년 12월 1일부터 시행한다. 다만, 개정규정 중 자체점검 점검인력 배치상황 신고사항의 수정과 관련된 제3조 및 제4조의 개정규정은 2023년 7월 1일부터 시행한다.

제2조(소방시설 종합점검 면제에 관한 경과조치) 이 고시 시행 전에 「우수소방대상물 선정 및 포상 등에 관한 운영 규정」 제4조 및 「예방소방업무처리규정」 제3조에 따라 종합점검을 면제(갈음)받은 특정소방대상물은 제9조의 개정규정에도 불구하고 그 유효기간 동안에는 종합점검 면제대상으로 본다.

제3조(다른 고시와의 관계) 이 고시 시행 당시 다른 고시에서 종전의 「소방시설 자체점검사항 등에 관한 고시」 또는 그 규정을 인용한 경우에는 이 고시 가운데 그에 해당하는 규정이 있으면 종전의 규정을 갈음하여 이 고시 또는 이 고시의 해당 규정을 인용한 것으로 본다.

건축관련법령
건축법 및 건축물의 피난·방화구조 등의 기준에 관한 규칙

(1) 용어정의 점13회
① **초고층 건축물** : 층수가 50층 이상이거나 높이가 200미터 이상인 건축물
② **준초고층 건축물** : 고층건축물 중 초고층건축물이 아닌 것을 말한다.
③ **고층건축물** : 층수가 30층 이상이거나 높이가 120미터 이상인 건축물
④ **발코니** : 건축물의 내부와 외부를 연결하는 완충공간으로서 전망이나 휴식 등의 목적으로 건축물 외벽에 접하여 부가적(附加的)으로 설치되는 공간을 말한다.

(2) 대피공간[건축법시행령 제46조 제4항]
공동주택 중 아파트로서 4층 이상인 층의 각 세대가 2개 이상의 직통계단을 사용할 수 없는 경우에는 발코니(발코니의 외부에 접하는 경우를 포함한다)에 인접 세대와 공동으로 또는 각 세대별로 다음 각 요건을 모두 갖춘 대피공간을 하나 이상 설치할 것. 이 경우 인접 세대와 공동으로 설치하는 대피공간은 인접 세대를 통하여 2개 이상의 직통계단을 쓸 수 있는 위치에 우선 설치되어야 한다.
① 대피공간은 바깥의 공기와 접할 것
② 대피공간은 실내의 다른 부분과 방화구획으로 구획될 것
③ 대피공간의 바닥면적은 인접 세대와 공동으로 설치하는 경우에는 3m² 이상, 각 세대별로 설치하는 경우에는 2m² 이상일 것
④ 국토교통부장관이 정하는 기준에 적합할 것

> **국토교통부장관이 정하는 기준(발코니 등의 구조변경절차 및 설치기준)**
> **제3조(대피공간의 구조)**
> ① 건축법 시행령 제46조제4항의 규정에 따라 설치되는 대피공간은 채광방향과 관계없이 거실 각 부분에서 접근이 용이하고 외부에서 신속하고 원활한 구조활동을 할 수 있는 장소에 설치하여야 하며, 출입구에 설치하는 60+ 또는 60분방화문은 거실쪽에서만 열 수 있는 구조(대피공간임을 알 수 있는 표지판을 설치할 것)로서 대피공간을 향해 열리는 밖여닫이로 하여야 한다.
> ② 대피공간은 1시간 이상의 내화성능을 갖는 내화구조의 벽으로 구획되어야 하며, 벽·천장 및 바닥의 내부마감재료는 준불연재료 또는 불연재료를 사용하여야 한다.

③ 대피공간은 외기에 개방되어야 한다. 다만, 창호를 설치하는 경우에는 폭 0.7미터 이상, 높이 1.0미터 이상(구조체에 고정되는 창틀 부분은 제외한다)은 반드시 외기에 개방될 수 있어야 하며, 비상시 외부의 도움을 받는 경우 피난에 장애가 없는 구조로 설치하여야 한다.
④ 대피공간에는 정전에 대비해 휴대용 손전등을 비치하거나 비상전원이 연결된 조명설비가 설치되어야 한다.
⑤ 대피공간은 대피에 지장이 없도록 시공·유지관리되어야 하며, 대피공간을 보일러실 또는 창고 등 대피에 장애가 되는 공간으로 사용하여서는 아니된다. 다만, 에어컨 실외기 등 냉방설비의 배기장치를 대피공간에 설치하는 경우에는 다음 각 호의 기준에 적합하여야 한다.
  1. 냉방설비의 배기장치를 불연재료로 구획할 것
  2. 제1호에 따라 구획된 면적은 건축법 시행령 제46조제4항제3호에 따른 대피공간 바닥면적 산정시 제외할 것

(3) 대피공간 설치 제외[건축법시행령 제46조 제5항]

(2)에도 불구하고 아파트의 4층 이상인 층에서 발코니(④의 경우에는 발코니의 외부에 접하는 경우를 포함한다)에 다음의 어느 하나에 해당하는 구조 또는 시설을 갖춘 경우에는 대피공간을 설치하지 않을 수 있다.
① 발코니와 인접 세대와의 경계벽이 파괴하기 쉬운 경량구조 등인 경우
② 발코니의 경계벽에 피난구를 설치한 경우
③ 발코니의 바닥에 국토교통부령으로 정하는 하향식 피난구를 설치한 경우
④ 국토교통부장관이 (2)에 따른 대피공간과 동일하거나 그 이상의 성능이 있다고 인정하여 고시하는 구조 또는 시설(이하 "대체시설"이라 한다)을 갖춘 경우. 이 경우 국토교통부장관은 대체시설의 성능에 대해 미리 「과학기술분야 정부출연연구기관 등의 설립·운영 및 육성에 관한 법률」 제8조제1항에 따라 설립된 한국건설기술연구원(이하 "한국건설기술연구원"이라 한다)의 기술검토를 받은 후 고시해야 한다.

(4) 요양병원, 정신병원, 노인요양시설등의 피난층 외의 층에 설치하여야 하는 시설 [건축법시행령 제46조 제6항]

요양병원, 정신병원, 「노인복지법」 제34조제1항제1호에 따른 노인요양시설(이하 "노인요양시설"이라 한다), 장애인 거주시설 및 장애인 의료재활시설의 피난층 외의 층에는 다음 각 호의 어느 하나에 해당하는 시설을 설치하여야 한다.
① 각 층마다 별도로 방화구획된 대피공간
② 거실에 접하여 설치된 노대 등
③ 계단을 이용하지 아니하고 건물 외부의 지상으로 통하는 경사로 또는 인접건축물로 피난할 수 있도록 설치하는 연결복도 또는 연결통로

(5) 같은 건축물에 설치할 수 없는 용도 및 제외규정[방화에 장애가 되는 용도의 제한] [건축법시행령 제47조 제1항]

법 제49조제2항에 따라 의료시설, 노유자시설(아동 관련 시설 및 노인복지시설만 해당한다), 공동주택 또는 장례시설 또는 제1종 근린생활시설(산후조리원만 해당한다)과 위락시설, 위험물저장 및 처리시설, 공장 또는 자동차 관련 시설(정비공장만 해당한다)은 같은 건축물에 함께 설치할 수 없다. 다만, 다음의 어느 하나에 해당하는 경우로서 국토교통부령으로 정하는 경우에는 같은 건축물에 함께 설치할 수 있다.
① 공동주택(기숙사만 해당한다)과 공장이 같은 건축물에 있는 경우
② 중심상업지역·일반상업지역 또는 근린상업지역에서「도시 및 주거환경정비법」에 따른 재개발사업을 시행하는 경우
③ 공동주택과 위락시설이 같은 초고층 건축물에 있는 경우. 다만, 사생활을 보호하고 방범·방화 등 주거 안전을 보장하며 소음·악취 등으로부터 주거환경을 보호할 수 있도록 주택의 출입구·계단 및 승강기 등을 주택 외의 시설과 분리된 구조로 하여야 한다.
④「산업집적활성화 및 공장설립에 관한 법률」제2조제13호에 따른 지식산업센터와「영유아보육법」제10조제4호에 따른 직장어린이집이 같은 건축물에 있는 경우

(6) 예외규정 없이 같은 건축물에 설치할 수 없는 용도[건축법시행령 제47조 제2항]
① 노유자시설 중 아동 관련 시설 또는 노인복지시설과 판매시설 중 도매시장 또는 소매시장
② 단독주택(다중주택, 다가구주택에 한정한다), 공동주택, 제1종 근린생활시설 중 조산원 또는 산후조리원과 제2종 근린생활시설 중 다중생활시설

(7) 비상용승강기 설치대상 및 설치대수[건축법시행령 제90조]
① 높이 31미터를 넘는 건축물에는 다음 각 기준에 따른 대수 이상의 비상용승강기(비상용승강기의 승강장 및 승강로를 포함한다)를 설치. 다만, 승강기를 비상용승강기의 구조로 하는 경우에는 그러하지 아니하다.
  ㉠ 높이 31미터를 넘는 각 층의 바닥면적 중 최대 바닥면적이 1,500m^2 이하인 건축물 : 1대 이상
  ㉡ 높이 31미터를 넘는 각 층의 바닥면적 중 최대 바닥면적이 1,500m^2를 넘는 건축물 : 1대에 1,500m^2를 넘는 3,000m^2 이내마다 1대씩 더한 대수 이상
② 2대 이상의 비상용 승강기를 설치하는 경우에는 화재가 났을 때 소화에 지장이 없도록 일정한 간격을 두고 설치하여야 한다.

(8) 피난용승강기의 설치대상 및 설치기준[건축법 제64조, 건축법시행령 제91조]

① 고층건축물에는 법 제64조제1항에 따라 건축물에 설치하는 승용승강기 중 1대 이상을 대통령령으로 정하는 바에 따라 피난용승강기로 설치하여야 한다.
② 피난용승강기의 설치기준
　㉠ 승강장의 바닥면적은 승강기 1대당 6제곱미터 이상으로 할 것
　㉡ 각 층으로부터 피난층까지 이르는 승강로를 단일구조로 연결하여 설치할 것
　㉢ 예비전원으로 작동하는 조명설비를 설치할 것
　㉣ 승강장의 출입구 부근의 잘 보이는 곳에 해당 승강기가 피난용승강기임을 알리는 표지를 설치할 것
　㉤ 그 밖에 화재예방 및 피해경감을 위하여 국토교통부령으로 정하는 구조 및 설비 등의 기준에 맞을 것

(9) 피난용승강기 승강장의 구조[건피방 제30조 제1호]

① 승강장의 출입구를 제외한 부분은 해당 건축물의 다른 부분과 내화구조의 바닥 및 벽으로 구획할 것
② 승강장은 각 층의 내부와 연결될 수 있도록 하되, 그 출입구에는 60분+ 또는 60분방화문을 설치할 것. 이 경우 방화문은 언제나 닫힌 상태를 유지할 수 있는 구조이어야 한다.
③ 실내에 접하는 부분(바닥 및 반자 등 실내에 면한 모든 부분을 말함)의 마감(마감을 위한 바탕을 포함한다)은 불연재료로 할 것
④ 다음의 어느 하나에 해당하는 설비를 설치할 것
　1) 배연설비
　2) 「소방시설 설치 및 관리에 관한 법률 시행령」 별표 4 제5호가목에 따른 제연설비(이하 "제연설비"라 한다)

(10) 피난용승강기 승강로의 구조[건피방 제30조 제2호]

① 승강로는 해당 건축물의 다른 부분과 내화구조로 구획할 것
② 승강로 상부에 배연설비 또는 제연설비를 설치할 것

(11) 피난용승강기 기계실의 구조[건피방 제30조 제3호]

① 출입구를 제외한 부분은 해당 건축물의 다른 부분과 내화구조의 바닥 및 벽으로 구획할 것
② 출입구에는 60분+ 또는 60분방화문을 설치할 것

(12) 피난용승강기 전용 예비전원[건피방 제30조 제4호] 점17회

① 정전시 피난용승강기, 기계실, 승강장 및 폐쇄회로 텔레비전 등의 설비를 작동할 수 있는 별도의 예비전원 설비를 설치할 것
② 위 ①에 따른 예비전원은 초고층 건축물의 경우에는 2시간 이상, 준초고층 건축물의 경우에는 1시간 이상 작동이 가능한 용량일 것
③ 상용전원과 예비전원의 공급을 자동 또는 수동으로 전환이 가능한 설비를 갖출 것
④ 전선관 및 배선은 고온에 견딜 수 있는 내열성 자재를 사용하고, 방수조치를 할 것

(13) 내화구조[건피방 제3조]

① **벽**
  ㉠ 철근콘크리트조 또는 철골철근콘크리트조로서 두께가 10센티미터 이상인 것
  ㉡ 골구를 철골조로 하고 그 양면을 두께 4센티미터 이상의 철망모르타르(그 바름바탕을 불연재료로 한 것에 한함) 또는 두께 5센티미터 이상의 콘크리트블록·벽돌 또는 석재로 덮은 것
  ㉢ 철재로 보강된 콘크리트블록조·벽돌조 또는 석조로서 철재에 덮은 콘크리트블록 등의 두께가 5센티미터 이상인 것
  ㉣ 벽돌조로서 두께가 19센티미터 이상인 것
  ㉤ 고온·고압의 증기로 양생된 경량기포 콘크리트패널 또는 경량기포 콘크리트블록조로서 두께가 10센티미터 이상인 것

② **바닥**
  ㉠ 철근콘크리트조 또는 철골철근콘크리트조로서 두께가 10센티미터 이상인 것
  ㉡ 철재로 보강된 콘크리트블록조·벽돌조 또는 석조로서 철재에 덮은 콘크리트블록등의 두께가 5센티미터 이상인 것
  ㉢ 철재의 양면을 두께 5센티미터 이상의 철망모르타르 또는 콘크리트로 덮은 것

(14) 방화구조[건피방 제4조]

① 철망모르타르로서 그 바름두께가 2센티미터 이상인 것
② 석고판 위에 시멘트모르타르 또는 회반죽을 바른 것으로서 그 두께의 합계가 2.5센티미터 이상인 것
③ 시멘트모르타르 위에 타일을 붙인 것으로서 그 두께의 합계가 2.5센티미터 이상인 것
④ 심벽에 흙으로 맞벽치기한 것
⑤ 「산업표준화법」에 따른 한국산업표준에 따라 시험한 결과 방화2급 이상에 해당하는 것

(15) 피난안전구역[건피방 제8조의2]

> **건축법시행령 제34조 제3항, 제4항**
> ③ 초고층 건축물에는 피난층 또는 지상으로 통하는 직통계단과 직접 연결되는 피난안전구역(건축물의 피난·안전을 위하여 건축물 중간층에 설치하는 대피공간을 말한다. 이하 같다)을 지상층으로부터 최대 30개 층마다 1개소 이상 설치하여야 한다.
> ④ 준초고층 건축물에는 피난층 또는 지상으로 통하는 직통계단과 직접 연결되는 피난안전구역을 해당 건축물 전체 층수의 2분의 1에 해당하는 층으로부터 상하 5개층 이내에 1개소 이상 설치하여야 한다. 다만, 국토교통부령으로 정하는 기준에 따라 피난층 또는 지상으로 통하는 직통계단을 설치하는 경우에는 그러하지 아니하다.

① 피난안전구역은 해당 건축물의 1개층을 대피공간으로 하며, 대피에 장애가 되지 아니하는 범위에서 기계실, 보일러실, 전기실 등 건축설비를 설치하기 위한 공간과 같은 층에 설치할 수 있다. 이 경우 피난안전구역은 건축설비가 설치되는 공간과 내화구조로 구획하여야 한다.
② 피난안전구역에 연결되는 특별피난계단은 피난안전구역을 거쳐서 상·하층으로 갈 수 있는 구조로 설치할 것
③ 피난안전구역의 구조 및 설비
  ㉠ 피난안전구역의 바로 아래층 및 윗층은 단열재를 설치할 것. 이 경우 아래층은 최상층에 있는 거실의 반자 또는 지붕 기준을 준용하고, 윗층은 최하층에 있는 거실의 바닥 기준을 준용할 것
  ㉡ 피난안전구역의 내부마감재료는 불연재료로 설치할 것
  ㉢ 건축물의 내부에서 피난안전구역으로 통하는 계단은 특별피난계단의 구조로 설치할 것
  ㉣ 비상용승강기는 피난안전구역에서 승하차 할 수 있는 구조로 설치할 것
  ㉤ 피난안전구역에는 식수공급을 위한 급수전을 1개소 이상 설치하고 예비전원에 의한 조명설비를 설치할 것
  ㉥ 관리사무소 또는 방재센터 등과 긴급연락이 가능한 경보 및 통신시설을 설치할 것
  ㉦ 별표 1의2에서 정하는 기준에 따라 산정한 면적 이상일 것
  ㉧ 피난안전구역의 높이는 2.1미터 이상일 것
  ㉨ 「건축물의 설비기준 등에 관한 규칙」 제14조에 따른 배연설비를 설치할 것
  ㉩ 그 밖에 소방청장이 정하는 소방 등 재난관리를 위한 설비를 갖출 것

(16) 피난계단 및 특별피난계단의 적용대상[건축법 시행령 제35조]

① 5층 이상(지하 1층의 경우 5층 이상의 층으로부터 피난층 또는 지상으로 통하는 직통계단과 직접 연결된 지하 1층 계단 포함) 또는 지하 2층 이하인 층에 설치하는 직통계단은 국토교통부령으로 정하는 기준에 따라 피난계단 또는 특별피난계단으로 설치하여야 한다. 다만, 건축물의 주요구조부가 내화구조 또는 불연재료로 되어 있는 경우로서 다음의 어느 하나에 해당하는 경우에는 그러하지 아니하다.
　㉠ 5층 이상인 층의 바닥면적의 합계가 200제곱미터 이하인 경우
　㉡ 5층 이상인 층의 바닥면적 200제곱미터 이내마다 방화구획이 되어 있는 경우
② 건축물(갓복도식 공동주택은 제외한다)의 11층(공동주택의 경우에는 16층) 이상인 층(바닥면적이 400제곱미터 미만인 층은 제외한다) 또는 지하 3층 이하인 층(바닥면적이 400제곱미터미만인 층은 제외한다)으로부터 피난층 또는 지상으로 통하는 직통계단은 ①에도 불구하고 특별피난계단으로 설치하여야 한다.
③ 위 ①에서 판매시설의 용도로 쓰는 층으로부터의 직통계단은 그 중 1개소 이상을 특별피난계단으로 설치하여야 한다.
④ 건축물의 5층 이상인 층으로서 문화 및 집회시설 중 전시장 또는 동·식물원, 판매시설, 운수시설(여객용 시설만 해당한다), 운동시설, 위락시설, 관광휴게시설(다중이 이용하는 시설만 해당한다) 또는 수련시설 중 생활권 수련시설의 용도로 쓰는 층에는 제34조에 따른 직통계단 외에 그 층의 해당 용도로 쓰는 바닥면적의 합계가 2천 제곱미터를 넘는 경우에는 그 넘는 2천 제곱미터 이내마다 1개소의 피난계단 또는 특별피난계단(4층 이하의 층에는 쓰지 아니하는 피난계단 또는 특별피난계단만 해당한다)을 설치하여야 한다.

 Reference

"갓복도식 공동주택"이라 함은 각 층의 계단실 및 승강기에서 각 세대로 통하는 복도의 한쪽 면이 외기에 개방된 구조의 공동주택을 말한다.

(17) 피난계단 및 특별피난계단의 구조기준[건피방 제9조]
① 건축물의 내부에 설치하는 피난계단의 구조

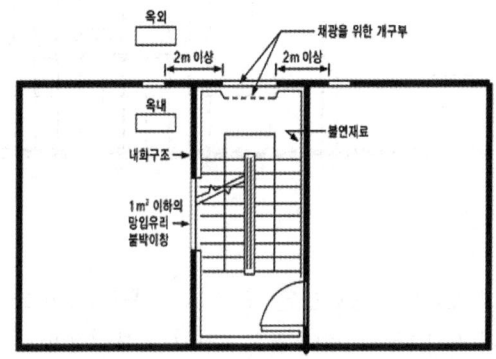

㉠ 계단실은 창문·출입구 기타 개구부(이하 "창문등")를 제외한 당해 건축물의 다른 부분과 내화구조의 벽으로 구획할 것
㉡ 계단실의 실내에 접하는 부분(바닥 및 반자 등 실내에 면한 모든 부분을 말한다)의 마감(마감을 위한 바탕을 포함한다)은 불연재료로 할 것
㉢ 계단실에는 예비전원에 의한 조명설비를 할 것
㉣ 계단실의 바깥쪽과 접하는 창문등(망이 들어 있는 유리의 붙박이창으로서 그 면적이 각각 1m² 이하인 것은 제외)은 당해 건축물의 다른 부분에 설치하는 창문등으로부터 2미터 이상의 거리를 두고 설치할 것
㉤ 건축물의 내부와 접하는 계단실의 창문등(출입구는 제외)은 망이 들어 있는 유리의 붙박이창으로서 그 면적을 각각 1m² 이하로 할 것
㉥ 건축물의 내부에서 계단실로 통하는 출입구의 유효너비는 0.9미터 이상으로 하고, 그 출입구에는 피난의 방향으로 열 수 있는 것으로서 언제나 닫힌 상태를 유지하거나 화재로 인한 연기 또는 불꽃을 감지하여 자동적으로 닫히는 구조로 된 60분+ 또는 60분 방화문을 설치할 것. 다만 연기 또는 불꽃을 감지하여 자동적으로 닫히는 구조로 할 수 없는 경우에는 온도를 감지하여 자동적으로 닫히는 구조로 할 수 있다.
㉦ 계단은 내화구조로 하고 피난층 또는 지상까지 직접 연결되도록 할 것

② **건축물의 바깥쪽에 설치하는 피난계단의 구조** 점21회

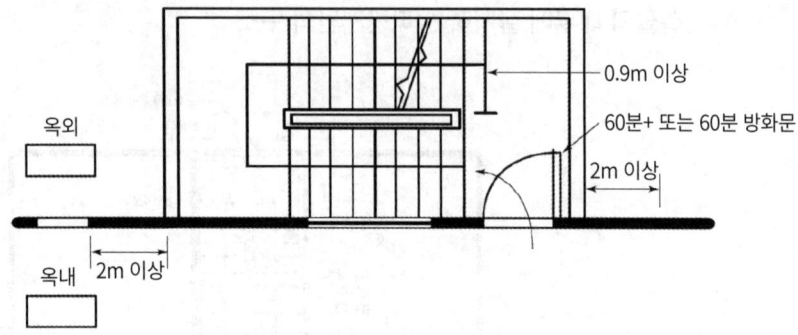

㉠ 계단은 그 계단으로 통하는 출입구외의 창문등(망이 들어 있는 유리의 붙박이창으로서 그 면적이 각각 1m² 이하인 것은 제외)으로부터 2미터 이상의 거리를 두고 설치할 것
㉡ 건축물의 내부에서 계단으로 통하는 출입구에는 60분+ 또는 60분 방화문을 설치할 것
㉢ 계단의 유효너비는 0.9미터 이상으로 할 것
㉣ 계단은 내화구조로 하고 지상까지 직접 연결되도록 할 것

③ **특별피난계단의 구조**

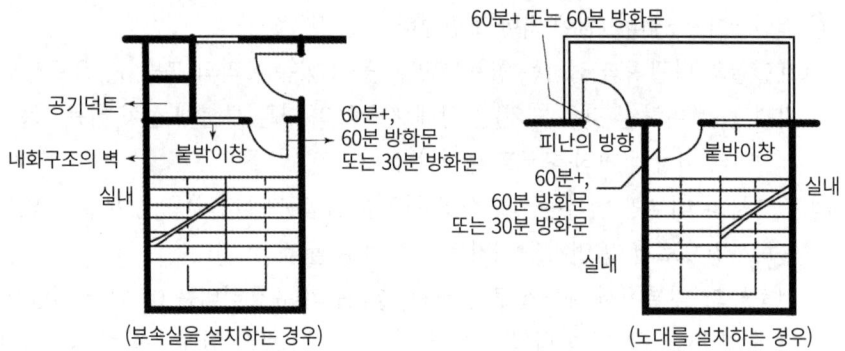

㉠ 건축물의 내부와 계단실은 노대를 통하여 연결하거나 외부를 향하여 열 수 있는 면적 1m² 이상인 창문(바닥으로부터 1미터 이상의 높이에 설치한 것에 한한다) 또는 배연설비가 있는 면적 3m² 이상인 부속실을 통하여 연결할 것
㉡ 계단실·노대 및 부속실(비상용승강기의 승강장을 겸용하는 부속실을 포함한다)은 창문등을 제외하고는 내화구조의 벽으로 각각 구획할 것
㉢ 계단실 및 부속실의 실내에 접하는 부분(바닥 및 반자 등 실내에 면한 모든 부분을 말한다)의 마감(마감을 위한 바탕을 포함한다)은 불연재료로 할 것
㉣ 계단실에는 예비전원에 의한 조명설비를 할 것
㉤ 계단실·노대 또는 부속실에 설치하는 건축물의 바깥쪽에 접하는 창문등(망이 들어

있는 유리의 붙박이창으로서 그 면적이 각각 1m² 이하인 것은 제외)은 계단실·노대 또는 부속실외의 당해 건축물의 다른 부분에 설치하는 창문등으로부터 2미터 이상의 거리를 두고 설치할 것
- ⓑ 계단실에는 노대 또는 부속실에 접하는 부분외에는 건축물의 내부와 접하는 창문등을 설치하지 아니할 것
- ⓢ 계단실의 노대 또는 부속실에 접하는 창문등(출입구는 제외)은 망이 들어있는 유리의 붙박이창으로서 그 면적을 각각 1m² 이하로 할 것
- ⓞ 노대 및 부속실에는 계단실외의 건축물의 내부와 접하는 창문등(출입구는 제외)을 설치하지 아니할 것
- ⓩ 건축물의 내부에서 노대 또는 부속실로 통하는 출입구에는 60분+ 또는 60분 방화문을 설치하고, 노대 또는 부속실로부터 계단실로 통하는 출입구에는 60분+, 60분 방화문 또는 30분 방화문을 설치할 것. 이 경우 방화문은 언제나 닫힌 상태를 유지하거나 화재로 인한 연기, 불꽃 등을 가장 신속하게 감지하여 자동적으로 닫히는 구조로 하여야 하고, 연기 또는 불꽃을 감지하여 자동적으로 닫히는 구조로 할 수 없는 경우에는 온도를 감지하여 자동적으로 닫히는 구조로 할 수 있다.
- ⓧ 계단은 내화구조로 하되, 피난층 또는 지상까지 직접 연결되도록 할 것
- ⓣ 출입구의 유효너비는 0.9미터 이상으로 하고 피난의 방향으로 열 수 있을 것
④ 피난계단 또는 특별피난계단은 돌음계단으로 해서는 안되며, 옥상광장을 설치해야 하는 건축물의 피난계단 또는 특별피난계단은 해당 건축물의 옥상으로 통하도록 설치하여야 한다. 이 경우 옥상으로 통하는 출입문은 피난방향으로 열리는 구조로서 피난시 이용에 장애가 없어야 한다.

(18) 옥외피난계단의 설치대상[건축법시행령 제36조]
건축물의 3층 이상인 층(피난층은 제외한다)으로서 다음의 어느 하나에 해당하는 용도로 쓰는 층에는 제34조에 따른 직통계단 외에 그 층으로부터 지상으로 통하는 옥외피난계단을 따로 설치하여야 한다.
① 제2종 근린생활시설 중 공연장(해당 용도로 쓰는 바닥면적의 합계가 300제곱미터 이상인 경우만 해당한다), 문화 및 집회시설 중 공연장이나 위락시설 중 주점영업의 용도로 쓰는 층으로서 그 층 거실의 바닥면적의 합계가 300제곱미터 이상인 것
② 문화 및 집회시설 중 집회장의 용도로 쓰는 층으로서 그 층 거실의 바닥면적의 합계가 1천 제곱미터 이상인 것

(19) 지하층과 피난층 사이의 개방공간 설치대상[건축법시행령 제37조]

바닥면적의 합계가 3천 제곱미터 이상인 공연장·집회장·관람장 또는 전시장을 지하층에 설치하는 경우에는 각 실에 있는 자가 지하층 각 층에서 건축물 밖으로 피난하여 옥외 계단 또는 경사로 등을 이용하여 피난층으로 대피할 수 있도록 천장이 개방된 외부 공간을 설치하여야 한다.

(20) 옥상광장 설치기준[건축법시행령 제40조]

① 옥상광장 또는 2층 이상인 층에 있는 노대등(노대(露臺)나 그 밖에 이와 비슷한 것)의 주위에는 높이 1.2미터 이상의 난간을 설치하여야 한다. 다만, 그 노대 등에 출입할 수 없는 구조인 경우에는 그러하지 아니하다.

② 5층 이상인 층이 제2종 근린생활시설 중 공연장·종교집회장·인터넷컴퓨터게임시설제공업소(해당 용도로 쓰는 바닥면적의 합계가 각각 300제곱미터 이상인 경우만 해당한다), 문화 및 집회시설(전시장 및 동·식물원은 제외한다), 종교시설, 판매시설, 위락시설 중 주점영업 또는 장례시설의 용도로 쓰는 경우에는 피난 용도로 쓸 수 있는 광장을 옥상에 설치하여야 한다.

③ 다음의 어느 하나에 해당하는 건축물은 옥상으로 통하는 출입문에「소방시설 설치 및 관리에 관한 법률」제40조제1항에 따른 성능인증 및 같은 조 제2항에 따른 제품검사를 받은 비상문자동개폐장치(화재 등 비상시에 소방시스템과 연동되어 잠김 상태가 자동으로 풀리는 장치를 말한다)를 설치해야 한다.
　㉠ 제2항에 따라 피난 용도로 쓸 수 있는 광장을 옥상에 설치해야 하는 건축물
　㉡ 피난 용도로 쓸 수 있는 광장을 옥상에 설치하는 다음의 건축물
　　　ⓐ 다중이용 건축물
　　　ⓑ 연면적 1천제곱미터 이상인 공동주택

④ 층수가 11층 이상인 건축물로서 11층 이상인 층의 바닥면적의 합계가 1만 제곱미터 이상인 건축물의 옥상에는 다음의 구분에 따른 공간을 확보하여야 한다.
　㉠ 건축물의 지붕을 평지붕으로 하는 경우 : 헬리포트를 설치하거나 헬리콥터를 통하여 인명 등을 구조할 수 있는 공간
　㉡ 건축물의 지붕을 경사지붕으로 하는 경우 : 경사지붕 아래에 설치하는 대피공간

⑤ ④에 따른 헬리포트를 설치하거나 헬리콥터를 통하여 인명 등을 구조할 수 있는 공간 및 경사지붕 아래에 설치하는 대피공간의 설치기준은 국토교통부령으로 정한다.

(21) 대지안의 피난 및 소화에 필요한 통로 설치 기준[건축법시행령 제41조]

① 건축물의 대지 안에는 그 건축물 바깥쪽으로 통하는 주된 출구와 지상으로 통하는 피난계단 및 특별피난계단으로부터 도로 또는 공지(공원, 광장, 그 밖에 이와 비슷한 것으로서 피난 및 소화를 위하여 해당 대지의 출입에 지장이 없는 것을 말한다. 이하 이 조에서 같다)로 통하는 통로를 다음의 기준에 따라 설치하여야 한다.

　㉠ 통로의 너비는 다음의 구분에 따른 기준에 따라 확보할 것
　　ⓐ 단독주택 : 유효 너비 0.9미터 이상
　　ⓑ 바닥면적의 합계가 500제곱미터 이상인 문화 및 집회시설, 종교시설, 의료시설, 위락시설 또는 장례식장 : 유효 너비 3미터 이상
　　ⓒ 그 밖의 용도로 쓰는 건축물 : 유효 너비 1.5미터 이상
　㉡ 필로티 내 통로의 길이가 2미터 이상인 경우에는 피난 및 소화활동에 장애가 발생하지 아니하도록 자동차 진입억제용 말뚝 등 통로 보호시설을 설치하거나 통로에 단차(段差)를 둘 것

② ①에도 불구하고 다중이용 건축물, 준다중이용 건축물 또는 층수가 11층 이상인 건축물이 건축되는 대지에는 그 안의 모든 다중이용 건축물, 준다중이용 건축물 또는 층수가 11층 이상인 건축물에「소방기본법」제21조에 따른 소방자동차(이하 "소방자동차"라 한다)의 접근이 가능한 통로를 설치하여야 한다. 다만, 모든 다중이용 건축물, 준다중이용 건축물 또는 층수가 11층 이상인 건축물이 소방자동차의 접근이 가능한 도로 또는 공지에 직접 접하여 건축되는 경우로서 소방자동차가 도로 또는 공지에서 직접 소방활동이 가능한 경우에는 그러하지 아니하다.

(22) 헬리포트 및 구조공간 설치기준[건피방 제13조]

① **헬리포트의 기준**
　㉠ 헬리포트의 길이와 너비는 각각 22미터 이상으로 할 것. 다만, 건축물의 옥상바닥의 길이와 너비가 각각 22미터 이하인 경우에는 헬리포트의 길이와 너비를 각각 15미터까지 감축할 수 있다.
　㉡ 헬리포트의 중심으로부터 반경 12미터 이내에는 헬리콥터의 이·착륙에 장애가 되는 건축물, 공작물, 조경시설 또는 난간 등을 설치하지 아니할 것
　㉢ 헬리포트의 주위한계선은 백색으로 하되, 그 선의 너비는 38센티미터로 할 것
　㉣ 헬리포트의 중앙부분에는 지름 8미터의 "Ⓗ" 표지를 백색으로 하되, "H" 표지의 선의 너비는 38센티미터로, "○" 표지의 선의 너비는 60센티미터로 할 것
　㉤ 헬리포트로 통하는 출입문에 비상문자동개폐장치를 설치할 것

② 옥상에 헬리콥터를 통하여 인명 등을 구조할 수 있는 공간을 설치하는 경우에는 직경 10미터 이상의 구조공간을 확보하여야 하며, 구조공간에는 구조활동에 장애가 되는 건축물, 공작물 또는 난간 등을 설치하지 않을 것. 이 경우 구조공간의 표시기준 등에 관하여는 위 ①의 ⓒ부터 ⓜ을 준용한다.

③ 대피공간은 다음 각 기준에 적합하여야 한다.
  ㉠ 대피공간의 면적은 지붕 수평투영면적의 1/10 이상일 것
  ㉡ 특별피난계단 또는 피난계단과 연결되도록 할 것
  ㉢ 출입구·창문을 제외한 부분은 해당 건축물의 다른 부분과 내화구조의 바닥 및 벽으로 구획할 것
  ㉣ 출입구는 유효너비 0.9미터 이상으로 하고, 그 출입구에는 60+방화문 또는 60분방화문을 설치할 것
  ㉣의2. ㉣에 따른 방화문에 비상자동개폐장치를 설치할 것
  ㉤ 내부마감재료는 불연재료로 할 것
  ㉥ 예비전원으로 작동하는 조명설비를 설치할 것
  ㉦ 관리사무소 등과 긴급 연락이 가능한 통신시설을 설치할 것

(23) 방화구획의 설치기준[건피방 제14조 제1항] 점8회

> **Reference**
>
> **건축법시행령 제46조(방화구획등의설치) 제1항**
> 주요구조부가 내화구조 또는 불연재료로 된 건축물로서 연면적이 1천제곱미터를 넘는 것은 국토교통부령으로 정하는 기준에 따라 다음 각 호의 구조물로 구획해야 한다.
> 1. 내화구조로 된 바닥 및 벽
> 2. 방화문 또는 자동방화셔터

① **층별구획**
  매층마다 구획할 것. 다만 지하 1층에서 지상으로 직접 연결하는 경사로부위는 제외한다.

② **면적별구획**
  각 층에 대하여 다음의 면적 이하가 되도록 내화구조의 벽으로 구획한다.

대상물의 구분	소화설비	구획면적
10층 이하의 층	일반건축물	1,000m² 이내
	자동식 소화설비가 설치된 건축물	3,000m² 이내
11층 이상의 층	일반건축물	200m² 이내
	자동식 소화설비가 설치된 건축물	600m² 이내
11층 이상인 층 중 벽 및 반자의 실내에 접하는 부분의 마감이 불연재료인 것	일반건축물	500m² 이내
	자동식 소화설비가 설치된 건축물	1,500m² 이내

③ 필로티나 그 밖에 이와 비슷한 구조(벽면적의 1/2 이상이 그 층의 바닥면에서 위층바닥 아래면까지 공간으로 된 것만 해당한다)의 부분을 주차장으로 사용하는 경우 그 부분은 건축물의 다른 부분과 구획할 것

(24) 방화구획의 구조[건피방 제14조 제2항]

① 벽 및 바닥
내화구조로 할 것

② 개구부
60분+ 또는 60분 방화문으로 언제나 닫힌 상태로 유지하거나 화재로 인한 연기 또는 불꽃을 감지하여 자동적으로 닫히는 구조로 할 것. 다만, 연기 또는 불꽃을 감지하여 자동적으로 닫히는 구조로 할 수 없는 경우에는 온도를 감지하여 자동적으로 닫히는 구조로 할 수 있다.

③ 관이 방화구획을 관통하는 경우
다음 각 기준에 해당하는 경우 그 부분을 별표 1 제1호에 따른 내화시간(내화채움성능이 인정된 구조로 메워지는 구성 부재에 적용되는 내화시간을 말한다) 이상 견딜 수 있는 내화채움성능이 인정된 구조로 메울 것

㉠ 급수관·배전관 또는 그 밖의 관이나 전선 등이 방화구획을 관통하여 관통부가 생기는 경우

㉡ 방화구획의 벽과 벽, 벽과 바닥, 바닥과 바닥 사이에 접합부가 생기는 경우

㉢ 방화구획과 외벽 사이에 접합부가 생기는 경우

㉣ 방화구획에 그 밖의 틈이 생기는 경우

④ 환기, 난방 또는 냉방풍도가 방화구획을 관통하는 경우 다음 기준에 맞는 댐퍼를 설치할 것. 다만 반도체공장건축물로서 방화구획을 관통하는 풍도의 주위에 스프링클러헤드를 설치하는 경우에는 그러하지 아니하다.

㉠ 화재로 인한 연기 또는 불꽃을 감지하여 자동적으로 닫히는 구조로 할 것. 다만, 주방 등 연기가 항상 발생하는 부분에는 온도를 감지하여 자동적으로 닫히는 구조로 할 수 있다.

㉡ 국토교통부장관이 정하여 고시하는 비차열성능 및 방연성능 등의 기준에 적합할 것

⑤ 자동방화셔터 설치기준
자동방화셔터는 다음의 요건을 모두 갖출 것. 이 경우 자동방화셔터의 구조 및 성능기준 등에 관한 세부사항은 국토교통부장관이 정하여 고시한다.

㉠ 피난이 가능한 60분+ 방화문 또는 60분 방화문으로부터 3미터 이내에 별도로 설치할 것

㉡ 전동방식이나 수동방식으로 개폐할 수 있을 것

㉢ 불꽃감지기 또는 연기감지기 중 하나와 열감지기를 설치할 것

ⓔ 불꽃이나 연기를 감지한 경우 일부 폐쇄되는 구조일 것
　　ⓜ 열을 감지한 경우 완전 폐쇄되는 구조일 것

(25) 방화구획의 완화기준[건축법시행령 제46조 제2항] 점17회

다음의 어느 하나에 해당하는 건축물의 부분에는 방화구획 기준을 적용하지 않거나 그 사용에 지장이 없는 범위에서 완화하여 적용할 수 있다.

① 문화 및 집회시설(동·식물원은 제외한다), 종교시설, 운동시설 또는 장례시설의 용도로 쓰는 거실로서 시선 및 활동공간의 확보를 위하여 불가피한 부분
② 물품의 제조·가공 및 운반 등(보관은 제외한다)에 필요한 고정식 대형기기 또는 설비의 설치를 위하여 불가피한 부분. 다만, 지하층인 경우에는 지하층의 외벽 한쪽 면(지하층의 바닥면에서 지상층 바닥 아래면까지의 외벽 면적 중 4분의 1 이상이 되는 면을 말한다) 전체가 건물 밖으로 개방되어 보행과 자동차의 진입·출입이 가능한 경우로 한정한다.
③ 계단실·복도 또는 승강기의 승강장 및 승강로로서 그 건축물의 다른 부분과 방화구획으로 구획된 부분. 다만, 해당 부분에 위치하는 설비배관 등이 바닥을 관통하는 부분은 제외한다.
④ 건축물의 최상층 또는 피난층으로서 대규모 회의장·강당·스카이라운지·로비 또는 피난안전구역 등의 용도로 쓰는 부분으로서 그 용도로 사용하기 위하여 불가피한 부분
⑤ 복층형 공동주택의 세대별 층간 바닥 부분
⑥ 주요구조부가 내화구조 또는 불연재료로 된 주차장
⑦ 단독주택, 동물 및 식물 관련 시설 또는 국방·군사시설(집회, 체육, 창고 등의 용도로 사용되는 시설만 해당한다)로 쓰는 건축물
⑧ 건축물의 1층과 2층의 일부를 동일한 용도로 사용하며 그 건축물의 다른 부분과 방화구획으로 구획된 부분(바닥면적의 합계가 500제곱미터 이하인 경우로 한정한다)

(26) 하향식 피난구(덮개, 사다리, 경보시스템 포함)[건피방 제14조 제4항]

① 피난구의 덮개(덮개와 사다리, 승강식피난기 또는 경보시스템이 일체형으로 구성된 경우에는 그 사다리, 승강식피난기 또는 경보시스템을 포함한다)는 품질시험을 실시한 결과 비차열 1시간 이상의 내화성능을 가져야 하며, 피난구의 유효 개구부 규격은 직경 60센티미터 이상일 것
② 상층·하층간 피난구의 수평거리는 15센티미터 이상 떨어져 있을 것
③ 아래층에서는 바로 위층의 피난구를 열 수 없는 구조일 것
④ 사다리는 바로 아래층의 바닥면으로부터 50센티미터 이하까지 내려오는 길이로 할 것
⑤ 덮개가 개방될 경우에는 건축물관리시스템 등을 통하여 경보음이 울리는 구조일 것
⑥ 피난구가 있는 곳에는 예비전원에 의한 조명설비를 설치할 것

(27) 방화벽의 구조[건피방 제21조]

① 내화구조로서 홀로 설 수 있는 구조일 것
② 방화벽의 양쪽 끝과 윗쪽 끝을 건축물의 외벽면 및 지붕면으로부터 0.5미터 이상 튀어나오게 할 것
③ 방화벽에 설치하는 출입문의 너비 및 높이는 각각 2.5미터 이하로 하고, 해당 출입문에는 60분+ 방화문 또는 60분 방화문을 설치할 것

> **건축법시행령 제57조(대규모 건축물의 방화벽 등)**
> ① 법 제50조제2항에 따라 연면적 1천 제곱미터 이상인 건축물은 방화벽으로 구획하되, 각 구획된 바닥면적의 합계는 1천 제곱미터 미만이어야 한다. 다만, 주요구조부가 내화구조이거나 불연재료인 건축물과 제56조제1항제5호 단서에 따른 건축물 또는 내부설비의 구조상 방화벽으로 구획할 수 없는 창고시설의 경우에는 그러하지 아니하다.
> ② 제1항에 따른 방화벽의 구조에 관하여 필요한 사항은 국토교통부령으로 정한다.
> ③ 연면적 1천 제곱미터 이상인 목조 건축물의 구조는 국토교통부령으로 정하는 바에 따라 방화구조로 하거나 불연재료로 하여야 한다.

(28) 지하층의 비상탈출구 기준(주택은 제외)[건피방 제25조 제2항]

① 비상탈출구의 유효너비는 0.75미터 이상으로 하고, 유효높이는 1.5미터 이상으로 할 것
② 비상탈출구의 문은 피난방향으로 열리도록 하고, 실내에서 항상 열 수 있는 구조로 하여야 하며, 내부 및 외부에는 비상탈출구의 표시를 할 것
③ 비상탈출구는 출입구로부터 3미터 이상 떨어진 곳에 설치할 것
④ 지하층의 바닥으로부터 비상탈출구의 아랫부분까지의 높이가 1.2미터 이상이 되는 경우에는 벽체에 발판의 너비가 20센티미터 이상인 사다리를 설치할 것
⑤ 비상탈출구는 피난층 또는 지상으로 통하는 복도나 직통계단에 직접 접하거나 통로 등으로 연결될 수 있도록 설치하여야 하며, 피난층 또는 지상으로 통하는 복도나 직통계단까지 이르는 피난통로의 유효너비는 0.75미터 이상으로 하고, 피난통로의 실내에 접하는 부분의 마감과 그 바탕은 불연재료로 할 것
⑥ 비상탈출구의 진입부분 및 피난통로에는 통행에 지장이 있는 물건을 방치하거나 시설물을 설치하지 아니할 것
⑦ 비상탈출구의 유도등과 피난통로의 비상조명등의 설치는 소방법령이 정하는 바에 의할 것

(29) 복합건축물의 피난시설 등[건피방 제14조의2]

같은 건축물 안에 공동주택·의료시설·아동관련시설 또는 노인복지시설(이하 "공동주택 등"이라 한다) 중 하나 이상과 위락시설·위험물저장 및 처리시설·공장 또는 자동차정비 공장(이하 "위락시설등"이라 한다) 중 하나 이상을 함께 설치하고자 하는 경우에는 다음 각 기준에 적합하여야 한다.

① 공동주택등의 출입구와 위락시설등의 출입구는 서로 그 보행거리가 30미터 이상이 되도록 설치할 것
② 공동주택등(당해 공동주택등에 출입하는 통로를 포함한다)과 위락시설 등(당해 위락시설 등에 출입하는 통로를 포함한다)은 내화구조로 된 바닥 및 벽으로 구획하여 서로 차단할 것
③ 공동주택등과 위락시설등은 서로 이웃하지 아니하도록 배치할 것
④ 건축물의 주요 구조부를 내화구조로 할 것
⑤ 거실의 벽 및 반자가 실내에 면하는 부분(반자돌림대·창대 그 밖에 이와 유사한 것은 제외)의 마감은 불연재료·준불연재료 또는 난연재료로 하고, 그 거실로부터 지상으로 통하는 주된 복도·계단 그 밖에 통로의 벽 및 반자가 실내에 면하는 부분의 마감은 불연재료 또는 준불연재료로 할 것

(30) 배연설비의 설치기준[건축물의 설비기준 등에 관한 규칙 제14조]

 Reference

배연설비 설치대상[건축법시행령 제51조 제2항]
① 6층 이상 건축물로서 문화 및 집회, 판매, 운수, 업무, 종교, 숙박, 위락, 운동, 수련시설 중 유스호스텔, 노유자시설 중 아동관련시설, 노인복지시설(노인요양시설 제외), 공연장(300m² 이상), 종교집회장(300m² 이상), 인터넷컴퓨터게임시설제공업(300m² 이상), 다중생활시설, 관광휴게, 의료(요양병원 및 정신병원 제외), 고시원, 장례시설의 경우 배연설비를 설치할 것
② 법 제49조제2항 본문에 따라 다음 각 호에 해당하는 건축물의 거실(피난층의 거실은 제외한다)에는 배연설비를 해야 한다.
  1. 6층 이상인 건축물로서 다음 각 목에 해당하는 용도로 쓰는 건축물
     가. 제2종 근린생활시설 중 공연장, 종교집회장, 인터넷컴퓨터게임시설제공업소 및 다중생활시설(공연장, 종교집회장 및 인터넷컴퓨터게임시설제공업소는 해당 용도로 쓰는 바닥면적의 합계가 각각 300제곱미터 이상인 경우만 해당한다)
     나. 문화 및 집회시설
     다. 종교시설
     라. 판매시설
     마. 운수시설
     바. 의료시설(요양병원 및 정신병원은 제외한다)
     사. 교육연구시설 중 연구소
     아. 노유자시설 중 아동 관련 시설, 노인복지시설(노인요양시설은 제외한다)

자. 수련시설 중 유스호스텔
차. 운동시설
카. 업무시설
타. 숙박시설
파. 위락시설
하. 관광휴게시설
거. 장례시설
2. 다음 각 목에 해당하는 용도로 쓰는 건축물
가. 의료시설 중 요양병원 및 정신병원
나. 노유자시설 중 노인요양시설·장애인 거주시설 및 장애인 의료재활시설
다. 제1종 근린생활시설 중 산후조리원

① **배연구 개수**
  ㉠ 방화구획마다 1개소 이상 설치
  ㉡ 배연창의 상변과 천장 또는 반자로부터 수직거리가 0.9미터 이내일 것. 다만, 반자 높이가 바닥으로부터 3미터 이상인 경우에는 배연창의 하변이 바닥으로부터 2.1미터 이상의 위치에 놓이도록 설치할 것

② **배연구 유효면적**
  배연창의 유효면적은 별표2의 산정기준에 의하여 산정된 면적이 1제곱미터 이상으로서 그 면적의 합계가 당해 건축물의 바닥면적의 100분의 1 이상일 것. 이 경우 바닥면적의 산정에 있어서 거실바닥면적의 20분의1 이상으로 환기창을 설치한 거실의 면적은 이에 산입하지 아니한다.

③ 배연구는 열 또는 연기감지기에 의하여 자동으로 열 수 있는 구조로 하되, 손으로도 열고 닫을 수 있을 것
④ 배연구는 예비전원에 의하여 열 수 있도록 할 것
⑤ 기계식 배연설비를 하는 경우에는 ①~④에도 불구하고 소방관계법령의 규정에 적합하도록 할 것

(31) 배연창 점검방법

① 제어반에서 배연창을 정지할 수 있는지 확인
② 설치대상 및 구조기준의 적부 확인
③ 배연창 주위에 화분 등의 장애물 및 커텐 등이 적재되어 있는지 확인 및 제거
④ 해당 장소에서 수동으로 배연창 개폐 확인 → 손으로 개폐 가능 여부 확인
⑤ 제어반의 배연창을 자동(또는 연동) 상태로 둔다.
⑥ 해당 구역에 설치된 감지기를 감지기시험기로 작동 → 개방상태 확인

⑦ 수신반에서 복구 → 폐쇄상태 확인
⑧ 배연창에 연결된 상용전원 차단 후 비상전원으로 배연창이 정상적으로 개방되는지 확인
⑨ 제어반에서 배연창 제어설비를 수동상태로 둔 후 각 구역별 배연창이 제어반 조작으로 인하여 정상적으로 개폐되는지 확인
⑩ 점검완료 후 수신반의 제어설비가 정상적으로 작동되도록 상용전원 투입 및 스위치를 자동(또는 연동) 위치로 복구

(32) 소방관 진입창 설치대상[건축법시행령 제51조 제4항]

건축물의 11층 이하의 층에는 소방관이 진입할 수 있는 창을 설치하고, 외부에서 주야간에 식별할 수 있는 표시를 해야 한다. 다만, 다음의 어느 하나에 해당하는 아파트는 제외한다.
① 제46조제4항 및 제5항에 따라 대피공간 등을 설치한 아파트
②「주택건설기준 등에 관한 규정」제15조제2항에 따라 비상용승강기를 설치한 아파트

(33) 소방관 진입창 설치기준[건피방 제18조의2]

소방관진입창은 다음의 요건을 모두 충족하는 것을 말한다.
① 2층 이상 11층 이하인 층에 각각 1개소 이상 설치할 것. 이 경우 소방관이 진입할 수 있는 창의 가운데에서 벽면 끝까지의 수평거리가 40미터 이상인 경우에는 40미터 이내마다 소방관이 진입할 수 있는 창을 추가로 설치해야 한다.
② 소방차 진입로 또는 소방차 진입이 가능한 공터에 면할 것
③ 창문의 가운데에 지름 20센티미터 이상의 역삼각형을 야간에도 알아볼 수 있도록 빛 반사 등으로 붉은색으로 표시할 것
④ 창문의 한쪽 모서리에 타격지점을 지름 3센티미터 이상의 원형으로 표시할 것
⑤ 창문·유리의 크기는 폭 90센티미터 이상, 높이 1미터 이상으로 하고, 실내 바닥면으로부터 창의 아랫부분까지의 높이는 80센티미터 [난간이 설치된 노대등(영 제40조제1항에 따른 노대등을 말한다)에 불가피하게 소방관 진입창을 설치하는 경우에는 120센티미터] 이내로 할 것
⑥ 다음의 어느 하나에 해당하는 유리를 사용할 것
  ㉠ 플로트판유리로서 그 두께가 6밀리미터 이하인 것
  ㉡ 강화유리 또는 배강도유리로서 그 두께가 5밀리미터 이하인 것
  ㉢ ㉠ 또는 ㉡에 해당하는 유리로 구성된 이중 유리
  ㉣ ㉠ 또는 ㉡에 해당하는 유리로 구성된 삼중 유리. 이 경우 각각의 유리에 비산방지필름을 부착하는 경우에는 그 필름 두께를 50마이크로미터 이하로 해야 한다.

(34) RSET과 ASET 용어정의

① **RSET** : Required Safe Egress Time(피난소요시간)
　㉠ 대상공간 내부의 거주자들이 피난을 완료하는 데 필요한 시간을 말한다.
　㉡ RSET은 피난 시뮬레이션을 통해서 예측할 수 있다.
　㉢ RSET은 화재감지시간, 지연시간, 이동시간으로 구분된다.

② **ASET** : Available Safe Egress Time(피난허용시간)
　㉠ 화재발생 시점부터 대상공간내부의 거주자들에게 위험이 파급되기 전까지의 시간을 말한다.
　㉡ ASET은 화재 시뮬레이션을 통해서 예측할 수 있다.
　㉢ ASET은 화재성상에 따라 달라진다.

CHAPTER 03 소방용품의 형식승인(성능인증) 및 제품검사의 기술기준

1 성능인증의 대상이 되는 소방용품의 품목에 관한 고시

(1) 성능인증의 대상이 되는 소방용품의 품목 점17회

① 분기배관
② 포소화약제 혼합장치
③ 가스계소화설비 설계프로그램
④ 시각경보장치
⑤ 자동차압급기댐퍼
⑥ 자동폐쇄장치
⑦ 가압수조식 가압송수장치
⑧ 피난유도선
⑨ 방염제품
⑩ 다수인 피난장비
⑪ 캐비닛형 간이스프링클러설비
⑫ 승강식피난기
⑬ 미분무헤드
⑭ 방열복
⑮ 상업용주방자동소화장치
⑯ 압축공기포헤드
⑰ 압축공기포혼합장치
⑱ 플랩댐퍼
⑲ 비상문자동개폐장치
⑳ 가스계소화설비용 수동식 기동장치
㉑ 휴대용비상조명등
㉒ 소방전원공급장치
㉓ 호스릴이산화탄소소화장치
㉔ 과압배출구
㉕ 흔들림 방지 버팀대
㉖ 소방용 수격흡수기
㉗ 소방용 행거
㉘ 간이형수신기
㉙ 방화포
㉚ 간이소화장치
㉛ 유량측정장치
㉜ 배출댐퍼
㉝ 송수구

2 감지기의 형식승인 및 제품검사의 기술기준

(1) 용어정의

① "경보기구"란 자동화재탐지설비, 비상경보설비의 축전지, 화재속보설비, 누전경보기, 가스누설경보기 등 화재의 발생 또는 화재의 발생이 예상되는 상황에 대하여 경보를 발하여 주는 설비를 말한다.

② "자동화재탐지설비"란 화재발생을 자동적으로 감지하여 해당 소방대상물의 화재발생을 소방대상물의 관계자에게 통보할 수 있는 설비로서 감지기, 발신기, 수신기, 경종 또는 중계기 등으로 구성된 것을 말한다.

③ "감지기"란 화재시에 발생하는 열, 불꽃 또는 연소생성물(이하 "연기"라 한다)로 인하여 화재발생을 자동적으로 감지하여 그 자체에 부착된 음향장치로 경보를 발하거나 이를 수신기에 발신하는 것을 말한다. 이 경우 감지기를 부착할 때에 전용기판을 필요로 하는 것에 있어서는 그 기판을 포함한다.

④ "열감지기"란 화재에 의해서 발생되는 열을 감지하여 화재신호를 발신하는 감지기를 말한다.

⑤ "연기감지기"란 화재에 의해서 발생되는 연기를 감지하여 화재신호를 발신하는 감지기를 말한다.

⑥ "불꽃감지기"란 화재에 의해서 발생되는 불꽃(적외선 및 자외선을 포함한다. 이하 이 기준에서 같다)을 감지하여 화재신호를 발신하는 감지기를 말한다.

⑦ "복합형 감지기"란 화재시 발생하는 열, 연기, 불꽃을 자동적으로 감지하는 기능 중 두 가지 이상의 성능(동일 생성물이나 다른 연소생성물의 감지 기능)을 가진 것으로서 두 가지 이상의 성능이 함께 작동할 때 화재신호를 발신하거나 두 개 이상의 화재신호를 각각 발신하는 감지기를 말한다.

⑧ "단독경보형 감지기"란 화재에 의해서 발생되는 열, 연기 또는 불꽃을 감지하여 작동하는 것으로서 수신기에 작동신호를 발신하지 아니하고 감지기가 단독적으로 내장된 음향장치에 의하여 경보하는 감지기를 말한다.

⑨ "화재알림형 감지기"란 열·연기 복합형 또는 열·연기·불꽃 복합형 감지기로서 화재시에 발생하는 열, 불꽃 또는 연기를 자동으로 감지하여, 화재알림형 수신기에 주위의 온도 또는 연기의 량의 변화에 따라 각각 다른 전류 또는 전압 등(이하 "화재정보신호값"라고 한다)의 출력을 발신하고, 불꽃을 감지하는 경우 화재신호를 발신하며, 자체 내장된 음향장치에 의하여 경보하는 것을 말한다.

(2) 감지기의 구분

① 열감지기는 다음과 같이 구분한다.
    ㉠ "차동식스포트형"이란 주위온도가 일정 상승율 이상이 되는 경우에 작동하는 것으로서 일국소에서의 열 효과에 의하여 작동되는 것을 말한다.
    ㉡ "차동식분포형"이란 주위온도가 일정 상승율 이상이 되는 경우에 작동하는 것으로서 넓은 범위 내에서의 열 효과의 누적에 의하여 작동되는 것을 말한다.
    ㉢ "정온식감지선형"이란 일국소의 주위온도가 일정한 온도 이상이 되는 경우에 작동하는 것으로서 외관이 전선과 같이 선형으로 되어 있는 것을 말한다.
    ㉣ "정온식스포트형"이란 일국소의 주위온도가 일정한 온도 이상이 되는 경우에 작동하는 것으로서 외관이 전선과 같이 선형으로 되어 있지 않은 것을 말한다.
    ㉤ "보상식스포트형"이란 ㉠과 ㉣의 성능을 겸한 것으로서 ㉠의 성능 또는 ㉣의 성능 중 어느 한 기능이 작동되면 작동신호를 발하는 것을 말한다.

② 연기감지기는 다음과 같이 구분한다.
    ㉠ "이온화식스포트형"이란 주위의 공기가 일정한 농도의 연기를 포함하게 되는 경우에 작동하는 것으로서 일국소의 연기에 의하여 이온전류가 변화하여 작동하는 것을 말한다.
    ㉡ "광전식스포트형"이란 주위의 공기가 일정한 농도의 연기를 포함하게 되는 경우에 작동하는 것으로서 일국소의 연기에 의하여 광전소자에 접하는 광량의 변화로 작동하는 것을 말한다.
    ㉢ "광전식분리형"이란 발광부와 수광부로 구성된 구조로 발광부와 수광부 사이의 공간에 일정한 농도의 연기를 포함하게 되는 경우에 작동하는 것을 말한다.
    ㉣ "공기흡입형"이란 감지기 내부에 장착된 공기흡입장치로 감지하고자 하는 위치의 공기를 흡입하고 흡입된 공기에 일정한 농도의 연기가 포함된 경우 작동하는 것을 말한다.

③ 불꽃감지기는 다음과 같이 구분한다.
    ㉠ "불꽃 자외선식"이란 불꽃에서 방사되는 자외선의 변화가 일정량 이상 되었을 때 작동하는 것으로서 일국소의 자외선에 의하여 수광소자의 수광량 변화에 의해 작동하는 것을 말한다.
    ㉡ "불꽃 적외선식"이란 불꽃에서 방사되는 적외선의 변화가 일정량 이상 되었을 때 작동하는 것으로서 일국소의 적외선에 의하여 수광소자의 수광량 변화에 의해 작동하는 것을 말한다.
    ㉢ "불꽃 자외선·적외선겸용식"이란 불꽃에서 방사되는 불꽃의 변화가 일정량 이상 되었을 때 작동하는 것으로서 자외선 또는 적외선에 의한 수광소자의 수광량 변화에 의하여 1개의 화재신호를 발신하는 것을 말한다.

㉣ "불꽃 영상분석식"이란 불꽃의 실시간 영상이미지를 자동 분석하여 화재신호를 발신하는 것을 말한다.
④ 복합형감지기는 다음과 같이 구분한다.
㉠ "열복합형"이란 ①의 ㉠ 및 ㉣의 성능이 있는 것으로서 두 가지 성능의 감지기능이 함께 작동될 때 화재신호를 발신하거나 또는 두 개의 화재신호를 각각 발신하는 것을 말한다.
㉡ "연복합형"이란 ②의 ㉠ 및 ㉡의 성능이 있는 것으로서 두 가지 성능의 감지기능이 함께 작동될 때 화재신호를 발신하거나 또는 두 개의 화재신호를 각각 발신하는 것을 말한다.
㉢ "불꽃복합형"이란 ③의 ㉠ 및 ㉡ 및 ㉣의 성능 중 두 가지 이상 성능을 가진 것으로서 두 가지 이상의 감지기능이 함께 작동될 때 화재신호를 발신하거나 또는 두개의 화재신호를 각각 발신하는 것을 말한다.
㉣ "열·연기 복합형"이란 ① 및 ②의 성능이 있는 것으로 두 가지 성능의 감지기능이 함께 작동될 때 화재신호를 발신하거나 또는 두 개의 화재신호를 각각 발신하는 것을 말한다.
㉤ "연기·불꽃 복합형"이란 ② 및 ③의 성능이 있는 것으로 두 가지 성능의 감지기능이 함께 작동될 때 화재신호를 발신하거나 또는 두 개의 화재신호를 각각 발신하는 것을 말한다.
㉥ "열·불꽃 복합형"이란 ① 및 ③의 성능이 있는 것으로 두 가지 성능의 감지기능이 함께 작동될 때 화재신호를 발신하거나 또는 두 개의 화재신호를 각각 발신하는 것을 말한다.
㉦ "열·연기·불꽃 복합형"이란 ①, ② 및 ③의 성능이 있는 것으로 세 가지 성능의 감지기능이 함께 작동될 때 화재신호를 발신하거나 또는 세 개의 화재신호를 각각 발신하는 것을 말한다.
⑤ 화재알림형감지기는 다음과 같이 구분한다.
㉠ "화재알림형 열·연기 복합형"이란 주위의 온도 또는 연기의 량의 변화에 따른 화재정보신호값의 출력을 발하고, 자체 내장된 음향장치에 의하여 경보하는 감지기를 말한다.
㉡ "화재알림형 열·연기·불꽃 복합형"이란 주위의 온도 또는 연기의 량의 변화에 따른 화재정보신호값의 출력을 발하고, ③의 성능을 가지며 자체 내장된 음향장치에 의하여 경보하는 감지기를 말한다.

(3) 감지기 형식에 따른 분류 및 정의

감지기 형식은 방수형 유무에 따라 방수형 및 비방수형으로, 내식성 유무에 따라 내산형, 내알카리형 및 보통형으로, 재용성 유무에 따라 재용형 및 비재용형으로, 연기·온도의 축적에 따라 축적형 및 비축적형으로, 방폭구조 여부에 따라 방폭형 및 비방폭형으로, 화재신호의 발신방법에 따라 단신호식, 다신호식 또는 아날로그식, 화재신호 전달방법에 따라 무선식, 유선식으로, 화재알림설비 적용여부에 따라 화재알림형, 비화재알림형으로, 연기 감도 보정 기능 유무에 따라 보정식, 비보정식으로, 식별신호 발신 유무에 따라 주소형, 비주소형으로 구분한다. 또한 불꽃감지기는 설치장소에 따라 옥내형, 옥내·옥외형, 도로형으로 구분한다.

① "다(多)신호식"이란 1개의 감지기 내에서 다음과 같다.
　㉠ 각 서로 다른 종별 또는 감도 등의 기능을 갖춘 것으로서 일정시간 간격을 두고 각각 다른 2개 이상의 화재신호를 발하는 감지기를 말한다.
　㉡ 동일 종별 또는 감도를 갖는 2개 이상의 센서를 통해 감지하여 화재신호를 각각 발신하는 감지기를 말한다.
② "방폭형"이란 폭발성가스가 용기내부에서 폭발하였을 때 용기가 그 압력에 견디거나 또는 외부의 폭발성가스에 인화될 우려가 없도록 만들어진 형태의 감지기를 말한다.
③ "방수형"이란 그 구조가 방수구조로 되어 있는 감지기를 말한다.
④ "재용형"이란 다시 사용할 수 있는 성능을 가진 감지기를 말한다.
⑤ "축적형"이란 일정 농도·온도 이상의 연기 또는 온도가 일정시간(공칭축적시간) 연속하는 것을 전기적으로 검출하므로서 작동하는 감지기(다만, 단순히 작동시간만을 지연시키는 것은 제외한다)를 말한다.
⑥ "아날로그식"이란 주위의 온도 또는 연기의 양의 변화에 따른 화재정보신호값을 출력하는 방식의 감지기를 말한다.
⑦ "연동식"이란 단독경보형감지기가 작동할 때 화재를 경보하며 유·무선으로 주위의 다른 감지기에 신호를 발신하고 신호를 수신한 감지기도 화재를 경보하며 다른 감지기에 신호를 발신하는 방식의 것을 말한다.
⑧ "무선식"이란 전파에 의해 신호를 송·수신하는 방식의 것을 말한다.
⑨ "보정식"이란 일정농도 이상의 연기가 일정시간 이상 연속하는 것을 전기적으로 검출하여 작동 감도를 자동적으로 보정하는 방식의 감지기를 말한다. <2024. 4. 9. 신설>
⑩ "주소형"이란 감지기의 식별정보가 있어 감지기의 작동 시 설치지점의 감지기 식별신호를 발신하는 것을 말한다. <2024. 4. 9. 신설>

(4) 무선식감지기의 기능

① 단독경보형감지기 중 연동식감지기의 무선기능은 다음 각 기준에 적합하여야 한다.
  ㉠ 화재신호는 다음 기준에 적합하여야 한다.
    ⓐ 작동한 단독경보형감지기는 화재경보가 정지하기 전까지 60초 이내 주기마다 화재신호를 발신하여야 한다.
    ⓑ 화재신호를 수신한 단독경보형감지기는 10초 이내에 경보를 발하여야 한다.
  ㉡ 화재신호의 발신을 쉽게 확인할 수 있는 장치를 설치하여야 하고 화재신호를 수신하면 내장된 음향장치에 의하여 제5조의2제4호의 화재경보를 하여야 한다.
  ㉢ 통신점검기능이 있어야 하며 다음 각 기준에 적합하여야 한다.
    ⓐ 무선통신 점검은 24시간 이내에 자동으로 실시하고 이때 통신이상이 발생하는 경우에는 200초 이내에 통신이상 상태의 단독경보형감지기를 확인할 수 있도록 표시 및 경보를 하여야 한다.
    ⓑ 무선통신 점검은 단독경보형감지기가 서로 송수신하는 방식으로 한다.
② 감지기(단독경보형감지기 중 연동식감지기는 제외한다)의 무선기능은 다음 각 기준에 적합하여야 한다.
  ㉠ 화재신호는 다음 각 기준에 적합하여야 한다.
    ⓐ 작동한 감지기는 화재신호를 수신기, 간이형수신기, 국가유산용 자동화재속보설비의 속보기 또는 중계기에 60초 이내 주기마다 발신하여야 한다.
    ⓑ 작동한 감지기는 「수신기 형식승인 및 제품검사의 기술기준」 제15조의2제1항,「자동화재속보설비의 속보기의 성능인증 및 제품검사의 기술기준」 제3조제14호마목 또는 「간이형수신기의 성능인증 및 제품검사의 기술기준」 제9조제5호의 수동복귀스위치에 의한 복귀 신호를 수신하는 경우 정상상태로 복귀되어야 한다.
  ㉡ 「수신기 형식승인 및 제품검사의 기술기준」 제17조제6호가목 및 나목,「자동화재속보설비의 속보기의 성능인증 및 제품검사의 기술기준」 제3조제14호다목 및 라목 또는 「간이형수신기의 성능인증 및 제품검사의 기술기준」 제18조제6호가목 및 나목에 의한 무선통신 점검신호를 수신하는 경우 무선식 수신기, 국가유산용 자동화재속보설비의 속보기, 무선식 중계기, 간이형수신기의 무선식 수신부 또는 무선식 중계부에 자동으로 확인신호를 발신하여야 한다. 다만, 제2의2호에 따른 통신점검 신호를 발신하는 감지기는 「수신기 형식승인 및 제품검사의 기술기준」제17조제6호나목 또는 「자동화재속보설비의 속보기의 성능인증 및 제품검사의 기술기준」 제3조제14호라목에 의한 확인신호를 발신하지 아니할 수 있다.
  ㉡의2 무선식 수신기, 국가유산용 자동화재속보설비의 속보기 또는 무선식 중계기(이하 "무선식수신기등"이라 한다)에 통신점검 신호를 발신하는 감지기는 다음 각 목에

적합한 통신점검 시험장치를 설치하여야 한다.
ⓐ 자동적으로 무선식수신기등에 24시간 이내 주기마다 통신점검신호를 발신할 수 있는 장치가 있어야 한다.
ⓑ 「수신기 형식승인 및 제품검사의 기술기준」 제17조제6호다목 또는 「자동화재속보설비의 속보기의 성능 인증 및 제품검사의 기술기준」 제3조제14호바목에 의한 통신점검 확인신호를 수신하는 경우 자동적으로 무선식수신기등에 재확인신호를 발신하여야 한다.
ⓒ ⓐ의 통신점검 신호 발신 후 200초 이내에 「수신기 형식승인 및 제품검사의 기술기준」 제17조제6호 다목 또는 「자동화재속보설비의 속보기의 성능인증 및 제품검사의 기술기준」 제3조제14호바목에 의한 통신점검 확인신호를 수신하지 않은 경우 고장표시등이 점등 또는 점멸되어야 한다.

ⓒ 건전지를 주전원으로 하는 감지기의 경우에는 건전지가 리튬전지 또는 이와 동등 이상의 지속적인 사용이 가능한 성능의 것이어야 하며, 건전지의 용량산정 시에는 다음의 사항이 고려되어야 한다.
ⓐ 감시상태의 소비전류
ⓑ 수신기의 수동 통신점검에 따른 소비전류
ⓒ 수신기의 자동 통신점검에 따른 소비전류
ⓓ 건전지의 자연방전전류
ⓔ 건전지 교체 표시에 따른 소비전류
ⓕ 부가장치가 설치된 경우에는 부가장치의 작동에 따른 소비전류
ⓖ 기타 전류를 소모하는 기능에 대한 소비전류
ⓗ 안전 여유율

ⓔ 건전지를 주전원으로 하는 감지기는 건전지의 성능이 저하되어 건전지의 교체가 필요한 경우에는 무선식 수신기 또는 간이형수신기의 무선식 수신부에 자동적으로 당해 신호를 발신하여야 하고 표시등에 의하여 72시간 이상 표시하여야 한다.

(5) 감지기에 내장하는 음향(음성제외) 장치 기준

① 사용전압의 80%인 전압에서 소리를 내어야 한다.
② 사용전압에서의 음압은 무향실내에서 정위치에 부착된 음향장치의 중심으로부터 1미터 떨어진 지점에서 85dB 이상이어야 한다.
③ 사용전압으로 8시간 연속하여 울리게 하는 시험 또는 정격전압에서 3분20초 동안 울리고 6분40초 동안 정지하는 작동을 반복하여 합산한 울림시간이 20시간이 되도록 시험하는 경우 그 구조 또는 기능에 이상이 생기지 않아야 한다.

(6) 불꽃감지기의 유효감지거리 및 시야각

① 유효감지거리 범위는 20미터 미만은 1미터 간격으로, 20미터 이상은 5미터 간격으로 설정하여야 하며, 단일 유효감시거리, 복수 유효감지거리, 단일 유효감지거리 범위 또는 복수 유효감시거리 범위로 설정할 수 있다.
② ①에 따른 복수의 유효감지거리 및 유효감지거리 범위는 다수의 단계로 분할하여 설정할 수 있다. 다만, 유효감지거리를 범위로 설정한 경우에는 각 단계별 유효감지거리 세부 범위는 연속되도록 설정하여야 한다.
③ 시야각은 5° 간격으로 설정한다.

(7) 감지기 외부 표시사항

감지기에는 다음의 사항을 보기 쉬운 부분에 쉽게 지워지지 않도록 표시하여야 한다. 다만, ⑬과 ⑮는 포장 또는 사용설명서에 표시할 수 있다.

① 종별 및 형식
② 형식승인번호
③ 제조년월 및 제조번호
④ 제조업체명 또는 상호
⑤ 특수하게 취급하여야 할 것은 그 주의사항
⑥ 삭제 <2000. 12. 15>
⑦ 극성이 있는 단자에는 극성을 표시하는 기호
⑧ 공칭축적시간(축적형에 한하여 "지연형(축적형)수신기에는 설치할 수 없음" 표시 별도)
⑨ 차동식분포형감지기에는 ①부터 ⑧까지에서 정한 사항 외에 공기관식은 최대공기관의 길이와 사용공기관의 안지름 및 바깥지름, 열전대식 및 열반도체식은 감열부의 최대수량 또는 길이
⑩ 정온식기능을 가진 감지기에는 공칭작동온도, 보상식감지기에는 정온점, 정온식감지선형감지기(비재용형에 한한다)에는 외피에 다음의 구분에 의한 공칭작동온도의 색상을 표시한다.
  ㉠ 공칭작동온도가 80℃ 미만인 것은 백색
  ㉡ 공칭작동온도가 80℃ 이상 120℃ 미만인 것은 청색
  ㉢ 공칭작동온도가 120℃ 이상인 것은 적색
⑪ 방수형인 것은 "방수형"이라는 문자 별도표시
⑫ 다신호식 기능을 가진 감지기는 해당 감지기가 발하는 화재신호의 수 및 작동원리 구분방법
⑬ 설치방법, 취급상의 주의사항

⑭ 삭제 <1999. 8. 3.>
⑮ 품질보증에 관한 사항(보증기간, 보증내용, A/S방법, 자체검사필증 등)
⑯ 유효감지거리 및 시야각(해당되는 경우에 한함)
⑰ 화재정보신호값 범위(해당되는 경우에 한함)
⑱ 공칭감지온도의 범위(해당되는 경우에 한함)
⑲ 공칭감지농도의 범위(해당되는 경우에 한함)
⑳ 방폭형인 것은 "방폭형"이라는 문자 방폭등급 및 별도표시
㉑ 최대연동개수(연동식에 한함)
㉒ 접속가능한 수신기 형식번호(무선식 감지기에 한함)
㉓ 접속가능한 중계기 형식번호(무선식 감지기에 한함)
㉔ 접속가능한 간이형수신기 성능인증번호(해당되는 경우에 한함)
㉕ 접속가능한 자동화재속보설비의 속보기 성능인증번호(해당되는 경우에 한함)
㉖ 감시상태의 소비전류 설계값(해당되는 경우에 한함)
㉗ 아날로그식인 것은 "비화재보 저감기능"이라는 문자 별도표시

3 발신기의 형식승인 및 제품검사의 기술기준

(1) 발신기의 구분

발신기는 설치장소에 따라 옥내형과 옥내·옥외형, 방폭구조 여부에 따라 방폭형 및 비방폭형으로, 방수성 유무에 따라 방수형 및 비방수형으로 구분한다.

(2) 발신기의 작동기능

① 발신기의 조작부는 작동스위치의 동작방향으로 가하는 힘이 2kg을 초과하고 8kg 이하인 범위에서 확실하게 동작되어야 하며, 2kg의 힘을 가하는 경우 동작되지 아니하여야 한다. 이 경우 누름판이 있는 구조로서 손끝으로 눌러 작동하는 방식의 작동스위치는 누름판을 포함한다.
② 발신기는 조작부의 작동스위치가 작동되는 경우 화재신호를 전송하여야 하며, 발신기는 발신기의 확인장치에 화재신호가 전송되었음을 표기하여야 한다.
③ 발신기는 수신기와 통화가 가능한 장치를 설치할 수 있다. 이 경우 화재신호의 전송에 지장을 주지 아니하여야 한다.

(3) 무선식발신기의 기능

① 작동한 발신기는 화재신호를 수신기 또는 중계기에 60초 이내 주기마다 발신하여야 한다.
② 「수신기 형식승인 및 제품검사의 기술기준」 제17조제6호가목 및 나목에 의한 무선통신 점검신호를 수신하는 경우 무선식 수신기 또는 무선식 중계기에 자동으로 확인신호를 발신하여야 한다.
③ 건전지를 주전원으로 하는 발신기는 다음 각 기준에 적합하여야 한다.
　㉠ 건전지는 리튬전지 또는 이와 동등 이상의 지속적인 사용이 가능한 성능의 것이어야 하며, 건전지의 용량산정 시에는 다음의 사항이 고려되어야 한다.
　　　ⓐ 감시상태의 소비전류
　　　ⓑ 수신기의 수동 통신점검에 따른 소비전류
　　　ⓒ 수신기의 자동 통신점검에 따른 소비전류
　　　ⓓ 건전지의 자연방전전류
　　　ⓔ 건전지 교체 표시에 따른 소비전류
　　　ⓕ 부가장치가 설치된 경우에는 부가장치의 작동에 따른 소비전류
　　　ⓖ 기타 전류를 소모하는 기능에 대한 소비전류
　　　ⓗ 안전 여유율
　㉡ 건전지를 주전원으로 하는 발신기는 건전지의 성능이 저하되어 건전지의 교체가 필요한 경우에는 무선식수신기에 자동적으로 당해 신호를 발신하여야 하고 표시등에 의하여 72시간 이상 표시하여야 한다.

4 소화기의 형식승인 및 제품검사의 기술기준

(1) 용어정의

① "소화기"란 물이나 소화약제를 압력에 의하여 방사하는 기구로서 사람이 조작하여 소화하는 것(소화약제에 의한 간이소화용구를 제외한다)을 말한다.
② "가압식 소화기"란 소화약제의 방출원이 되는 가압가스를 소화기 본체용기와는 별도의 전용용기(이하 "소화기가압용가스용기"라 한다)에 충전하여 장치하고 가압용가스용기의 작동봉판을 파괴하는 등의 조작에 의하여 방출되는 가스의 압력으로 소화약제를 방사하는 방식의 소화기를 말한다.
③ "축압식 소화기"란 용기 중에 소화약제와 함께 소화약제의 방출원이 되는 질소 등의 압축가스를 봉입한 방식의 소화기를 말한다.
④ "소화약제"란 방염성능이 있는 물질을 가공하여 소화에 사용하는 약제 또는 물을 말한다.

⑤ "대형소화기"란 제4조제2항[대형소화기의 능력단위의 수치는 A급화재에 사용하는 소화기는 10단위 이상, B급화재에 사용하는 소화기는 20단위 이상이어야 한다.] 및 제10조에 해당하는 소화기를 말한다.

> **Reference**
>
> **제10조(대형소화기의 소화약제)**
> 대형소화기에 충전하는 소화약제의 양은 다음과 같아야 한다.
> 1. 물소화기 : 80L 이상
> 2. 강화액소화기 : 60L 이상
> 3. 할로겐화합물소화기 : 30kg 이상
> 4. 이산화탄소소화기 : 50kg 이상
> 5. 분말소화기 : 20kg 이상
> 6. 포소화기 : 20L 이상

⑥ "소형소화기"란 ⑤에서 규정하는 이외의 소화기를 말한다.

(2) 차량용 소화기

자동차에 설치하는 소화기(이하 "차량용소화기"라 한다)는 강화액소화기(안개모양으로 방사되는 것에 한한다), 할로겐화합물소화기, 이산화탄소소화기, 포소화기 또는 분말소화기이어야 한다.

(3) 호스를 부착하지 않을 수 있는 소화기

소화기에는 호스를 부착하여야 한다. 다만, 다음의 경우에는 부착하지 아니할 수 있다.
① 소화약제의 중량이 4kg 이하인 할로겐화합물소화기
② 소화약제의 중량이 3kg 이하인 이산화탄소소화기
③ 소화약제의 중량이 2kg 이하인 분말소화기
④ 소화약제의 용량이 3L 이하의 액체계소화기

(4) 소화기의 방사성능

소화기는 정상적인 조작방법으로 방사할 때 그 성능이 다음 각 기준에 적합하여야 한다.
① 방사조작완료 즉시 소화약제를 유효하게 방사할 수 있어야 한다.
② 소화기의 방사시간은 (20±2)℃ 온도에서 최소 8초 이상이어야 하고, 사용상한온도, (20±2)℃의 온도, 사용하한온도에서 각각 설계 값의 ±30% 이내이어야 한다.
③ 방소화기의 방사거리는 (20±2)℃에서 다음 각 기준에 적합하여야 한다. 다만, D급 화재용 분체소화기는 제외한다.

가. 분말소화기의 방사거리는 최소 3미터(충전 약제량이 2kg 이하는 1.5미터) 이상이어야 하고, 신청된 방사거리 설계값에서 충전 소화약제의 80% 이상이 회수되어야 한다.

나. 액체계소화기의 방사거리는 최소 1.5미터(충전 약제량이 2kg 이하는 1.0미터) 이상이어야 하고, 신청된 방사거리 설계값에서 충전 소화약제의 80% 이상이 회수되어야 한다.

④ 충전된 소화약제의 용량 또는 중량의 90% 이상이 방사되어야 한다.

(5) 사용온도범위

① 소화기는 그 종류에 따라 다음의 온도범위에서 사용할 경우 소화 및 방사의 기능을 유효하게 발휘할 수 있는 것이어야 한다.

㉠ 강화액소화기 : -20℃ 이상 40℃ 이하
㉡ 분말소화기 : -20℃ 이상 40℃ 이하
㉢ 그 밖의 소화기: 0℃ 이상 40℃ 이하

② ①의 규정에 불구하고 사용온도의 범위를 확대하고자 할 경우에는 10℃ 단위로 하여야 한다.

(6) 표시사항

① 소화기의 용기는 다음 사항을 보기 쉬운 부위에 잘 지워지지 아니하도록 표시하여야 한다. 다만, 13은 포장 또는 취급설명서에 표시할 수 있다.

1. 종별 및 형식
2. 형식승인번호
3. 제조년월 및 제조번호, 내용연한(분말소화약제를 사용하는 소화기에 한함)
4. 제조업체명 또는 상호, 수입업체명(수입품에 한함)
5. 사용온도범위
6. 소화능력단위
7. 충전된 소화약제의 주성분 및 중(용)량
7의2. 방사시간, 방사거리
8. 가압용가스용기의 가스종류 및 가스량(가압식 소화기에 한함)
9. 총중량
10. 취급상의 주의사항
    가. 유류화재 또는 전기화재에 사용하여서는 아니 되는 소화기는 그 내용
    나. 기타 주의사항

11. 적응화재별 표시사항은 일반화재용 소화기의 경우 "A(일반화재용)", 유류화재용 소화기의 경우에는 "B(유류화재용)", 전기화재용 소화기의 경우 "C(전기화재용)", 금속화재용 소화기의 경우 "D(금속화재용)", 주방화재용 소화기의 경우 "K(주방화재용)"으로 표시하여야 한다.
12. 사용방법
13. 품질보증에 관한 사항(보증기간, 보증내용, 애프터 서비스 (A/S)방법, 자체검사필 등)
14. 소화기의 원산지
    가. <삭제 2024.7.25.>
    나. <삭제 2024.7.25.>
    다. <삭제 2024.7.25.>
    라. <삭제 2024.7.25.>
15. 소화기에 충전한 소화약제의 물질안전자료(MSDS)에 언급된 동일한 소화약제명의 다음의 정보
    가. 1%를 초과하는 위험물질 목록
    나. 5%를 초과하는 화학물질 목록
    다. MSDS에 따른 위험한 약제에 관한 정보
16. 소화 가능한 가연성 금속재료의 종류 및 형태, 중량, 면적(D급 화재용 소화기에 한함)

② 자동차용소화기에는 ①의 표시 외에 "자동차겸용"이라는 표시를 하여야 한다.
③ 할로겐화합물 및 이산화탄소소화기는 ①의 표시 외에 다음의 주의사항을 표시하여야 한다.

주의
1. 밀폐된 좁은 실내에는 사용을 삼가 하십시오.
2. 바람을 등져서 방사하고 사용 후는 즉시 환기 하십시오.
3. 발생되는 가스는 유독하므로 호흡을 삼가 하십시오.

---

④ 가압식 소화기에는 ①의 표시 외에 다음의 주의사항을 표시하여야 한다.

이 소화기는 조작시 용기전체가 급속히 가압되므로 아래와 같은 소화기는 사용하지 마십시오.
1. 녹, 부식, 변형이 심한 것
2. 뚜껑이 완전히 조여져 있지 않은 것
3. 폐기된 것

5 수신기의 형식승인 및 제품검사의 기술기준

(1) 용어정의

① "P형수신기"란 감지기 또는 발신기로부터 발하여지는 신호를 직접 또는 중계기를 통하여 공통신호로서 수신하여 화재의 발생을 당해 소방대상물의 관계자에게 경보하여 주는 것을 말한다.

② "R형수신기"란 감지기 또는 발신기로부터 발하여지는 신호를 직접 또는 중계기를 통하여 고유신호로서 수신하여 화재의 발생을 당해 소방대상물의 관계자에게 경보하여 주는 것을 말한다.

③ 삭제

④ "GP형수신기"란 P형수신기의 기능과 가스누설경보기의 수신부 기능을 겸한 것을 말한다. 다만, 가스누설경보기의 수신부의 기능 중 가스농도 감시장치는 설치하지 않을 수 있다.

⑤ "GR형수신기"란 R형수신기의 기능과 가스누설경보기의 수신부 기능을 겸한 것을 말한다. 다만, 가스누설경보기의 수신부의 기능 중 가스농도 감시장치는 설치하지 않을 수 있다.

⑥ "방폭형"이란 폭발성가스가 용기내부에서 폭발하였을때 용기가 그 압력에 견디거나 또는 외부의 폭발성가스에 인화될 우려가 없도록 만들어진 형태의 제품을 말한다.

⑦ "방수형"이란 그 구조가 방수구조로 되어 있는 것을 말한다.

⑧ "P형복합식수신기"란 감지기 또는 발신기로부터 발하여지는 신호를 직접 또는 중계기를 통하여 공통신호로서 수신하여 화재의 발생을 당해 소방대상물의 관계자에게 경보하여 주고 자동 또는 수동으로 옥내·외소화전설비, 스프링클러설비, 물분무소화설비, 포소화설비, 이산화탄소소화설비, 할로겐화물소화설비, 분말소화설비, 배연설비 등의 가압송수장치 또는 기동장치 등을 제어하는(이하 "제어기능"이라 한다) 것을 말한다.

⑨ "R형복합식수신기"란 감지기 또는 발신기로부터 발하여지는 신호를 직접 또는 중계기를 통하여 고유신호로서 수신하여 화재의 발생을 해당 소방대상물의 관계자에게 경보하여 주고 제어기능을 수행하는 것을 말한다.

⑩ "GP형복합식수신기"란 P형복합식수신기와 가스누설경보기의 수신부 기능을 겸한 것을 말한다.

⑪ "GR형복합식수신기"란 R형복합식수신기와 가스누설경보기의 수신부 기능을 겸한 것을 말한다.

⑫ "기록장치"란 수신기의 화재신호, 고장신호 및 수신기에 접속된 타 기구에 대한 외부배

선으로의 신호 등을 저장할 수 있는 것을 말한다.
⑬ "무선식"이란 전파에 의해 신호를 송·수신하는 방식의 것을 말한다.
⑭ "화재알림형 수신기"란 화재알림형 감지기나 발신기에서 발하는 화재정보신호 또는 화재신호 등을 직접 수신하거나 화재알림형 중계기를 통해 수신하여 화재의 발생을 표시 및 경보하고, 화재정보신호 및 화재신호등을 자동으로 저장하며, 자체 내장된 속보기능에 의해 화재발생 등을 자동적으로 통신망을 통하여 음성등으로 소방관서에 통보하고 문자로 관계인에게 통보하는 장치를 말한다.
⑮ "속보기능"이란 화재발생 및 해당 소방대상물의 위치 등을 통신망을 통해 음성 등으로 소방관서에 통보하고 문자로 관계인에 통보하는 것을 말한다.
⑯ "보정식"이란 접속된 화재알림형 감지기의 화재정보신호를 수신하여 일정농도 이상의 연기가 일정시간 이상 연속하는 것을 전기적으로 검출하여 작동 감도를 자동적으로 보정하는 방식의 수신기를 말한다.

(2) 수신기의 제어기능

① 제어기능은 각 설비의 전용으로 하여야 한다. 다만, 다른 설비의 사고등에 의한 영향을 받지 아니하도록 되어있는 경우에는 그러하지 아니하다.
② 옥내·외소화전설비, 물분무소화설비 및 포소화설비의 제어기능은 다음에 적합하여야 한다.
　㉠ 각 펌프의 작동여부를 확인할 수 있는 표시등 및 음향경보기능이 있어야 한다.
　㉡ 각 펌프를 자동 및 수동으로 작동시키거나 작동을 중단시킬 수 있어야 한다.
　㉢ 수조 또는 물올림탱크가 저수위로 될 때 표시등 및 음향으로 경보되어야 한다.
③ 스프링클러설비의 제어기능은 다음에 적합하여야 한다. 점18회
　㉠ 각 유수검지장치, 일제개방밸브 및 펌프의 작동여부를 확인할 수 있는 표시기능이 있어야 한다.
　㉡ 수원 또는 물올림탱크의 저수위 감시 표시기능이 있어야 한다.
　㉢ 일제개방밸브를 개방시킬 수 있는 스위치를 설치하여야 한다.
　㉣ 각 펌프를 수동으로 작동 또는 중단시킬 수 있는 스위치를 설치하여야 한다.
　㉤ 일제개방밸브를 사용하는 설비의 화재감지를 화재감지기에 의하는 경우에는 경계회로 별로 화재표시를 할 수 있어야 한다.
④ 이산화탄소소화설비, 할로겐화합물소화설비 및 분말소화설비의 제어기능은 다음에 적합하여야 한다.
　㉠ 수동기동장치 또는 감지기에서의 신호를 수신하여 음향경보장치를 작동, 소화약제의 방출 또는 지연 등의 제어기능을 가져야 한다. 다만, 약제방출 지연시간은 경보음

을 발한 후 30초 이내로 하며, 지연시간을 조정할 수 있는 장치는 조정된 시간의 표시가 쉽게 판별될 수 있어야 한다.

ⓒ 각 방호구역마다 음향경보장치의 조작 및 감지기의 작동을 명시하는 표시등과 이와 연동하여 작동하는 벨, 부저 등의 경보장치를 부착하여야 한다. 이 경우 음향장치의 조작 및 감지기의 작동을 명시하는 표시등을 겸용할 수 있다.

ⓒ 수동식 기동장치에 있어서는 그 방출용 스위치와 작동을 명시하는 표시등을 설치하여야 한다.

ⓔ 소화약제의 방출을 명시하는 표시등을 설치하여야 한다.

ⓜ 자동식기동장치에 있어서는 자동, 수동의 전환을 명시하는 표시등을 설치하여야 한다.

⑤ 기동식의 벽, 배연경계벽, 댐퍼 및 배출기의 작동은 감지기와 연동되어야 하며, 수동으로 기동이 가능하여야 한다.

⑥ 그 밖에 이 조에서 정하지 않은 사항은 「소방시설 설치 및 관리에 관한 법률」 제2조제1항제6호에 따라 소방청장이 정하여 고시하는 화재안전기준의 각 소화설비별 제어반의 기준을 준용한다.

(3) 수신기의 화재표시 점18회

① 수신기(화재알림형 수신기는 제외한다. 이하 이 조에서 같다)는 화재신호를 수신하는 경우 적색의 화재표시등에 의하여 화재의 발생을 자동적으로 표시함과 동시에, 지구표시장치에 의하여 화재가 발생한 해당 경계구역을 자동적으로 표시하고 주음향장치 및 지구음향장치가 울리도록 되어야 하며, 주음향장치는 스위치에 의하여 주음향장치의 울림이 정지된 상태에서도 새로운 경계구역 또는 다른 감지기의 화재신호를 수신하는 경우에는 자동적으로 주음향장치의 울림정지 기능을 해제하고 주음향장치가 울려야 한다. 다만, P형 및 P형복합식의 수신기로서 접속되는 회선수가 1인 것은 화재표시등 및 지구표시장치는 설치하지 않을 수 있다.

② ①의 화재표시는 수동으로 복귀시키지 않는 한 그 화재의 표시를 계속 유지하는 것이어야 한다. 다만, 축적형, 다신호식 및 아날로그식인 수신기의 예비표시신호(화재표시를 할 때 까지의 사이에 보조적으로 표시되는 지구표시등 및 주음향장치 등을 말한다)는 그렇지 않다.

③ 표시장치로서 기록장치를 설치한 것은 작동한 감지기, 중계기 및 P형발신기 등을 포함한 경계구역을 자동적으로 쉽게 식별할 수 있는 것이어야 한다.

④ GP형, GP형복합식, GR형 및 GR복합식의 수신기는 가스누설신호를 수신하는 경우 황색의 가스누설등 및 주음향장치에 의하여 가스누설의 발생을 자동적으로 표시하여야 하며, 지구표시장치에 의하여 가스누설이 발생한 해당 경계구역을 자동적으로 표시하여야 한다.

⑤ GP형, GP형복합식, GR형 및 GR복합식의 수신기의 지구표시장치는 화재가 발생한 경계구역과 가스누설이 발생한 경계구역을 명확히 구분하여 알아볼 수 있도록 표시하여야 한다.
⑥ 다신호식감지기를 접속하는 수신기는 다음 각 기준에 적합하여야 한다.
  ㉠ 감지기로부터 최초의 화재신호를 수신하는 경우 주음향장치에 의해 경보 및 지구표시장치에 의해 해당 경계구역을 각각 자동적으로 표시하여야 한다.
  ㉡ ㉠의 표시 중에 동일 경계구역의 감지기로부터 두번째 화재신호 이상을 수신하는 경우 ㉠의 상태를 계속함과 동시에 화재표시등 및 지구음향장치에 의해 경보하여야 한다.
⑦ 축적형인 수신기(아날로그식 축적형인 수신기는 제외한다)는 다음 각 기준에 적합하여야 한다.
  ㉠ 축적을 설정한 회선으로 화재신호를 수신하는 경우 다음 각 기준에 적합하여야 한다.
    ⓐ 최초의 화재신호 수신 시점부터 30초 이상 60초 이하의 시간(이하 "축적시간"이라 한다) 동안 해당 회선의 전원을 차단 및 전원인가를 1회 이상 반복한 후 60초의 시간(이하 "화재표시감지시간"이라 한다)동안 화재신호를 감시하여야 한다. 이 경우 전원 차단시간은 1초 이상 3초 이하이어야 한다.
    ⓑ 공칭축적시간(제조사 설계시간)은 축적시간 범위에서 10초 간격이어야 한다.
    ⓒ 최초 화재신호 수신 시점부터 화재표시감지시간동안 주음향장치에 의해 경보하여야 하며 지구표시장치에 의해 해당 경계구역을 자동적으로 표시하고 해당 회선의 축적 검출을 확인 할 수 있어야 한다.
    ⓓ 화재표시감지시간동안 동일 회선의 화재신호를 수신하는 경우 ①에 따른 화재표시를 하여야 한다. 이 경우 화재신호 수신 시점부터 화재표시까지의 소요시간은 5초 이내이어야 한다.
    ⓔ 발신기로부터 화재신호를 수신하는 경우 축적 검출기능을 해제하고 화재표시를 하여야 한다.
  ㉡ 접속된 회선별 또는 감지기 별로 축적을 설정할 수 있는 장치가 있어야 한다.
⑧ 아날로그식인 수신기(아날로그식 축적형인 수신기는 제외한다)는 아날로그식 감지기로부터 출력된 신호를 수신한 경우 예비표시 및 화재표시를 표시함과 동시에 입력 신호량을 표시할 수 있어야 하며 또한 각각의 아날로그식 감지기에 대한 예비표시 및 화재표시 작동레벨을 설정할 수 있는 조정장치가 있어야 하며 다음 각 기준에 적합하여야 한다.
  ㉠ 아날로그식 감지기로부터 출력된 신호가 예비표시 작동레벨 값 이상 감지한 경우에는 주음향장치에 의해 경보하여야 하며 지구표시장치에 의해 해당 경계구역을 자동적으로 표시하여야 한다.
  ㉡ ㉠의 표시 및 경보 중에 동일 아날로그식 감지기로부터 출력된 신호가 화재표시 작동레벨 값 이상인 경우 에는 화재표시등 및 지구음향장치에 의해 경보하여야 한다.

⑨ 아날로그식 축적형인 수신기는 다음 각 기준에 적합하여야 한다.
　㉠ 아날로그식 감지기로부터 출력된 신호를 수신한 경우 예비표시, 축적감지(화재표시 작동레벨 값을 최초로 감지한 경우를 말한다. 이하 같다)표시 및 화재표시를 표시함과 동시에 입력 신호량을 표시할 수 있어야 한다.
　㉡ 각각의 예비표시 및 화재표시 작동레벨 설정할 수 있는 조정장치를 설치하여야 한다.
　㉢ 아날로그식 감지기 별 축적을 설정할 수 있는 장치가 있어야 한다. 이 경우 공칭축적시간은 30초 이상 60초 이내에서 10초 간격이어야 한다.
　㉣ 아날로그식 감지기로부터 출력된 신호가 예비표시 작동레벨 값 이상 감지한 경우에는 지구표시장치에 의해 해당 경계구역을 자동적으로 표시하여야 하며 주음향장치에 의해 경보(이하 "예비경보"라 한다)하여야 한다.
　㉤ 아날로그식 감지기로부터 출력된 축적감지 신호를 수신한 경우에는 지구표시장치에 의해 축적을 감지한 감지기의 해당 경계구역을 자동적으로 표시하여야 하며 주음향장치에 의해 경보(이하 "축적경보"라 한다) 하여야 한다.
　㉥ ㉤의 표시 및 경보중에 동일 아날로그식 감지기로부터 출력된 신호가 공칭축적시간 동안 연속적으로 화재표시 작동레벨 값 이상인 경우에는 화재표시등 및 지구음향장치에 의해 경보(이하 "화재경보"라 한다)하여야 한다. 이 경우 공칭축적시간 종료 시점부터 화재경보까지의 소요시간은 5초 이내이어야 한다.
　㉦ 발신기로부터 화재신호를 수신하는 경우 축적감지 기능을 해제하고 화재표시등 및 지구음향장치에 의해 경보하여야 한다.
⑩ 주소형인 수신기는 주소형감지기로부터 화재신호를 수신하는 경우 ①의 화재표시를 함과 동시에 해당 경계구역의 작동한 감지기의 설치지점을 표시하여야 한다.

(4) 시험장치

수신기의 기능시험장치는 다음 각 기준에 적합하여야 한다.
① 수신기의 앞면에서 쉽게 시험을 할 수 있어야 한다.
② 외부배선(지구음향장치용의 배선, 확인장치용의 배선 및 전화장치용의 배선을 제외한다)의 도통시험 및 회로저항등의 측정은 지시전기계기에 의하는 등 적합한 방법에 의하여 회로마다 할 수 있어야 하며, 도통상태를 확인할 수 있는 장치가 있어야 한다.
②의2. 무선식 수신기는 중계기(감지기와 배선으로 연결되는 무선식 중계기만 해당된다)의 배선회로 마다 도통상태를 확인 할 수 있는 장치를 설치하여야 한다.
③ ② 또는 ②의2.의 장치를 조작 중에 다른 회선으로부터 화재신호를 수신하는 경우 화재표시가 될 수 있어야 한다.
④ 화재등 및 주음향장치의 시험을 제외하고는 회선의 단락 및 단선사고 중에도 다른 회선

의 시험을 할 수 있어야 한다.
⑤ 정류기의 직류측에 자동복귀형스위치를 설치하고 그 스위치의 조작에 의하여 전류가 흐르도록 부하를 가하는 경우 그 단자전압을 측정할 수 있는 장치를 설치하거나 예비전원의 저전압(제조사 설계 값) 상태를 자동적으로 확인할 수 있는 장치를 설치하여야 한다.
⑥ 무선식 감지기·무선식 중계기·무선식 발신기·무선식 경종·무선식 시각경보장치와 연결되는 수신기는 다음 각 기준에 적합한 통신점검시험을 할 수 있는 장치를 설치하여야 한다.
　㉠ 수동으로 무선식 감지기, 무선식 발신기, 무선식 중계기, 무선식 경종, 무선식 시각경보장치로 통신점검 신호를 발신하는 장치가 있어야 한다.
　㉡ 자동적으로 무선식 감지기, 무선식 발신기, 무선식 중계기, 무선식 경종, 무선식 시각경보장치에 24시간 이내 주기마다 통신점검 신호를 발신할 수 있는 장치가 있어야 한다. 다만, 무선식 감지기, 무선식 발신기, 무선식 중계기, 무선식 경종, 무선식 시각경보장치(이하 "무선식감지기등"이라 한다)로부터 통신점검 신호를 수신하는 장치가 있는 경우에는 그러하지 아니하다.
　㉢ 무선식감지기등으로부터 통신점검신호를 수신할 수 있는 장치가 있는 수신기는 무선식감지기등으로부터 통신점검신호를 수신하는 경우에는 자동적으로 무선식감지기등에 통신점검 확인신호를 발신하는 장치를 설치하여야 하며 무선식감지기등의 재확인신호를 수신하는 장치를 설치하여야 한다.
⑦ 아날로그식인 수신기는 아날로그식 감지기의 입력 신호량을 확인 할 수 있는 장치를 설치하여야 한다.

(5) 기록장치

수신기(화재알림형 수신기는 제외한다)의 기록장치는 다음 각 기준에 적합하여야 한다.
① 기록장치는 999개 이상의 데이터를 저장할 수 있어야 하며, 용량이 초과할 경우 가장 오래된 데이터부터 자동으로 삭제한다.
② 수신기는 임의로 데이터의 수정이나 삭제를 방지할 수 있는 기능이 있어야 한다.
③ 저장된 데이터는 수신기에서 확인할 수 있어야 하며, 복사 및 출력도 가능하여야 한다.
④ 수신기의 기록장치에 저장하여야 하는 데이터는 다음과 같다. 이 경우 데이터의 발생시각을 표시하여야 한다. 점20회
　㉠ 주전원과 예비전원의 on/off 상태
　㉡ 경계구역의 감지기, 중계기 및 발신기 등의 화재신호와 소화설비, 소화활동설비, 소화용수설비의 작동신호
　㉢ 수신기와 외부배선(지구음향장치용의 배선, 확인장치용의 배선 및 전화장치용의 배선을 제외한다)과의 단선 상태

② 수신기에서 제어하는 설비로의 수동작동에 의한 신호, 출력신호와 수신기에 설비의 작동 확인표시가 있는 경우 확인신호
◎ 수신기의 주경종스위치, 지구경종스위치, 복구스위치 등 기준 제11조(수신기의 제어기능)을 조작하기 위한 스위치의 정지 상태
ⓗ 가스누설신호(단, 가스누설신호표시가 있는 경우에 한함)
ⓢ 제15조의2제2항에 해당하는 신호(무선식 감지기·무선식 중계기·무선식 발신기·무선식 경종·무선식 시각경보장치와 접속되는 경우에 한함)
ⓞ 제15조의2제3항에 의한 확인신호, 제15조의2제4항에 의한 통신점검신호 및 재확인신호를 수신하지 못한 내역(무선식 감지기·무선식 중계기·무선식 발신기·무선식 경종·무선식 시각경보장치와 연결되는 경우에 한함)

6 유도등의 형식승인 및 제품검사의 기술기준

(1) 용어정의

① "유도등"이란 화재시에 긴급대피를 안내하기 위하여 사용되는 등으로서 정상상태에서는 상용전원에 의하여 켜지고, 상용전원이 정전되는 경우에는 비상전원으로 자동전환되어 켜지는 등을 말한다.
② "피난구 유도등"이란 피난구 또는 피난경로로 사용되는 출입구가 있다는 것을 표시하는 녹색등화의 유도등을 말한다.
③ "통로유도등"이란 피난통로를 안내하기 위한 유도등을 말한다.
④ "복도통로유도등"이란 피난통로가 되는 복도에 설치하는 통로유도등으로서 피난구의 방향을 명시하는 것을 말한다.
⑤ "거실통로유도등"이란 집무, 작업, 집회, 오락 그 밖에 이와 유사한 목적을 위하여 계속적으로 사용하는 거실, 주차장등 개방된 복도에 설치하는 유도등으로 피난의 방향을 명시하는 것을 말한다.
⑥ "계단통로유도등"이란 피난통로가 되는 계단이나 경사로에 설치하는 통로유도등으로 바닥면 및 디딤바닥면을 비추는 것을 말한다.
⑦ "객석유도등"이란 객석의 통로, 바닥 또는 벽에 설치하는 유도등을 말한다.
⑧ "광속표준전압"이란 비상전원으로 유도등을 켜는데 필요한 예비전원의 단자전압을 말한다.
⑨ "표시면"이란 유도등에 있어서 피난구나 피난방향을 안내하기 위한 문자 또는 부호등이 표시된 면을 말한다.

⑩ "조사면"이란 유도등에 있어서 표시면외 조명에 사용되는 면을 말한다.
⑪ "방폭형"이란 폭발성가스가 용기내부에서 폭발 하였을때 용기가 그 압력에 견디거나 또는 외부의 폭발성가스에 인화될 우려가 없도록 만들어진 형태의 제품을 말한다.
⑫ "방수형"이란 그 구조가 방수구조로 되어 있는 것을 말한다.
⑬ "복합표시형피난구유도등"이란 피난구유도등의 표시면과 피난목적이 아닌 안내표시면(이하 "안내표시면"이라 한다)이 구분되어 함께 설치된 유도등을 말한다.
⑭ "단일표시형"이란 한가지 형상의 표시만으로 피난유도표시를 구현하는 방식을 말한다.
⑮ "동영상표시형"이란 동영상 형태로 피난유도표시를 구현하는 방식을 말한다.
⑯ "단일·동영상 연계표시형"이란 단일표시형과 동영상표시형의 두가지 방식을 연계하여 피난유도표시를 구현하는 방식을 말한다.
⑰ "투광식"이란 광원의 빛이 통과하는 투과면에 피난유도표시 형상을 인쇄하는 방식을 말한다.
⑱ "패널식"이란 영상표시소자(LED, LCD 및 PDP 등)를 이용하여 피난유도표시 형상을 영상으로 구현하는 방식을 말한다.

(2) 전원

① 유도등에 사용하는 전원은 정전시에는 상용전원에서 비상전원으로, 정전복귀시에는 비상전원에서 상용전원으로 자동전환 되는 구조이어야 한다.
② 상용전원에 의하여 켜지는 광원을 원격조작에 의하여 끊더라도 예비전원은 상용전원에 의하여 자동충전 할 수 있어야 한다. 다만, 발광다이오드 또는 면광원을 광원으로 사용하는 유도등으로서 상용전원에 의하여 상시점등되는 경우에는 그러하지 아니하다.
③ 비상전원의 상태를 감시할 수 있는 장치가 있어야 한다.
④ 상용전원이 정전되는 경우에는 즉시 비상전원에 의하여 켜져야 한다.

(3) 식별도 및 시야각시험

① 피난구유도등 및 거실통로유도등은 상용전원으로 등을 켜는(평상사용 상태로 연결, 사용전압에 의하여 점등후 주위조도를 10lx에서 30lx까지의 범위내로 한다. 이하 이 조에서 같다) 경우에는 직선거리 30미터의 위치에서, 비상전원으로 등을 켜는(비상전원에 의하여 유효점등시간 동안 등을 켠후 주위조도를 0lx에서 1lx까지의 범위내로 한다. 이하 이 조에서 같다) 경우에는 직선거리 20미터의 위치에서 각기 보통시력(시력 1.0에서 1.2의 범위내를 말한다. 이하 같다)으로 피난유도표시에 대한 식별이 가능하여야 한다. 이 경우 다음 각 호의 하나에 적합하여야 한다.

㉠ 제9조제1항제1호 내지 제4호의 하나, 색채 및 화살표가 함께 표시된 경우에는 화살표도 쉽게 식별될 것
㉡ 동영상표시형 유도등은 피난자가 비상문으로 피난하는 형태로 인식될 것
㉢ 단일·동영상 연계표시형 유도등은 ㉠ 및 ㉡의 규정에 적합할 것

② 복도통로유도등에 있어서 상용전원으로 등을 켜는 경우에는 직선거리 20미터의 위치에서, 비상전원으로 등을 켜는 경우에는 직선거리 15미터의 위치에서 보통시력에 의하여 표시면의 화살표가 쉽게 식별되어야 한다.

③ 피난구 유도등은 눈 높이로부터 30센티미터 위치에 설치하고 유도등 바로 밑으로부터 수평거리는 표시면 긴 변의 길이 4배 거리(이 거리가 1미터 미만인 경우에는 1미터로 한다)의 위치에서 ①의 주위조도 및 시력범위와 동일한 조건으로 확인하는 경우 다음 각 호의 하나에 적합하여야 한다.
㉠ 제9조제1항제1호 내지 제4호의 하나, 색채 및 화살표가 함께 표시된 경우에는 화살표도 쉽게 식별될 것
㉡ 동영상표시형 유도등은 피난자가 비상문으로 피난하는 형태로 인식할 수 있을 것
㉢ 단일·동영상 연계표시형 유도등은 ㉠ 및 ㉡의 규정에 적합할 것

④ 패널식 유도등의 피난유도표시는 깜박임, 어두워짐 및 흔들림의 발생이 없어야 한다.

(4) 조도시험

통로유도등 및 객석유도등은 그 유도등은 비상전원의 성능에 따라 유효점등시간 동안 등을 켠후 주위조도가 0lx인 상태에서 다음과 같은 방법으로 측정하는 경우, 그 조도는 각각 다음 각 기준에 적합하여야 한다.

① 계단통로유도등은 바닥면 또는 디딤바닥 면으로부터 높이 2.5미터의 위치에 그 유도등을 설치하고 그 유도등의 바로 밑으로부터 수평거리로 10미터 떨어진 위치에서의 법선조도가 0.5lx 이상이어야 한다.

② 복도통로유도등은 바닥면으로부터 1미터 높이에, 거실통로유도등은 바닥면으로부터 2미터 높이에 설치하고 그 유도등의 중앙으로부터 0.5미터 떨어진 위치의 바닥면 조도와 유도등의 전면 중앙으로부터 0.5미터 떨어진 위치의 조도가 1lx 이상이어야 한다. 다만, 바닥면에 설치하는 통로유도등은 그 유도등의 바로 윗부분 1미터의 높이에서 법선조도가 1lx 이상이어야 한다.

③ 객석유도등은 바닥면 또는 디딤 바닥면에서 높이 0.5m의 위치에 설치하고 그 유도등의 바로 밑에서 0.3m 떨어진 위치에서의 수평조도가 0.2lx 이상이어야 한다.

> 점검실무행정

7 캐비닛형 간이스프링클러설비의 성능인증 및 제품검사의 기술기준

(1) 작동성능

간이설비는 다음 각 기준에 적합하여야 한다. 이 경우 전기를 사용하는 설비의 전원전압은 정격전압으로 한다.

① 최장배관의 말단에 설치된 간이스프링클러헤드(이하 "간이헤드"라 한다)의 방수량은 50L/min 이상이어야 한다.
② 최장배관 및 최단배관 말단의 간이헤드 2개를 동시 개방하였을 경우 간이헤드 선단의 방수압력이 0.1MPa 이상(이하 "유효방수압력"이라 한다)이어야 한다.
③ 방수시간은 신청자가 제시하는 시간(최소 10분) 이상이어야 하며, 10분 단위로 추가하여 신청할 수 있다.
④ 간이헤드 또는 신청자가 제시하는 헤드 1개를 개방하고 음향장치로부터 1미터 떨어진 위치에서 음량을 측정하였을 때, 90dB 이상의 음량이 신청자가 제시한 방수시간 이상 지속되어야 한다.
⑤ 상용전원 차단시 자동으로 비상전원으로 전환되어야 하며, 비상전원으로 운전시 간이헤드의 유효방수압력(별도의 헤드를 제시하는 경우는 신청 방수압력) 유지 및 음향장치의 작동은 신청자가 제시한 방수시간 이상 지속되어야 한다. 다만, 무전원 방식의 경우에는 모든 기능의 작동이 신청자가 제시한 방수시간 이상 지속되어야 한다.

(2) 설비의 연속작동성능

간이설비는 다음 각 기준에 따라 1시간 연속하여 운전하였을 때 각 구성부품의 기능에 이상이 없어야 하며, 시험도중 간이헤드 또는 신청자가 제시하는 헤드로부터의 방수 및 음향장치의 작동이 중단되거나 끊김이 없어야 한다.

① 수원 및 전원은 지속적으로 공급될 수 있도록 한다.
② 전기를 사용하는 설비의 전압 및 전류는 정격사용전압 및 정격사용전류로 한다.
③ 설비는 최장배관으로 설치하여 유효방수압력으로 2개의 간이헤드를 개방하여 시험한다.
④ 압력수조방식 및 가압수조방식은 수조내에 가압공기 또는 불연성 고압기체 등이 설계압력 및 유량으로 지속적으로 공급될 수 있도록 한다.

(3) 표시사항

① 품명 및 형식
② 성능인증번호

③ 제조업체명 또는 상호(수입하는 경우 수입원)
④ 제조연월 및 제조번호
⑤ <삭제>
⑥ 사용온도범위(헤드 및 설비의 구성부품이 원활하게 작동 가능한 온도범위)
⑦ 사용 가능한 직관 상당길이, 관자재의 종류, 압력수조방식의 경우 공기충전기 용량, 가압수조방식의 경우 가압원 용량 및 압력 등
⑧ 승인된 조건(구성부품, 배관, 설치시방서) 및 제조사 설치지침에 따라 설치되어야 한다는 안내문
⑨ 시공자명 및 연락처
⑩ 합격표시란
⑪ 설치방법 및 취급상의 주의사항
⑫ 품질보증에 관한 사항(보증기간, 보증내용, A/S내용 및 A/S관련 연락처 등)

8 중계기의 형식승인 및 제품검사의 기술기준

(1) 용어정의

"중계기"란 감지기 또는 발신기 작동에 의한 신호 또는 가스누설경보기의 탐지부(이하 "탐지부"라 한다)에서 발하여진 가스누설신호를 받아 이를 수신기, 가스누설경보기, 자동소화설비의 제어반, 다른 중계기에 발신하며 소화설비·제연설비 그밖에 이와 유사한 방재설비에 제어신호를 발신하는 것을 말한다.

(2) 중계기의 기능

① 수신기, 가스누설경보기의 탐지부, 가스누설경보기의 수신부, 자동소화설비의 제어반 또는 다른 중계기 등(이하 "수신기·제어반등"이라 한다)으로부터 전력을 공급받는 방식인 중계기는 다음 각 기준에 적합하여야 한다.
  ㉠ 중계기로부터 외부부하에 직접 전력을 공급하는 각각의 회로에는 퓨즈 또는 브레이커 등을 설치하여 전력공급 중 퓨즈가 녹아 끊어지거나 브레이커 등이 차단되는 경우에는 자동적으로 수신기에 퓨즈의 끊어짐이나 브레이커의 차단 등에 대한 신호를 보낼 수 있어야 하며 차단 후 차단된 회선 이외의 다른 회선에 영향을 미치지 않아야 한다. 다만, 단선단락 자동검출형 중계기인 경우에는 퓨즈 또는 브레이커 등을 설치하지 않을 수 있다.

점검실무행정

　　　ⓒ 지구음향장치를 울리게 하는 것은 수신기에서 조작하는 경우를 제외하고는 울림을 계속할 수 있어야 한다.
　　　ⓒ 화재신호에 영향을 미칠 염려가 있는 조작부를 설치하지 아니하여야 한다.
　② 수신기·제어반등으로부터 전력을 공급받지 않는 방식인 중계기는 ①의 ⓒ 및 ⓒ과 다음 각 기준에 적합하여야 한다. 다만, 주전원이 건전지인 무선식 중계기는 제외한다.
　　　㉠ 전원입력회로 및 외부부하에 직접 전력을 공급하는 각각의 회로에는 퓨즈 또는 브레이커 등을 설치하여 전력을 공급 중 주전원의 정지, 퓨즈의 끊어짐, 브레이커의 차단 등에 대한 신호를 보낼 수 있어야 하며 차단 후 차단된 회선 이외의 다른 회선에 영향을 미치지 아니하여야 한다. 다만, 단선단락 자동검출형 중계기인 경우에는 외부부하에 직접 전력을 공급하는 각각의 회로에 퓨즈 또는 브레이커 등을 설치하지 아니할 수 있다.
　　　ⓒ 내부에 예비전원이 있어야 한다. 다만, 방화상 유효한 조치를 강구한 것은 그러하지 아니하다.
　　　ⓒ 중계기는 최대부하에 연속하여 견딜 수 있는 용량을 가져야 한다.
　　　㉣ 주전원이 정지한 경우에는 자동적으로 예비전원으로 전환되고, 주전원이 정상상태로 복귀한 경우에는 예비전원으로부터 주전원으로 전환되는 장치가 설치되어야 한다.
　　　㉤ 정류기의 직류측에 자동복귀형스위치를 설치하고 그 스위치의 조작에 의하여 전류가 흐르도록 부하를 가하는 경우 그 단자전압을 측정할 수 있는 장치를 설치하거나 예비전원의 저전압(제조사 설계 값) 상태를 자동적으로 확인할 수 있는 장치를 설치하여야 한다.
　　　㉥ 내부에 주전원의 양극을 동시에 개폐할 수 있는 전원스위치를 설치할 수 있다.
　③ 수신개시로부터 발신개시까지의 시간이 5초 이내이어야 한다.
　④ 수신기·제어반등으로부터 전력을 공급받지 않는 방식인 중계기 중 주전원이 건전지인 무선식 중계기의 경우 다음 각 기준에 적합하여야 한다.
　　　㉠ 중계기로부터 외부부하에 직접 전력을 공급하는 각각의 회로에는 퓨즈 또는 브레이커 등을 설치하여 전력 공급 중 퓨즈가 녹아 끊어지거나 브레이커 등이 차단되는 경우에는 자동적으로 수신기에 퓨즈의 끊어짐이나 브레이커의 차단 등에 대한 신호를 보낼 수 있어야 하며 차단 후 차단된 회선 이외의 다른 회선에 영향을 미치지 아니하여야 한다. 다만, 단선단락 자동검출형 중계기인 경우에는 퓨즈 또는 브레이커 등을 설치하지 아니할 수 있다.
　　　ⓒ 중계기는 최대부하에 연속하여 견딜 수 있는 용량을 가져야 한다.
　　　ⓒ 화재신호에 영향을 줄 염려가 있는 조작부를 설치하지 않아야 한다.
　　　㉣ 회선별 접속 가능한 감지기·탐지부·중계기를 접속하는 경우 기능에 이상이 생기지 아니하여야 한다.

9 스프링클러헤드의 형식승인 및 제품검사 기술기준

(1) 용어정의

① "반응시간지수(RTI)"란 기류의 온도·속도 및 작동시간에 대하여 스프링클러헤드의 반응을 예상한 지수로서 아래 식에 의하여 계산하고 $(m \cdot s)^{0.5}$를 단위로 한다.

> **반응시간지수(RTI)**
>
> RTI(Response Time Index)란 헤드의 열에 대한 민감도 즉. 열감도를 의미하여 폐쇄형 헤드 감열부의 개방에 필요한 열을 주의로부터 얼마나 빠른 시간에 흡수할 수 있는지를 나타내는 헤드 작동시간에 따른 지수이다. 점12회
>
> $$RTI = \tau\sqrt{u}$$
>
> RTI : $\sqrt{m \cdot sec}$ · τ : 감열체의 시간상수(sec), u : 기류의 속도(m/sec)
>
> **반응시간지수(RTI)에 따른 분류**
>
> 1. 표준반응형(Standard Response) 헤드
>   RTI가 80 초과 350 이하인 헤드로 가장 일반적인 헤드
> 2. 특수반응형(Special Response) 헤드
>   RTI가 50 초과 80 이하인 헤드
> 3. 조기반응형(Fast Response) 헤드
>   RTI가 50 이하인 헤드로 속동형 헤드 또는 조기반응형 헤드라 한다.

② "주거형스프링클러헤드"란 폐쇄형헤드의 일종으로 주거지역의 화재에 적합한 감도·방수량 및 살수분포를 갖는 헤드(간이형스프링클러헤드를 포함한다)를 말한다.

③ "라지드롭형스프링클러헤드"란 동일조건의 수압력에서 큰 물방울을 방출하여 화염의 전파속도가 빠르고 발열량이 큰 저장창고 등에서 발생하는 대형화재를 진압할 수 있는 헤드를 말한다.

④ "윈도우 스프링클러헤드"는 실내화재로부터 외벽에 설치된 유리창을 보호하기 위해 설치하는 헤드를 말한다.

(2) 표시사항 점12회

① 종별
② 형식
③ 형식승인번호

④ 제조번호 또는 로트번호
⑤ 제조년도
⑥ 제조업체명 또는 상호
⑦ 표시온도(폐쇄형헤드에 한한다)
⑧ <삭제>
⑨ 표시온도에 따른 다음표의 색표시(폐쇄형헤드에 한한다) 점12회

유리벌브형		퓨지블링크형	
표시온도(°C)	액체의 색별	표시온도(°C)	프레임의 색별
57°C	오렌지	77°C 미만	색 표시 안함
68°C	빨강	78~120°C	흰색
79°C	노랑	121~162°C	파랑
93°C	초록	163~203°C	빨강
141°C	파랑	204~259°C	초록
182°C	연한자주	260~319°C	오렌지
227°C 이상	검정	320°C 이상	검정

⑩ 최고주위온도(폐쇄형헤드에 한한다)
⑪ 열차단성능(시간) 및 설치방법, 설치 가능한 유리창의 종류 등(윈도우 스프링클러헤드에 한함)
⑫ 취급상의 주의사항
⑬ <삭제>
⑭ 품질보증에 관한 사항(보증기간, 보증내용, A/S방법, 자체검사확인증 등)

10 소화설비용헤드의 성능인증 및 제품검사의 기술기준

(1) 용어정의

① "최고주위온도"란 폐쇄형 헤드의 설치장소에 관한 기준이 되는 온도로서 다음 식에 의하여 구하여진 온도를 말한다. 다만, 헤드의 표시온도가 75°C 미만인 경우의 최고주위온도는 다음 등식에 불구하고 39°C로 한다.

$$Ta = 0.9Tm - 27.3°C$$

Ta : 최고주위온도
Tm : 헤드의 표시온도

② "표시온도"란 폐쇄형 헤드에서 감열체가 작동하는 온도로서 미리 헤드에 표시한 온도를 말한다.

(2) 포헤드의 25% 환원시간 시험

25% 환원시간은 포헤드에 사용하는 포소화약제의 혼합농도의 상한값 및 하한값에 있어서 사용압력의 상한값 및 하한값으로 발포하는 경우 포소화약제의 종류에 따라 각각 다음표의 수치 이상이어야 한다.

포소화약제의 종류	25% 환원시간
단백포소화약제	60초 이상
합성계면활성제포소화약제	180초 이상
수성막포소화약제	60초 이상

① 25% 환원시간 시험은 포발포 시험과 동시에 실시한다.
② 포의 25% 환원시간은 채집한 포로부터 떨어지는 포수용액량이 용기내의 포에 포함되어 있는 포수용액량의 25%(1/4)가 환원되는 시간을 측정한다.
③ 물을 유지하는 능력의 정도, 포의 유동성을 측정하며, 이 측정은 발포배율 측정의 시료로 하고 포시료의 정미중량을 4등분함으로써 포에 함유되어 있는 포수용액의 25% 용량(단위 : mL)을 얻는다.
④ 단백포 및 합성계면활성포소화약제의 포가 환원되는 시간을 알기 위해서는 콘테이너를 콘테이너대에 놓고 일정시간 내에 콘테이너의 바닥에 고이는 액을 100mL 용량의 투명용기에 받는다(포시료의 정미중량 180g일 때(1g을 1mL로 환산))

예) 25% 용량값 $= \dfrac{180}{4} = 45$mL에 요하는 시간측정

⑤ 수성막포소화약제의 포시료의 정미중량을 4등분함으로서 포에 함유되어 있는 포 수용액의 25% 용량(단위 : mL)을 얻는다. 포를 환원하는 시간을 알기 위해서는 메스실린더를 평탄한 시험대에 놓고 일정 시간내에 메스실린더의 바닥에 고인 액을 포와 쉽게 판별할 수 있을 때의 계량선을 읽는다(포시료의 정미중량 200g일 때(1g을 1mL로 환산))

예) 25% 용량값 $= \dfrac{200}{4} = 50$mL에 도달하기까지의 시간측정

(3) 포헤드의 표시사항

① 품명
② 제조업체명 또는 약호, 제조년도
③ 성능인증번호 및 제조번호 또는 로트번호
④ 설치방법 및 취급상의 주의사항 등
⑤ 품질보증에 관한 사항(보증기간, 보증내용, A/S방법, 자체검사필증 등)

11 소화전함의 성능인증 및 제품검사의 기술기준

(1) 외관기준

① 표면은 매끈하고 결함이 없어야 한다.
② 균열 및 변형 등 손상이 없어야 한다.
③ 절단 또는 용접 등으로 인한 모서리 부분 등은 사람에게 해를 끼치지 않도록 조치되어 있어야 한다.
④ 칠 및 도금부분의 긁힘, 기포 또는 오염이 없어야 한다.

(2) 표시사항

① 품명 및 성능인증번호
② 제조년월 및 제조번호
③ 제조업체명
④ 옥내소화전함에는 그 표면에 "소화전", 옥외소화전함에는 그 표면에 "옥외소화전" 또는 "호스격납함", 비상소화장치함에는 그 표면에 "비상소화장치", 지하소화장치함에는 그 표면에 양각 또는 음각으로 "지하소화장치"라는 표시
⑤ 조작순서 또는 회로
⑥ 함의 규격(가로, 세로, 폭)
⑦ 사용상의 주의사항
⑧ 그 밖에 필요한 사항

12 유수제어밸브의 형식승인 및 제품검사의 기술기준

(1) 표시사항
① 종별 및 형식
② 형식승인번호
③ 제조년월 및 제조번호
④ 제조업체명 또는 상호
⑤ 안지름, 사용압력범위
⑥ 유수 방향의 화살 표시
⑦ 설치방향
⑧ 2차측에 압력설정이 필요한 것에는 압력설정값
⑨ 검지유량상수(습식유수검지장치에 한한다)
⑩ 습식유수검지장치에 있어서는 최저사용압력에 있어서 부작동 유량
⑪ 일제개방밸브 개방용 제어부의 사용압력범위(제어동력에 1차측의 압력과 다른 압력을 사용하는 것에 한한다)
⑫ 일제개방밸브 제어동력에 사용하는 유체의 종류(제어동력에 가압수 등 이외에 유체의 압력을 사용하는 것에 한한다)
⑬ 일제개방밸브 제어동력의 종류(제어동력에 압력을 사용하지 아니하는 것에 한한다)
⑭ 설치방법 및 취급상의 주의사항
⑮ 품질보증에 관한 사항(보증기간, 보증내용, A/S방법, 자체검사필증 등)

(2) 습식유수검지장치의 구조기준
① 체크밸브 구조를 갖는 것이어야 한다.
② ~~퇴적물에 의하여 기능에 지장이 생기지 아니하여야 한다.~~ <삭제 예정 2025. 8. 29.>
③ 배관과의 접속부에는 쉽게 접속할 수 있도록 소방청장이 정하는 국내외 공인규격에 적합한 관플랜지, 관용나사, 그루브, 웨이퍼 등의 방식을 사용하여야 한다.
④ ~~가압수 등이 통과하는 부분은 표면이 미끈하게 다듬질되어 있어야 한다.~~ <삭제 예정 2025. 8. 29.>
⑤ 밸브의 본체 및 그 부품은 보수점검 및 교체를 쉽게 할 수 있어야 한다.
⑥ 밸브시트면은 기능에 유해한 영향을 미치는 흠이 없는 것이어야 한다.
⑦ 스위치류는 물방울이 떨어지는 것을 막기 위하여 적절한 조치를 하여야 한다.
⑧ 감도조정장치는 노출되지 아니하도록 설치하여야 한다.

⑨ 본체주물의 내벽과 클래퍼(클래퍼 암 포함) 또는 부품 사이의 간격은 12.7mm 이상이어야 한다.
⑩ 1차측에 개폐밸브를 갖는 경우에는 분리가능한 구조이어야 하며, 개폐밸브는 「개폐표시형밸브의 성능인증 및 제품검사 기술기준」에 적합하여야 한다.
⑪ 패들형의 경우에는 유수방향의 흐름에 대해서만 신호를 발하여야 한다.

(3) 건식유수검지장치의 구조기준

① 개방된 시트는 작동압력비(시트가 열리기 직전의 1차측의 압력을 2차측의 압력으로 나눈 값을 말한다)가 1.5 이하인 것을 제외하고는 수격·역류 등에 의하여 다시 닫혀지지 아니하도록 하는 장치를 설치하여야 한다.
② 2차측에 가압공기를 보충할 수 있어야 한다.
③ 시트를 열지 아니하고 신호 또는 경보의 기능을 점검할 수 있는 장치가 있어야 한다.
④ 1차측과 2차측이 중간실로 분리되어 있는 구조인 경우에는 중간실에 고여있는 물을 외부로 자동적으로 배수하는 장치를 설치하여야 한다.
⑤ 2차측에 예비수를 필요로 하는 구조인 경우에는 필요한 예비수위를 확보하는 장치를 설치하여야 한다.
⑥ 2차측에 예비수를 필요로 하지 아니하는 구조인 경우에는 2차측에 고인물을 외부로 배수하는 장치를 설치하여야 한다.
⑦ 래치드-크래퍼 작동 구조인 경우 작동에 필요한 공기압은 0.1MPa 이상이어야 한다.

(4) 준비작동식유수검지장치의 구조기준

① ~~퇴적물에 의하여 기능에 지장이 생기지 아니하여야 한다.~~ <삭제 2025. 8. 29.>
② 배관과의 접속부에는 쉽게 접속시킬 수 있는 관 플랜지, 관용나사 또는 그루브조인트 등을 사용하여야 한다.
③ ~~가압수 등이 통과하는 부분은 표면이 미끈하게 다듬질되어 있어야 한다.~~ <삭제 2025. 8. 29.>
④ 밸브의 본체 및 그 부품은 보수점검 및 교체를 쉽게 할 수 있어야 한다.
⑤ 밸브시트면은 기능에 유해한 영향을 미치는 흠이 없는 것이어야 한다.
⑥ 스위치류는 물방울이 떨어지는 것을 막기 위하여 적절한 조치를 하여야 한다.
⑦ 감도조정장치는 노출되지 아니하도록 설치하여야 한다.
⑧ 본체주물의 내벽과 클래퍼 또는 부품 사이의 간격은 12.7mm 이상이어야 한다.
⑨ 1차측에 개폐밸브를 갖는 경우에는 분리가능한 구조이어야 하며, 개폐밸브는 「개폐표시형밸브의 성능인증 및 제품검사 기술기준」에 적합하여야 한다.

⑩ 개방된 시트는 작동압력비(시트가 열리기 직전의 1차측의 압력을 2차측의 압력으로 나눈 값을 말한다)가 1.5 이하인 것을 제외하고는 수격·역류 등에 의하여 다시 닫혀지지 아니하도록 하는 장치를 설치하여야 한다.
⑪ 시트를 열지 아니하고 신호 또는 경보의 기능을 점검할 수 있는 장치가 있어야 한다.
⑫ 1차측과 2차측이 중간실로 분리되어 있는 구조인 경우에는 중간실에 고여있는 물을 외부로 자동적으로 배수하는 장치를 설치하여야 한다.
⑬ 2차측에 예비수를 필요로 하는 구조인 경우에는 필요한 예비수위를 확보하는 장치를 설치하여야 한다.
⑭ 2차측에 예비수를 필요로 하지 아니하는 구조인 경우에는 2차측에 고인물을 외부로 배수하는 장치를 설치하여야 한다.
⑮ 2차측에 압력의 설정을 필요로 하는 구조인 경우에는 가압공기를 보충할 수 있어야 한다.

(5) 일제개방밸브의 구조기준

① 평상시 닫혀진 상태로 있다가 화재시 자동식 기동장치의 작동 또는 수동식 기동장치의 원격조작에 의하여 열려져야 한다.
② 열려진 다음에도 송수가 중단되는 경우에는 닫혀져야 하고, 다시 송수되는 경우에는 열려져야 한다.
③ ~~퇴적물에 의하여 기능에 지장이 생기지 아니하여야 한다.~~ <삭제 2025. 8. 29.>
④ 배관과의 접속부에는 쉽게 접속할 수 있도록 KS규격 등 공인규격에 적합한 관플랜지, 관용나사, 그르부, 웨이퍼 등의 방식을 사용하여야 한다.
⑤ ~~유체가 통과하는 부분은 표면이 미끈하게 다듬질되어 있어야 한다.~~ <삭제 2025. 8. 29.>
⑥ 밸브의 본체 및 그 부품은 보수점검 및 교체를 쉽게 할 수 있어야 한다.
⑦ 밸브시트는 기능에 유해한 영향을 미치는 흠이 없는 것이어야 한다.
⑧ 일제개방밸브에 부착하는 압력계는 한국산업규격에 적합한 인증제품이거나, 국제적으로 공인된 규격(UL, FM, JIS 등)에 합격한 것이어야 한다.
⑨ 본체주물의 내벽과 클래퍼 또는 부품 사이의 간격은 12.7mm 이상이어야 한다.
⑩ 1차측에 개폐밸브를 갖는 경우에는 분리가능한 구조이어야 하며, 개폐밸브는 「개폐표시형 밸브의 성능인증 및 제품검사 기술기준」에 적합하여야 한다.

CHAPTER 04 점검기구의 종류 및 사용법

1 점검기구의 종류 점1, 3, 12, 19, 22회

소방시설	장비	규격
모든 소방시설	방수압력측정계, 절연저항계(절연저항측정기), 전류전압측정계	
소화기구	저울	
옥내소화전설비 옥외소화전설비	소화전밸브압력계	
스프링클러설비 포소화설비	헤드결합렌치 (볼트, 너트, 나사 등을 죄거나 푸는 공구)	
이산화탄소소화설비 분말소화설비 할론소화설비 할로겐화합물 및 불활성기체 소화설비	검량계, 기동관누설시험기, 그 밖에 소화약제의 저장량을 측정할 수 있는 점검기구	
자동화재탐지설비 시각경보기	열감지기시험기, 연감지기시험기, 공기주입시험기, 감지기시험기연결막대, 음량계	
누전경보기	누전계	누전전류 측정용
무선통신보조설비	무선기	통화시험용
제연설비	풍속풍압계, 폐쇄력측정기, 차압계(압력차측정기)	
통로유도등 비상조명등	조도계(밝기측정기)	최소눈금이 0.1럭스 이하인 것

점검기구의 종류 및 사용법 Chapter 04.

2 모든 소방시설의 점검장비

(1) 방수압력 측정계(Pitot Gage) 점5회

① **용도** : 옥내, 외 소화전설비의 방수 압력을 측정하며 동압을 측정하는데 사용(수압 측정 및 유량 측정)

② **사용법** : 방수노즐로부터 D/2(D : 노즐구경)의 거리에 방수압력 측정계를 수류의 중심에 대고 지시된 압력을 읽는다.

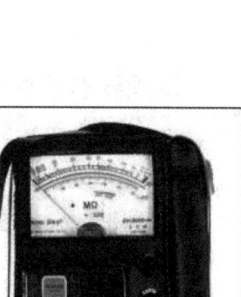

  ㉠ 압력 측정 : 수압계는 관, Nozzle Orifice에서 대기로 유체가 흐를 때 손실수두에 해당하는 압력(동압)측정
  ㉡ 유량 계산

③ **주의사항**
  ㉠ 물에 불순물이 완전히 배출된 후에 측정(불순물로 피토 튜브가 막힘)
  ㉡ 물에 공기가 완전히 배출된 후 측정(정확한 압력 측정 불가)
  ㉢ 반드시 직사형 관창 사용
  ㉣ 최상층 및 최다층 소화전 (말단 최대2개) 모두 개방한 후 측정 고려

(2) 절연저항 측정계

① **용도** : 전선로의 절연저항을 측정하는 기구

② **측정방법**

  ㉠ 0점 조정 : Line단자와 Earth단자를 쇼트(Short)시킨후 스위치를 눌렀을 때 지시값이 0[Ω] 위치에 오도록 조정하여야 한다.

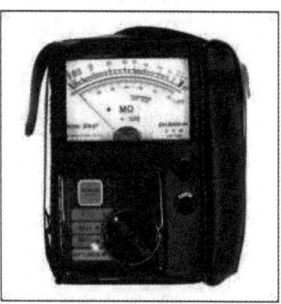

  ㉡ 내장전지시험 : 건전지 Check단자의 두핀을 리드봉으로 동시에 접속시켰을 때 계기의 바늘이 흑색 때(B)에 머무르면 내장전지는 사용 가능한 상태이며 그렇지 않은 경우에는 전지가 소모된 경우이므로 나사를 풀고 전지를 교체해 주어야 한다.

  ㉢ 측정 : 접지(Earth)단자에 Earth Line을 연결하고 측정(Line)단자에 피측정 Line을 접속한 후 시험스위치를 누르면 계기 바늘이 해당 절연저항값을 지시하게 된다. 오랜 동안 측정을 계속할 경우에는 시험스위치 Plate를 일으켜 세움으로써 ON상태를 지속시킬 수가 있다. 이와 같은 방법으로 다른 Line에 대하여 측정하고 기록한다.

③ **주의사항**
  ㉠ 전로나 기기를 충분히 방전시킨다.

ⓒ 탐침(Probe)를 맨손으로 잡고 측정하면 누설전류가 흘러 절연저항값이 낮게 측정되는 경우가 있으므로 전기용 고무 장갑을 착용한다.
ⓒ 도선선간의 절연저항을 측정시에는 개폐기를 모두 개방하여야 한다.
ⓔ 반도체를 포함하는 전기회로의 절연저항 측정시에는 반도체소자가 손상될 우려가 있으므로 이러한 경우에는 소자간을 단락한 후에 측정하거나 소자를 분리한 상태에서 측정해야 한다.
ⓜ 전로나 전기기기의 사용전압에 적합한 정격의 절연저항계를 선정하여 측정해야 한다.
ⓗ 선간 절연저항을 측정할 때에는 계기용변성기(PT), 콘덴서, 부하 등을 측정회로에서 분리시킨 후 측정한다.

(3) 전류전압 측정계 점2회

① **용도** : 약전류 회로(수신기, 중계기, 발신기, 각종 기동스위치 등)의 전압, 전류, 저항을 측정하는 장비로 이외 회로의 단선, 단락 등 기기의 고장, 점검, 검사에 필수적인 장비이다.

② **사용법**
 ㉠ 모든 측정시 사전에 0점조정 및 전지 체크할 것
 ㉡ 교류 전류 측정 불가 시는 누전계 등으로 측정

③ **직류 전류 측정**
 ㉠ 흑색전선을 측정기의 -측 단자에 적색전선을 +측 단자에 접속시킨다.
 ㉡ 선택스위치를 DC(mA)에 고정시킨다.
 ㉢ Range를 DC mA의 적정한 위치로 하고 피측정회로에 측정기의 흑색과 적색의 도선을 직렬로 접속한다.
 ㉣ 지침이 나타내는 계기판의 Range에 대응하는 DC눈금을 읽는다.

④ **직류 전압 측정**
 ㉠ 흑색전선을 측정기의 -측 단자에 적색전선을 +측 단자에 접속시킨다.
 ㉡ 선택스위치를 DC V에 고정시킨다.
 ㉢ Range를 DC V의 적정한 위치로 하고 피측정회로에 측정기의 흑색과 적색의 도선을 병렬로 접속시킨다.
 ㉣ 지침이 나타내는 계기판의 Range에 대응하는 DC 눈금의 수치를 읽는다.

⑤ **교류 전압 측정**
 ㉠ 흑색전선을 측정기의 -측 단자에 적색전선을 +측 단자에 접속시킨다.
 ㉡ 선택스위치를 AC(V)에 고정시킨다.

© Range를 AC V의 적정한 위치로 하고 피측정회로에 측정기의 흑색과 적색의 도선을 병렬로 접속시킨다.
㉢ 지침이 나타내는 계기판의 Range에 대응하는 AC 눈금의 수치를 읽는다.

⑥ **저항 측정**
㉠ 흑색전선을 측정기의 -측 단자에 적색전선을 +측 단자에 접속시킨다.
㉡ 선택스위치를 Ω의 위치에 고정시킨다.
㉢ Range를 Ω의 적정한 위치로 하고 +와 -도선을 단락시켜 0Ω이 되도록 0점을 조정한다.
㉣ 피측정저항의 양 끝에 도선을 접속시키고 Ω의 눈금을 읽는다.

⑦ **콘덴서 품질시험(Checking Quality of Condenser)**
㉠ 흑색전선을 측정기의 -측 단자에 적색전선을 +측 단자에 접속시킨다.
㉡ 선택스위치를 Ω의 위치에 고정시킨다.
㉢ Range를 ×10KΩ으로 한다.
㉣ 피측정 콘덴서의 양 끝에 도선을 접속시킨다.
㉤ 양호한 콘덴서는 전지 전압으로 충전되어 바늘이 한쪽으로 기울다가 바늘이 서서히 ∞의 위치로 된다.
㉥ 불량한 콘덴서는 바늘이 한쪽으로 기울지 않으며, 단락된 콘덴서는 바늘이 ∞로 되돌아가지 않는다.

3 소화기구의 점검장비

(1) 저울(천평)

① **용도** : 분말 소화약제의 약제량을 측정하는 기구
② 사용법
㉠ 소화기를 저울위에 올린후 총중량을 확인
㉡ 소화기 외부 표시된 총중량과 동일한지 확인

4 옥내소화전, 옥외소화전설비의 점검장비

(1) 소화전 밸브 압력계

① **용도**
㉠ 소화전 설비의 방수압력 측정
㉡ 방수압 측정이 곤란한 경우 정압 측정하는데 사용

② 사용법
　㉠ 옥내외 소화전 방수구에 연결된 호스 및 노즐 제거
　㉡ 소화전 밸브 압력계의 아답타(Adapter) (40mm 또는 65mm)를 소화전 밸브에 연결하고 소화전 밸브를 연 다음 압력계 밸브를 열어 방수압력(정압)을 측정
③ 주의사항
　㉠ 아답타를 확실하게 연결하지 않으면 누수될 우려가 있으므로 주의해야 한다.
　㉡ 측정이 끝난 후 Air Cock를 개방하여 기기내의 압력 제거하고 기구를 방수구에서 분리

5 스프링클러, 포소화설비의 점검장비

(1) 헤드 결합렌치

① **용도** : 스프링클러설비의 헤드를 연결배관으로부터 설치하거나 떼어내는데 사용하는 기구
② **주의사항**
　㉠ 헤드의 나사부분이 손상이 가지 않도록 한다.
　㉡ 감열부분이나 Deflector에 무리한 힘을 가하여 헤드의 기능을 손상시키지 않도록 한다.

6 이산화탄소, 할론, 분말, 할로겐화합물 및 불활성기체 소화설비의 점검장비

(1) 검량계

① **용도** : 가스계 및 분말용기의 약제 중량을 측정하는 기구(원칙 액화가스 Level meter사용)

(2) 기동관 누설 시험기

① **용도** : 가스계 소화설비의 기동용 동관 부분의 누설을 시험하기 위한 기구로 800×400×250mm 케이스와 3.5L 이상의 고압가스 용기에 질소를 5MPa 이상 충전하고 압력을 조정할 수 있는 조정기와 압력 Gage가 부착
② **사용법**
　㉠ 호스에 부착된 밸브를 잠그고 압력조정기 연결부에 호스를 연결한다.
　㉡ 호스끝을 기동관에 견고히 연결한다.

ⓒ 용기에 부착된 밸브를 서서히 연다.
ⓓ 게이지 압력을 1MPa[10(kg/㎠)] 미만으로 조정하고 압력조정기의 레버를 서서히 조인다.
ⓔ 본 용기와 연결된 차단밸브가 모두 잠겼는지 확인한다.
ⓕ 호스 끝에 부착된 밸브를 서서히 열어 압력이 5(kg/㎠)이 되게 한다.
ⓖ 거품액을 붓에 묻혀 기동관의 각 부분에 칠을 하여 누설여부를 확인한다.
ⓗ 확인이 끝나면 용기밸브를 먼저 잠그고 호스밸브를 잠근 후 연결부를 분리시킨다.

(3) 액면계(레벨메타 LD45S형) [참고]

① 액화가스 레벨메타의 구성

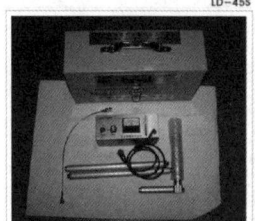

ⓐ 전원스위치(S·W)
ⓑ 조정볼륨(Volume)
ⓒ 계기(Meter)
ⓓ 탐침(Probe)
ⓔ 방사선원(코발트 60)
ⓕ 지지암(Arm)
ⓖ 전선(Cord)
ⓗ 접속기구(Attachment)
ⓘ 연결기구(Metal Connector)
ⓙ 온도계

② 측정방법

ⓐ 기기 셋팅(방사선원의 캡 제거)
ⓑ 배터리 체크(조정 볼륨으로 계기 조정)
ⓒ 액면 높이 측정(위 아래로 천천히 이동하여 계기의 지침이 많이 흔들린 위치)
ⓓ 실내 온도 측정
ⓔ 저장량의 계산 (CO_2약제량환산표-노모그램 이용 및 전용계산기 이용)

③ 판정방법 : 약제량의 측정결과를 중량표(CO_2 약제량 환산표)와 비교하여 그 차이가 5% 이하일 것

④ 유의사항 점21회

ⓐ 방사선원(코발트 60)은 떼어 내지 말 것
  만일 분실한 경우는 취급점 등에 연락할 것
ⓑ 코발트 60의 유효 사용 연한은 약 3년간이며 경과하여 있는 것에 있어서는 취급점 등에 연락을 할 것

© 용기는 중량물(약150kg)이므로 거친 취급, 전도 등에 주의할 것
② 중량표, 점검표 등에는 용기번호, 충전량 등을 기록하여 둘 것
⑩ 이산화탄소의 충전비는 1.5(고압식) 이상으로 할 것

⑤ **약제량의 측정 방법의 종류**
  ③ 액면측정법
  ⓒ 중량측정법
  © 비파괴검사법

⑥ **사용조건의 제한**
  ③ CO_2의 임계점은 31.25°C로서 그 이상의 온도에서는 가스 상태로만 존재한다.
  ⓒ 실제로는 26°C 이하일 때 오차가 없다.

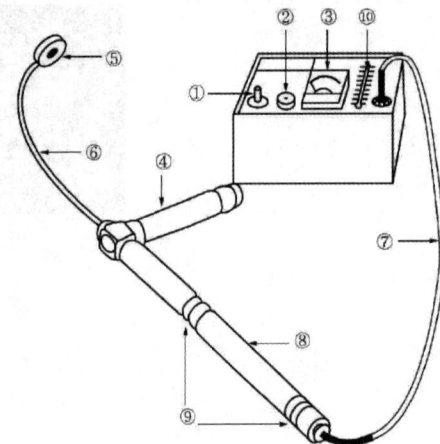

점21회
① 전원스위치(S·W)
② 조정볼륨(Volume)
③ 계기(Meter)
④ 탐침(Probe)
⑤ 방사선원(코발트 60)
⑥ 지지암(Arm)
⑦ 전선(Cord)
⑧ 접속기구(Attachment)
⑨ 연결기구(Metal Connector)
⑩ 온도계

7 자동화재탐지설비의 점검장비

(1) 열감지기 시험기 점4회

① **용도** : 스포트형 열감지기(차동식, 정온식, 보상식)스포트형의 작동시험을 하기 위한 기구

② **사용법**
  ③ 가열시험기(Adapter)의 플러그를 시험기 본체 Connector에 접속한다.
  ⓒ 본체의 전원플러그를 주전원의 전압(110V 또는 220V)을 확인 후 접속한다.

ⓒ 본체의 전원스위치를 ON으로 한다(이 때 Pilot 표시등 점등).
ⓓ 온도선택스위치를 T1 위치에 놓아 실온을 측정
ⓔ 온도선택스위치를 T2로 전환하여 가열시험기의 온도가 측정에 필요한 가열온도에 이르도록 온도조절 손잡이를 시계방향으로 돌린다.
ⓕ 가열온도가 표시되면 가열시험기를 감지기에 밀착시켜 작동여부 및 메이커에서 제시하는 작동시간을 점검한다.

③ **주의사항**
ⓐ 고열로 급격히 가열하면 감지기의 Diaphram이 손상될 우려가 있다.
ⓑ 동작시험 후 가열시험기를 완전히 식힌 후 보관한다.
ⓒ 전원 전압과 시험기의 전압이 일치되도록 확인 후 사용한다.

동작시간표

형식	장비	가열 온도	작동 시간	
정온식	1종 2종 3종	공칭작동온도+15℃	120초 이내 480초 이내 720초 이내	동작 시간표에 표시된 수치 이상의 고온으로 급격히 가열하면 감지기의 다이아프램이 손상될 우려가 있음
차동식	1종 2종 3종	실온+20℃ 실온+30℃ 실온+45℃	30초 이내 30초 이내 60초 이내	
보상식	1종 2종 3종	실온+25℃ 실온+40℃ 실온+60℃	30초 이내 30초 이내 60초 이내	

(2) 연기감지기 시험기

① **용도** : 스포트형 연기감지기(이온화식, 광전식)의 작동시험을 하기 위한 기구이다.

② **사용법**

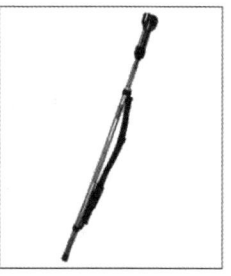

ⓐ 가연시험기(Adapter)의 플러그를 시험기 본체 Connector에 접속한다.
ⓑ 본체의 전원플러그를 주전원의 전압 (110V 또는 220V)을 확인 후 접속한다.
ⓒ 본체의 전원스위치를 ON으로 한다(이때 전원등이 점등).
ⓓ 온도 조절 손잡이로 Heater의 강약을 조절한다.

ⓜ 가연시험기의 규격에 맞도록 가열하고 발연재료를 기준에 맞도록 넣는다(향을 사용 : 국내).
　　　ⓗ 발연하기 시작하면 가연시험기를 감지기에 밀착시켜 작동여부 및 작동시간을 점검한다.
　③ **주의사항**
　　　㉠ 전원전압과 시험기의 전압이 일치하도록 확인 후 사용한다.
　　　㉡ 발연하기 시작하면 누연이 없도록 감지기에 밀착시킨다.

연기농도에 따른 감지기동작 시간

형식 종별(농도)	비축적형		축적형	
	이온화식	광전식	이온화식	광전식
1종(5%)	30초	30초	60초	60초
2종(10%)	60초	60초	90초	90초
3종(20%)	90초	90초	120초	120초

(3) 공기주입 시험기

① **용도** : 차동식 공기관식 분포형 감지기의 공기관의 누설과 작동상태를 시험하는 기구로서 공기주입기, 주사바늘, 붓, 누설시험유, 비이커 등으로 구성되어 있다.

② **시험의 종류**

　1. 화재작동시험 점3회
　　(1) 목적
　　　감지기의 작동 및 작동시간의 정상 여부를 시험하는 것
　　(2) 방법
　　　① 검출부의 시험구멍(T)에 공기주입시험기를 접속한다.
　　　② 검출부의 콕크(절환)레버를 PA위치로 한다.
　　　③ 검출부에 지정된 공기량을 공기관에 주입시킨다.
　　　④ 공기주입 후 감지기의 접점이 작동되기까지 검출부에 지정된 시간을 측정한다.
　　(3) 판정 점9회
　　　① 검출부에 표시된 시간 범위이내인지를 비교하여 양부를 판별한다.
　　　② 작동 개시 시간이 다음의 경우 판정여부

㉠ 기준치 이상일 경우
- 리크저항치가 규정치보다 작다.
- 접점 수고값이 규정치보다 높다.
- 공기관의 누설, 폐쇄, 변형
- 공기관의 길이가 너무 길다.
- 공기관 접점의 접촉 불량

㉡ 기준치 미달인 경우
- 리크저항치가 규정치보다 크다.
- 접점 수고값이 규정치보다 낮다.
- 공기관의 길이가 주입량에 비해 짧다.

(4) 시험시 주의사항
① 테스트펌프 접속부를 밀착시켜 주입 공기량이 외부로 누설되지 않게 할 것
② 주입속도를 서서히 할 것(다이아프램 파손의 원인이 됨)
③ 주입 공기량과 그 작동시간은 제조사마다 다르고, 또한 공기관의 길이 및 종에 따라 다르므로 제시된 조건에 맞는 양의 공기량만큼만 주입할 것(공기를 과다 주입하면 다이아프램 파손의 원인이 됨)

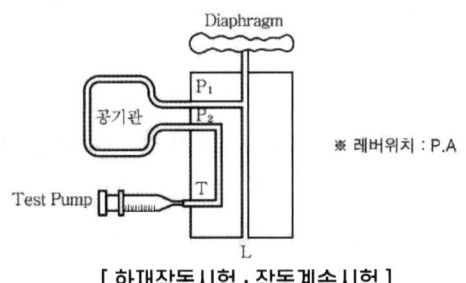

[화재작동시험 · 작동계속시험]

2. 작동 계속 시험 점19회
(1) 목적
화재작동시험에 의해 감지기가 작동을 개시한 때부터 Leak Valve에 의해 공기가 누설되어 접점이 분리될 때까지의 시간을 측정하는 것으로 감지기의 접점이 형성된 후 일정시간 작동이 지속되는가를 시험하는 것

(2) 방법
① 검출부의 콕크레버를 PA위치로 한다.
② 1번의 각 항과 같이 화재 작동 시험을 실시한 후 작동 정지까지의 시간을 측정한다(현장에서 수신기를 자동복구로 하고 지구경종의 음량을 청취하면서 초

시계로 확인).
③ 검출부에 지정된 시간을 비교하여 양부를 판별한다.
(3) 판정
① 검출부에 표시된 시간 범위이내인지를 비교하여 양부를 판별한다.
② 지속시간이 다음의 경우 판정여부
  ㉠ 기준치 이상일 경우
    ⓐ 리크저항치가 규정치보다 크다.
    ⓑ 접점 수고값이 규정치보다 낮다.
    ⓒ 공기관의 폐쇄, 변형
  ㉡ 기준치 미달인 경우 점19회
    ⓐ 리크저항치가 규정치보다 작다.
    ⓑ 접점 수고값이 규정치보다 높다.
    ⓒ 공기관의 누설

3. 유통 시험
  (1) 목적
    공기관의 폐쇄, 누설, 변형 등 공기관의 유통상태 및 공기관의 길이의 적정성을 시험하는 것
  (2) 방법
    ① 공기관의 일단(P_1)을 해제한 후 그곳에 manometer를 접속시키고 시험구멍에 공기주입시험기를 접속시킨다(manometer : 내경 3㎜의 유리관으로 일종의 압력계로 액체의 압력을 측정하는 장치).
    ② 시험코크를 PA위치로 한다.
    ③ 공기주입시험기로 공기를 주입시켜 manometer의 수위를 100㎜로 유지시킨다.
    ④ 공기주입시험기를 제거하여 송기구를 개방하고 수위가 1/2(50㎜)될 때까지의 시간을 측정한다.
  (3) 판정
    ① 측정결과로 공기관의 길이를 산출하고 산출된 공기관의 길이가 그래프에 의해 산출된 허용범위내에 있어야 한다.
    ② 측정시간이 설정시간보다 빠르면 공기관의 누설, 늦으면 공기관의 변형이다.

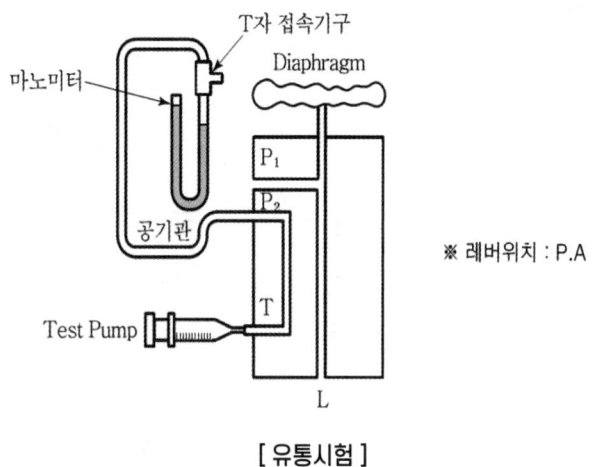

[유통시험]

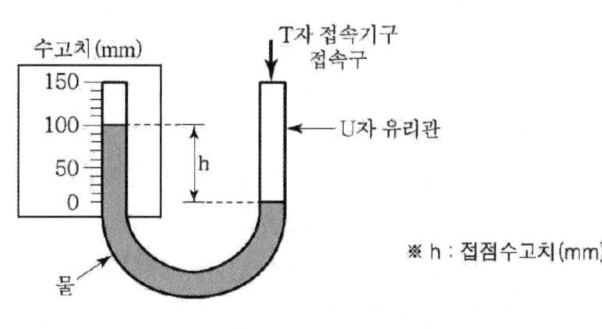

[마노미터(Manometer)]

4. 접점 수고시험(Diaphrame 시험)
   (1) 목적
      실보 및 비화재보의 원인을 파악하는 것으로 접점의 수고치가 낮으면 감도가 예민하여 비화재보의 원인, 높으면 감도가 둔감하여 실보의 원인이 된다(접점수고 : Diaphrame의 접점 간격을 수압으로 나타낸 것으로 단위 ㎜이다).
   (2) 방법
      ① 공기관의 일단(P_1)을 해제한 후 그 곳에 마노미터 및 주사기를 접속한다.
      ② 코크레버를 DL위치로 조절하고 주사기로 미량의 공기를 서서히 주입한다. (접점 수고 위치 : 리크밸브를 차단하는 것으로 리크없이 실시)
      ③ 감지기의 접점이 붙는 순간 수고값을 측정하여 검출기에 명시된 값의 범위와 비교한다.
      ④ 접점수고는 15%의 허용범위가 있으므로 15% 이내는 양호한 것으로 판단한다.

(3) 판정

검출부에 지정된 수치 범위내인지를 비교하여 양부를 판정한다.

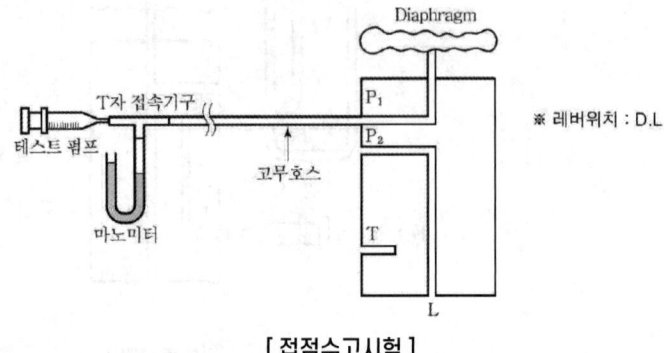

[접점수고시험]

5. 리크저항시험(Leak시험) : 제조사가 실시하는 시험
   (1) 목적

   리크공(Leak Hole), 즉 리크밸브의 저항이 적정한지를 확인하기 위한 시험
   (2) 방법

   ① 검출부의 공기관(P_2) 단자로부터 공기관의 일단을 분리하고, 분리된 (P_2)단자에 테스트 펌프를 접속한다.

   ② 절환레버를 N위치에서 D.L위치로 당긴다.

   ③ 테스트펌프로 공기를 서서히 주입하면서 리크공 L에서의 공기누설 상태를 점검한다.

   (3) 판정기준

   가압된 공기량은 다이아프램 D와 리크공 L로 적당히 분배되며, 감지기 접점을 닫는 다이아프램 D의 공기량은 리크공 L의 공기량과 반비례 관계에 있다. 따라서, 리크공 L의 공기량이 多 → 다이아프램 D의 공기량은 少 리크공 L의 공기량이 少 → 다이아프램 D의 공기량은 多

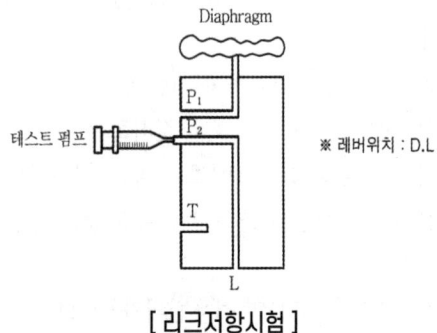

[리크저항시험]

점검기구의 종류 및 사용법 Chapter 04.

 Reference

공기관식 차동식분포형 감지기의 구조

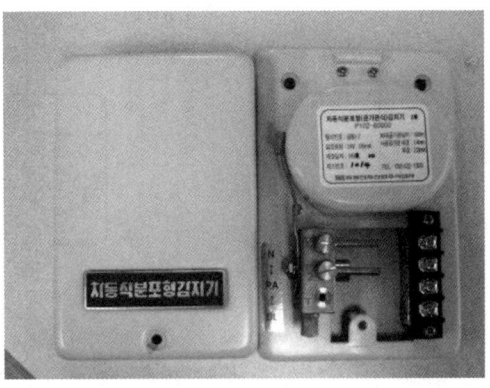

① 감열부 : 공기관(中空 銅管)
② 검출부 : 다이아프램, 접점, 리크구멍, 시험공, 시험코크핸들(시험용 절환 Lever), 시험코크스탠드(본체), 공기관 접속단자, 전원, 배선
　㉠ 절환 레버(Lever)
　　ⓐ 레버위치

레버위치		시험	접속관계
N	N(Normal)	정상위치 (유지관리시 위치)	- P_1, P_2, D, L이 상호 유통상태(T는 막힘) - 공기관은 P_1, P_2에 정상 접속상태
P.A	P(Pipe)	유통시험	- P_2, T가 상호 유통상태 - P_1에서 분리시킨 공기관 일단에 마노미터 접속
	A(Active)	화재작동시험, 작동계속시험	- P_1, P_2, D, L 및 T가 상호 유통상태 - T에 테스트펌프 접속
D.L	D(Diaphragm)	접점수고시험 (다이아프램시험)	- P_1, D가 상호 유통 - P_2에서 분리시킨 공기관 일단에 마노미터 및 테스트펌프 접속
	L(Leak)	리크저항시험	P_2, L이 상호 유통

점검실무행정

ⓑ 레버위치 구조도

[N위치]

[P.A위치]
앞으로 당겨 세움
절환레버

[D.L위치]
한번 더 당김
절환레버

ⓒ 외부 접속구
  P_1 : 일단(一端)의 공기관 접속단자
  P_2 : 일단의 공기관 접속단자
  T : 공기주입시험기 접속구(시험공)
  L : 리크저항 측정공(리크공)

점검기구의 종류 및 사용법 Chapter 04.

8 누전경보기의 점검장비

(1) 누전계

① **용도** : 전기 선로의 누설전류 및 일반전류를 측정하는데 사용
② **사용법**

    ㉠ 영점 조정나사를 이용하여 0점을 조정한다.
    ㉡ Battery Check를 하여 Battery의 이상 유무 확인
    ㉢ Test Selector를 mA에 맞추고 측정단위(예 : 150mA, 300mA)를 고정시킨다.
    ㉣ 변류기의 2개 도선을 각각 누전계의 단자에 접속한 후 측정하고자 하는 전선을 변류기내로 관통시킨다.
    ㉤ 푸시버튼을 눌러 지시치를 읽는다.
③ **주의사항** : 600V 이상의 고압에는 사용하지 않는다.

9 제연설비의 점검장비

(1) 풍속 풍압계 점16회

[풍속계(바람개비형)]　　[풍속계(열선형)]　　[풍속풍량계]　　[풍속풍압계]

① **용도** : 제연설비에서 풍속 및 풍압을 측정하는 장비이다.
② **사용법**
    ㉠ 선택스위치는 OFF에, 전환스위치는 풍속(VEL : Velocity)측에 놓는다.
    ㉡ 검출부 코드에 연결된 탐침을 본체에 접속(Probe단자)하고, 탐침 Cap의 고정나사를 오른쪽으로 돌려 고정시킨다.
    ㉢ 풍속 측정 방법
        ⓐ 탐침봉에 Zero Cap을 씌우고 선택스위치는 저속(LS : Low switch)에 놓는다(이 때 미터의 바늘이 서서히 0점으로 이동한다).

ⓑ 약 1분 후 0점 조정 손잡이로 0점 조정을 마친다.
　　ⓒ 탐침봉의 Zero Cap을 벗긴 후 풍속을 측정한다.
　ⓔ 정압 측정 방법
　　ⓐ 전환스위치를 정압(SP : Static Pressure)쪽으로, 선택스위치는 저속(LS)의 위치에 돌려 놓는다.
　　ⓑ 탐침부위 Zero Cap을 씌우고 0점 조정을 한다.
　　ⓒ Zero Cap을 벗기고 검출부의 끝부분을 정압 Cap에 완전히 꽂는다(검출부의 점 표시와 정압캡의 점표시가 일직선상에 오도록 한다).
　　ⓓ 정압(풍압 Air)캡의 고정나사를 돌려 고정시킨 후 풍압을 측정한다.

(2) 폐쇄력 측정기

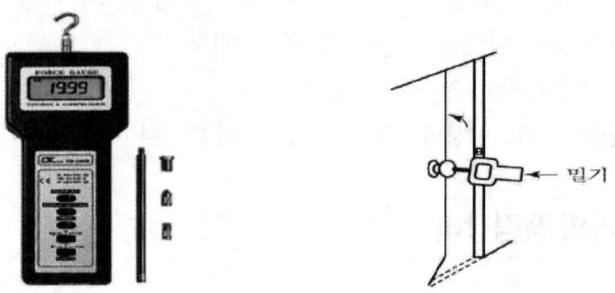

① 점검 전 조치사항
　㉠ 제어반(수신반) 제연설비 연동스위치 정지
　㉡ 제어반 음향장치 연동정지
　㉢ 승강기 운행 중단
　㉣ 계단실 및 부속실의 모든 출입문 폐쇄

② 측정 방법
　㉠ 제연설비 가동
　　ⓐ 화재감지기 또는 댐퍼의 수동조작스위치를 동작시킨다.
　　ⓑ 제어반 연동스위치를 자동전환하면 → 댐퍼 작동 후 급기팬이 동작하여 댐퍼로 바람이 나온다.
　㉡ 측정
　　ⓐ 측정위치 : 전 층 모든 제연구역의 출입문(부속실과 옥내 사이)에서 측정
　　ⓑ 측정 : 출입문의 손잡이를 돌려 락을 풀고, 폐쇄력 측정기를 밀면서 문의 열림 각도가 5±1°를 통과할 때의 힘을 측정한다(출입문 개방 시 최대의 힘이 지시치에 표시된다).

③ **판정** : 제연설비가 작동되었을 경우 출입문의 개방에 필요한 힘이 110N 이하이면 정상이다.

④ **제연설비 작동 시 부속실과 계단실 사이 출입문 확인사항** : 제연설비 작동 시 출입문을 개방하였을 때 바람의 힘을 극복하고, 자동으로 닫히는지의 여부도 확인한다.

(3) 차압계

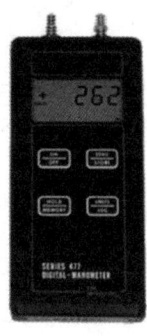 

① **용도** : 제연구역과 비제연구역의 압력차를 측정하는 기구
② **측정방법**
  ㉠ 차압계를 이용한 차압 측정
    ⓐ 계단실의 출입문을 폐쇄하고 승강기의 운행을 중단시킨다.
    ⓑ 차압계의 전원 스위치를 켠다.
    ⓒ 차압계의 영점 조정버튼을 길게 눌러 영점조정을 한다.
    ⓓ 차압계 윗부분의 (+)(−)부분에 측정호스를 연결한다.
    ⓔ (−)부분에 연결된 호스는 비가압공간에 (+)부분에 연결된 호스는 가압공간에 위치하도록 한다.
    ⓕ 화재감지기 또는 댐퍼의 수동조작스위치를 동작시킨다.
    ⓖ 댐퍼가 개방되고 급기 Fan이 동작되어 급기된다.
    ⓗ 차압계의 지시값을 읽어 적합여부를 확인한다.
    ⓘ 제연설비를 처음상태로 복구한다(수동조작함 또는 제어반의 복구스위치를 누른다).
  ㉡ 차압표시계를 이용한 차압 측정
    ⓐ 계단실의 출입문을 폐쇄하고 승강기의 운행을 중단시킨다.
    ⓑ 화재감지기 또는 댐퍼의 수동조작스위치를 동작시킨다.
    ⓒ 댐퍼가 개방되고 급기 Fan이 동작되어 급기된다.
    ⓓ 차압표시계의 지시값을 읽는다.
    ⓔ 제연설비를 처음상태로 복구한다(수동조작함 또는 제어반의 복구스위치를 누른다).

③ 판정

ⓐ 측정된 차압이 40Pa(스프링클러설비가 설치된 대상물은 12.5Pa) 이상인지 확인한다.
ⓑ 인근층 출입문 개방시 차압 28Pa(스프링클러설비가 설치된 대상물은 8.75Pa) 이상인지 확인한다.

> **Reference**
> ① 차압측정공 이용(차압계)   ② 차압조절댐퍼설치

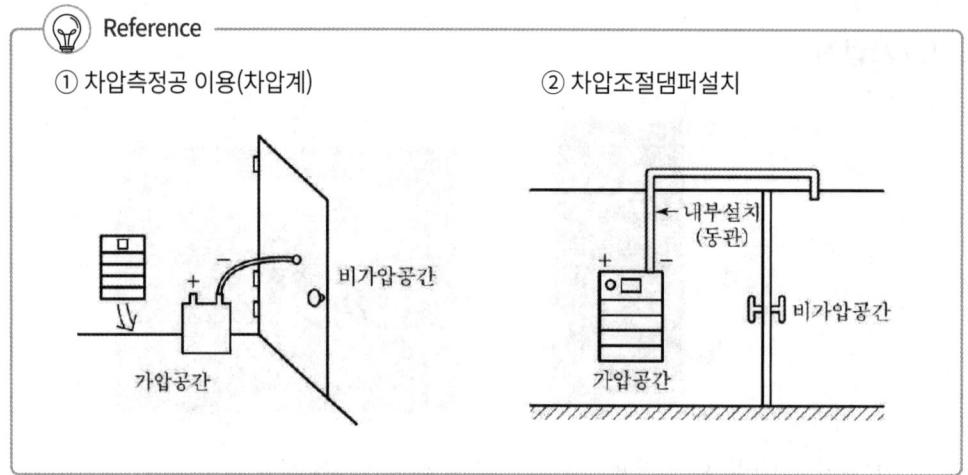

10 통로유도등, 비상조명등의 점검장비

(1) 조도계

① 용도 : 비상조명등 및 유도등의 조도를 측정하는 기구
② 사용법

ⓐ 마이크(감광부)를 본체의 마이크잭에 끼우고 전원을 켠다.
  ※ 마이크 : 감광소자가 내장된 감광센서
ⓑ 전원표시등을 확인하고 선택스위치를 10lux에 맞춘다.
  ※ 전원표시등이 미점등하면 배터리 불량이므로 배터리
     교체 후 다시 시도
ⓒ 마이크를 유도등(복도통로유도등의 경우 바닥으로부터 1m 높이에 설치, 거실통로유도등의 경우 바닥으로부터 2m 높이에 설치) 바로 밑으로부터 수평으로 0.5m 떨어진 곳에 위치시킨다.
  ※ 바닥에 매입한 유도등은 직상부 1m 지점에 위치시킴
ⓓ 일정시간(약 10초) 기다린 후 지침이 안정되었을 때 그 값을 읽는다(1lx 이상).

③ 주의사항

㉠ 빛의 강도를 모를 경우는 최대치 범위부터 적용한다.
㉡ 감광부분은 직사광선등 과도한 광도에 노출되지 않도록 한다.

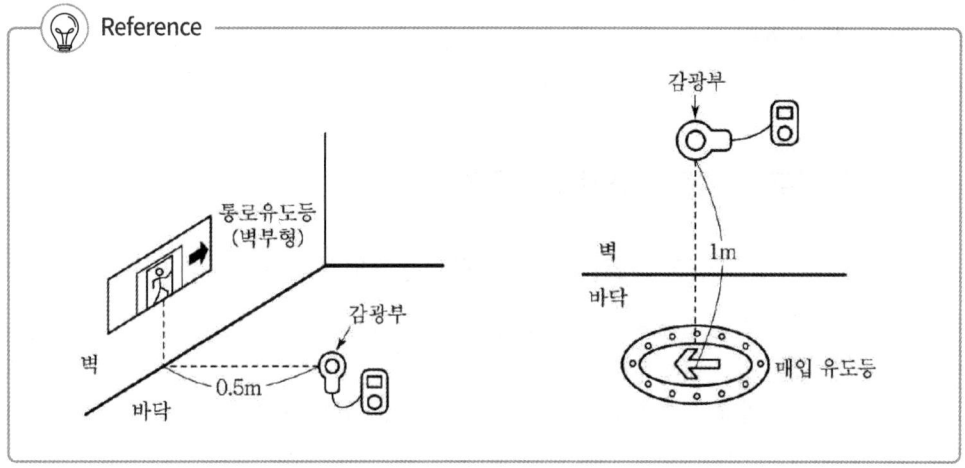

CHAPTER 05 설비별 점검항목(종합/작동) 및 점검순서

1 소화기구 및 자동소화장치의 점검

(1) 소화기구(소화기, 자동확산소화기, 간이소화용구) 점검항목

○ 거주자 등이 손쉽게 사용할 수 있는 장소에 설치되어 있는지 여부
○ 설치높이 적합 여부
○ 배치거리(보행거리 소형 20m 이내, 대형 30m 이내) 적합 여부
○ 구획된 거실(바닥면적 33㎡ 이상)마다 소화기 설치 여부
○ 소화기 표지 설치상태 적정 여부
○ 소화기의 변형·손상 또는 부식 등 외관의 이상 여부
○ 지시압력계(녹색범위)의 적정 여부
○ 수동식 분말소화기 내용연수(10년) 적정 여부
● 설치수량 적정 여부
● 적응성 있는 소화약제 사용 여부

(2) 자동소화장치 점검항목

[주거용 주방 자동소화장치]
○ 수신부의 설치상태 적정 및 정상(예비전원, 음향장치 등) 작동 여부
○ 소화약제의 지시압력 적정 및 외관의 이상 여부
○ 소화약제 방출구의 설치상태 적정 및 외관의 이상 여부
○ 감지부 설치상태 적정 여부
○ 탐지부 설치상태 적정 여부
○ 차단장치 설치상태 적정 및 정상 작동 여부

[상업용 주방 자동소화장치] 점21회
○ 소화약제의 지시압력 적정 및 외관의 이상 여부
○ 후드 및 덕트에 감지부와 분사헤드의 설치상태 적정 여부
○ 수동기동장치의 설치상태 적정 여부

[캐비닛형 자동소화장치]
○ 분사헤드의 설치상태 적합 여부
○ 화재감지기 설치상태 적합 여부 및 정상 작동 여부
○ 개구부 및 통기구 설치 시 자동폐쇄장치 설치 여부

[가스·분말·고체에어로졸 자동소화장치]
○ 수신부의 정상(예비전원, 음향장치 등) 작동 여부
○ 소화약제의 지시압력 적정 및 외관의 이상 여부
○ 감지부(또는 화재감지기) 설치상태 적정 및 정상 작동 여부

(3) 주방자동소화장치 기능점검

① 화재시 정상작동여부 점검
온도센서 가열 → 1차 온도센서(90℃) 동작 → 수신부에 신호 전달 → 음향장치발신, 가스밸브 차단 및 수신부의 예비화재표시등 점등 → 2차 온도센서(135℃) 동작 → 화재표시등 점등 → 소화약제방사

② 가스누설시 정상작동여부 점검
탐지부에 시험용가스 분사 → 탐지부에서 가스 누설 탐지 → 수신부 신호전달 → 음향장치 작동, 가스누설표시등 점등 및 가스차단장치 동작

❷ 옥내소화전설비의 점검

(1) 수원 점검항목 [SP, 화재조기진압SP 동일]
○ 주된수원의 유효수량 적정 여부(겸용설비 포함)
○ 보조수원(옥상)의 유효수량 적정 여부

> **Reference**
>
> 옥외소화전설비, 간이스프링클러, 물분무, 포소화설비 수원 점검항목
> ○ 수원의 유효수량 적정 여부 (겸용설비 포함)
>
> 미분무소화설비 수원 점검항목
> ○ 수원의 수질 및 필터(또는 스트레이너) 설치 여부
> ● 주배관 유입측 필터(또는 스트레이너) 설치 여부
> ○ 수원의 유효수량 적정 여부
> ● 첨가제의 양 산정 적정 여부(첨가제를 사용한 경우)

(2) 수조 점검항목[SP·옥외, 화재조기진압SP, 물분무, 포 동일]

- ● 동결방지조치 상태 적정 여부
- ○ 수위계 설치상태 적정 또는 수위 확인 가능 여부
- ● 수조 외측 고정사다리 설치상태 적정 여부(바닥보다 낮은 경우 제외)
- ● 실내설치 시 조명설비 설치상태 적정 여부
- ○ "옥내소화전설비용 수조" 표지 설치상태 적정 여부
- ● 다른 소화설비와 겸용 시 겸용설비의 이름 표시한 표지 설치상태 적정 여부
- ● 수조-수직배관 접속부분 "옥내소화전설비용 배관" 표지 설치상태 적정 여부

 Reference

간이스프링클러 수조 점검항목
- ○ 자동급수장치 설치 여부
- ● 동결방지조치 상태 적정 여부
- ○ 수위계 설치 또는 수위 확인 가능 여부
- ● 수조 외측 고정사다리 설치 여부(바닥보다 낮은 경우 제외)
- ● 실내설치 시 조명설비 설치 여부
- ○ "간이스프링클러설비용 수조" 표지 설치상태 적정 여부
- ● 다른 소화설비와 겸용 시 겸용설비의 이름 표시한 표지설치 여부
- ● 수조-수직배관 접속부분 "간이스프링클러설비용 배관" 표지설치 여부

미분무소화설비 수조 점검항목
- ○ 전용 수조 사용 여부
- ● 동결방지조치 상태 적정 여부
- ○ 수위계 설치 또는 수위 확인 가능 여부
- ● 수조 외측 고정사다리 설치 여부(바닥보다 낮은 경우 제외)
- ● 실내설치 시 조명설비 설치 여부
- ○ "미분무설비용 수조" 표지 설치상태 적정 여부
- ● 수조-수직배관 접속부분 "미분무설비용 배관" 표지설치 여부

(3) 가압송수장치 점검항목

[펌프방식] 옥내소화전, 옥외소화전설비 동일

- ● 동결방지조치 상태 적정 여부
- ○ 옥내소화전 방수량 및 방수압력 적정 여부
- ● 감압장치 설치 여부(방수압력 0.7MPa 초과 조건)
- ○ 성능시험배관을 통한 펌프 성능시험 적정 여부

- ● 다른 소화설비와 겸용인 경우 펌프 성능 확보 가능 여부
- ○ 펌프 흡입측 연성계·진공계 및 토출측 압력계 등 부속장치의 변형·손상 유무
- ● 기동장치 적정 설치 및 기동압력 설정 적정 여부
- ○ 기동스위치 설치 적정 여부(ON/OFF 방식)
- ● 주펌프와 동등이상 펌프 추가설치 여부(-옥내소화전설비에만 있음-)
- ● 물올림장치 설치 적정(전용 여부, 유효수량, 배관구경, 자동급수) 여부
- ● 충압펌프 설치 적정(토출압력, 정격토출량) 여부
- ○ 내연기관 방식의 펌프 설치 적정(정상기동(기동장치 및 제어반) 여부, 축전지 상태, 연료량) 여부
- ○ 가압송수장치의 "옥내소화전펌프" 표지설치 여부 또는 다른 소화설비와 겸용 시 겸용설비 이름 표시 부착 여부

[고가수조방식] 미분무소화설비 제외 모든 수계 설비 동일
- ○ 수위계·배수관·급수관·오버플로우관·맨홀 등 부속장치의 변형·손상 유무

[압력수조방식] 미분무소화설비 제외 모든 수계 설비 동일
- ● 압력수조의 압력 적정 여부
- ○ 수위계·급수관·급기관·압력계·안전장치·공기압축기 등 부속장치의 변형·손상 유무

[가압수조방식] 미분무소화설비 제외 모든 수계 설비 동일
- ● 가압수조 및 가압원 설치장소의 방화구획 여부
- ○ 수위계·급수관·배수관·급기관·압력계 등 부속장치의 변형·손상 유무

(4) 송수구 점검항목 [간이스프링클러 동일]
- ○ 설치장소 적정 여부
- ● 연결배관에 개폐밸브를 설치한 경우 개폐상태 확인 및 조작가능 여부
- ● 송수구 설치 높이 및 구경 적정 여부
- ● 자동배수밸브(또는 배수공)·체크밸브 설치 여부 및 설치 상태 적정 여부
- ○ 송수구 마개 설치 여부

> **Reference**
>
> 스프링클러설비 송수구 점검항목[화재조기진압SP, 물분무소화설비. 포소화설비 동일]
> ○ 설치장소 적정 여부
> ● 연결배관에 개폐밸브를 설치한 경우 개폐상태 확인 및 조작가능 여부
> ● 송수구 설치 높이 및 구경 적정 여부
> ○ 송수압력범위 표시 표지 설치 여부
> ● 송수구 설치 개수 적정 여부(폐쇄형 스프링클러설비의 경우)
> ● 자동배수밸브(또는 배수공)·체크밸브 설치 여부 및 설치 상태 적정 여부
> ○ 송수구 마개 설치 여부
>
> 미분무소화설비 송수구 점검항목 없음

(5) 배관등 점검항목[모든설비 구분필요]

- ● 펌프의 흡입측 배관 여과장치의 상태 확인
- ● 성능시험배관 설치(개폐밸브, 유량조절밸브, 유량측정장치) 적정 여부
- ● 순환배관 설치(설치위치·배관구경, 릴리프밸브 개방압력) 적정 여부
- ● 동결방지조치 상태 적정 여부
- ○ 급수배관 개폐밸브 설치(개폐표시형, 흡입측 버터플라이 제외) 적정 여부
- ● 다른 설비의 배관과의 구분 상태 적정 여부

(6) 함 및 방수구 점검항목

- ○ 함 개방 용이성 및 장애물 설치 여부 등 사용 편의성 적정 여부
- ○ 위치·기동 표시등 적정 설치 및 정상 점등 여부
- ○ "소화전" 표시 및 사용요령(외국어 병기) 기재 표지판 설치상태 적정 여부
- ● 대형공간(기둥 또는 벽이 없는 구조) 소화전 함 설치 적정 여부
- ● 방수구 설치 적정 여부
- ○ 함 내 소방호스 및 관창 비치 적정 여부
- ○ 호스의 접결상태, 구경, 방수 압력 적정 여부
- ● 호스릴방식 노즐 개폐장치 사용 용이 여부

(7) 전원 점검항목[모든 수계소화설비 동일]

- ● 대상물 수전방식에 따른 상용전원 적정 여부
- ● 비상전원 설치장소 적정 및 관리 여부
- ○ 자가발전설비인 경우 연료 적정량 보유 여부
- ○ 자가발전설비인 경우 「전기사업법」에 따른 정기점검 결과 확인

(8) 제어반 점검항목

● 겸용 감시 · 동력 제어반 성능 적정 여부(겸용으로 설치된 경우)

[감시제어반] [해당항목 모든 수계소화설비 동일]
○ 펌프 작동 여부 확인 표시등 및 음향경보장치 정상작동 여부
○ 펌프 별 자동·수동 전환스위치 정상작동 여부
● 펌프 별 수동기동 및 수동중단 기능 정상작동 여부
● 상용전원 및 비상전원 공급 확인 가능 여부(비상전원 있는 경우)
● 수조 · 물올림탱크 저수위 표시등 및 음향경보장치 정상작동 여부
○ 각 확인회로 별 도통시험 및 작동시험 정상작동 여부
○ 예비전원 확보 유무 및 시험 적합 여부
● 감시제어반 전용실 적정 설치 및 관리 여부
● 기계 · 기구 또는 시설 등 제어 및 감시설비 외 설치 여부

[동력제어반] [모든 수계소화설비 동일]
○ 앞면은 적색으로 하고, "옥내소화전설비용 동력제어반" 표지 설치 여부

[발전기제어반] [모든 수계소화설비 동일]
● 소방전원보존형발전기는 이를 식별할 수 있는 표지 설치 여부

(9) 펌프 성능시험표

펌프성능시험(펌프 명판 및 설계치 참조)

구분		체절운전	정격운전 (100%)	정격유량의 150% 운전	적정 여부
토출량 (L/min)	주				1. 체절운전 시 토출압은 정격토출압의 140% 이하일 것(　)
	예비				2. 정격운전 시 토출량과 토출압이 규정치 이상일 것(　)
토출압 (MPa)	주				3. 정격토출량의 150%에서 토출압이 정격토출압의 65% 이상일 것(　)
	예비				

- 설정압력:
- 주펌프
  기동:　MPa
  정지:　MPa
- 예비펌프
  기동:　MPa
  정지:　MPa
- 충압펌프
  기동:　MPa
  정지:　MPa

※ 릴리프밸브 작동압력 :　　MPa

(10) 기동용수압개폐장치(압력챔버)의 점검

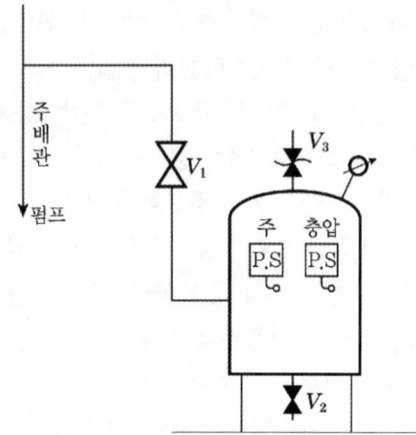

① **압력챔버 내 압축공기 유무 확인방법**
　㉠ 동력제어반(MCC)에서 주펌프 및 충압펌프를 "수동" 또는 "정지"위치로 한다.
　㉡ 압력챔버와 주배관의 연결밸브(V_1)를 잠근다.
　㉢ 챔버하부의 배수밸브(V_2)를 개방한다.
　㉣ 배수되는 물의 압력을 관찰한다.
　　　ⓐ 압력(수압)이 클 때 : 압축공기가 있음
　　　ⓑ 압력(수압)이 작을 때 : 압축공기가 없음(챔버에 공기주입 요함)

② **압력챔버의 공기주입 방법** 점2회 점16회
　㉠ 동력제어반(MCC)에서 주펌프 및 충압펌프를 "수동" 또는 "정지"위치로 한다.
　㉡ 압력챔버와 주배관의 연결밸브(V_1)를 잠근다.
　㉢ 챔버하부의 배수밸브(V_2)를 개방한다(배수가 잘 안 될 경우 챔버 상부의 안전밸브(V_3)를 개방하고, 안전밸브의 개방이 어려운 경우는 압력계를 풀거나 압력스위치 연결용 동관을 푼다).
　㉣ 급수밸브(V_1)를 개방과 폐쇄를 반복하면서 챔버내부를 세척한 후 완전 배수한다.
　㉤ 챔버 하부의 배수밸브(V_2)를 잠근다.(안전밸브 폐쇄확인)
　㉥ 급수밸브(V_1)를 개방하여 챔버내부에 가압수를 채운다.
　㉦ 제어반에서 충압펌프의 기동스위치를 "자동"위치로 한다.
　㉧ 충압펌프가 기동되어 설정압력이 되면 정지한다.
　㉨ 주펌프의 기동스위치를 "자동"위치로 한다.

(11) 충압펌프가 자주 기동할 때의 원인 점9회 점21회

① 옥상수조에 설치하는 스윙체크밸브는 수평형이므로 이물질이 끼게 되어 옥상수조로 역류하는 때
② 토출측에 설치된 스모렌스키 체크밸브의 기능이상에 따라 1차측으로 가압수가 역류되는 때
③ 스모렌스키 체크밸브의 바이패스밸브가 개방되어 저수조 쪽으로 역류되는 때
④ 알람밸브의 드레인밸브가 미세하게 개방된 때
⑤ 펌프 주밸브 2차측 배관 및 설비 연결부분등에서 누수가 발생되는 때
⑥ 스프링클러 말단시험밸브가 미세하게 개방된 때
⑦ 압력챔버에 압축공기가 없을 때
⑧ 옥외송수구 연결배관의 체크밸브로 역류되는 때
⑨ 기동용 압력스위치 중 충압펌프용 압력스위치의 Diff값이 작을 때

(12) 펌프의 성능시험 점3, 5, 7, 10, 17, 19회

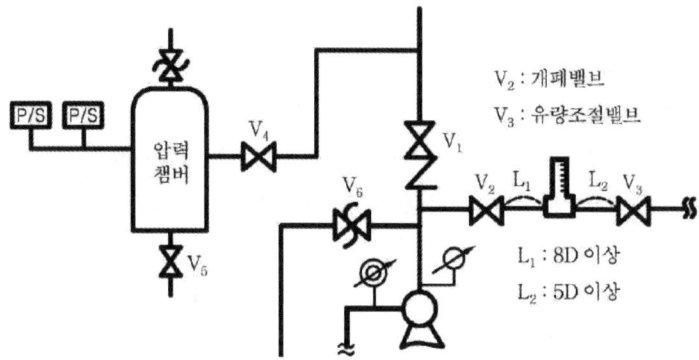

① 체절압력 측정
   [준비과정]
   ㉠ 주배관의 개폐밸브(V_1)를 잠근다.
   ㉡ 동력제어반(MCC)에서 충압펌프 및 주펌프의 운전선택스위치를 "수동" 또는 "정지" 위치로 한다.
   ㉢ 릴리프밸브의 조정나사를 시계방향으로 돌려 개방압력을 최대로 높인다.
   ㉣ 성능시험배관의 개폐밸브(V_2)를 개방한다.
   [시험과정]
   ㉤ 수동방법에 의해 주펌프를 기동시킨다.

수동기동 : 동력제어반(MCC)에서 운전선택스위치를 "수동-ON"으로 한다.
ⓗ 펌프 토출측 압력계의 지시바늘의 최고치가 정격토출압력(펌프 명판에 양정으로 표시)의 140% 이내 인지를 확인한다.

[복구과정]
ⓐ 주펌프의 운전선택스위치를 "수동-OFF"로 하여 주펌프를 수동으로 정지시킨다.
ⓞ 주밸브(V_1) 개방, 성능시험배관의 개폐밸브 폐쇄(V_2)
ⓩ 동력제어반에서 충압펌프의 운전선택 스위치를 "자동" 위치로 한다.
ⓒ 충압펌프가 정지상태로 있거나, 기동되었다가 설정압력에서 정지된다.(수신반에서 압력스위치 동작상태 복구여부 확인)
ⓚ 주펌프의 운전선택스위치를 "자동" 위치로 한다.

② 정격운전점 측정
[준비과정]
㉠ 주배관의 개폐밸브(V_1)를 잠근다.
㉡ 동력제어반(MCC)에서 충압펌프 및 주펌프의 운전선택스위치를 "수동" 또는 "정지" 위치로 한다.
㉢ 성능시험배관의 개폐밸브(V_2)를 개방한다.
[시험과정]
㉣ 수동방법에 의해 주펌프를 기동시킨다.
수동기동 : 동력제어반(MCC)에서 운전선택스위치를 "수동-ON"으로 한다.
㉤ 성능시험배관의 유량조절밸브(V_3)를 서서히 개방하면서 유량계를 보고 유량이 정격토출유량(펌프사양에 명시)이 되도록 한다.
ⓗ 이때 펌프 토출측 압력계의 압력이 정격토출압력(펌프 명판에 양정으로 표시)이상인지를 확인한다.

[복구과정]
ⓐ 주펌프의 운전선택스위치를 "수동-OFF"로 하여 주펌프를 수동으로 정지시킨다.
ⓞ 성능시험배관의 개폐밸브(V_2) 및 유량조절밸브(V_3)를 폐쇄한다
ⓩ 주밸브(V_1) 개방
ⓒ 동력제어반에서 충압펌프의 운전선택 스위치를 "자동" 위치로 한다.
ⓚ 충압펌프가 정지상태로 있거나, 기동되었다가 설정압력에서 정지된다.(수신반에서 압력스위치 동작상태 복구여부 확인)
ⓔ 주펌프의 운전선택스위치를 "자동" 위치로 한다.

③ 과부하운전점 측정
[준비과정]

㉠ 주배관의 개폐밸브(V_1)를 잠근다.
㉡ 동력제어반(MCC)에서 충압펌프 및 주펌프의 운전선택스위치를 "수동" 또는 "정지" 위치로 한다.
㉢ 성능시험배관의 개폐밸브(V_2)를 개방한다.

[시험과정]

㉣ 수동방법에 의해 주펌프를 기동시킨다.
　　수동기동 : 동력제어반(MCC)에서 운전선택스위치를 "수동-ON"으로 한다.
㉤ 성능시험배관의 유량조절밸브(V3)를 서서히 개방하면서 유량계를 보고 유량이 정격 토출유량의 150%가 되도록 한다.
㉥ 이때 펌프 토출측 압력계의 압력이 정격토출압력(펌프 명판에 양정으로 표시)의 65% 이상인지를 확인한다.

[복구과정]

㉾ 주펌프의 운전선택스위치를 "수동-OFF"로 하여 주펌프를 수동으로 정지시킨다.
㉿ 성능시험배관의 개폐밸브(V_2) 및 유량조절밸브(V_3)를 폐쇄한다.
㉷ 주밸브(V_1) 개방
㉸ 동력제어반에서 충압펌프의 운전선택 스위치를 "자동" 위치로 한다.
㉹ 충압펌프가 정지상태로 있거나, 기동되었다가 설정압력에서 정지된다.(수신반에서 압력스위치 동작상태 복구여부 확인)
㉺ 주펌프의 운전선택스위치를 "자동" 위치로 한다.

(13) 릴리프밸브의 개방압력 조정방법 점10회

① 주밸브(V_1)를 잠근다.
② 동력제어반(MCC)에서 주펌프 및 충압펌프의 운전 선택스위치를 "수동" 위치로 한다.
③ 릴리프밸브 상부 캡을 열고 스패너로 조정나사를 시계방향으로 돌려 개방압력을 최대치로 만든다.
④ 성능시험배관의 (V_2), (V_3) 밸브를 개방한다.
⑤ 동력제어반에서 주펌프를 수동으로 기동시킨다.
⑥ 성능시험배관상의 유량조절밸브(V_3)를 서서히 잠그면서 펌프 토출측의 압력계 지침이 릴리프밸브를 개방시키고자 하는 압력이 되도록 한다.
⑦ 릴리프밸브 상부의 조정나사를 스패너를 이용하여 반시계방향으로(개방압력을 낮춤) 돌려서 릴리프밸브를 개방(작동)되게 한다(순환배관으로 물이 흐르는 것으로 확인).
⑧ 주펌프를 "수동-OFF"로 하여 주펌프를 수동으로 정지시킨다.
⑨ V_2, V_3를 폐쇄하고 주밸브(V_1)를 연다.

⑩ 동력제어반에서 충압펌프의 운전선택스위치를 "자동" 위치로 한다.
⑪ 주펌프의 운전선택 스위치를 "자동" 위치로 한다.

(14) 주펌프 및 충압펌프 압력스위치 구분방법

① 동력제어반(MCC)에서 주펌프의 운전 선택스위치를 "수동" 위치로 한다.
② 동력제어반(MCC)에서 충압펌프의 운전 선택스위치를 "자동" 위치로 한다.
③ 두 압력스위치의 커버를 열고 드라이버등을 이용하여 동작확인침(접점)을 강제로 하나씩 붙여본다.
④ 두 개 중 충압펌프가 기동하게된 스위치가 충압펌프의 압력스위치(수신반 충압펌프 기동확인).
⑤ 나머지 한 개 동작시 수신반에서 주펌프 기동확인 램프 및 경보음 확인됨.
⑥ 이후 복구

(15) 물올림장치의 점검

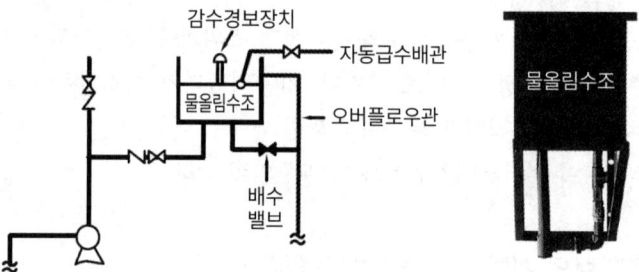

① **자동급수장치 점검**
  ㉠ 물올림수조의 배수밸브(V_2)를 개방한다.
  ㉡ 물올림수조 내의 물이 감수되어 유효수량의 2/3가 되었을 때 자동 급수되는지를 확인한다.
  ㉢ 자동급수되면 배수밸브(V_2)를 잠그고 물올림수조에 유효수량이 확보되면 급수가 자동 차단되는지 확인한다.

② **저수위(감수) 경보장치 점검**
  ㉠ 자동급수장치의 급수밸브(V_1)를 폐쇄한다.
  ㉡ 물올림수조의 배수밸브(V_2)를 개방한다.
  ㉢ 물올림수조의 물이 감수되어 유효수량의 1/2이 되었을 때
  ㉣ 저수위 경보발령 확인 및 수신반의 물올림수조 저수위표시등의 점등을 확인한다.
  ㉤ 경보가 발령되면 배수밸브(V_2)를 잠그고 자동급수밸브(V_1)를 개방하여 복구한다.

(16) 풋밸브 및 스모렌스키 체크밸브의 기능확인 방법 설16회

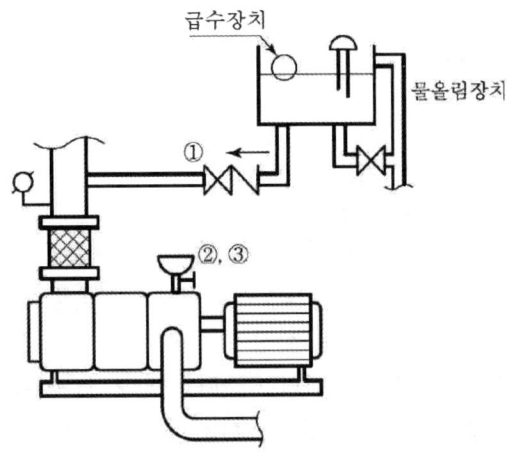

① **수원의 수위가 펌프보다 낮을 때(흡입배관이 부압(−)일 때)**
  ㉠ 물올림장치의 급수배관(①밸브)을 폐쇄한다.
  ㉡ 펌프의 물올림컵을 서서히 열어본다.
  ㉢ 물올림컵의 수위상태를 확인한다.
    • 수위의 변화가 없을 때 : 정상
    • 물이 계속하여 넘칠 때 : 스모렌스키 첵크밸브의 역류방지기능 이상
    • 물이 빨려 들어갈 때 : 풋밸브의 역류방지기능 이상

② **수원의 수위가 펌프보다 높을 때(흡입배관이 정압(+)일 때)**
  ㉠ 펌프 흡입측 개폐밸브를 폐쇄한다.
  ㉡ 펌프의 물올림컵을 서서히 열어본다.
  ㉢ 물올림컵의 수위상태를 확인한다.
    • 수위의 변화가 없을 때 : 정상
    • 물이 계속하여 넘칠 때 : 스모렌스키 체크밸브의 역류방지기능 이상

3 스프링클러설비등의 점검

(1) 가압송수장치 점검항목

[펌프방식]
- ● 동결방지조치 상태 적정 여부
- ○ 성능시험배관을 통한 펌프 성능시험 적정 여부
- ● 다른 소화설비와 겸용인 경우 펌프 성능 확보 가능 여부
- ○ 펌프 흡입측 연성계·진공계 및 토출측 압력계 등 부속장치의 변형·손상 유무
- ● 기동장치 적정 설치 및 기동압력 설정 적정 여부
- ● 물올림장치 설치 적정(전용 여부, 유효수량, 배관구경, 자동급수) 여부
- ● 충압펌프 설치 적정(토출압력, 정격토출량) 여부
- ○ 내연기관 방식의 펌프 설치 적정(정상기동(기동장치 및 제어반) 여부, 축전지 상태, 연료량) 여부
- ○ 가압송수장치의 "스프링클러펌프" 표지설치 여부 또는 다른 소화설비와 겸용 시 겸용설비 이름 표시 부착 여부

(2) 폐쇄형 스프링클러설비 방호구역 및 유수검지장치 점검항목

- ● 방호구역 적정 여부
- ● 유수검지장치 설치 적정(수량, 접근·점검 편의성, 높이) 여부
- ○ 유수검지장치실 설치 적정(실내 또는 구획, 출입문 크기, 표지) 여부
- ● 자연낙차에 의한 유수압력과 유수검지장치의 유수검지압력 적정여부
- ● 조기반응형헤드 적합 유수검지장치 설치 여부

(3) 개방형 스프링클러설비 방수구역 및 일제개방밸브 점검항목

- ● 방수구역 적정 여부
- ● 방수구역 별 일제개방밸브 설치 여부
- ● 하나의 방수구역을 담당하는 헤드 개수 적정 여부
- ○ 일제개방밸브실 설치 적정(실내(구획), 높이, 출입문, 표지) 여부

(4) 배관 점검항목

- ● 펌프의 흡입측 배관 여과장치의 상태 확인

- ● 성능시험배관 설치(개폐밸브, 유량조절밸브, 유량측정장치) 적정 여부
- ● 순환배관 설치(설치위치·배관구경, 릴리프밸브 개방압력) 적정 여부
- ● 동결방지조치 상태 적정 여부
- ○ 급수배관 개폐밸브 설치(개폐표시형, 흡입측 버터플라이 제외) 및 작동표시스위치 적정(제어반 표시 및 경보, 스위치 동작 및 도통시험) 여부
- ○ 준비작동식 유수검지장치 및 일제개방밸브 2차측 배관 부대설비 설치 적정(개폐표시형 밸브, 수직배수배관, 개폐밸브, 자동배수장치, 압력스위치 설치 및 감시제어반 개방 확인) 여부
- ○ 유수검지장치 시험장치 설치 적정(설치위치, 배관구경, 개폐밸브 및 개방형 헤드, 물받이 통 및 배수관) 여부
- ● 주차장에 설치된 스프링클러 방식 적정(습식 외의 방식) 여부
- ● 다른 설비의 배관과의 구분 상태 적정 여부

(5) 감시제어반 점검항목

[옥내소화전 감시제어반 점검항목에 추가]
- ○ 유수검지장치·일제개방밸브 작동 시 표시 및 경보 정상작동 여부
- ○ 일제개방밸브 수동조작스위치 설치 여부
- ● 일제개방밸브 사용 설비 화재감지기 회로별 화재표시 적정 여부
- ● 감시제어반과 수신기 간 상호 연동 여부(별도로 설치된 경우)

(6) 헤드 설치제외 점검항목

- ● 헤드 설치 제외 적정 여부(설치 제외된 경우)
- ● 드렌처설비 설치 적정 여부

(7) 헤드 점검항목

- ○ 헤드의 변형·손상 유무
- ○ 헤드 설치 위치·장소·상태(고정) 적정 여부
- ○ 헤드 살수장애 여부
- ● 무대부 또는 연소우려 있는 개구부 개방형 헤드 설치 여부
- ● 조기반응형 헤드 설치 여부(의무 설치 장소의 경우)
- ● 경사진 천장의 경우 스프링클러헤드의 배치상태
- ● 연소할 우려가 있는 개구부 헤드 설치 적정 여부
- ● 습식·부압식스프링클러 외의 설비 상향식 헤드 설치 여부

● 측벽형 헤드 설치 적정 여부
● 감열부에 영향을 받을 우려가 있는 헤드의 차폐판 설치 여부

(8) 음향장치 및 기동장치 점검항목
○ 유수검지에 따른 음향장치 작동 가능 여부(습식·건식의 경우)
○ 감지기 작동에 따라 음향장치 작동 여부(준비작동식 및 일제개방밸브의 경우)
● 음향장치 설치 담당구역 및 수평거리 적정 여부
● 주 음향장치 수신기 내부 또는 직근 설치 여부
● 우선경보방식에 따른 경보 적정 여부
○ 음향장치(경종 등) 변형·손상 확인 및 정상 작동(음량 포함) 여부

[펌프 작동]
○ 유수검지장치의 발신이나 기동용 수압개폐장치의 작동에 따른 펌프 기동 확인(습식·건식의 경우)
○ 화재감지기의 감지나 기동용 수압개폐장치의 작동에 따른 펌프 기동 확인 (준비작동식 및 일제개방밸브의 경우)

[준비작동식유수검지장치 또는 일제개방밸브 작동]
○ 담당구역내 화재감지기 동작(수동 기동 포함)에 따라 개방 및 작동 여부
○ 수동조작함(설치높이, 표시등) 설치 적정 여부

(9) 간이스프링클러설비 상수도직결형 가압송수장치 점검항목
○ 방수량 및 방수압력 적정 여부

(10) 간이스프링클러설비 펌프방식 점검항목
● 동결방지조치 상태 적정 여부
○ 성능시험배관을 통한 펌프 성능시험 적정 여부
● 다른 소화설비와 겸용인 경우 펌프 성능 확보 가능 여부
○ 펌프 흡입측 연성계·진공계 및 토출측 압력계 등 부속장치의 변형·손상 유무
● 기동장치 적정 설치 및 기동압력 설정 적정 여부
● 물올림장치 설치 적정(전용 여부, 유효수량, 배관구경, 자동급수) 여부
● 충압펌프 설치 적정(토출압력, 정격토출량) 여부
○ 내연기관 방식의 펌프 설치 적정(정상기동(기동장치 및 제어반) 여부, 축전지 상태, 연료량) 여부

○ 가압송수장치의 "간이스프링클러펌프" 표지설치 여부 또는 다른 소화설비와 겸용 시 겸용설비 이름 표시 부착 여부

(11) 간이스프링클러설비 방호구역 및 유수검지장치 점검항목
● 방호구역 적정 여부
● 유수검지장치 설치 적정(수량, 접근·점검 편의성, 높이) 여부
○ 유수검지장치실 설치 적정(실내 또는 구획, 출입문 크기, 표지) 여부
● 자연낙차에 의한 유수압력과 유수검지장치의 유수검지압력 적정여부
● 주차장에 설치된 간이스프링클러 방식 적정(습식 외의 방식) 여부

(12) 간이스프링클러설비 배관 및 밸브 점검항목
○ 상수도직결형 수도배관 구경 및 유수검지에 따른 다른 배관 자동 송수 차단 여부
○ 급수배관 개폐밸브 설치(개폐표시형, 흡입측 버터플라이 제외) 및 작동표시스위치 적정(제어반 표시 및 경보, 스위치 동작 및 도통시험) 여부
● 펌프의 흡입측 배관 여과장치의 상태 확인
● 성능시험배관 설치(개폐밸브, 유량조절밸브, 유량측정장치) 적정 여부
● 순환배관 설치(설치위치·배관구경, 릴리프밸브 개방압력) 적정 여부
● 동결방지조치 상태 적정 여부
○ 준비작동식 유수검지장치 2차측 배관 부대설비 설치 적정(개폐표시형 밸브, 수직배수배관·개폐밸브, 자동배수장치, 압력스위치 설치 및 감시제어반 개방 확인) 여부
○ 유수검지장치 시험장치 설치 적정(설치위치, 배관구경, 개폐밸브 및 개방형 헤드, 물받이 통 및 배수관) 여부
● 간이스프링클러설비 배관 및 밸브 등의 순서의 적정 시공 여부
● 다른 설비의 배관과의 구분 상태 적정 여부

(13) 간이스프링클러설비 제어반 점검항목
● 겸용 감시·동력 제어반 성능 적정 여부(겸용으로 설치된 경우)
[감시제어반] ※ 옥내소화전설비의 감시제어반 점검항목에 아래의 항목 추가
○ 유수검지장치 작동 시 표시 및 경보 정상작동 여부
● 감시제어반과 수신기 간 상호 연동 여부(별도로 설치된 경우)

(14) 간이스프링클러설비 간이헤드 점검항목

[간이헤드]
○ 헤드의 변형·손상 유무
○ 헤드 설치 위치·장소·상태(고정) 적정 여부
○ 헤드 살수장애 여부
● 감열부에 영향을 받을 우려가 있는 헤드의 차폐판 설치 여부
● 헤드 설치 제외 적정 여부(설치 제외된 경우)

(15) 간이스프링클러설비 음향장치 및 기동장치 점검항목

○ 유수검지에 따른 음향장치 작동 가능 여부(습식의 경우)
● 음향장치 설치 담당구역 및 수평거리 적정 여부
● 주 음향장치 수신기 내부 또는 직근 설치 여부
● 우선경보방식에 따른 경보 적정 여부
○ 음향장치(경종 등) 변형·손상 확인 및 정상 작동(음량 포함) 여부

[펌프 작동]
○ 유수검지장치의 발신이나 기동용 수압개폐장치의 작동에 따른 펌프 기동 확인(습식의 경우)
○ 화재감지기의 감지나 기동용 수압개폐장치의 작동에 따른 펌프 기동 확인(준비작동식의 경우)

[준비작동식유수검지장치 작동]
○ 담당구역내 화재감지기 동작(수동 기동 포함)에 따라 개방 및 작동 여부
○ 수동조작함(설치높이, 표시등) 설치 적정 여부

(16) 화재조기진압용스프링클러설비 설치장소의 구조 점검항목

● 설비 설치장소의 구조(층고, 내화구조, 방화구획, 천장 기울기, 천장자재 돌출부 길이, 보 간격, 선반물 침투구조) 적합 여부

(17) 화재조기진압용스프링클러설비의 가압송수장치 점검항목

[펌프방식]
● 동결방지조치 상태 적정 여부
○ 성능시험배관을 통한 펌프 성능시험 적정 여부
● 다른 소화설비와 겸용인 경우 펌프 성능 확보 가능 여부

○ 펌프 흡입측 연성계·진공계 및 토출측 압력계 등 부속장치의 변형·손상 유무
● 기동장치 적정 설치 및 기동압력 설정 적정 여부
● 물올림장치 설치 적정(전용 여부, 유효수량, 배관구경, 자동급수) 여부
● 충압펌프 설치 적정(토출압력, 정격토출량) 여부
○ 내연기관 방식의 펌프 설치 적정(정상기동(기동장치 및 제어반) 여부, 축전지 상태, 연료량) 여부
○ 가압송수장치의 "화재조기진압용 스프링클러펌프" 표지설치 여부 또는 다른 소화설비와 겸용 시 겸용설비 이름 표시 부착 여부

(18) 화재조기진압용스프링클러설비의 방호구역 및 유수검지장치 점검항목
● 방호구역 적정 여부
● 유수검지장치 설치 적정(수량, 접근·점검 편의성, 높이) 여부
○ 유수검지장치실 설치 적정(실내 또는 구획, 출입문 크기, 표지) 여부
● 자연낙차에 의한 유수압력과 유수검지장치의 유수검지압력 적정여부

(19) 화재조기진압용스프링클러설비의 배관 점검항목
● 펌프의 흡입측 배관 여과장치의 상태 확인
● 성능시험배관 설치(개폐밸브, 유량조절밸브, 유량측정장치) 적정 여부
● 순환배관 설치(설치위치·배관구경, 릴리프밸브 개방압력) 적정 여부
● 동결방지조치 상태 적정 여부
○ 급수배관 개폐밸브 설치(개폐표시형, 흡입측 버터플라이 제외) 및 작동표시스위치 적정(제어반 표시 및 경보, 스위치 동작 및 도통시험) 여부
○ 유수검지장치 시험장치 설치 적정(설치위치, 배관구경, 개폐밸브 및 개방형 헤드, 물받이 통 및 배수관) 여부
● 다른 설비의 배관과의 구분 상태 적정 여부

(20) 화재조기진압용스프링클러설비의 제어반 점검항목
● 겸용 감시 · 동력 제어반 성능 적정 여부(겸용으로 설치된 경우)
[감시제어반] ※ 옥내소화전설비의 감시제어반 점검항목에 아래의 항목 추가
○ 유수검지장치 작동 시 표시 및 경보 정상작동 여부
○ 감시제어반과 수신기 간 상호 연동 여부(별도로 설치된 경우)

(21) 화재조기진압용스프링클러설비의 헤드 점검항목

○ 헤드의 변형·손상 유무
○ 헤드 설치 위치·장소·상태(고정) 적정 여부
○ 헤드 살수장애 여부
● 감열부에 영향을 받을 우려가 있는 헤드의 차폐판 설치 여부

(22) 화재조기진압용스프링클러설비의 음향장치 및 기동장치 점검항목

○ 유수검지에 따른 음향장치 작동 가능 여부
● 음향장치 설치 담당구역 및 수평거리 적정 여부
● 주 음향장치 수신기 내부 또는 직근 설치 여부
● 우선경보방식에 따른 경보 적정 여부
○ 음향장치(경종 등) 변형·손상 확인 및 정상 작동(음량 포함) 여부

[펌프 작동]
○ 유수검지장치의 발신이나 기동용 수압개폐장치의 작동에 따른 펌프 기동 확인

(23) 화재조기진압용스프링클러설비의 저장물의 간격 및 환기구 점검항목

● 저장물품 배치 간격 적정 여부
● 환기구 설치 상태 적정 여부

(24) 화재조기진압용스프링클러설비의 설치금지 장소 점검항목

● 설치가 금지된 장소(제4류 위험물 등이 보관된 장소) 설치 여부

(25) 습식스프링클러설비 작동시험순서 점1, 3회

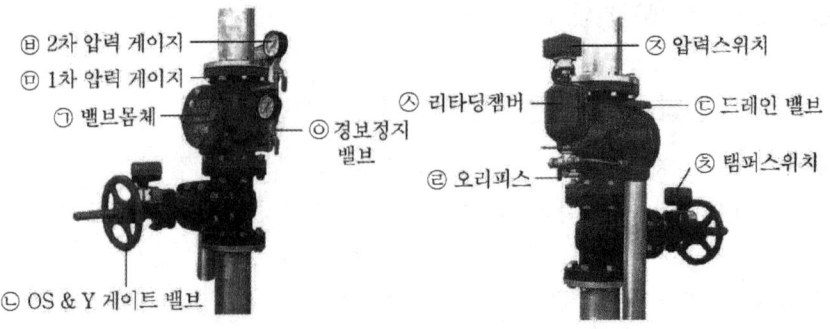

① 말단시험밸브 또는 드레인밸브(ⓒ)를 개방한다.
② 2차측의 감압으로 클래퍼가 개방된다.
③ 리타딩챔버(ⓐ)에 유입수가 유입되어 압력스위치(ⓩ)가 작동된다.
④ 유수경보가 발령되고 수신반에 화재표시등, 지구표시등 및 밸브개방확인 표시등이 점등된다.
⑤ 배관 내 압력저하로 기동용수압개폐장치가 작동되어 충압펌프 및 주펌프가 기동된다.

(26) 습식 스프링클러설비 작동시험 후 복구순서
① 주펌프를 수동 정지 시킨다.
② 말단시험밸브 또는 드레인밸브(ⓒ) 및 경보정지밸브(ⓞ)를 폐쇄한다.
③ 1차측, 2차측 압력에 의해서 클래퍼가 스스로 닫히면서 밸브개방확인표시등이 소등된다.
④ 압력이 충압되면 충압펌프가 정지되고 경보가 정지된다.
⑤ 수신반의 복구스위치를 원상태로 복구시키면 화재표시등 및 지구표시등이 소등된다.
⑥ 말단시험밸브를 개방하여 Air를 제거 후 다시 말단시험밸브를 잠근다.
⑦ 경보정지밸브(ⓞ)를 개방하여 경보가 없으면 2차측으로 유입이 없는 것으로 셋팅 완료

(27) 화재발생(헤드개방) 후 복구순서
① 소화확인 후 제어반에서 주펌프를 수동으로 정지시킨다.
② 1차측 제어밸브(ⓛ) 및 경보정지밸브(ⓞ)를 폐쇄한다.
③ 드레인밸브(ⓒ)를 개방하여 개방된 헤드에서 살수되지 않도록 배수 후 폐쇄한다.
④ 파손된 헤드의 교체 및 주변 복구작업을 끝낸다.
⑤ 1차측 제어밸브(ⓛ)를 개방하여 2차측으로 물을 유입시킨다.
⑥ 말단시험밸브를 개방하여 Air를 제거한다, 물이 나오는 것을 확인 후 폐쇄
⑦ 1차측, 2차측 압력에 의해서 클래퍼가 폐쇄된다.
⑧ 경보정지밸브(ⓞ)를 개방하여 경보가 없으면 2차측으로 유입이 없는 것으로 셋팅 완료

(28) 습식 스프링클러설비의 이상현상시 조치방법 점1, 3회
① 알람밸브의 오보가 발생되는 경우
[확인 1] 볼밸브(경보정지밸브)를 폐쇄해 본다.
㉠ 경보가 계속 발령되면 → 이물질 등에 의한 오리피스의 폐쇄
㉡ 경보가 멈추면 → 클래퍼가 완전히 폐쇄되지 않고 있다.
(본체내의 디스크와 시트링 사이에 이물질이 끼어 있거나 시트고무의 파손, 변형 등이 원인일 수 있으므로 점검한다.)

[확인 2] 드레인밸브의 개방여부 확인

[확인 3] 2차측 배관의 누수발생여부(누수시 충압펌프의 잦은 기동)

② **말단시험밸브를 열어도 경보가 울리지 않을 경우**

[확인] 압력스위치내의 Terminal a접점을 단락 또는, b접점을 단선시켰을 때

㉠ 경보가 울리면 → 압력스위치 교체

ⓐ 리타딩챔버 또는 압력스위치로 물이 이송되는 관로가 이물질에 의해 막혔는지 확인

ⓑ 경보정지밸브의 폐쇄여부 확인

㉡ 경보가 울리지 않으면 → 다음의 사항을 확인한다.

ⓐ 전원, 전압의 이상여부 확인

ⓑ 압력스위치와 수신기, 수신기와 경보기구의 배선 단선여부 확인

ⓒ 수신기의 고장여부 확인

ⓓ 수신기에서 경종스위치의 작동 차단여부 확인

ⓔ 경보기구(경종, 사이렌)의 고장여부 확인

③ **충압펌프가 잦은 기동을 하는 경우**

[확인 1] 말단시험밸브 및배수밸브의 누수 → 드레인밸브의 디스크 교체

[확인 2] 전 배관 line의 누수 확인 → 보수

[확인 3] 첵크밸브의 기능이상 확인

[확인 4] 충압펌프용 압력스위치의 Diff 설정 확인

(29) 건식 스프링클러설비 작동시험 순서 〔점4회〕

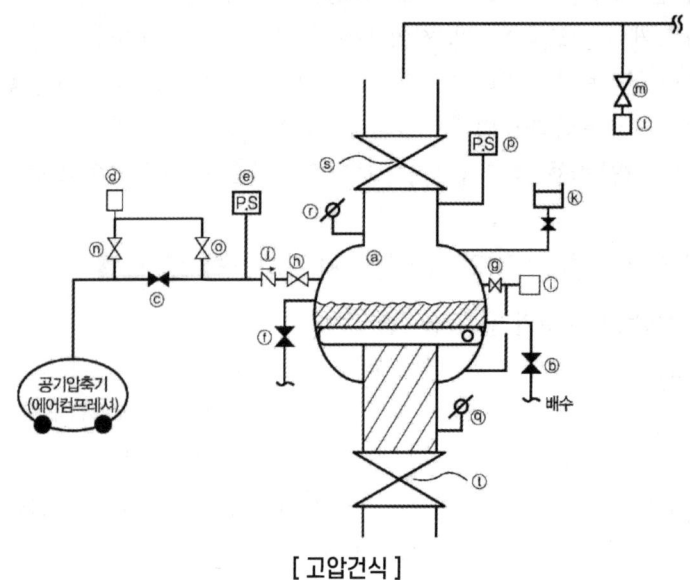

[고압건식]

① 건식밸브 2차측의 개폐밸브(ⓢ)를 잠근다.
② 공기 압축기로부터 공급되는 공기공급밸브(ⓗ)를 잠근다.
③ 마중물 조절밸브(ⓕ)를 개방한다.
④ 2차측의 공기압력저하로 엑셀레이터(ⓘ)가 작동된다.
⑤ 클래퍼 개방으로 2차측으로 송수된다.
⑥ 압력(경보)스위치(ⓟ) 작동으로 방호구역내 경보발령을 확인한다.
⑦ 건식밸브의 정상적인 작동여부 및 화재표시등의 점등과 건식밸브 개방표시등의 점등을 확인한다.
⑧ 제어반에서 경보스위치를 정상위치로 놓았을 때 해당 방호구역 내의 경보를 확인한다.
  ※ 준비 : 1,2 작동 : 3~5 확인 : 6~8

(30) 건식밸브 작동시험 후 복구(셋팅) 순서

① 수신반의 자동복구스위치를 눌러 경보를 중지시킨다.
② 엑셀레이터 공기공급밸브(ⓖ)를 폐쇄한다.
③ 1차측 제어밸브(ⓣ)를 폐쇄한다.
④ 드레인밸브(ⓑ)를 개방하여 배수 후 폐쇄한다.
⑤ 손상된 헤드의 교체 및 정비("점검"의 경우 제외)
⑥ 레치고정볼트를 풀어 고정볼트에 걸려있는 클래퍼를 내린 후 레치고정볼트를 원래상태로 다시 조인다.
⑦ 건식밸브(ⓐ)의 볼트와 너트를 풀어 밸브 전면의 커버를 연다.
⑧ 클래퍼를 수동으로 시트링에 견고하게 안착시킨 후 커버를 재조립한다.
⑨ 엑셀레이터에 압력계의 눈금이 "0"이 되도록 Air Vent를 통해 공기를 빼준다.
⑩ 마중물장치(cup, valve, control valve)를 통해 급수하면서 마중물조절밸브(ⓕ)로 물올림 수위를 조절한다.
⑪ 2차측 제어밸브(ⓢ)를 개방하고 바이패스밸브(ⓒ) 및 공기공급밸브(ⓗ)를 개방하여 콤프레샤를 작동시키고 에어레귤레이터로 제조사의 "셋팅압력표"에 정해진 압력의 공기를 2차측에 공급한다.
⑫ 2차측 배관의 압력이 셋팅압력이 되면 콤프레샤가 자동 정지한다(로우알람스위치 복구).
⑬ 바이패스밸브(ⓒ)폐쇄, 에어레귤레이터(ⓓ) 복구확인
⑭ 1차측 제어밸브(ⓣ)를 서서히 개방하면서 물을 채우고 완전히 개방한다.
⑮ 전체적으로 이상이 없으면 엑셀레이터 공기공급밸브(ⓖ)를 서서히 개방하면서 엑셀레이터 압력계가 클래퍼 2차측압력과 같은 압력이 되면 엑셀레이터 공기공급밸브를 완전 개방한다.

(31) 중앙 집중식과 개별식 공기압축기의 비교

① 중앙 집중식 공기압축기
  ㉠ 개별형식에 비해 운전시간이 짧아 고장이 적다.
  ㉡ 급유식 공기 압축기를 사용하므로 수명이 길다.
  ㉢ 건식밸브가 많을수록 경제적이다.
  ㉣ 공기압축기의 유지, 보수가 쉽다.
  ㉤ 각각의 공기압축기 사용시 보다 총 전력소모가 적다.
  ㉥ 별도의 공기공급배관 설치공사가 필요하다.
  ㉦ 별도의 개별 전원 공급공사를 필요로 하지 않는다.
  ㉧ 개별형식에 비해 압축공기의 토출량이 크므로 2차측 압력셋팅이 신속하다.

② 개별 공기 압축기 사용
  ㉠ 중앙집중식에 비해 동작횟수가 많아 고장의 빈도가 높다.
  ㉡ 건식밸브 주변에 설치되므로 운전상태의 확인이 편리하다.
  ㉢ 각각의 공기압축기가 기동하므로 총 전력 소모가 크다.
  ㉣ 별도의 공기 공급배관 공사가 필요하다.
  ㉤ 공기압축기 마다 별도의 개별 전원 공급공사가 필요하다.

(32) 준비작동식 밸브(Pre-Action Valve)의 작동방법의 종류 [점2, 4, 6, 7회]

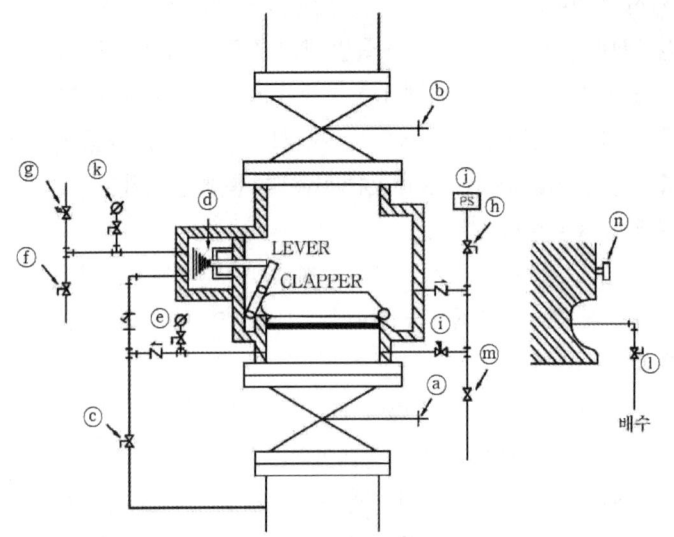

ⓐ 1차측 제어밸브 ⓑ 2차측 제어밸브 ⓒ 중간챔버 급수용밸브 ⓓ 중간챔버 ⓔ 1차측 압력계
ⓕ 수동기동밸브 ⓖ 전자기동밸브 ⓗ 경보정지밸브 ⓘ 경보시험밸브 ⓙ 압력스위치(경보장치)
ⓚ 중간챔버압력계 ⓛ 배수밸브 ⓜ 자동배수밸브 ⓝ 복구레버

① 중간 챔버에 연결된 수동기동밸브를 개방시키는 방법
② SVP의 기동스위치를 조작하는 방법
③ 감지기 2개회로 작동시키는 방법
④ 수신기측에서 밸브기동스위치로 조작하는 방법
⑤ 수신기의 동작시험 스위치를 조작하여(2회로 작동) 작동시키는 방법
   ※ 경보시험만 하는 경우는 클래퍼를 개방시키지 않고 경보시험밸브를 개방

평소 밸브 유지상태(경계시 밸브 유지상태)
- 1차측 제어밸브, 2차측 제어밸브, 경보정지밸브, 게이지밸브 : 개방상태
- 중간챔버 급수용밸브, 수동기동밸브, 자동기동밸브, 경보시험밸브, 배수밸브 : 폐쇄상태

(33) 준비작동식밸브의 작동시험의 순서 점19회

① 2차측 제어밸브(ⓑ)를 폐쇄하고 드레인밸브(ⓛ)를 개방한다.
② 감지기 1개회로 작동 : 경보장치 동작
③ 감지기 2개회로 작동 : 전자기동밸브 개방(수신기의 밸브기동스위치 누름, 수신기의 동작시험 스위치 조작, SVP의 기동스위치 누름, 수동기동 밸브의 개방도 가능)
④ 수신반에 화재표시등 및 지구표시등이 점등되고 전자기동밸브(ⓖ)가 개방된다.
⑤ 프리액션밸브의 중간챔버 압력저하로 클래퍼가 개방된다.
   (푸시로드(Push Rod)후진 → 레버후진 → 클래퍼 개방)
⑥ 2차측 제어밸브(ⓑ)까지 송수되며 드레인밸브(ⓛ)를 통하여 배수된다.
⑦ 압력스위치의 동작으로 수신반 신호에 의해 경보발령을 확인한다.
⑧ 펌프 자동기동 및 압력 유지상태를 확인한다.

(34) 준비작동식밸브의 복구순서 점19회

① 1차측 제어밸브(ⓐ)를 폐쇄한다.
② 제어반을 복구하고 경보 및 펌프 기동정지를 확인한다.
③ 복구레버(ⓝ)를 반시계 방향으로 돌려 클래퍼를 폐쇄 한다(소리로 확인).
④ 중간챔버 급수용 볼밸브(ⓒ)를 개방하여 중간챔버에 급수한다.
⑤ 중간챔버용 압력계(ⓚ)의 눈금을 확인한다.
⑥ 중간챔버 급수용 볼밸브(ⓒ)를 폐쇄한다.
⑦ 1차측 제어밸브(ⓐ)를 서서히 개방한다.
⑧ 배수밸브로 물이 흐르지 않는 것을 확인 후 배수밸브폐쇄

⑨ 2차측 제어밸브(ⓑ)를 서서히 개방한다.
⑩ 수신반(제어반)의 스위치 상태등을 확인한다.(복구)

(35) 경보장치의 작동시험 순서
① 경보시험밸브(ⓘ)를 개방하면 압력스위치(ⓙ)가 작동된다.
② 경보발령을 확인한다.
③ 경보시험밸브(ⓘ)를 폐쇄한다.
④ 수신반(제어반)의 스위치 상태등이 정상인지 확인한다.

(36) P.O.R.V(Pressure Operated Relief Valve)(압력작동릴리프밸브)
2차측 가압수 압력으로 1차측 세팅밸브로부터 유입되는 1차측 가압수를 차단함으로써 중간챔버내로 가압수가 유입되지 못하도록 하는 밸브화재시 프리액션밸브가 다시 닫히는 것을 방지하기 위한 것이다. 화재시 소화수가 방출되던 중 솔레노이드밸브의 전원이 차단되면 솔레노이드밸브가 닫히고 이로 인해 1차측 가압수가 다시 다이아프램챔버를 가압하여 프리액션밸브가 닫히게 된다.
최근에는 프리액션밸브에 솔레노이드밸브를 사용하지 않고 전동기어밸브를 많이 이용하므로 프리액션밸브가 개방되었다가 다시 닫히는 현상이 일어나지 않으므로 P.O.R.V는 많이 사용하지 않는다.

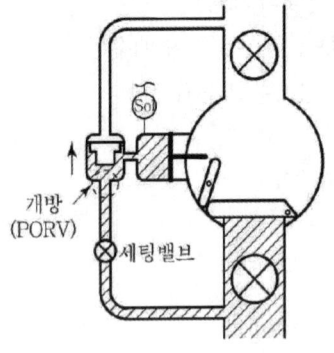
[프리액션밸브 동작 전 PORV]

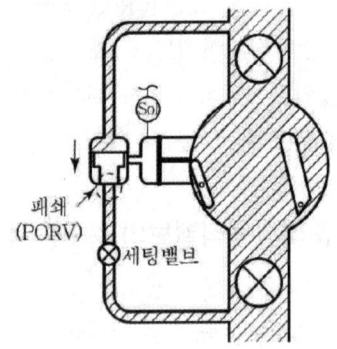
[프리액션밸브 동작 후 PORV]

(37) 일제개방밸브의 종류
① 감압개방방식
평소 실린더실이 가압상태로 유지되다가 자동 또는 수동조작에 의해 실린더실의 압력이 감압되면서 피스톤이 들어 올려져 클래퍼가 개방되는 방식

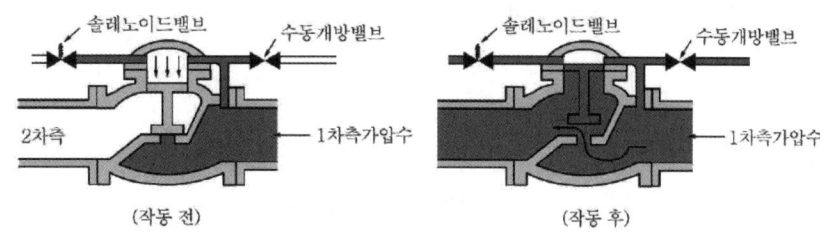

[감압개방방식]

② 가압개방방식

평소 실린더실이 감압상태로 유지되다가 자동 또는 수동조작에 의해 실린더실의 압력이 가압되면서 피스톤이 밀려 내려져 클래퍼가 개방되는 방식

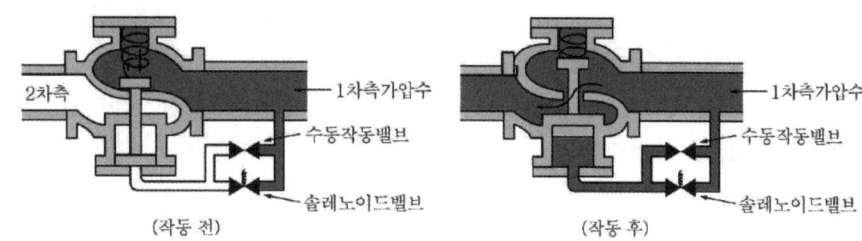

[가압개방방식]

(38) 일제개방밸브를 작동시키는 방법

① 수신반에서 해당감지기 회로를 2회로 작동시키는 방법
② 수동기동함의 누름버튼을 눌러서 동작시키는 방법
③ 일제개방밸브로부터 배관을 연장시켜 설치된 수동개방밸브를 개방시키는 방법

(39) 일제개방밸브의 작동시험의 순서

① 2차측 제어밸브를 폐쇄하고 배수밸브를 개방한다.
② 감지기 1개회로 작동 : 경보장치 작동
③ 감지기 2개회로 작동 : 전자기동밸브 개방
④ 수신반에 화재표시등 및 지구표시등이 점등된다.
⑤ 솔레노이드밸브가 개방되고 감압 또는 가압에 의해 일제개방밸브가 개방된다.
⑥ 2차측 제어밸브까지 송수되며 배수밸브를 통하여 배수된다.
⑦ 압력스위치의 동작으로 수신반 신호에 의해 경보발령을 확인한다.
⑧ 충압펌프 및 주펌프의 기동을 확인한다.

(40) 일제개방밸브의 복구순서

① 주펌프를 제어반에서 수동으로 정지시킨다.
② 1차측 제어밸브를 폐쇄한다.
③ 수신반의 복구 또는 자동복구스위치를 눌러서 복구시킨다.
④ 솔레노이드밸브 또는 수동개방밸브의 폐쇄를 확인한다.
⑤ 배수밸브를 통해 완전 배수 후 배수밸브를 폐쇄한다.
⑥ 1차측 제어밸브를 서서히 개방한다.
⑦ 일제개방밸브 내 피스톤밸브의 1차측 양면에 수압평형을 이루어 피스톤밸브가 개방된다.
⑧ 일제개방밸브가 동작하지 않으면 2차측 제어밸브를 개방한다.

4 물분무소화설비 점검

(1) 가압송수장치 점검항목

[펌프방식]
● 동결방지조치 상태 적정 여부
○ 성능시험배관을 통한 펌프 성능시험 적정 여부
● 다른 소화설비와 겸용인 경우 펌프 성능 확보 가능 여부
○ 펌프 흡입측 연성계 · 진공계 및 토출측 압력계 등 부속장치의 변형·손상 유무
● 기동장치 적정 설치 및 기동압력 설정 적정 여부
● 물올림장치 설치 적정(전용 여부, 유효수량, 배관구경, 자동급수) 여부
● 충압펌프 설치 적정(토출압력, 정격토출량) 여부
○ 내연기관 방식의 펌프 설치 적정(정상기동(기동장치 및 제어반) 여부, 축전지 상태, 연료량) 여부
○ 가압송수장치의 "물분무소화설비펌프" 표지설치 여부 또는 다른 소화설비와 겸용 시 겸용설비 이름 표시 부착 여부

(2) 기동장치 점검항목

○ 수동식 기동장치 조작에 따른 가압송수장치 및 개방밸브 정상 작동 여부
○ 수동식 기동장치 인근 "기동장치" 표지설치 여부
○ 자동식 기동장치는 화재감지기의 작동 및 헤드 개방과 연동하여 경보를 발하고, 가압송수장치 및 개방밸브 정상 작동 여부

(3) 제어밸브 등 점검항목

○ 제어밸브 설치 위치(높이) 적정 및 "제어밸브" 표지 설치 여부
● 자동개방밸브 및 수동식 개방밸브 설치위치(높이) 적정 여부
● 자동개방밸브 및 수동식 개방밸브 시험장치 설치 여부

(4) 물분무헤드 점검항목

○ 헤드의 변형 · 손상 유무
○ 헤드 설치 위치 · 장소 · 상태(고정) 적정 여부
● 전기절연 확보 위한 전기기기와 헤드 간 거리 적정 여부

(5) 배관 등 점검항목

● 펌프의 흡입측 배관 여과장치의 상태 확인
● 성능시험배관 설치(개폐밸브, 유량조절밸브, 유량측정장치) 적정 여부
● 순환배관 설치(설치위치 · 배관구경, 릴리프밸브 개방압력) 적정 여부
● 동결방지조치 상태 적정 여부
○ 급수배관 개폐밸브 설치(개폐표시형, 흡입측 버터플라이 제외) 및 작동표시스위치 적정 (제어반 표시 및 경보, 스위치 동작 및 도통시험) 여부
● 다른 설비의 배관과의 구분 상태 적정 여부

(6) 배수설비(차고 · 주차장의 경우) 점검항목

● 배수설비(배수구, 기름분리장치 등) 설치 적정 여부

(7) 제어반 점검항목

● 겸용 감시 · 동력 제어반 성능 적정 여부(겸용으로 설치된 경우)
[감시제어반] ※ 옥내소화전설비와 동일
○ 펌프 작동 여부 확인 표시등 및 음향경보장치 정상작동 여부
○ 펌프 별 자동 · 수동 전환스위치 정상작동 여부
● 펌프 별 수동기동 및 수동중단 기능 정상작동 여부
● 상용전원 및 비상전원 공급 확인 가능 여부(비상전원 있는 경우)
● 수조 · 물올림탱크 저수위 표시등 및 음향경보장치 정상작동 여부
○ 각 확인회로 별 도통시험 및 작동시험 정상작동 여부
○ 예비전원 확보 유무 및 시험 적합 여부
● 감시제어반 전용실 적정 설치 및 관리 여부
● 기계 · 기구 또는 시설 등 제어 및 감시설비 외 설치 여부

(8) 물분무헤드 제외 점검항목
● 헤드 설치 제외 적정 여부(설치 제외된 경우)

5 미분무소화설비 점검

(1) 가압송수장치 점검항목
[펌프방식]
● 동결방지조치 상태 적정 여부
● 전용 펌프 사용 여부
○ 펌프 토출측 압력계 등 부속장치의 변형 · 손상 유무
○ 성능시험배관을 통한 펌프 성능시험 적정 여부
○ 내연기관 방식의 펌프 설치 적정(정상기동(기동장치 및 제어반) 여부, 축전지 상태, 연료량) 여부
○ 가압송수장치의 "미분무펌프" 등 표지설치 여부

[압력수조방식] 점17회
○ 동결방지조치 상태 적정 여부
● 전용 압력수조 사용 여부
○ 압력수조의 압력 적정 여부
○ 수위계 · 급수관 · 급기관 · 압력계 · 안전장치 · 공기압축기 등 부속장치의 변형 · 손상 유무
○ 압력수조 토출측 압력계 설치 및 적정 범위 여부
○ 작동장치 구조 및 기능 적정 여부

[가압수조방식]
● 전용 가압수조 사용 여부
● 가압수조 및 가압원 설치장소의 방화구획 여부
○ 수위계 · 급수관 · 배수관 · 급기관 · 압력계 등 구성품의 변형 · 손상 유무

(2) 미분무헤드 점검항목
○ 헤드 설치 위치 · 장소 · 상태(고정) 적정 여부
○ 헤드의 변형 · 손상 유무
○ 헤드 살수장애 여부

(3) 배관 등 점검항목

○ 급수배관 개폐밸브 설치(개폐표시형, 흡입측 버터플라이 제외) 및 작동표시스위치 적정 (제어반 표시 및 경보, 스위치 동작 및 도통시험) 여부
● 성능시험배관 설치(개폐밸브, 유량조절밸브, 유량측정장치) 적정 여부
● 동결방지조치 상태 적정 여부
○ 유수검지장치 시험장치 설치 적정(설치위치, 배관구경, 개폐밸브 및 개방형 헤드, 물받이 통 및 배수관) 여부
● 주차장에 설치된 미분무소화설비 방식 적정(습식 외의 방식) 여부
● 다른 설비의 배관과의 구분 상태 적정 여부

[호스릴 방식]
● 방호대상물 각 부분으로부터 호스접결구까지 수평거리 적정 여부
○ 소화약제저장용기의 위치표시등 정상 점등 및 표지 설치 여부

(4) 제어반 점검항목

[감시제어반] ※ 옥내소화전설비의 감시제어반 점검항목에 아래의 항목 추가
○ 감시제어반과 수신기 간 상호 연동 여부(별도로 설치된 경우)

(5) 음향장치 점검항목

○ 유수검지에 따른 음향장치 작동 가능 여부
○ 개방형 미분무설비는 감지기 작동에 따라 음향장치 작동 여부
● 음향장치 설치 담당구역 및 수평거리 적정 여부
● 주 음향장치 수신기 내부 또는 직근 설치 여부
● 우선경보방식에 따른 경보 적정 여부
○ 음향장치(경종 등) 변형·손상 확인 및 정상 작동(음량 포함) 여부
○ 발신기(설치높이, 설치거리, 표시등) 설치 적정 여부

(6) 폐쇄형 미분무소화설비의 방호구역 및 개방형 미분무소화설비의 방수구역 점검항목

○ 방호(방수)구역의 설정기준(바닥면적, 층 등) 적정 여부

6 포소화설비 점검

(1) 종류 및 적응성 점검항목
- 특정소방대상물 별 포소화설비 종류 및 적응성 적정 여부

(2) 가압송수장치 점검항목

[펌프방식]
- ● 동결방지조치 상태 적정 여부
- ○ 성능시험배관을 통한 펌프 성능시험 적정 여부
- ● 다른 소화설비와 겸용인 경우 펌프 성능 확보 가능 여부
- ○ 펌프 흡입측 연성계·진공계 및 토출측 압력계 등 부속장치의 변형·손상 유무
- ● 기동장치 적정 설치 및 기동압력 설정 적정 여부
- ● 물올림장치 설치 적정(전용 여부, 유효수량, 배관구경, 자동급수) 여부
- ● 충압펌프 설치 적정(토출압력, 정격토출량) 여부
- ○ 내연기관 방식의 펌프 설치 적정(정상기동(기동장치 및 제어반) 여부, 축전지 상태, 연료량) 여부
- ○ 가압송수장치의 "포소화설비펌프" 표지설치 여부 또는 다른 소화설비와 겸용 시 겸용설비 이름 표시 부착 여부

(3) 기동장치 점검항목

[수동식 기동장치]
- ○ 직접·원격조작 가압송수장치·수동식개방밸브·소화약제혼합장치 기동 여부
- ● 기동장치 조작부의 접근성 확보, 설치 높이, 보호장치 설치 적정 여부
- ○ 기동장치 조작부 및 호스접결구 인근 "기동장치의 조작부" 및 "접결구" 표지설치 여부
- ● 수동식 기동장치 설치개수 적정 여부

[자동식 기동장치]
- ○ 화재감지기 또는 폐쇄형 스프링클러헤드의 개방과 연동하여 가압송수장치·일제개방밸브 및 포소화약제 혼합장치 기동 여부
- ● 폐쇄형 스프링클러헤드 설치 적정 여부
- ● 화재감지기 및 발신기 설치 적정 여부
- ● 동결우려 장소 자동식기동장치 자동화재탐지설비 연동 여부

[자동경보장치]
○ 방사구역 마다 발신부(또는 층별 유수검지장치) 설치 여부
○ 수신기는 설치 장소 및 헤드개방·감지기 작동 표시장치 설치 여부
● 2 이상 수신기 설치 시 수신기간 상호 동시 통화 가능 여부

(4) 배관 등 점검항목

● 송액관 기울기 및 배액밸브 설치 적정 여부
● 펌프의 흡입측 배관 여과장치의 상태 확인
● 성능시험배관 설치(개폐밸브, 유량조절밸브, 유량측정장치) 적정 여부
● 순환배관 설치(설치위치·배관구경, 릴리프밸브 개방압력) 적정 여부
● 동결방지조치 상태 적정 여부
○ 급수배관 개폐밸브 설치(개폐표시형, 흡입측 버터플라이 제외) 적정 여부
○ 급수배관 개폐밸브 작동표시스위치 설치 적정(제어반 표시 및 경보, 스위치 동작 및 도통시험, 전기배선 종류) 여부
● 다른 설비의 배관과의 구분 상태 적정 여부

(5) 제어반 점검항목

● 겸용 감시·동력 제어반 성능 적정 여부(겸용으로 설치된 경우)

[감시제어반] ※ 옥내소화전설비의 감시제어반 점검항목과 동일
○ 펌프 작동 여부 확인 표시등 및 음향경보장치 정상작동 여부
○ 펌프 별 자동·수동 전환스위치 정상작동 여부
● 펌프 별 수동기동 및 수동중단 기능 정상작동 여부
● 상용전원 및 비상전원 공급 확인 가능 여부(비상전원 있는 경우)
● 수조·물올림탱크 저수위 표시등 및 음향경보장치 정상작동 여부
○ 각 확인회로 별 도통시험 및 작동시험 정상작동 여부
○ 예비전원 확보 유무 및 시험 적합 여부
● 감시제어반 전용실 적정 설치 및 관리 여부
● 기계·기구 또는 시설 등 제어 및 감시설비 외 설치 여부

(6) 포헤드 및 고정포방출구 점검항목

[포헤드]
○ 헤드의 변형·손상 유무
○ 헤드 수량 및 위치 적정 여부
○ 헤드 살수장애 여부

[호스릴포소화설비 및 포소화전설비]
○ 방수구와 호스릴함 또는 호스함 사이의 거리 적정 여부
○ 호스릴함 또는 호스함 설치 높이, 표지 및 위치표시등 설치 여부
● 방수구 설치 및 호스릴·호스 길이 적정 여부

[전역방출방식의 고발포용 고정포 방출구]
○ 개구부 자동폐쇄장치 설치 여부
● 방호구역의 관포체적에 대한 포수용액 방출량 적정 여부
● 고정포방출구 설치 개수 적정 여부
○ 고정포방출구 설치 위치(높이) 적정 여부

[국소방출방식의 고발포용 고정포 방출구]
● 방호대상물 범위 설정 적정 여부
● 방호대상물별 방호면적에 대한 포수용액 방출량 적정 여부

(7) 저장탱크 점검항목

● 포약제 변질 여부
● 액면계 또는 계량봉 설치상태 및 저장량 적정 여부
● 그라스게이지 설치 여부(가압식이 아닌 경우)
○ 포소화약제 저장량의 적정 여부

(8) 개방밸브 점검항목

○ 자동 개방밸브 설치 및 화재감지장치의 작동에 따라 자동으로 개방되는지 여부
○ 수동식 개방밸브 적정 설치 및 작동 여부

(9) 약제혼합장치의 종류[화재안전기준 이론 참조]

(10) 포소화약제 저장탱크내의 포소화약제 보충시 조작순서 점17회

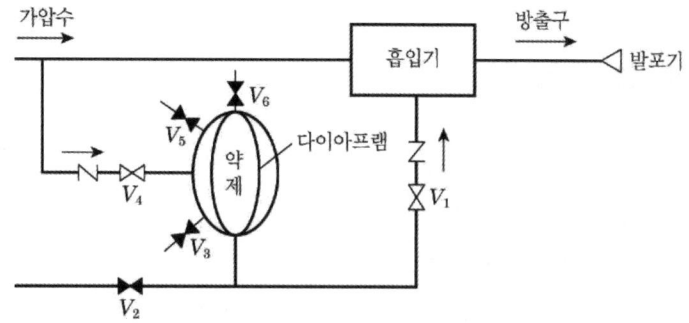

① V_1, V_4를 폐쇄한다.
② V_3, V_5를 개방하고 원액탱크내의 물을 배수한다.
③ V_6를 개방한다.
④ V_2에 포 소화약제 송액펌프를 접속한다.
⑤ V_2를 개방하고 서서히 포 소화약제를 송액한다.
⑥ 포 소화약제를 보충되었으면 V_2, V_3를 폐쇄한다.
⑦ 소화펌프를 기동한다.
⑧ V_4를 서서히 개방하고 원액 탱크 내를 가압하면서 V_5, V_6를 통해 공기를 뺀 후 V_5, V_6를 폐쇄하고 소화펌프를 정지한다.
⑨ V_1을 개방한다.

(11) 포소화약제 저장탱크내의 포소화약제 보충시 유의사항

① 약제의 종별, 형식, 성능 등을 확인하여 동일한 포소화약제를 보충할 것
② 보충작업시 탱크하부에서 포가 발생되지 않도록 서서히 송액할 것
③ 가압시 다이어프램이 손상되지 않도록 서서히 가압할 것
④ 탱크내의 공기는 완전히 배출할 것

7 이산화탄소, 할론, 할로겐화합물 및 불활성기체, 분말 소화설비의 점검

(1) 저장용기 점검항목

① 이산화탄소 소화설비
- ● 설치장소 적정 및 관리 여부
- ○ 저장용기 설치장소 표지 설치 여부
- ● 저장용기 설치 간격 적정 여부
- ○ 저장용기 개방밸브 자동·수동 개방 및 안전장치 부착 여부
- ● 저장용기와 집합관 연결배관 상 체크밸브 설치 여부
- ● 저장용기와 선택밸브(또는 개폐밸브) 사이 안전장치 설치 여부

[저압식]
- ● 안전밸브 및 봉판 설치 적정(작동 압력) 여부
- ● 액면계·압력계 설치 여부 및 압력강하경보 장치 작동 압력 적정 여부
- ○ 자동냉동장치의 기능

② 할론소화설비
- ● 설치장소 적정 및 관리 여부
- ○ 저장용기 설치장소 표지 설치상태 적정 여부
- ● 저장용기 설치 간격 적정 여부
- ○ 저장용기 개방밸브 자동·수동 개방 및 안전장치 부착 여부
- ● 저장용기와 집합관 연결배관 상 체크밸브 설치 여부
- ● 저장용기와 선택밸브(또는 개폐밸브) 사이 안전장치 설치 여부
- ○ 축압식 저장용기의 압력 적정 여부
- ● 가압용 가스용기 내 질소가스 사용 및 압력 적정 여부
- ● 가압식 저장용기 압력조정장치 설치 여부

③ 할로겐화합물 및 불활성기체 소화설비
- ● 설치장소 적정 및 관리 여부
- ○ 저장용기 설치장소 표지 설치 여부
- ● 저장용기 설치 간격 적정 여부
- ○ 저장용기 개방밸브 자동·수동 개방 및 안전장치 부착 여부
- ● 저장용기와 집합관 연결배관 상 체크밸브 설치 여부

④ 분말소화설비
- ● 설치장소 적정 및 관리 여부
- ○ 저장용기 설치장소 표지 설치 여부
- ● 저장용기 설치 간격 적정 여부
- ○ 저장용기 개방밸브 자동·수동 개방 및 안전장치 부착 여부
- ● 저장용기와 집합관 연결배관 상 체크밸브 설치 여부
- ● 저장용기 안전밸브 설치 적정 여부
- ● 저장용기 정압작동장치 설치 적정 여부
- ● 저장용기 청소장치 설치 적정 여부
- ○ 저장용기 지시압력계 설치 및 충전압력 적정 여부(축압식의 경우)

(2) 가압용가스용기 점검항목[분말소화설비만 해당] 점21회

- ○ 가압용 가스용기 저장용기 접속 여부
- ○ 가압용 가스용기 전자개방밸브 부착 적정 여부
- ○ 가압용 가스용기 압력조정기 설치 적정 여부
- ○ 가압용 또는 축압용 가스 종류 및 가스량 적정 여부
- ● 배관 청소용 가스 별도 용기 저장 여부

(3) 소화약제 점검항목[가스계 모두 동일]

- ○ 소화약제 저장량 적정 여부

(4) 기동장치 점검항목[가스계 모두 동일]

- ○ 방호구역별 출입구 부근 소화약제 방출표시등 설치 및 정상 작동 여부

[수동식 기동장치] 점22회
- ○ 기동장치 부근에 비상스위치 설치 여부
- ● 방호구역별 또는 방호대상별 기동장치 설치 여부
- ○ 기동장치 설치 적정(출입구 부근 등, 높이, 보호장치, 표지, 전원표시등) 여부
- ○ 방출용 스위치 음향경보장치 연동 여부

[자동식 기동장치]
- ○ 감지기 작동과의 연동 및 수동기동 가능 여부
- ● 저장용기 수량에 따른 전자 개방밸브 수량 적정 여부(전기식 기동장치의 경우)
- ○ 기동용 가스용기의 용적, 충전압력 적정 여부(가스압력식 기동장치의 경우)

● 기동용 가스용기의 안전장치, 압력게이지 설치 여부(가스압력식 기동장치의 경우)
● 저장용기 개방구조 적정 여부(기계식 기동장치의 경우)

(5) 제어반 및 화재표시반 점검항목[가스계 모두 동일, 수동잠금밸브만 이산화탄소해당]
○ 설치장소 적정 및 관리 여부
○ 회로도 및 취급설명서 비치 여부
● 수동잠금밸브 개폐여부 확인 표시등 설치 여부[이산화탄소만 해당]
[제어반]
○ 수동기동장치 또는 감지기 신호 수신 시 음향경보장치 작동 기능 정상 여부
○ 소화약제 방출·지연 및 기타 제어 기능 적정 여부
○ 전원표시등 설치 및 정상 점등 여부
[화재표시반]
○ 방호구역별 표시등(음향경보장치 조작, 감지기 작동), 경보기 설치 및 작동 여부
○ 수동식 기동장치 작동표시 표시등 설치 및 정상 작동 여부
○ 소화약제 방출표시등 설치 및 정상 작동 여부
● 자동식기동장치 자동·수동 절환 및 절환표시등 설치 및 정상 작동 여부

(6) 배관 등 점검항목[가스계 모두 동일, 수동잠금밸브만 이산화탄소해당]
○ 배관의 변형·손상 유무
● 수동잠금밸브 설치 위치 적정 여부[이산화탄소만 해당]

(7) 선택밸브 점검항목[가스계 모두 동일, CO_2, 할론의 경우 종합, 기타 작동항목]
● or ○ 선택밸브 설치 기준 적합 여부

(8) 분사헤드 점검항목
① 이산화탄소, 할론, 분말소화설비 동일
[전역방출방식]
○ 분사헤드의 변형·손상 유무
● 분사헤드의 설치위치 적정 여부
[국소방출방식]
○ 분사헤드의 변형·손상 유무
● 분사헤드의 설치장소 적정 여부

[호스릴방식]
- ● 방호대상물 각 부분으로부터 호스접결구까지 수평거리 적정 여부
- ○ 소화약제저장용기의 위치표시등 정상 점등 및 표지 설치 여부
- ● 호스릴소화설비 설치장소 적정 여부

② 할로겐화합물 및 불활성기체 소화설비[전역방출방식만해당]
- ○ 분사헤드의 변형·손상 유무
- ● 분사헤드의 설치높이 적정 여부

(9) 화재감지기 점검항목[가스계 모두 동일]
- ○ 방호구역별 화재감지기 감지에 의한 기동장치 작동 여부
- ● 교차회로(또는 NFTC 203 2.4.1 단서 감지기) 설치 여부
- ● 화재감지기별 유효 바닥면적 적정 여부

(10) 음향경보장치 점검항목[가스계 모두 동일]
- ○ 기동장치 조작 시(수동식-방출용스위치, 자동식-화재감지기) 경보 여부
- ○ 약제 방사 개시(또는 방출 압력스위치 작동) 후 경보 적정 여부
- ● 방호구역 또는 방호대상물 구획 안에서 유효한 경보 가능 여부

[방송에 따른 경보장치]
- ● 증폭기 재생장치의 설치장소 적정 여부
- ● 방호구역·방호대상물에서 확성기 간 수평거리 적정 여부
- ● 제어반 복구스위치 조작 시 경보 지속 여부

(11) 자동폐쇄장치 점검항목[가스계 모두 동일, 분말해당없음]
- ○ 환기장치 자동정지 기능 적정 여부
- ○ 개구부 및 통기구 자동폐쇄장치 설치 장소 및 기능 적합 여부
- ● 자동폐쇄장치 복구장치 설치기준 적합 및 위치표지 적합 여부

(12) 비상전원 점검항목[가스계 모두 동일] 점19회
- ● 설치장소 적정 및 관리 여부
- ○ 자가발전설비인 경우 연료 적정량 보유 여부
- ○ 자가발전설비인 경우 「전기사업법」에 따른 정기점검 결과 확인

(13) 배출설비 점검항목[이산화탄소만 해당]
● 배출설비 설치상태 및 관리 여부

(14) 과압배출구 점검항목[이산화탄소, 할로겐화합물 및 불활성기체 소화설비만 해당]
● 과압배출구 설치상태 및 관리 여부

(15) 안전시설 등 점검항목[이산화탄소만 해당] 점22회
○ 소화약제 방출알림 시각경보장치 설치기준 적합 및 정상 작동 여부
○ 방호구역 출입구 부근 잘 보이는 장소에 소화약제 방출 위험경고표지 부착 여부
○ 방호구역 출입구 외부 인근에 공기호흡기

(16) 솔레노이드밸브의 동작시험순서 점10회
① 경보음에 놀라지 않도록 점검을 하겠다는 안내방송을 한다.
② 제어반에서 솔레노이드밸브 연동 S/W를 "정지"위치로 한다.
③ 기동용기에 연결된 조작동관을 분리한다.
④ 솔레노이드밸브를 기동용기(전기식의 경우 저장용기)로부터 분리하기 위하여 솔레노이드밸브에 안전핀을 꽂는다.
(솔레노이드밸브 자체불량 및 분리과정에서 격발될 수 있으므로)
⑤ 기동용기로부터 솔레노이드밸브를 분리한 후 안전핀을 뺀다.
⑥ 제어반에서 솔레노이드 연동 S/W를 "연동"위치에 놓는다.
⑦ 다음의 방법 중 한 가지 방법을 택하여 동작시험을 한다. 점4회
㉠ 감지기 2개회로(교차회로)를 동작시킨다.
㉡ 수동조작함의 수동스위치를 조작한다.
㉢ 솔레노이드 밸브의 수동조작버튼을 누른다.(솔레노이드 몸체에 수동조작버튼에 연결된 수동조작버튼을 누른다.)
㉣ 제어반의 수동기동 S/W를 "기동위치"로 하거나 "누름버튼"을 누른다.
㉤ 제어반의 동작시험 S/W를 누르고 회로시험 S/W를 이용하여 감지기 A, B두 회로를 동작시킨다.
⑧ 화재 경보(싸이렌)와 대피 안내방송이 나오는지 확인한다.
⑨ 지연타이머의 작동을 확인한다.(약 20~30초 정도)
⑩ 지연시간 경과 후 솔레노이드밸브의 파괴침의 격발을 확인한다.
⑪ 다음 사항을 확인한다.

㉠ 화재표시등 점등
㉡ 솔레노이드밸브 기동표시등 점등
㉢ 해당 방호구역 사이렌 경보 여부

(17) 솔레노이드밸브의 동작시험후 복구순서
① 제어반의 복구스위치를 눌러서 복구한다.
② 솔레노이드밸브 공이(파괴침)를 눌러 원상태로 복구하고 안전핀을 꽂는다.
③ 솔레노이드밸브를 기동용기에 장착시킨다.
④ 솔레노이드밸브의 안전핀을 제거한다.
⑤ 조작동관을 연결한다.

(18) 감지기동작시 기동용솔레노이드밸브 동작불능의 원인
① 감지기와 제어반의 연결배선 단선
② 제어반의 고장
③ 기동용 솔레노이드에 안전핀이 체결된 상태
④ 기동용 솔레노이드의 고장
⑤ 제어반에서 솔레노이드밸브까지의 회로 단선

(19) 감지기 동작시 경보(싸이렌) 불능의 원인
① 감지기와 제어반의 연결배선 단선
② 제어반의 고장
③ 경보(싸이렌)기의 고장
④ 제어반에서 경보(싸이렌)기까지의 회로 단선

(20) 감지기 동작시 해당 방호구역 선택밸브 미개방시의 원인
① 기동용기의 솔레노이드밸브 미동작
② 기동용기의 충전약제량 부족
③ 동관의 잘림 또는 누설
④ 동관의 막힘
⑤ 선택밸브의 고장

(21) 감지기 동작시 약제용기 미개방시의 원인

① 기동용기의 솔레노이드밸브 미동작
② 기동용기의 충전약제량 부족
③ 동관의 잘림 또는 누설
④ 동관의 막힘
⑤ Needle valve의 고장

(22) 이산화탄소 소화설비의 분사헤드 설치제외 장소 설13회

① 방재실·제어실등 사람이 상시 근무하는 장소
② 니트로셀룰로스·셀룰로이드제품 등 자기연소성물질을 저장·취급하는 장소
③ 나트륨·칼륨·칼슘 등 활성금속물질을 저장·취급하는 장소
④ 전시장 등의 관람을 위하여 다수인이 출입·통행하는 통로 및 전시실 등

(23) 액화레벨메타 이용 약제량 측정방법 점21회

① 액면계 전원스위치(배터리)를 넣고 전압을 체크한다.
② 용기는 통상의 상태 그대로 하고 액면계 탐침(Probe)과 방사선원간에 용기를 끼워 넣듯이 삽입한다.
③ 액면계 검출부를 조심하여 상하방향으로 이동시켜 메타지침의 흔들림이 크게 다른 부분을 발견하고 그 위치가 용기의 바닥에서 얼마만큼의 높이인가를 측정한다.
④ 액면의 높이와 약제량과의 환산은 전용의 환산척(계산기)을 이용한다.

전용환산기를 이용하지 않는 경우 약제량 산정방법

① 약제량 환산표 이용
  예) 주위온도 15°C, 액면의 높이 100센티미터인 경우 약제량 44kg
② 저장량을 계산하는 방법
  저장량 = $A \cdot H \cdot \rho_t + A \cdot (L-H) \cdot \rho_g$
    A : 저장용기의 단면적(cm^2)
    H : 측정된 액면의 높이(cm)
    L : 저장용기의 길이(cm)
    ρ_t : 액체 CO_2의 밀도(g/cm^3)
    ρ_g : 기체 CO_2의 밀도(g/cm^3)

---

(24) 약제량 부족 판정방법 점6회

약제량의 측정 결과를 중량표와 비교하여 그 차이가 5% 이하일 것

설비별 점검항목(종합/작동) 및 점검순서 Chapter 05.

 Reference

할로겐화합물 및 불활성기체
약제량 손실이 5%를 초과하거나 압력 손실이 10%를 초과할 경우 재충전하거나 저장용기를 교체할 것. 다만, 불활성기체소화약제 저장용기의 경우에는 압력손실이 5%를 초과할 경우 재충전하거나 저장용기를 교체하여야 한다.

 Reference

종합점검표 약제량 불량기준
① 이산화탄소 : 손실량 5%초과시 불량
② 할론 : 손실량 5%초과시 불량
③ 할로겐화합물 : 손실량 5%초과시 불량 or 압력손실 10% 초과시 불량
④ 불활성기체 : 압력손실 5%초과시 불량

(25) 분말소화설비의 정압작동장치 점검방법

① 가스압식(압력스위치방식)
㉠ 압력조정기가 부착된 시험용 가스용기를 정압작동장치에 동관으로 연결한다.
㉡ 시험용 가스용기의 밸브를 연다.
㉢ 압력조정기의 조정핸들을 돌려 조정압력 0MPa에서 조금씩 상승시켜 압력스위치가 동작하였을때의 압력치를 읽어둔다.
㉣ 판정 : 설정압력치에서 압력스위치가 동작하면 정상이다.

② 기계식(스프링식)
㉠ 압력조정기가 부착된 시험용 가스용기를 정압작동장치에 동관으로 연결한다.
㉡ 시험용 가스용기의 밸브를 연다.
㉢ 압력조정기의 조정핸들을 돌려 조정압력 0MPa에서 조금씩 상승시켜 로크가 해제되는 압력치를 읽어둔다.
㉣ 판정 : 설정압력치대로 밸브 잠금장치가 해제되면 정상이다.

③ 전기식(타이머식)
㉠ 압력조정기가 부착된 시험용 가스용기를 정압작동장치에 동관으로 연결한다.
㉡ 시험용 가스용기의 밸브를 연다.
㉢ 압력조정기의 조정핸들을 돌려 조정압력 0MPa에서 조금씩 상승시켜 타이머를 작동시킨다.
㉣ 타이머를 작동시켜 지연시간을 측정한다.
㉤ 판정 : 설정시간 대로 작동하면 정상이다.

(26) 분말소화설비 사용후 복구방법

① 제어반을 복구한다(음향장치 정지, 설비 연동정지, 기동장치 등 복구).
② 실내를 환기한다(연소가스와 분말약제를 실외로 배출).
③ 배기밸브를 개방하여 분말약제탱크내의 잔여가스를 배출한다(배출후 폐쇄).
④ 가스도입밸브 폐쇄, 주밸브 폐쇄
⑤ 기존 가압용가스용기 분리 후 청소용가스용기 접속
⑥ 클리닝밸브를 열어 별도의 청소용 가압용가스로 배관 내의 잔류약제를 청소한다.
⑦ 배관청소 완료 후 청소용기 분리, 클리닝밸브 폐쇄

> **Reference**
>
> 클리닝밸브(Cleaning Valve)는 소화약제의 방출 후 송출배관 내에 잔존하는 분말약제를 배출시키는 배관청소용으로 사용되며, 배기밸브(Drain Valve)는 약제방출 후 약제 저장용기 내의 잔압을 배출시키기 위한 것이다.
>
>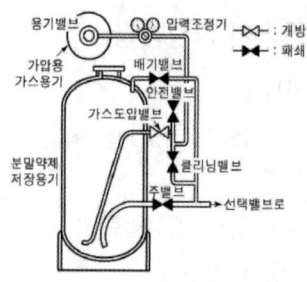

⑧ 소화약제 방출전에 폐쇄된 자동폐쇄장치를 복구한다.
　㉠ 전기식의 경우 : 제어반에서 복구
　㉡ 기계식의 경우 : 방호구역 밖에 설치된 댐퍼복구밸브를 개방하여 동관내 가스배출, 복구
⑨ 배출장치를 기동해서 방호구역내에 남아있는 잔류소화약제를 배출한다(설치된 경우).
⑩ 방호구역내 방출된 소화약제를 청소한다.
⑪ 방출된 가스 및 소화약제를 충전한다(기동용가스용기, 가압용가스용기 및 분말소화약제).
⑫ 가스계소화설비의 구성요소 중 문제가 있는 부분을 정비한다.
⑬ 외관점검과 작동점검을 시행하여 이상이 없으면 정상상태로 복구한다(가스용기접속, 가스도입밸브 개방, 주밸브 정압작동장치 복구확인, 주밸브 폐쇄 확인).

8 옥외소화전설비 점검

(1) 수원 점검항목
○ 수원의 유효수량 적정 여부(겸용설비 포함)

(2) 수조 점검항목
● 동결방지조치 상태 적정 여부
○ 수위계 설치 또는 수위 확인 가능 여부
● 수조 외측 고정사다리 설치 여부(바닥보다 낮은 경우 제외)
● 실내설치 시 조명설비 설치 여부
○ "옥외소화전설비용 수조" 표지설치 여부 및 설치 상태
● 다른 소화설비와 겸용 시 겸용설비의 이름 표시한 표지설치 여부
● 수조-수직배관 접속부분 "옥외소화전설비용 배관" 표지설치 여부

(3) 가압송수장치 점검항목
[펌프방식]
● 동결방지조치 상태 적정 여부
○ 옥외소화전 방수량 및 방수압력 적정 여부
● 감압장치 설치 여부(방수압력 0.7MPa 초과 조건)
○ 성능시험배관을 통한 펌프 성능시험 적정 여부
● 다른 소화설비와 겸용인 경우 펌프 성능 확보 가능 여부
○ 펌프 흡입측 연성계·진공계 및 토출측 압력계 등 부속장치의 변형·손상 유무
● 기동장치 적정 설치 및 기동압력 설정 적정 여부
○ 기동스위치 설치 적정 여부(ON/OFF 방식)
● 물올림장치 설치 적정(전용 여부, 유효수량, 배관구경, 자동급수) 여부
● 충압펌프 설치 적정(토출압력, 정격토출량) 여부
○ 내연기관 방식의 펌프 설치 적정(정상기동(기동장치 및 제어반) 여부, 축전지 상태, 연료량) 여부
○ 가압송수장치의 "옥외소화전펌프" 표지설치 여부 또는 다른 소화설비와 겸용 시 겸용설비 이름 표시 부착 여부

[고가수조방식]
○ 수위계 · 배수관 · 급수관 · 오버플로우관 · 맨홀 등 부속장치의 변형 · 손상 유무

[압력수조방식]
● 압력수조의 압력 적정 여부
○ 수위계 · 급수관 · 급기관 · 압력계 · 안전장치 · 공기압축기 등 부속장치의 변형 · 손상 유무

[가압수조방식]
● 가압수조 및 가압원 설치장소의 방화구획 여부
○ 수위계 · 급수관 · 배수관 · 급기관 · 압력계 등 부속장치의 변형 · 손상 유무

(4) 배관 등 점검항목

● 호스접결구 높이 및 각 부분으로부터 호스접결구까지의 수평거리 적정 여부
○ 호스 구경 적정 여부
● 펌프의 흡입측 배관 여과장치의 상태 확인
● 성능시험배관 설치(개폐밸브, 유량조절밸브, 유량측정장치) 적정 여부
● 순환배관 설치(설치위치 · 배관구경, 릴리프밸브 개방압력) 적정 여부
● 동결방지조치 상태 적정 여부
○ 급수배관 개폐밸브 설치(개폐표시형, 흡입측 버터플라이 제외) 적정 여부
● 다른 설비의 배관과의 구분 상태 적정 여부

(5) 소화전함 등 점검항목

○ 함 개방 용이성 및 장애물 설치 여부 등 사용 편의성 적정 여부
○ 위치 · 기동 표시등 적정 설치 및 정상 점등 여부
○ "옥외소화전" 표시 설치 여부
● 소화전함 설치 수량 적정 여부
○ 옥외소화전함 내 소방호스, 관창, 옥외소화전개방 장치 비치 여부
○ 호스의 접결상태, 구경, 방수 거리 적정 여부

(6) 전원 점검항목

● 대상물 수전방식에 따른 상용전원 적정 여부
● 비상전원 설치장소 적정 및 관리 여부
○ 자가발전설비인 경우 연료 적정량 보유 여부
○ 자가발전설비인 경우 「전기사업법」에 따른 정기점검 결과 확인

(7) 제어반 점검항목

● 겸용 감시·동력 제어반 성능 적정 여부(겸용으로 설치된 경우)

[감시제어반]
○ 펌프 작동 여부 확인 표시등 및 음향경보장치 정상작동 여부
○ 펌프 별 자동 · 수동 전환스위치 정상작동 여부
● 펌프 별 수동기동 및 수동중단 기능 정상작동 여부
● 상용전원 및 비상전원 공급 확인 가능 여부(비상전원 있는 경우)
● 수조 · 물올림탱크 저수위 표시등 및 음향경보장치 정상작동 여부
○ 각 확인회로 별 도통시험 및 작동시험 정상작동 여부
○ 예비전원 확보 유무 및 시험 적합 여부
● 감시제어반 전용실 적정 설치 및 관리 여부
● 기계·기구 또는 시설 등 제어 및 감시설비 외 설치 여부

[동력제어반]
○ 앞면은 적색으로 하고, "옥외소화전설비용 동력제어반" 표지 설치 여부

[발전기제어반]
● 소방전원보존형발전기는 이를 식별할 수 있는 표지 설치 여부

9 자동화재탐지설비등 소방전기설비의 점검

(1) 비상경보설비 점검항목 점22회

○ 수신기 설치장소 적정(관리용이) 및 스위치 정상 위치 여부
○ 수신기 상용전원 공급 및 전원표시등 정상점등 여부
○ 예비전원(축전지) 상태 적정 여부(상시 충전, 상용전원 차단 시 자동절환)
○ 지구음향장치 설치기준 적합 여부
○ 음향장치(경종 등) 변형·손상 확인 및 정상 작동(음량 포함) 여부
○ 발신기 설치 장소, 위치(수평거리) 및 높이 적정 여부
○ 발신기 변형 · 손상 확인 및 정상 작동 여부
○ 위치표시등 변형 · 손상 확인 및 정상 점등 여부

(2) 단독경보형감지기 점검항목
○ 설치 위치(각 실, 바닥면적 기준 추가설치, 최상층 계단실) 적정 여부
○ 감지기의 변형 또는 손상이 있는지 여부
○ 정상적인 감시상태를 유지하고 있는지 여부(시험작동 포함)

(3) 자동화재탐지설비 및 시각경보장치 점검항목
① 경계구역
● 경계구역 구분 적정 여부
● 감지기를 공유하는 경우 스프링클러 · 물분무소화 · 제연설비 경계구역 일치 여부

② 수신기 점19회
○ 수신기 설치장소 적정(관리용이) 여부
○ 조작스위치의 높이는 적정하며 정상 위치에 있는지 여부
● 개별 경계구역 표시 가능 회선수 확보 여부
● 축적기능 보유 여부(환기·면적·높이 조건 해당할 경우)
○ 경계구역 일람도 비치 여부
○ 수신기 음향기구의 음량·음색 구별 가능 여부
● 감지기 · 중계기 · 발신기 작동 경계구역 표시 여부(종합방재반 연동 포함)
● 1개 경계구역 1개 표시등 또는 문자 표시 여부
● 하나의 대상물에 수신기가 2 이상 설치된 경우 상호 연동되는지 여부
○ 수신기 기록장치 데이터 발생 표시시간과 표준시간 일치 여부

③ 중계기
● 중계기 설치위치 적정 여부(수신기에서 감지기회로 도통시험하지 않는 경우)
● 설치 장소(조작·점검 편의성, 화재·침수 피해 우려) 적정 여부
● 전원입력 측 배선 상 과전류차단기 설치 여부
● 중계기 전원 정전 시 수신기 표시 여부
● 상용전원 및 예비전원 시험 적정 여부

④ 감지기
● 부착 높이 및 장소별 감지기 종류 적정 여부
● 특정 장소(환기불량, 면적협소, 저층고)에 적응성이 있는 감지기 설치 여부
○ 연기감지기 설치장소 적정 설치 여부
● 감지기와 실내로의 공기유입구 간 이격거리 적정 여부
● 감지기 부착면 적정 여부
○ 감지기 설치(감지면적 및 배치거리) 적정 여부

● 감지기별 세부 설치기준 적합 여부
● 감지기 설치제외 장소 적합 여부
○ 감지기 변형·손상 확인 및 작동시험 적합 여부

⑤ **음향장치**
○ 주음향장치 및 지구음향장치 설치 적정 여부
○ 음향장치(경종 등) 변형·손상 확인 및 정상 작동(음량 포함) 여부
● 우선경보 기능 정상작동 여부

⑥ **시각경보장치**
○ 시각경보장치 설치 장소 및 높이 적정 여부
○ 시각경보장치 변형·손상 확인 및 정상 작동 여부

⑦ **발신기**
○ 발신기 설치 장소, 위치(수평거리) 및 높이 적정 여부
○ 발신기 변형·손상 확인 및 정상 작동 여부
○ 위치표시등 변형·손상 확인 및 정상 점등 여부

⑧ **전원**
○ 상용전원 적정 여부
○ 예비전원 성능 적정 및 상용전원 차단 시 예비전원 자동전환 여부

⑨ **배선**
● 종단저항 설치 장소, 위치 및 높이 적정 여부
● 종단저항 표지 부착 여부(종단감지기에 설치할 경우)
○ 수신기 도통시험 회로 정상 여부
● 감지기회로 송배전식 적용 여부
● 1개 공통선 접속 경계구역 수량 적정 여부(P형 또는 GP형의 경우)

(4) 비상방송설비 점검항목

① **음향장치**
● 확성기 음성입력 적정 여부
● 확성기 설치 적정(층마다 설치, 수평거리, 유효하게 경보) 여부
● 조작부 조작스위치 높이 적정 여부
● 조작부 상 설비 작동층 또는 작동구역 표시 여부
● 증폭기 및 조작부 설치 장소 적정 여부
● 우선경보방식 적용 적정 여부
● 겸용설비 성능 적정(화재 시 다른 설비 차단) 여부

● 다른 전기회로에 의한 유도장애 발생 여부
● 2 이상 조작부 설치 시 상호 동시통화 및 전 구역 방송 가능 여부
● 화재신호 수신 후 방송개시 소요시간 적정 여부
○ 자동화재탐지설비 작동과 연동하여 정상 작동 가능 여부

② 배선 등
● 음량조절기를 설치한 경우 3선식 배선 여부
● 하나의 층에 단락, 단선 시 다른 층의 화재통보 적부

③ 전원
○ 상용전원 적정 여부
● 예비전원 성능 적정 및 상용전원 차단 시 예비전원 자동전환 여부

(5) 자동화재속보설비 및 통합감시시설 점검항목

① 자동화재속보설비
○ 상용전원 공급 및 전원표시등 정상 점등 여부
○ 조작스위치 높이 적정 여부
○ 자동화재탐지설비 연동 및 화재신호 소방관서 전달 여부

② 통합감시시설
● 주 · 보조 수신기 설치 적정 여부
○ 수신기 간 원격제어 및 정보공유 정상 작동 여부
● 예비선로 구축 여부

(6) 누전경보기 점검항목

① 설치방법
● 정격전류에 따른 설치 형태 적정 여부
● 변류기 설치위치 및 형태 적정 여부

② 수신부 점22회
○ 상용전원 공급 및 전원표시등 정상 점등 여부
● 가연성 증기, 먼지 등 체류 우려 장소의 경우 차단기구 설치 여부
○ 수신부의 성능 및 누전경보 시험 적정 여부
○ 음향장치 설치장소(상시 사람이 근무) 및 음량·음색 적정 여부

③ 전원 점22회
● 분전반으로부터 전용회로 구성 여부

● 개폐기 및 과전류차단기 설치 여부
● 다른 차단기에 의한 전원차단 여부(전원을 분기할 경우)

(7) 가스누설경보기 점검항목
① **수신부**
○ 수신부 설치 장소 적정 여부
○ 상용전원 공급 및 전원표시등 정상 점등 여부
○ 음향장치의 음량·음색·음압 적정 여부

② **탐지부**
○ 탐지부의 설치방법 및 설치상태 적정 여부
○ 탐지부의 정상 작동 여부

③ **차단기구**
○ 차단기구는 가스 주배관에 견고히 부착되어 있는지 여부
○ 시험장치에 의한 가스차단밸브의 정상 개·폐 여부

(8) 수신기의 기능시험 [점6회]
① **절연저항시험**
㉠ 측정기기
  직류 출력전압 250[V]의 절연저항 측정기(메거, Megger)를 사용한다.
㉡ 측정방법
  ⓐ 전원회로 : 전원의 기능시험에 준할 것
  ⓑ 감지기 회로 및 부속기기 회로
   • 기기를 부착시키기 전에 측정하는 것 : 감지기 및 부속기기를 접속하지 않은 상태에서 배선상호간을 측정할 것. 그 가부판정에 관해서는 기기 부착 전에 자율적으로 실시한 시험결과를 가지고 판정할 수 있는 것일 것 [비접지식]
   • 기기를 부착시킨 후에 측정하는 것 : 부하를 전체적으로 일괄한 경우의 배선과 대지사이를 측정한다.[접지식]
㉢ 가부판정의 기준
  ⓐ ㉡의 ⓐ항의 전원회로에 있어서는 전원의 기능시험에 준할 것
  ⓑ ㉡의 ⓐ항의 감지기회로 및 부착기기회로에 있어서는 1경계구역마다 0.1[MΩ] 이상일 것

② **화재표시작동시험** 점2, 6회
　㉠ 시험의 방법
　　ⓐ 회로선택 스위치로서 실행하는 시험 : 시험용 스위치를 화재시험측에 넣고 스위치주의등의 점등을 확인한 후 회로선택 스위치를 차례로 회전시켜 1회로마다 화재시의 작동시험을 행할 것
　　ⓑ 감지기 또는 발신기의 작동시험과 병행하여 행하는 방법 : 감지기 또는 발신기를 차례로 작동시켜 경계구역과 지구표시등과의 접속상태를 확인할 것
　㉡ 판정기준
　　각 릴레이작동, 화재표시등 점등, 지구표시등 점등, 음향장치 작동상태 확인(연동설비의 기동 확인)

③ **회로도통시험** 점2, 6회
　㉠ 시험의 방법 : 감지기 회로 단락 및 단선의 유무와 기기 등의 접속상황을 확인하기 위하여 다음과 같이 시험을 실행할 것
　　ⓐ 도통시험스위치를 누른다.
　　ⓑ 회로선택 스위치를 차례로 회전시킨다.
　　ⓒ 각 회선의 시험용 계기의 지시상황 등을 조사한다.
　　ⓓ 종단저항 등의 접속상황을 조사한다.
　㉡ 가부판정의 기준 : 각 회선의 시험용 계기의 지시 상황이 지정된 대로일 것

④ **공통선시험(7회선 이하의 것은 제외)** 점2, 6회
　㉠ 시험의 방법 : 공통선이 담당하고 있는 경계구역의 회선수를 다음에 따라 확인할 것
　　ⓐ 수신기 안의 연결단자의 공통선을 1선 제거한다.
　　ⓑ 회로도통시험의 예에 따라 회로선택 스위치를 차례로 회선시킨다.
　　ⓒ 시험용 계기의 지시상황이 단선을 지시한 경계구역의 회선수를 조사한다.
　㉡ 가부판정의 기준 : 하나의 공통선이 부담하고 있는 경계구역수가 7 이하일 것

⑤ **예비전원시험** 점2, 6회
　㉠ 시험의 방법 : 일반 상용전원 및 비상전원이 사고 등으로 정전이 된 경우. 자동적으로 예비 전원으로 전환되며, 또한 정전복구시에 자동적으로 일반 상용전원으로 전환되는지의 여부를 다음에 따라 확인할 것
　　ⓐ 예비전원시험 스위치를 넣는다.
　　ⓑ 전압계의 지시치가 지정치의 범위 내에 있을 것
　　ⓒ 교류전원을 열어서 자동절환 릴레이의 작동상황을 조사한다.
　㉡ 가부판정의 기준 : 예비전원의 전압이나 용량이 정상값이어야 하고 절환 상황 및 복구작동이 정상일 것

⑥ 동시작동시험(1회선의 것은 제외) 점2, 6회
㉠ 시험의 방법 : 감지기의 수회선이 동시에 작동하는 경우 수신기의 기능에 이상이 생기는 지의 여부를 다음에 따라 확인할 것
ⓐ 주전원에 의해 행한다.
ⓑ 각 회선의 화재작동을 복구시킴이 없이 5회선(5회선 미만의 수신기에 있어서는 전회선)을 동시에 작동시킨다. 그러나 수신기의 전원용량에 의한 5회선 동시작동(지구음향장치 및 부속 기기의 작동을 포함한다.) 시의 부하전류가 최대 부하전류를 넘을 때에는 최대부하전류를 넘지 않는 범위의 회선수로 제한할 수 있다.
ⓒ ⓑ의 경우 주음향장치 및 지구음향장치를 작동시킨다.
ⓓ 부수신기와 표시기를 함께 하는 것에 있어서는 이러한 것을 모두 작동상태로 한다.
㉡ 가부판정의 기준 : 각 회선을 동시에 작동시켰을 때 수신기, 부수신기, 표시기, 음향장치 등의 기능에 이상이 없고, 또한 화재시 유효하게 작동을 계속하는 것일 것

⑦ 저전압시험 점2, 6회
전원전압이 저하된 경우에 충분히 설비의 작동이 유지되는가의 여부를 다음에 따라 시험할 것
㉠ 시험의 방법
ⓐ 자동화재탐지설비용 전압시험기 또는 가변저항기(슬라이닥스) 등을 사용하여 교류전원전압을 정격전압의 80% 이하로 한다.
ⓑ 축전지 설비인 경우에는 축전지의 단자를 절환하여 정격전압의 80% 이하의 전압으로 한다.
ⓒ 화재표시 작동 시험을 실시하여 정상적인 작동, 경보할 수 있어야 한다.
㉡ 가부판정의 기준 : 화재신호를 정상적으로 수신, 경보할 수 있는 것일 것

⑧ 회로저항시험 점2, 6회
㉠ 시험의 방법 : 감지기회로의 1회선의 회로 저항치가 수신기의 기능에 이상을 가져오는지 아닌지를 다음에 따라 확인할 것
ⓐ 저항계를 사용하여 감지기회로의 공통선과 표시선 사이의 전로에 대해 측정한다.
ⓑ 상시 개로식인 것에 있어서는 회로의 말단을 도통 상태로 하여 측정한다.
㉡ 가부판정의 기준 : 하나의 감지기회로의 합성 저항치는 50Ω 이하이어야 한다.

⑨ 지구음향장치의 작동시험
감지기의 작동과 함께 당해 지구음향장치가 정상으로 작동하는지 어떤지를 다음에 따라 확인한다.
㉠ 시험의 방법 : 임의의 감지기 및 발신기 등을 작동시킨다.
㉡ 가부판정의 기준

ⓐ 감지기를 작동시켰을 때 수신기에 연결된 당해 지구음향장치가 경보함은 물론 음량이 정상이어야 한다.
ⓑ 음량은 음향장치의 중심에서 1m 떨어진 위치에서 90dB 이상일 것

⑩ **비상전원시험**
㉠ 시험의 방법 : 일반 상용전원이 정전되었을 때 자동적으로 비상전원(비상전원전용 수전설비를 제외한다.)으로 전환되며, 정전 복구시에는 자동적으로 일반 상용전원으로 전환되는지를 다음에 따라 확인할 것
ⓐ 비상전원을 축전지설비를 사용하는 것에 대해 행한다.
ⓑ 충전용 전원을 개통의 상태로 하고 전압계의 지시치가 적정한가를 확인한다.
ⓒ 화재표시 작동시험에 준하여 시험한 경우, 전압계의 지시치가 정격 전압의 80% 이상임을 확인한다.
㉡ 가부판정의 기준 : 비상전원의 전압과 용량, 그리고 절환상황 및 복구 작동이 정상적이어야 할 것

(9) 절연저항

[측정계기 : 직류 500V의 절연저항계]
① 전원회로의 전로와 대지 사이 및 배선 상호간의 절연저항
㉠ 대지전압이 150V 이하인 경우 : 0.1MΩ 이상일 것
㉡ 대지전압이 150V 초과 300V 이하인 경우 : 0.2MΩ 이상일 것
㉢ 사용전압이 300V 초과 400V 미만인 경우 : 0.3MΩ 이상일 것
㉣ 사용전압이 400V 이상인 경우 : 0.4MΩ 이상일 것

[측정계기 : 직류 250V 절연저항계]
② 감지기회로 및 부속회로의 전로와 대지 사이 및 배선 상호간의 절연저항이 1경계구역마다 직류 250V의 절연저항계를 사용하여 측정한 절연저항이 0.1MΩ 이상일 것

[측정계기 : 직류 500V 절연저항계]
③ 수신기의 절연된 충전부와 외함간 : 5MΩ 이상
다만, 수신부 또는 중계부에서 접속되는 회선수가 10 이상인 것에 있어서는 교류입력측과 외함간을 제외하고 1회선당 50MΩ 이상이어야 한다.
④ 교류입력측과 외함간 : 20MΩ 이상
⑤ 절연된 선로간 : 20MΩ 이상

10 피난기구 및 인명구조기구 점검

(1) 공통사항 점검항목
- ● 대상물 용도별 · 층별 · 바닥면적별 피난기구 종류 및 설치개수 적정 여부
- ○ 피난에 유효한 개구부 확보(크기, 높이에 따른 발판, 창문 파괴장치) 및 관리상태
  - ● 개구부 위치 적정(동일직선상이 아닌 위치) 여부
- ○ 피난기구의 부착 위치 및 부착 방법 적정 여부
- ○ 피난기구(지지대 포함)의 변형 · 손상 또는 부식이 있는지 여부
- ○ 피난기구의 위치표시 표지 및 사용방법 표지 부착 적정 여부
- ● 피난기구의 설치제외 및 설치감소 적합 여부

(2) 공기안전매트, 피난사다리, (간이)완강기, 미끄럼대, 구조대 점검항목
- ● 공기안전매트 설치 여부
- ● 공기안전매트 설치 공간 확보 여부
- ● 피난사다리(4층 이상의 층)의 구조(금속성 고정사다리) 및 노대 설치 여부
- ● (간이)완강기의 구조(로프 손상방지) 및 길이 적정 여부
- ● 숙박시설의 객실마다 완강기(1개) 또는 간이완강기(2개 이상) 추가 설치 여부
- ● 미끄럼대의 구조 적정 여부
- ● 구조대의 길이 적정 여부

(3) 다수인피난장비 점검항목
- ● 설치장소 적정(피난용이, 안전하게 하강, 피난층의 충분한 착지 공간) 여부
- ● 보관실 설치 적정(건물외측 돌출, 빗물·먼지 등으로부터 장비 보호) 여부
- ● 보관실 외측문 개방 및 탑승기 자동 전개 여부
- ● 보관실 문 오작동 방지조치 및 문 개방 시 경보설비 연동(경보) 여부

(4) 승강식피난기, 하향식피난구용 내림식 사다리 점검항목 점17회
- ● 대피실 출입문 60분+ 또는 60분 방화문 설치 및 표지 부착 여부
- ● 대피실 표지(층별 위치표시, 피난기구 사용설명서 및 주의사항) 부착 여부
- ● 대피실 출입문 개방 및 피난기구 작동 시 표시등 · 경보장치 작동 적정 여부 및 감시제어반 피난기구 작동 확인 가능 여부

- 대피실 면적 및 하강구 규격 적정 여부
- 하강구 내측 연결금속구 존재 및 피난기구 전개 시 장애발생 여부
- 대피실 내부 비상조명등 설치 여부

(5) 인명구조기구 점검항목

○ 설치 장소 적정(화재시 반출 용이성) 여부
○ "인명구조기구" 표시 및 사용방법 표지 설치 적정 여부
○ 인명구조기구의 변형 또는 손상이 있는지 여부
- 대상물 용도별·장소별 설치 인명구조기구 종류 및 설치개수 적정 여부

11 유도등 및 유도표지 점검

(1) 유도등 점검항목

○ 유도등의 변형 및 손상 여부
○ 상시(3선식의 경우 점검스위치 작동시) 점등 여부
○ 시각장애(규정된 높이, 적정위치, 장애물 등으로 인한 시각장애 유무) 여부
○ 비상전원 성능 적정 및 상용전원 차단 시 예비전원 자동전환 여부
- 설치 장소(위치) 적정 여부
- 설치 높이 적정 여부
- 객석유도등의 설치 개수 적정 여부

(2) 유도표지 점검항목

○ 유도표지의 변형 및 손상 여부
○ 설치 상태(유사 등화광고물·게시물 존재, 쉽게 떨어지지 않는 방식) 적정 여부
○ 외광·조명장치로 상시 조명 제공 또는 비상조명등 설치 여부
○ 설치 방법(위치 및 높이) 적정 여부

(3) 피난유도선 점검항목

○ 피난유도선의 변형 및 손상 여부
○ 설치 방법(위치·높이 및 간격) 적정 여부

[축광방식의 경우]
- ● 부착대에 견고하게 설치 여부
- ○ 상시조명 제공 여부

[광원점등방식의 경우]
- ○ 수신기 화재신호 및 수동조작에 의한 광원점등 여부
- ○ 비상전원 상시 충전상태 유지 여부
- ● 바닥에 설치되는 경우 매립방식 설치 여부
- ● 제어부 설치위치 적정 여부

(4) 3선식 배선과 2선식 배선 점1회

① **3선식 배선**
  ㉠ 점멸기에 의하여 소등을 하게 되면 유도등은 꺼지나 예비전원의 충전은 계속되고 있는 상태가 된다.
  ㉡ 정전 또는 단선이 되어 교류전압(A.C)에 의한 전원공급이 중단되면 자동적으로 예비전원에 의하여 20분 이상 점등된다. 다만, 다음 각 소방대상물의 경우에는 그 부분에서 피난층에 이르는 부분의 유도등은 60분 이상 유효하게 작동시킬 수 있는 용량으로 점등된다.
    ⓐ 지하층을 제외한 층수가 11층 이상의 층
    ⓑ 지하층 또는 무창층으로서 용도가 도매시장 · 소매시장 · 여객자동차터미널 · 지하 역사 또는 지하상가

② **2선식 배선**
  상시 점등상태를 유지하며 정전시 예비전원에 의한 점등이 20분 이상 지속된다. 다만, 다음 각 소방대상물의 경우에는 그 부분에서 피난층에 이르는 부분의 유도등은 60분 이상 유효하게 작동시킬 수 있는 용량으로 점등된다.
  ㉠ 지하층을 제외한 층수가 11층 이상의 층
  ㉡ 지하층 또는 무창층으로서 용도가 도매시장 · 소매시장 · 여객자동차터미널 · 지하 역사 또는 지하상가

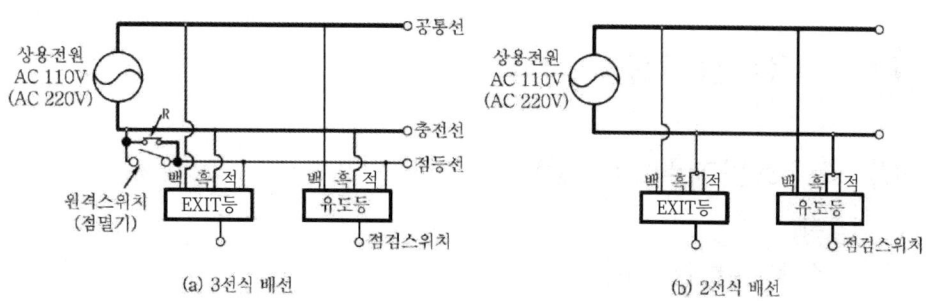

(a) 3선식 배선   (b) 2선식 배선

(5) 점멸기 설치시 점등되어야 할 때

① 자동화재탐지설비의 감지기 또는 발신기가 작동되는 때
② 비상경보설비의 발신기가 작동되는 때
③ 상용전원이 정전되거나 전원선이 단선되는 때
④ 자동소화설비가 작동되는 때
⑤ 방재업무를 통제하는 곳 또는 전기실의 배전반에서 수동으로 점등하는 때

12 비상조명등, 휴대용비상조명등 점검

(1) 비상조명등 점검항목

○ 설치 위치(거실, 지상에 이르는 복도·계단, 그 밖의 통로) 적정 여부
○ 비상조명등 변형·손상 확인 및 정상 점등 여부
● 조도 적정 여부
○ 예비전원 내장형의 경우 점검스위치 설치 및 정상 작동 여부
● 비상전원 종류 및 설치장소 기준 적합 여부
○ 비상전원 성능 적정 및 상용전원 차단 시 예비전원 자동전환 여부

(2) 휴대용비상조명등 점검항목 점22회

○ 설치 대상 및 설치 수량 적정 여부
○ 설치 높이 적정 여부
○ 휴대용비상조명등의 변형 및 손상 여부
○ 어둠 속에서 위치를 확인할 수 있는 구조인지 여부
○ 사용 시 자동으로 점등되는지 여부
○ 건전지를 사용하는 경우 유효한 방전 방지조치가 되어있는지 여부
○ 충전식 배터리의 경우에는 상시 충전되도록 되어 있는지의 여부

13 소화용수설비 점검

(1) 소화수조 및 저수조 점검항목

[수원]
○ 수원의 유효수량 적정 여부

[흡수관투입구]
○ 소방차 접근 용이성 적정 여부
● 크기 및 수량 적정 여부
○ "흡수관투입구" 표지 설치 여부

[채수구]
○ 소방차 접근 용이성 적정 여부
● 결합금속구 구경 적정 여부
● 채수구 수량 적정 여부
○ 개폐밸브의 조작 용이성 여부

[가압송수장치]
○ 기동스위치 채수구 직근 설치 여부 및 정상 작동 여부
○ "소화용수설비펌프" 표지 설치상태 적정 여부
● 동결방지조치 상태 적정 여부
● 토출측 압력계, 흡입측 연성계 또는 진공계 설치 여부
○ 성능시험배관 적정 설치 및 정상작동 여부
○ 순환배관 설치 적정 여부
● 물올림장치 설치 적정(전용 여부, 유효수량, 배관구경, 자동급수) 여부
○ 내연기관 방식의 펌프 설치 적정(제어반 기동, 채수구 원격조작, 기동표시등 설치, 축전지 설비) 여부

(2) 상수도소화용수설비 점검항목

○ 소화전 위치 적정 여부
○ 소화전 관리상태(변형·손상 등) 및 방수 원활 여부

14 제연설비 점검

(1) 제연구역의 구획 점검항목

● 제연구역의 구획 방식 적정 여부
 - 제연경계의 폭, 수직거리 적정 설치 여부
 - 제연경계벽은 가동 시 급속하게 하강되지 아니하는 구조

(2) 배출구 점검항목

- ● 배출구 설치 위치(수평거리) 적정 여부
- ○ 배출구 변형·훼손 여부

(3) 유입구 점검항목

- ○ 공기유입구 설치 위치 적정 여부
- ○ 공기유입구 변형·훼손 여부
- ● 옥외에 면하는 배출구 및 공기유입구 설치 적정 여부

(4) 배출기 점검항목 〔점21회〕

- ● 배출기와 배출풍도 사이 캔버스 내열성 확보 여부
- ○ 배출기 회전이 원활하며 회전방향 정상 여부
- ○ 변형·훼손 등이 없고 V-벨트 기능 정상 여부
- ○ 본체의 방청, 보존상태 및 캔버스 부식 여부
- ● 배풍기 내열성 단열재 단열처리 여부

(5) 비상전원 점검항목

- ● 비상전원 설치장소 적정 및 관리 여부
- ○ 자가발전설비인 경우 연료 적정량 보유 여부
- ○ 자가발전설비인 경우 「전기사업법」에 따른 정기점검 결과 확인

(6) 기동 점검항목

- ○ 가동식의 벽·제연경계벽·댐퍼 및 배출기 정상 작동(화재감지기 연동) 여부
- ○ 예상제연구역 및 제어반에서 가동식의 벽·제연경계벽·댐퍼 및 배출기 수동 기동 가능 여부
- ○ 제어반 각종 스위치류 및 표시장치(작동표시등 등) 기능의 이상 여부

15 특별피난계단의 계단실 및 부속실 제연설비 점검

(1) 과압방지조치 점검항목

- ● 자동차압·과압조절형 댐퍼(또는 플랩댐퍼)를 사용한 경우 성능 적정 여부

(2) 수직풍도에 따른 배출 점검항목
○ 배출댐퍼 설치(개폐여부 확인 기능, 화재감지기 동작에 따른 개방) 적정 여부
○ 배출용송풍기가 설치된 경우 화재감지기 연동 기능 적정 여부

(3) 급기구 점검항목
○ 급기댐퍼 설치 상태(화재감지기 동작에 따른 개방) 적정 여부

(4) 송풍기 점검항목
○ 설치장소 적정(화재영향, 접근·점검 용이성) 여부
○ 화재감지기 동작 및 수동조작에 따라 작동하는지 여부
● 송풍기와 연결되는 캔버스 내열성 확보 여부

(5) 외기취입구 점검항목
○ 설치위치(오염공기 유입방지, 배기구 등으로부터 이격거리) 적정 여부
● 설치구조(빗물·이물질 유입방지, 옥외의 풍속과 풍향에 영향) 적정 여부

(6) 제연구역의 출입문 점검항목
○ 폐쇄상태 유지 또는 화재 시 자동폐쇄 구조 여부
● 자동폐쇄장치 폐쇄력 적정 여부

(7) 수동기동장치 점검항목
○ 기동장치 설치(위치, 전원표시등 등) 적정 여부
○ 수동기동장치(옥내 수동발신기 포함) 조작 시 관련 장치 정상 작동 여부

(8) 제어반 점검항목
○ 비상용축전지의 정상 여부
○ 제어반 감시 및 원격조작 기능 적정 여부

(9) 비상전원 점검항목
● 비상전원 설치장소 적정 및 관리 여부
○ 자가발전설비인 경우 연료 적정량 보유 여부
○ 자가발전설비인 경우 「전기사업법」에 따른 정기점검 결과 확인

(10) 차압계를 이용한 차압 측정방법

① 차압계를 영점조정한다.
② 차압계를 옥내에 두고 차압계에 호스를 연결하여 호스의 다른 끝을 제연구역(계단실, 부속실, 승강장)에 둔다.
③ 감지기 또는 댐퍼의 수동조작스위치의 동작에 의해 제연설비가 기동되면 차압을 측정한다. 이 경우 전층 급기댐퍼가 모두 개방된 상태이어야 한다.
④ 차압이 40Pa 이상 됨을 확인한다.
⑤ 제연구역의 출입문을 개방하고 출입문을 개방하지 아니한 제연구역의 차압이 기준 차압의 70% 이상인지 확인한다.
⑥ 제연설비를 복구하고 차압측정을 마친다.

(11) 풍속풍압계를 이용한 방연풍속 측정방법 점16회 점20회

① 풍속·풍압계의 영점을 조정한다.
② 감지기 또는 댐퍼의 수동조작스위치의 동작에 의해 제연설비를 기동시키면 전 층 급기된다.
③ 제연구역과 옥내 사이의 출입문을 개방하고 풍속을 측정한다.
　㉠ 제연구역이 옥내와 직접 면할 경우 : 0.7m/s 이상
　㉡ 제연구역이 방화구획된 복도와 면할 경우 : 0.5m/s 이상
　※ 유입공기의 풍속은 개구부를 대칭적으로 균등분할하는 10곳 이상의 지점을 측정하여 평균치로 할 것

(12) TAB의 정의

① T : Testing 시험, 측정을 의미
② A : Adjusting 풍량, 풍속, 개폐력 등의 조정을 의미
③ B : Balancing 균형(압력, 풍량 등)을 의미
④ 제연설비의 시공이 완성되는 시점부터 시험(측정), 조정 등을 하여 설계목적에 적합한 성능을 발할 수 있도록 하는 것으로서, 시공과정에서 필요한 부분마다 부분적으로 TAB도 실시하고, 시스템이 시공완료 되었을 때 전반적으로 시스템의 작동시험이 적합한지, 적정차압이 나오며 출입문의 개방력이 110N 이하인지, 방연풍속이 적정한지와 출입문의 자동폐쇄상태 등을 시험을 통하여 확인하고 필요 시 제 성능을 발할 수 있도록 조정을 하는 필수적인 일련의 과정이다.

(13) TAB의 순서 점18회

① **출입문의 확인**
　㉠ 제연구역의 모든 출입문 등의 크기와 열리는 방향이 설계 시와 동일한지 여부를 확인
　　⇒ 동일하지 아니한 경우 : 급기량과 보충량 등을 다시 산출, 조정가능 여부 또는 재설계 · 개수의 여부를 결정
　㉡ 출입문마다 그 바닥 사이의 틈새가 평균적으로 균일한지 여부를 확인 ⇒ 큰 편차가 있는 출입문이 있을 경우 : 그 바닥의 마감을 재시공, 출입문 불연재료를 사용하여 틈새를 조정
　㉢ 출입문의 폐쇄력 측정(제연설비 미작동한 상태에서 측정) ⇒ 대상 : 제연구역의 출입문 및 복도와 거실 사이의 출입문마다 측정

② **제연설비 정상 작동여부 확인**
　옥내의 층별로 화재감지기(수동기동장치 포함)를 동작시켜 제연설비가 작동하는지 여부를 확인할 것

③ **제연설비 작동 시 확인사항**

소방시설	• 차압의 적정여부 확인 　- 차압을 측정하는 출입문 : 부속실과 면하는 옥내의 출입문 　- 측정 방법 : 출입문에 설치된 차압측정공을 통하여 차압계로 측정 　- 최저 차압 : 40Pa 이상(스프링클러설비 설치 시 12.5pa 이상) 　- 출입문을 일시 개방 시 다른 층의 차압 적정여부 확인 : 　　기준 차압의 70% 이상일 것 • 출입문 개방에 필요한 힘(개방력) 측정 　- 개방력 : 110N 이하일 것
방연풍속 적정여부 점20회	• 조건 : 부속실과 면하는 옥내 및 계단실의 출입문을 동시 개방할 경우 　- 부속실이 20개 이하 시 : 1개층 　- 부속실이 20개 초과 시 : 2개층 • 측정 : 유입공기의 풍속은 출입문의 개방에 따른 개구부를 대칭적으로 균등분할하는 10 이상의 지점에서 측정하는 풍속의 평균치로 할 것 • 판정 : 유입공기의 풍속이 방연풍속에 접합한지 여부를 확인 • 적합하지 아니한 경우 　- 급기구의 개구율을 조정 　- 송풍기의 풍량조절댐퍼를 조정하여 적합하게 할 것
출입문의 자동폐쇄상태 확인	• 부속실의 개방된 출입문이 자동으로 완전히 닫히는지 여부를 확인 • 필요 시 닫힌 상태를 유지할 수 있도록 도어클로저의 폐쇄력을 조정

(14) TAB 측정결과 미달원인

① **전층이 닫힌상태에서 차압 부족원인**
  ㉠ 송풍기 용량이 작게 설계된 경우
  ㉡ 송풍기의 실제 성능이 미달된 경우
  ㉢ 급기풍도 규격 미달로 인한 과다손실이 발생하는 경우
  ㉣ 전실 내 출입문의 틈새로 누설량이 과다한 경우

② **전층이 닫힌상태에서 차압 과다원인** 점21회
  ㉠ 송풍기 용량이 과다 설계된 경우
  ㉡ 플랩댐퍼의 설치누락 또는 기능 불량인 경우
  ㉢ 자동차압과압조절형 댐퍼가 닫힌 상태에서 누설량이 많은 경우
  ㉣ 휀룸에 설치된 풍량조절 댐퍼로 풍량조절이 안 된 경우

③ **비개방층의 차압 부족원인**
  ㉠ 급기댐퍼 규격과다로 출입문이 열린층에서 풍량이 과다 누설되는 경우
  ㉡ 송풍기 용량이 과소 설계된 경우
  ㉢ 덕트 부속류의 손실이 과다한 경우
  ㉣ 급기풍도 규격 미달로 인한 과다손실이 발생하는 경우

④ **방연풍속 부족원인** 점21회
  ㉠ 송풍기의 용량이 과소 설계된 경우
  ㉡ 충분한 급기댐퍼 누설량에 필요한 풍도저압 부족 또는 급기댐퍼 규격이 과소설계된 경우
  ㉢ 배출팬의 정압성능이 과소 설계된 경우
  ㉣ 급기풍도의 규격 미달로 과다손실이 발생된 경우
  ㉤ 덕트 부속류의 손실이 과다한 경우
  ㉥ 전실 내 출입문 틈새 누설량이 과다한 경우

16 연결송수관설비 점검

(1) 송수구 점검항목

○ 설치장소 적정 여부
○ 지면으로부터 설치 높이 적정 여부
○ 급수개폐밸브가 설치된 경우 설치 상태 적정 및 정상 기능 여부
○ 수직배관별 1개 이상 송수구 설치 여부

○ "연결송수관설비송수구" 표지 및 송수압력범위 표지 적정 설치 여부
○ 송수구 마개 설치 여부

(2) 배관 등 점검항목
● 겸용 급수배관 적정 여부
● 다른 설비의 배관과의 구분 상태 적정 여부

(3) 방수구 점검항목
● 설치기준(층, 개수, 위치, 높이) 적정 여부
○ 방수구 형태 및 구경 적정 여부
○ 위치표시(표시등, 축광식표지) 적정 여부
○ 개폐기능 설치 여부 및 상태 적정(닫힌 상태) 여부

(4) 방수기구함 점검항목
● 설치기준(층, 위치) 적정 여부
○ 호스 및 관창 비치 적정 여부
○ "방수기구함" 표지 설치상태 적정 여부

(5) 가압송수장치 점검항목
● 가압송수장치 설치장소 기준 적합 여부
● 펌프 흡입측 연성계·진공계 및 토출측 압력계 설치 여부
● 성능시험배관 및 순환배관 설치 적정 여부
○ 펌프 토출량 및 양정 적정 여부
○ 방수구 개방시 자동기동 여부
○ 수동기동스위치 설치 상태 적정 및 수동스위치 조작에 따른 기동 여부
○ 가압송수장치 "연결송수관펌프" 표지 설치 여부
● 비상전원 설치장소 적정 및 관리 여부
○ 자가발전설비인 경우 연료 적정량 보유 여부
○ 자가발전설비인 경우 「전기사업법」에 따른 정기점검 결과 확인

17 연결살수설비 점검

(1) 송수구 점검항목

○ 설치장소 적정 여부
○ 송수구 구경(65mm) 및 형태(쌍구형) 적정 여부
○ 송수구역별 호스접결구 설치 여부(개방형 헤드의 경우)
○ 설치 높이 적정 여부
● 송수구에서 주배관 상 연결배관 개폐밸브 설치 여부
○ "연결살수설비 송수구" 표지 및 송수구역 일람표 설치 여부
○ 송수구 마개 설치 여부
○ 송수구의 변형 또는 손상 여부
● 자동배수밸브 및 체크밸브 설치 순서 적정 여부
○ 자동배수밸브 설치 상태 적정 여부
● 1개 송수구역 설치 살수헤드 수량 적정 여부(개방형 헤드의 경우)

(2) 선택밸브 점검항목

○ 선택밸브 적정 설치 및 정상 작동 여부
○ 선택밸브 부근 송수구역 일람표 설치 여부

(3) 배관 등 점검항목

○ 급수배관 개폐밸브 설치 적정(개폐표시형, 흡입측 버터플라이 제외) 여부
● 동결방지조치 상태 적정 여부(습식의 경우)
● 주배관과 타 설비 배관 및 수조 접속 적정 여부(폐쇄형 헤드의 경우)
○ 시험장치 설치 적정 여부(폐쇄형 헤드의 경우)
● 다른 설비의 배관과의 구분 상태 적정 여부

(4) 헤드 점검항목

○ 헤드의 변형·손상 유무
○ 헤드 설치 위치·장소·상태(고정) 적정 여부
○ 헤드 살수장애 여부

⑱ 비상콘센트설비 점검

(1) 전원 점검항목

● 상용전원 적정 여부
● 비상전원 설치장소 적정 및 관리 여부
○ 자가발전설비인 경우 연료 적정량 보유 여부
○ 자가발전설비인 경우「전기사업법」에 따른 정기점검 결과 확인

(2) 전원회로 점검항목

● 전원회로 방식(단상교류 220V) 및 공급용량(1.5kVA 이상) 적정 여부
● 전원회로 설치개수(각 층에 2이상) 적정 여부
● 전용 전원회로 사용 여부
● 1개 전용회로에 설치되는 비상콘센트 수량 적정(10개 이하) 여부
● 보호함 내부에 분기배선용 차단기 설치 여부

(3) 콘센트 점검항목

○ 변 형·손상·현저한 부식이 없고 전원의 정상 공급여부
● 콘센트별 배선용 차단기 설치 및 충전부 노출 방지 여부
○ 비상콘센트 설치 높이, 설치 위치 및 설치 수량 적정 여부

(4) 보호함 및 배선

○ 보호함 개폐용이한 문 설치 여부
○ "비상콘센트" 표지 설치상태 적정 여부
○ 위치표시등 설치 및 정상 점등 여부
○ 점검 또는 사용상 장애물 유무

⑲ 무선통신보조설비 점검

(1) 누설동출케이블등 점검항목 점22회

○ 피난 및 통행 지장 여부(노출하여 설치한 경우)
● 케이블 구성 적정(누설동축케이블 + 안테나 또는 동축케이블 + 안테나) 여부
● 지지금구 변형·손상 여부

- 누설동축케이블 및 안테나 설치 적정 및 변형·손상 여부
- 누설동축케이블 말단 '무반사 종단저항' 설치 여부

(2) 무선기기접속단자, 옥외안테나 점검항목

- ○ 설치장소(소방활동 용이성, 상시 근무장소) 적정 여부
- ● 단자 설치높이 적정 여부
- ● 지상 접속단자 설치거리 적정 여부
- ● 접속단자 보호함 구조 적정 여부
- ○ 접속단자 보호함 "무선기기접속단자"표지 설치 여부
- ○ 옥외안테나 통신장애 발생 여부
- ○ 안테나 설치 적정(견고함, 파손우려) 여부
- ○ 옥외안테나에 "무선통신보조설비 안테나" 표지 설치 여부
- ○ 옥외안테나 통신 가능거리 표지 설치 여부
- ○ 수신기 설치장소 등에 옥외안테나 위치표시도 비치 여부

(3) 분배기, 분파기, 혼합기 점검항목

- ● 먼지, 습기, 부식 등에 의한 기능 이상 여부
- ● 설치장소 적정 및 관리 여부

(4) 증폭기 및 무선중계기 점검항목 점22회

- ● 상용전원 적정 여부
- ○ 전원표시등 및 전압계 설치상태 적정 여부
- ● 증폭기 비상전원 부착 상태 및 용량 적정 여부
- ○ 적합성 평가 결과 임의 변경 여부

(5) 기능점검 점검항목

- ● 무선통신 가능 여부

20 연소방지설비 점검

(1) 배관 점검항목

○ 급수배관 개폐밸브 적정(개폐표시형) 설치 및 관리상태 적합 여부
● 다른 설비의 배관과의 구분 상태 적정 여부

(2) 방수헤드 점검항목

○ 헤드의 변형·손상 유무
○ 헤드 살수장애 여부
○ 헤드상호 간 거리 적정 여부
● 살수구역 설정 적정 여부

(3) 송수구 점검항목

○ 설치장소 적정 여부
● 송수구 구경(65mm) 및 형태(쌍구형) 적정 여부
○ 송수구 1m 이내 살수구역 안내표지 설치상태 적정 여부
○ 설치 높이 적정 여부
● 자동배수밸브 설치상태 적정 여부
● 연결배관에 개폐밸브를 설치한 경우 개폐상태 확인 및 조작 가능 여부
○ 송수구 마개 설치상태 적정 여부

(4) 방화벽 점검항목

● 방화문 관리상태 및 정상기능 적정 여부
● 관통부위 내화성 화재차단제 마감 여부

21 다중이용업소 점검

(1) 소화설비 점검항목

① 소화기구(소화기, 자동확산소화기)

○ 설치수량(구획된 실 등) 및 설치거리(보행거리) 적정 여부
○ 설치장소(손쉬운 사용) 및 설치 높이 적정 여부
○ 소화기 표지 설치상태 적정 여부

○ 외형의 이상 또는 사용상 장애 여부
○ 수동식 분말소화기 내용연수 적정여부

② 간이스프링클러설비
○ 수원의 양 적정 여부
○ 가압송수장치의 정상 작동 여부
○ 배관 및 밸브의 파손, 변형 및 잠김 여부
○ 상용전원 및 비상전원의 이상 여부
● 유수검지장치의 정상 작동 여부
● 헤드의 적정 설치 여부(미설치, 살수장애, 도색 등)
● 송수구 결합부의 이상 여부
● 시험밸브 개방시 펌프기동 및 음향 경보 여부

(2) 경보설비 점검항목

① 비상벨, 자동화재탐지설비
○ 구획된 실마다 감지기(발신기), 음향장치 설치 및 정상 작동 여부
○ 전용 수신기가 설치된 경우 주수신기와 상호 연동되는지 여부
○ 수신기 예비전원(축전지) 상태 적정 여부(상시 충전, 상용전원 차단 시 자동절환)

② 가스누설경보기
● 주방 또는 난방시설이 설치된 장소에 설치 및 정상 작동 여부

(3) 피난구조설비 점검항목

① 피난기구
● 피난기구 종류 및 설치개수 적정 여부
○ 피난기구의 부착 위치 및 부착 방법 적정 여부
○ 피난기구(지지대 포함)의 변형·손상 또는 부식이 있는지 여부
○ 피난기구의 위치표시 표지 및 사용방법 표지 부착 적정 여부
● 피난에 유효한 개구부 확보(크기, 높이에 따른 발판, 창문 파괴장치) 및 관리상태

② 피난유도선
○ 피난유도선의 변형 및 손상 여부
● 정상 점등(화재 신호와 연동 포함) 여부

③ 유도등
　　○ 상시(3선식의 경우 점검스위치 작동시) 점등 여부
　　○ 시각장애(규정된 높이, 적정위치, 장애물 등으로 인한 시각장애 유무) 여부
　　○ 비상전원 성능 적정 및 상용전원 차단 시 예비전원 자동전환 여부

④ 유도표지
　　○ 설치 상태(유사 등화광고물·게시물 존재, 쉽게 떨어지지 않는 방식) 적정 여부
　　○ 외광·조명장치로 상시 조명 제공 또는 비상조명등 설치 여부

⑤ 비상조명등
　　○ 설치위치의 적정 여부
　　● 예비전원 내장형의 경우 점검스위치 설치 및 정상 작동 여부

⑥ 휴대용비상조명등
　　○ 영업장안의 구획된 실마다 잘 보이는 곳에 1개 이상 설치 여부
　　● 설치높이 및 표지의 적합 여부
　　● 사용 시 자동으로 점등되는지 여부

(4) 비상구 점검항목

○ 피난동선에 물건을 쌓아두거나 장애물 설치 여부
○ 피난구, 발코니 또는 부속실의 훼손 여부
○ 방화문·방화셔터의 관리 및 작동상태

(5) 영업장내부 피난통로, 영상음향차단장치, 누전차단기, 창문 점검항목

○ 영업장 내부 피난통로 관리상태 적합 여부
● 영상음향차단장치 설치 및 정상작동 여부
● 누전차단기 설치 및 정상작동 여부
○ 영업장 창문 관리상태 적합 여부

(6) 피난안내도, 피난안내영상물 점검항목

○ 피난안내도의 정상 부착 및 피난안내영상물 상영 여부

(7) 방염 점검항목

● 선처리 방염대상물품의 적합 여부(방염성능시험성적서 및 합격표시 확인)
● 후처리 방염대상물품의 적합 여부(방염성능검사결과 확인)

22 기타사항 점검

(1) 피난, 방화시설 점검항목
○ 방화문 및 방화셔터의 관리 상태(폐쇄·훼손·변경) 및 정상 기능 적정 여부
● 비상구 및 피난통로 확보 적정 여부(피난·방화시설 주변 장애물 적치 포함)

(2) 방염 점검항목
● 선처리 방염대상물품의 적합 여부(방염성능시험성적서 및 합격표시 확인)
● 후처리 방염대상물품의 적합 여부(방염성능검사결과 확인)

23 소방시설등 외관점검표

■ 소방시설 자체점검사항 등에 관한 고시[별지 제6호서식] <개정 2022.12.1.>

소방시설등 외관점검표

※ [ ]에는 해당되는 곳에 √ 표기를 합니다.

특정소방 대 상 물	기관명		대상물 구분	
	소재지			
	소방안전관리자 직위: 직급: 성명: 전화번호:			
소방시설등 점검내역	점검월일	점검결과	점검자	확인자
	월 일	[ ]양호 [ ]불량		(서명)
	월 일	[ ]양호 [ ]불량		(서명)
	월 일	[ ]양호 [ ]불량		(서명)
	월 일	[ ]양호 [ ]불량		(서명)
	월 일	[ ]양호 [ ]불량		(서명)
	월 일	[ ]양호 [ ]불량		(서명)
	월 일	[ ]양호 [ ]불량		(서명)
	월 일	[ ]양호 [ ]불량		(서명)
	월 일	[ ]양호 [ ]불량		(서명)
	월 일	[ ]양호 [ ]불량		(서명)
	월 일	[ ]양호 [ ]불량		(서명)
	월 일	[ ]양호 [ ]불량		(서명)
비고	※ 확인자는 해당 공공기관 소방안전 관련 부서 또는 소방안전관리자가 선임된 부서의 책임자를 말합니다.			

210mm×297mm [백상지(80g/㎡) 또는 중질지(80g/㎡)]

점검실무행정

1. 소화기구 및 자동소화장치

점 검 내 용	(년도) 점검결과											
	1월	2월	3월	4월	5월	6월	7월	8월	9월	10월	11월	12월
소화기(간이소화용구 포함)												
거주자 등이 손쉽게 사용할 수 있는 장소에 설치되어 있는지 여부												
구획된 거실(바닥면적 33㎡ 이상)마다 소화기 설치 여부												
소화기 표지 설치 여부												
소화기의 변형·손상 또는 부식이 있는지 여부												
지시압력계(녹색범위)의 적정 여부												
수동식 분말소화기 내용연수(10년) 적정 여부												
자동확산소화기												
견고하게 고정되어 있는지 여부												
소화기의 변형·손상 또는 부식이 있는지 여부												
지시압력계(녹색범위)의 적정 여부												
자동소화장치												
수신부가 설치된 경우 수신부 정상(예비전원, 음향장치 등) 여부												
본체용기, 방출구, 분사헤드 등의 변형·손상 또는 부식이 있는지 여부												
소화약제의 지시압력 적정 및 외관의 이상 여부												
감지부(또는 화재감지기) 및 차단장치 설치 상태 적정 여부												

※ 점검결과란은 양호 "○", 불량 "×", 해당없는 항목은 "/"로 표시한다.

210mm×297mm [백상지(80g/㎡) 또는 중질지(80g/㎡)]

2. 옥내·외 소화전 설비

점 검 내 용	(년도) 점검결과											
	1월	2월	3월	4월	5월	6월	7월	8월	9월	10월	11월	12월
수원												
주된수원의 유효수량 적정여부 (겸용설비 포함)												
보조수원(옥상)의 유효수량 적정여부												
수조 표시 설치상태 적정 여부												
가압송수장치												
펌프 흡입측 연성계·진공계 및 토출측 압력계 등 부속장치의 변형·손상 유무												
송수구												
송수구 설치장소 적정 여부 (소방차가 쉽게 접근할 수 있는 장소)												
배관												
급수배관 개폐밸브 설치(개폐표시형, 흡입측 버터플라이 제외) 적정 여부												
함 및 방수구 등												
함 개방 용이성 및 장애물 설치 여부 등 사용 편의성 적정 여부												
위치표시등 적정 설치 및 정상 점등 여부												
소화전 표시 및 사용요령(외국어 병기) 기재 표지판 설치상태 적정 여부												
함 내 소방호스 및 관창 비치 적정 여부												
제어반												
펌프 별 자동·수동 전환스위치 위치 적정 여부												

※ 점검결과란은 양호 "○", 불량 "×", 해당없는 항목은 "/"로 표시한다.

210mm×297mm [백상지(80g/㎡) 또는 중질지(80g/㎡)]

3. (간이)스프링클러설비, 물분무소화설비, 미분무소화설비, 포소화설비

(앞 쪽)

점 검 내 용	(년도) 점검결과											
	1월	2월	3월	4월	5월	6월	7월	8월	9월	10월	11월	12월
수원												
주된수원의 유효수량 적정여부 (겸용설비 포함)												
보조수원(옥상)의 유효수량 적정여부												
수조 표시 설치상태 적정 여부												
저장탱크(포소화설비)												
포소화약제 저장량의 적정 여부												
가압송수장치												
펌프 흡입측 연성계·진공계 및 토출측 압력계 등 부송장치의 변형·손상 유무												
유수검지장치												
유수검지장치실 설치 적정(실내 또는 구획, 출입문 크기, 표지) 여부												
배관												
급수배관 개폐밸브 설치(개폐표시형, 흡입측 버터플라이 제외) 적정 여부												
준비작동식 유수검지장치 및 일제개방밸브 2차측 배관 부대설비 설치 적정												
유수검지장치 시험장치 설치 적정(설치위치, 배관구경, 개폐밸브 및 개방형 헤드, 물받이통 및 배수관) 여부												
다른 설비의 배관과의 구분 상태 적정 여부												
기동장치												
수동조작함(설치높이, 표시등) 설치 적정 여부												

210mm×297mm [백상지(80g/㎡) 또는 중질지(80g/㎡)]

(뒤 쪽)

제어밸브 등(물분무소화설비)										
제어밸브 설치 위치 적정 및 표지 설치 여부										
배수설비(물분무소화설비가 설치된 차고·주차장)										
배수설비(배수구, 기름분리장치 등) 설치 적정 여부										
헤드										
헤드의 변형·손상 유무 및 살수장애 여부										
호스릴방식(미분무소화설비, 포소화설비)										
소화약제저장용기 근처 및 호스릴함 위치표시등 정상 점등 및 표지 설치 여부										
송수구										
송수구 설치장소 적정 여부(소방차가 쉽게 접근할 수 있는 장소)										
제어반										
펌프 별 자동·수동 전환스위치 정상위치에 있는지 여부										

※ 점검결과란은 양호 "○", 불량 "×", 해당없는 항목은 "/"로 표시한다.

210mm×297mm [백상지(80g/㎡) 또는 중질지(80g/㎡)]

4. 이산화탄소, 할론소화설비, 할로겐화합물 및 불활성기체소화설비, 분말소화설비

점 검 내 용	(년도) 점검결과											
	1월	2월	3월	4월	5월	6월	7월	8월	9월	10월	11월	12월
저장용기												
설치장소 적정 및 관리 여부												
저장용기 설치장소 표지 설치 여부												
소화약제 저장량 적정 여부												
기동장치												
기동장치 설치 적정(출입구 부근 등, 높이 보호장치, 표지 전원표시등) 여부												
배관 등												
배관의 변형·손상 유무												
분사헤드												
분사헤드의 변형·손상 유무												
호스릴방식												
소화약제저장용기의 위치표시등 정상 점등 및 표지 설치 여부												
안전시설 등(이산화탄소소화설비)												
방호구역 출입구 부근 잘 보이는 장소에 소화약제 방출 위험경고표지 부착 여부												
방호구역 출입구 외부 인근에 공기호흡기 설치 여부												

※ 점검결과란은 양호 "○", 불량 "×", 해당없는 항목은 "/"로 표시한다.

210mm×297mm [백상지(80g/㎡) 또는 중질지(80g/㎡)]

5. 자동화재탐지설비, 비상경보설비, 시각경보기, 비상방송설비, 자동화재속보설비

점 검 내 용	(년도) 점검결과											
	1월	2월	3월	4월	5월	6월	7월	8월	9월	10월	11월	12월
수신기												
설치장소 적정 및 스위치 정상 위치 여부												
상용전원 공급 및 전원표시등 정상점등 여부												
예비전원(축전지) 상태 적정 여부												
감지기												
감지기의 변형 또는 손상이 있는지 여부 (단독경보형감지기 포함)												
음향장치												
음향장치(경종 등) 변형·손상 여부												
시각경보장치												
시각경보장치 변형·손상 여부												
발신기												
발신기 변형·손상 여부												
위치표시등 변형·손상 및 정상점등 여부												
비상방송설비												
확성기 설치 적정(층마다 설치, 수평거리) 여부												
조작부 상 설비 작동층 또는 작동구역 표시 여부												
자동화재속보설비												
상용전원 공급 및 전원표시등 정상 점등 여부												

※ 점검결과란은 양호 "○", 불량 "×", 해당없는 항목은 "/"로 표시한다.

210mm×297mm [백상지(80g/㎡) 또는 중질지(80g/㎡)]

6. 피난기구, 유도등(유도표지), 비상조명등 및 휴대용비상조명등

점 검 내 용	(년도) 점검결과											
	1월	2월	3월	4월	5월	6월	7월	8월	9월	10월	11월	12월
피난기구												
피난에 유효한 개구부 확보(크기, 높이에 따른 발판, 창문 파괴장치) 및 관리 상태												
피난기구(지지대 포함)의 변형·손상 또는 부식이 있는지 여부												
피난기구의 위치표시 표지 및 사용방법 표지 부착 적정 여부												
유도등												
유도등 상시(3선식의 경우 점검스위치 작동 시) 점등 여부												
유도등의 변형 및 손상 여부												
장애물 등으로 인한 시각장애 여부												
유도표지												
유도표지의 변형 및 손상 여부												
설치 상태(쉽게 떨어지지 않는 방식, 장애물 등으로 시각장애 유무) 적정 여부												
비상조명등												
비상조명등 변형·손상 여부												
예비전원 내장형의 경우 점검스위치 설치 및 정상 작동 여부												
휴대용비상조명등												
휴대용비상조명등의 변형 및 손상 여부												
사용 시 자동으로 점등되는지 여부												

※ 점검결과란은 양호 "○", 불량 "×", 해당없는 항목은 "/"로 표시한다.

210mm×297mm [백상지(80g/m²) 또는 중질지(80g/m²)]

7. 제연설비, 특별피난계단의 계단실 및 부속실 제연설비

점 검 내 용	(년도) 점검결과											
	1월	2월	3월	4월	5월	6월	7월	8월	9월	10월	11월	12월
제연구역의 구획												
제연경계의 폭, 수직거리 적성 설치 여부												
배출구, 유입구												
배출구, 공기유입구 변형·훼손 여부												
기동장치												
제어반 각종 스위치류 표시장치(작동표시등 등) 정상 여부												
외기취입구(특별피난계단의 계단실 및 부속실 제연설비)												
설치위치(오염공기 유입방지, 배기구 등으로부터 이격거리) 적정 여부												
설치구조(빗물·이물질 유입방지 등) 적정 여부												
제연구역의 출입문(특별피난계단의 계단실 및 부속실 제연설비)												
폐쇄상태 유지 또는 화재 시 자동폐쇄 구조 여부												
수동기동장치(특별피난계단의 계단실 및 부속실 제연설비)												
기동장치 설치(위치,전원표시등 등) 적정 여부												

※ 점검결과란은 양호 "○", 불량 "×", 해당없는 항목은 "/"로 표시한다.

210mm×297mm [백상지(80g/m²) 또는 중질지(80g/m²)]

8. 연결송수관설비, 연결살수설비

점 검 내 용	(년도) 점검결과											
	1월	2월	3월	4월	5월	6월	7월	8월	9월	10월	11월	12월
연결송수관설비 송수구												
표지 및 송수압력범위 표지 적정 설치 여부												
방수구												
위치표시(표시등, 축광식표지) 적정 여부												
방수기구함												
호스 및 관창 비치 적정 여부												
'방수기구함' 표지 설치상태 적정 여부												
연결살수설비 송수구												
표지 및 송수구역 일람표 설치 여부												
송수구의 변형 또는 손상 여부												
연결살수설비 헤드												
헤드의 변형·손상 유무												
헤드 살수장애 여부												

※ 점검결과란은 양호 "○", 불량 "×", 해당없는 항목은 "/"로 표시한다.

210mm×297mm [백상지(80g/㎡) 또는 중질지(80g/㎡)]

9. 비상콘센트설비, 무선통신보조설비, 지하구

점 검 내 용	(년도) 점검결과											
	1월	2월	3월	4월	5월	6월	7월	8월	9월	10월	11월	12월
비상콘센트설비 콘센트												
변형·손상·현저한 부식이 없고 전원의 정상 공급여부												
비상콘센트설비 보호함												
'비상콘센트'표지 설치상태 적정 여부												
위치표시등 설치 및 정상 점등 여부												
무선통신보조설비 무선기기접속단자												
설치장소(소방활동 용이성, 상시 근무장소) 적정여부												
보호함 '무선기기접속단지' 표지 설치 여부												
지하구(연소방지설비 등)												
연소방지설비 헤드의 변형·손상 여부												
연소방지설비 송수구 1m 이내 살수구역 안내표지 설치상태 적정 여부												
방화벽												
방화문 관리상태 및 정상기능 적정 여부												

※ 점검결과란은 양호 "○", 불량 "×", 해당없는 항목은 "/"로 표시한다.

210mm×297mm [백상지(80g/m²) 또는 중질지(80g/m²)]

10. 기타사항 점검표

점검내용	(년도) 점검결과											
	1월	2월	3월	4월	5월	6월	7월	8월	9월	10월	11월	12월
피난·방화시설												
방화문 및 방화셔터의 관리 상태(폐쇄·훼손·변경) 및 정상 기능 적정 여부												
비상구 및 피난통로 확보 적정여부 (피난·방화시설 주변 장애물 적치 포함)												
방염												
선처리 방염대상물품의 적합 여부 (방염성능시험성적서 및 합격표시 확인)												
후처리 방염대상물품의 적합 여부 (방염성능검사결과 확인)												

※ 점검결과란은 양호 "○", 불량 "×", 해당없는 항목은 "/"로 표시한다.

210mm×297mm [백상지(80g/㎡) 또는 중질지(80g/㎡)]

11. 위험물 저장·취급시설

점 검 내 용	(년도) 점검결과											
	1월	2월	3월	4월	5월	6월	7월	8월	9월	10월	11월	12월
가연물 방치 여부												
채광 및 환기 설비 관리상태 이상 유무												
위험물 종류에 따른 주의사항을 표시한 게시판 설치 유무												
기름찌꺼기나 폐액 방치 여부												
위험물 안전관리자 선임 여부												
화재 시 응급조치 방법 및 소방관서 등 비상연락망 확보 여부												

※ 점검결과란은 양호 "○", 불량 "×", 해당없는 항목은 "/"로 표시한다.

210mm×297mm [백상지(80g/m²) 또는 중질지(80g/m²)]

12. 화기시설

점 검 내 용	(　　　년도) 점검결과											
	1월	2월	3월	4월	5월	6월	7월	8월	9월	10월	11월	12월
화기시설 주변 적정(거리,수량,능력단위) 소화기 설치 유무												
건축물의 가연성부분 및 가연성물질로부터 1m 이상의 안전거리 확보 유무												
가연성가스 또는 증기가 발생하거나 체류할 우려가 없는 장소에 설치 유무												
연료탱크가 연소기로부터 2m이상의 수평 거리 확보 유무												
채광 및 환기설비 설치 유무												
방화환경조성 및 주의, 경고표시 유무												

※ 점검결과란은 양호 "○", 불량 "×", 해당없는 항목은 "/"로 표시한다.

210mm×297mm [백상지(80g/㎡) 또는 중질지(80g/㎡)]

13. 가연성 가스시설

점 검 내 용	(년도) 점검결과											
	1월	2월	3월	4월	5월	6월	7월	8월	9월	10월	11월	12월
「도시가스사업법」등에 따른 검사 실시 유무												
채광이 되어 있고 환기 및 비를 피할 수 있는 장소에 용기 설치 유무												
가스누설경보기 설치 유무												
용기, 배관, 밸브 및 연소기의 파손, 변형, 노후 또는 부식 여부												
환기설비 설치 유무												
화재 시 연료를 차단할 수 있는 개폐밸브 설치상태 적정 여부												
방화환경조성 및 주의, 경고표시 유무												

※ 점검결과란은 양호 "○", 불량 "×", 해당없는 항목은 "/"로 표시한다.

210mm×297mm [백상지(80g/㎡) 또는 중질지(80g/㎡)]

14. 전기시설

점 검 내 용	(년도) 점검결과											
	1월	2월	3월	4월	5월	6월	7월	8월	9월	10월	11월	12월
「전기사업법」에 따른 점검 또는 검사 실시 유무												
개폐기 설치상태 등 손상 여부												
규격 전선 사용 여부												
전선의 접속 상태 및 전선피복의 손상 여부												
누전차단기 설치상태 적정여부												
방화환경조성 및 주의, 경고표시 설치 유무												
전기 관련 기술자 등의 근무 여부												

※ 점검결과란은 양호 "○", 불량 "×", 해당없는 항목은 "/"로 표시한다.

210mm×297mm [백상지(80g/㎡) 또는 중질지(80g/㎡)]

문제 PART

점검실무행정

점검실무행정

소방기본법

01 소방기본법령상 소방용수시설의 시설별 설치기준을 쓰시오.

1. 소화전의 설치기준 : 상수도와 연결하여 지하식 또는 지상식의 구조로 하고, 소방용호스와 연결하는 소화전의 연결금속구의 구경은 65밀리미터로 할 것
2. 급수탑의 설치기준 : 급수배관의 구경은 100밀리미터 이상으로 하고, 개폐밸브는 지상에서 1.5미터 이상 1.7미터 이하의 위치에 설치하도록 할 것
3. 저수조의 설치기준
    가. 지면으로부터의 낙차가 4.5미터 이하일 것
    나. 흡수부분의 수심이 0.5미터 이상일 것
    다. 소방펌프자동차가 쉽게 접근할 수 있도록 할 것
    라. 흡수에 지장이 없도록 토사 및 쓰레기 등을 제거할 수 있는 설비를 갖출 것
    마. 흡수관의 투입구가 사각형의 경우에는 한 변의 길이가 60센티미터 이상, 원형의 경우에는 지름이 60센티미터 이상일 것
    바. 저수조에 물을 공급하는 방법은 상수도에 연결하여 자동으로 급수되는 구조일 것

 Reference

- **소방기본법 제10조(소방용수시설의 설치 및 관리 등)** ① 시·도지사는 소방활동에 필요한 소화전(消火栓)·급수탑(給水塔)·저수조(貯水槽)(이하 "소방용수시설"이라 한다)를 설치하고 유지·관리해야 한다. 다만,「수도법」제45조에 따라 소화전을 설치하는 일반수도사업자는 관할 소방서장과 사전협의를 거친 후 소화전을 설치해야 하며, 설치 사실을 관할 소방서장에게 통지하고, 그 소화전을 유지·관리해야 한다.
  ② 시·도지사는 제21조제1항에 따른 소방자동차의 진입이 곤란한 지역 등 화재발생 시에 초기 대응이 필요한 지역으로서 대통령령으로 정하는 지역에 소방호스 또는 호스릴 등을 소방용수시설에 연결하여 화재를 진압하는 시설이나 장치(이하 "비상소화장치"라 한다)를 설치하고 유지·관리할 수 있다.
  ③ 제1항에 따른 소방용수시설과 제2항에 따른 비상소화장치의 설치기준은 행정안전부령으로 정한다.

- **소방기본법 시행령 제2조의2(비상소화장치의 설치대상 지역)** 법 제10조제2항에서 "대통령령으로 정하는 지역"이란 다음 각 호의 어느 하나에 해당하는 지역을 말한다.
  1.「화재의 예방 및 안전관리에 관한 법률」제18조제1항에 따라 지정된 화재경계지구
  2. 시·도지사가 법 제10조제2항에 따른 비상소화장치의 설치가 필요하다고 인정하는 지역

- **화재예방법 제18조(화재예방강화지구의 지정 등)**
  ① 시·도지사는 다음 각 호의 어느 하나에 해당하는 지역을 화재예방강화지구로 지정하여 관리할 수 있다.

1. 시장지역
2. 공장·창고가 밀집한 지역
3. 목조건물이 밀집한 지역
4. 노후·불량건축물이 밀집한 지역
5. 위험물의 저장 및 처리 시설이 밀집한 지역
6. 석유화학제품을 생산하는 공장이 있는 지역
7. 「산업입지 및 개발에 관한 법률」제2조제8호에 따른 산업단지
8. 소방시설·소방용수시설 또는 소방출동로가 없는 지역
9. 「물류시설의 개발 및 운영에 관한 법률」제2조제6호에 따른 물류단지
10. 그 밖에 제1호부터 제9호까지에 준하는 지역으로서 소방관서장이 화재예방강화지구로 지정할 필요가 있다고 인정하는 지역

- 소방기본법 시행규칙

제6조(소방용수시설 및 비상소화장치의 설치기준) ① 특별시장·광역시장·특별자치시장·도지사 또는 특별자치도지사(이하 "시·도지사"라 한다)는 법 제10조 제1항의 규정에 의하여 설치된 소방용수시설에 대하여 별표 2의 소방용수표지를 보기 쉬운 곳에 설치해야 한다.
② 법 제10조제1항에 따른 소방용수시설의 설치기준은 별표 3과 같다.
③ 법 제10조제2항에 따른 비상소화장치의 설치기준은 다음 각 호와 같다.
1. 비상소화장치는 비상소화장치함, 소화전, 소방호스(소화전의 방수구에 연결하여 소화용수를 방수하기 위한 도관으로서 호스와 연결금속구로 구성되어 있는 소방용릴호스 또는 소방용고무내장호스를 말한다), 관창(소방호스용 연결금속구 또는 중간연결금속구 등의 끝에 연결하여 소화용수를 방수하기 위한 나사식 또는 차입식 토출기구를 말한다)을 포함하여 구성할 것
2. 소방호스 및 관창은 「소방시설 설치 및 관리에 관한 법률」제37조제5항에 따라 소방청장이 정하여 고시하는 형식승인 및 제품검사의 기술기준에 적합한 것으로 설치할 것
3. 비상소화장치함은 「소방시설 설치 및 관리에 관한 법률」제40조제4항에 따라 소방청장이 정하여 고시하는 성능인증 및 제품검사의 기술기준에 적합한 것으로 설치할 것
④ 제3항에서 규정한 사항 외에 비상소화장치의 설치기준에 관한 세부 사항은 소방청장이 정한다.

■ 소방기본법 시행규칙 [별표 2] <개정 2020. 2. 20.>

소방용수표지(제6조제1항 관련)

1. 지하에 설치하는 소화전 또는 저수조의 경우 소방용수표지는 다음 각 목의 기준에 따라 설치한다.
   가. 맨홀 뚜껑은 지름 648밀리미터 이상의 것으로 할 것. 다만, 승하강식 소화전의 경우에는 이를 적용하지 않는다.
   나. 맨홀 뚜껑에는 "소화전·주정차금지" 또는 "저수조·주정차금지"의 표시를 할 것
   다. 맨홀뚜껑 부근에는 노란색 반사도료로 폭 15센티미터의 선을 그 둘레를 따라 칠할 것
2. 지상에 설치하는 소화전, 저수조 및 급수탑의 경우 소방용수표지는 다음 각 목의 기준에 따라 설치한다.
   가. 규격

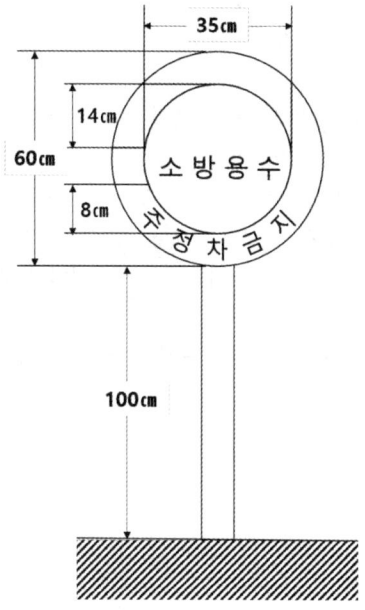

   나. 안쪽 문자는 흰색, 바깥쪽 문자는 노란색으로, 안쪽 바탕은 붉은색, 바깥쪽 바탕은 파란색으로 하고, 반사재료를 사용해야 한다.
   다. 가목의 규격에 따른 소방용수표지를 세우는 것이 매우 어렵거나 부적당한 경우에는 그 규격 등을 다르게 할 수 있다.

▪ 소방기본법 시행규칙 [별표 3]

소방용수시설의 설치기준(제6조제2항관련)

1. 공통기준
   가. 국토의 계획 및 이용에 관한 법률 제36조제1항제1호의 규정에 의한 주거지역·상업지역 및 공업지역에 설치하는 경우 : 소방대상물과의 수평거리를 100미터 이하가 되도록 할 것
   나. 가목 외의 지역에 설치하는 경우 : 소방대상물과의 수평거리를 140미터 이하가 되도록 할 것
2. 소방용수시설별 설치기준
   가. 소화전의 설치기준 : 상수도와 연결하여 지하식 또는 지상식의 구조로 하고, 소방용호스와 연결하는 소화전의 연결금속구의 구경은 65밀리미터로 할 것
   나. 급수탑의 설치기준 : 급수배관의 구경은 100밀리미터 이상으로 하고, 개폐밸브는 지상에서 1.5미터 이상 1.7미터 이하의 위치에 설치하도록 할 것
   다. 저수조의 설치기준
       (1) 지면으로부터의 낙차가 4.5미터 이하일 것
       (2) 흡수부분의 수심이 0.5미터 이상일 것
       (3) 소방펌프자동차가 쉽게 접근할 수 있도록 할 것
       (4) 흡수에 지장이 없도록 토사 및 쓰레기 등을 제거할 수 있는 설비를 갖출 것
       (5) 흡수관의 투입구가 사각형의 경우에는 한 변의 길이가 60센티미터 이상, 원형의 경우에는 지름이 60센티미터 이상일 것
       (6) 저수조에 물을 공급하는 방법은 상수도에 연결하여 자동으로 급수되는 구조일 것

소방시설공사업법

01 소방시설공사업법령상 소방시설공사의 착공신고 대상에 관한 조문의 일부이다. ( )에 들어갈 내용을 쓰시오.

> 특정소방대상물에 설치된 소방시설등을 구성하는 다음 각 목의 어느 하나에 해당하는 것의 전부 또는 일부를 개설(改設), 이전(移轉) 또는 정비(整備)하는 공사. 다만, 고장 또는 파손 등으로 인하여 작동시킬 수 없는 소방시설을 긴급히 교체하거나 보수해야 하는 경우에는 신고하지 않을 수 있다.
> 가. (ㄱ) 나. (ㄴ) 다. (ㄷ)

정답 ㄱ. 수신반(受信盤) ㄴ. 소화펌프 ㄷ. 동력(감시)제어반

02 소방시설공사업법령상 공사완료 후 하자보수 보증기간이 2년인 소방시설을 모두 쓰시오.

정답 피난기구, 유도등, 유도표지, 비상경보설비, 비상조명등, 비상방송설비, 무선통신보조설비
시행령 제6조
※ 하자보수 대상 소방시설별 하자보수 보증기간

하자보수 대상 소방시설	하자보수 보증기간
피난기구, 유도등, 유도표지, 비상경보설비, 비상조명등, 비상방송설비 및 무선통신보조설비	2년
자동소화장치, 옥내소화전설비, 스프링클러설비, 간이스프링클러설비, 물분무등소화설비, 옥외소화전설비, 자동화재탐지설비, 상수도소화용수설비 및 소화활동설비(무선통신보조설비는 제외)	3년

03 소방시설공사업법령상 완공검사를 위한 현장확인 대상 특정소방대상물의 범위를 쓰시오.

정답
1. 문화 및 집회시설, 종교시설, 판매시설, 노유자시설, 수련시설, 운동시설, 숙박시설, 창고시설, 지하상가 및 「다중이용업소의 안전관리에 관한 특별법」에 따른 다중이용업소
2. 다음 각 목의 어느 하나에 해당하는 설비가 설치되는 특정소방대상물
    ㉠ 스프링클러설비등
    ㉡ 물분무등소화설비(호스릴방식의 소화설비는 제외)
3. 연면적 1만㎡ 이상이거나 11층 이상인 특정소방대상물(아파트는 제외)
4. 가연성가스를 제조·저장 또는 취급하는 시설 중 지상에 노출된 가연성가스탱크의 저장용량 합계가 1천톤 이상인 시설

화재의 예방 및 안전관리에 관한 법률

01 화재예방법령상 화재안전조사를 실시해야 하는 경우를 모두 쓰시오.

1. 「소방시설 설치 및 관리에 관한 법률」 제22조에 따른 자체점검이 불성실하거나 불완전하다고 인정되는 경우
2. 화재예방강화지구 등 법령에서 화재안전조사를 하도록 규정되어 있는 경우
3. 화재예방안전진단이 불성실하거나 불완전하다고 인정되는 경우
4. 국가적 행사 등 주요 행사가 개최되는 장소 및 그 주변의 관계 지역에 대하여 소방안전관리 실태를 조사할 필요가 있는 경우
5. 화재가 자주 발생하였거나 발생할 우려가 뚜렷한 곳에 대한 조사가 필요한 경우
6. 재난예측정보, 기상예보 등을 분석한 결과 소방대상물에 화재의 발생 위험이 크다고 판단되는 경우
7. 제1호부터 제6호까지에서 규정한 경우 외에 화재, 그 밖의 긴급한 상황이 발생할 경우 인명 또는 재산 피해의 우려가 현저하다고 판단되는 경우

02 화재예방법령상 화재예방강화지구 및 이에 준하는 대통령령으로 정하는 장소[제조소등, 가스저장소, 액화석유가스의 저장소·판매소, 수소연료공급시설 및 사용시설, 화약류저장소등]에서 해서는 안되는 행위 4가지를 쓰시오.

1. 모닥불, 흡연 등 화기의 취급
2. 풍등 등 소형열기구 날리기
3. 용접·용단 등 불꽃을 발생시키는 행위
4. 그 밖에 대통령령으로 정하는 화재 발생 위험이 있는 행위

03 위 2번문제에서의 장소에서 위 행위를 할 수 있는 경우는 어떠한 안전조치를 취한 경우인지 그 안전조치사항을 쓰시오.

1. 「국민건강증진법」 제9조제4항 각 호 외의 부분 후단에 따라 설치한 흡연실 등 법령에 따라 지정된 장소에서 화기 등을 취급하는 경우
2. 소화기 등 소방시설을 비치 또는 설치한 장소에서 화기 등을 취급하는 경우
3. 「산업안전보건기준에 관한 규칙」 제241조의2제1항에 따른 화재감시자 등 안전요원이 배치된 장소에서 화기 등을 취급하는 경우
4. 그 밖에 소방관서장과 사전 협의하여 안전조치를 한 경우

예상문제

04 화재예방법 시행령 [별표 1]에서 규정하는 보일러설치기준 중 화목등 고체연료를 사용하는 경우 지켜야 하는 사항 5가지를 쓰시오.

1. 고체연료는 보일러 본체와 수평거리 2미터 이상 간격을 두어 보관하거나 불연재료로 된 별도의 구획된 공간에 보관할 것
2. 연통은 천장으로부터 0.6미터 떨어지고, 연통의 배출구는 건물 밖으로 0.6미터 이상 나오도록 설치할 것
3. 연통의 배출구는 보일러 본체보다 2미터 이상 높게 설치할 것
4. 연통이 관통하는 벽면, 지붕 등은 불연재료로 처리할 것
5. 연통재질은 불연재료로 사용하고 연결부에 청소구를 설치할 것

05 화재예방법 시행령 [별표 1]에서 규정하는 노·화덕설비를 사용하는 경우 지켜야 하는 사항을 모두 쓰시오.

1. 실내에 설치하는 경우에는 흙바닥 또는 금속 외의 불연재료로 된 바닥에 설치해야 한다.
2. 노 또는 화덕을 설치하는 장소의 벽·천장은 불연재료로 된 것이어야 한다.
3. 노 또는 화덕의 주위에는 녹는 물질이 확산되지 않도록 높이 0.1미터 이상의 턱을 설치해야 한다.
4. 시간당 열량이 30만킬로칼로리 이상인 노를 설치하는 경우에는 다음의 사항을 지켜야 한다.
    가. 「건축법」 제2조제1항제7호에 따른 주요구조부(이하 "주요구조부"라 한다)는 불연재료 이상으로 할 것
    나. 창문과 출입구는 「건축법 시행령」 제64조에 따른 60분+ 방화문 또는 60분 방화문으로 설치할 것
    다. 노 주위에는 1미터 이상 공간을 확보할 것

06 화재예방법 시행령 [별표 1]에서 규정하는 불꽃을 사용하는 용접·용단기구 사용시 지켜야 하는 사항을 쓰시오.

1. 용접 또는 용단 작업장 주변 반경 5미터 이내에 소화기를 갖추어 둘 것
2. 용접 또는 용단 작업장 주변 반경 10미터 이내에는 가연물을 쌓아두거나 놓아두지 말 것. 다만, 가연물의 제거가 곤란하여 방화포 등으로 방호조치를 한 경우는 제외한다.

07 화재예방법 시행령 [별표 1]에서 규정하는 음식조리를 위하여 설치하는 설비 설치시 지켜야 하는 사항을 쓰시오.

1. 주방설비에 부속된 배출덕트(공기 배출통로)는 0.5밀리미터 이상의 아연도금강판 또는 이와 같거나 그 이상의 내식성 불연재료로 설치할 것
2. 주방시설에는 동물 또는 식물의 기름을 제거할 수 있는 필터 등을 설치할 것
3. 열을 발생하는 조리기구는 반자 또는 선반으로부터 0.6미터 이상 떨어지게 할 것
4. 열을 발생하는 조리기구로부터 0.15미터 이내의 거리에 있는 가연성 주요구조부는 단열성이 있는 불연재료로 덮어 씌울 것

08 화재예방법 시행령 [별표 3]에서 규정하는 특수가연물의 저장 및 취급 기준 5가지를 쓰시오. (단, 석탄·목탄류를 발전용으로 저장하는 경우는 제외한다)

1. 품명별로 구분하여 쌓을 것
2. 다음의 기준에 맞게 쌓을 것

구분	살수설비를 설치하거나 방사능력 범위에 해당 특수가연물이 포함되도록 대형수동식소화기를 설치하는 경우	그 밖의 경우
높이	15미터 이하	10미터 이하
쌓는 부분의 바닥면적	200제곱미터(석탄·목탄류의 경우에는 300제곱미터) 이하	50제곱미터(석탄·목탄류의 경우에는 200제곱미터) 이하

3. 실외에 쌓아 저장하는 경우 쌓는 부분이 대지경계선, 도로 및 인접 건축물과 최소 6미터 이상 간격을 둘 것. 다만, 쌓는 높이보다 0.9미터 이상 높은 「건축법 시행령」 제2조제7호에 따른 내화구조(이하 "내화구조"라 한다) 벽체를 설치한 경우는 그렇지 않다.
4. 실내에 쌓아 저장하는 경우 주요구조부는 내화구조이면서 불연재료여야 하고, 다른 종류의 특수가연물과 같은 공간에 보관하지 않을 것. 다만, 내화구조의 벽으로 분리하는 경우는 그렇지 않다.
5. 쌓는 부분 바닥면적의 사이는 실내의 경우 1.2미터 또는 쌓는 높이의 1/2 중 큰 값 이상으로 간격을 두어야 하며, 실외의 경우 3미터 또는 쌓는 높이 중 큰 값 이상으로 간격을 둘 것

09 화재예방법 시행령[별표 3]에 따른 특수가연물 표지의 설치기준을 쓰시오.

1. 특수가연물을 저장 또는 취급하는 장소에는 품명, 최대저장수량, 단위부피당 질량 또는 단위체적당 질량, 관리책임자 성명·직책, 연락처 및 화기취급의 금지표시가 포함된 특수가연물 표지를 설치해야 한다.
2. 특수가연물 표지의 규격은 다음과 같다.
    가. 특수가연물 표지는 한 변의 길이가 0.3미터 이상, 다른 한 변의 길이가 0.6미터 이상인 직사각형으로 할 것
    나. 특수가연물 표지의 바탕은 흰색으로, 문자는 검은색으로 할 것. 다만, "화기엄금" 표시 부분은 제외한다.
    다. 특수가연물 표지 중 화기엄금 표시 부분의 바탕은 붉은색으로, 문자는 백색으로 할 것
3. 특수가연물 표지는 특수가연물을 저장하거나 취급하는 장소 중 보기 쉬운 곳에 설치해야 한다.

10 화재예방법령상 특급 소방안전관리대상물의 범위, 안전관리자의 자격요건 및 선임인원을 쓰시오.

1. 특급 소방안전관리대상물의 범위
    「소방시설 설치 및 관리에 관한 법률 시행령」 별표 2의 특정소방대상물 중 다음의 어느 하나에 해당하는 것
    가. 50층 이상(지하층은 제외한다)이거나 지상으로부터 높이가 200미터 이상인 아파트
    나. 30층 이상(지하층을 포함한다)이거나 지상으로부터 높이가 120미터 이상인 특정소방대상물(아파트는 제외한다)
    다. 나.에 해당하지 않는 특정소방대상물로서 연면적이 10만제곱미터 이상인 특정소방대상물(아파트는 제외한다)
2. 특급 소방안전관리대상물에 선임해야 하는 소방안전관리자의 자격
    다음의 어느 하나에 해당하는 사람으로서 특급 소방안전관리자 자격증을 발급받은 사람
    가. 소방기술사 또는 소방시설관리사의 자격이 있는 사람
    나. 소방설비기사의 자격을 취득한 후 5년 이상 1급 소방안전관리대상물의 소방안전관리자로 근무한 실무경력(법 제24조제3항에 따라 소방안전관리자로 선임되어 근무한 경력은 제외한다. 이하 이 표에서 같다)이 있는 사람
    다. 소방설비산업기사의 자격을 취득한 후 7년 이상 1급 소방안전관리대상물의 소방안전관리자로 근무한 실무경력이 있는 사람
    라. 소방공무원으로 20년 이상 근무한 경력이 있는 사람
    마. 소방청장이 실시하는 특급 소방안전관리대상물의 소방안전관리에 관한 시험에 합격한 사람
3. 선임인원 : 1명 이상

11 화재예방법령상 1급 소방안전관리대상물의 범위, 안전관리자의 자격요건 및 선임인원을 쓰시오.

1. 1급 소방안전관리대상물의 범위
   「소방시설 설치 및 관리에 관한 법률 시행령」 별표 2의 특정소방대상물 중 다음의 어느 하나에 해당하는 것(제1호에 따른 특급 소방안전관리대상물은 제외한다)
   가. 30층 이상(지하층은 제외한다)이거나 지상으로부터 높이가 120미터 이상인 아파트
   나. 연면적 1만5천제곱미터 이상인 특정소방대상물(아파트 및 연립주택은 제외한다)
   다. 나.에 해당하지 않는 특정소방대상물로서 지상층의 층수가 11층 이상인 특정소방대상물(아파트는 제외한다)
   라. 가연성 가스를 1천톤 이상 저장·취급하는 시설
2. 1급 소방안전관리대상물에 선임해야 하는 소방안전관리자의 자격
   다음의 어느 하나에 해당하는 사람으로서 1급 소방안전관리자 자격증을 발급받은 사람 또는 제1호에 따른 특급 소방안전관리대상물의 소방안전관리자 자격증을 발급받은 사람
   가. 소방설비기사 또는 소방설비산업기사의 자격이 있는 사람
   나. 소방공무원으로 7년 이상 근무한 경력이 있는 사람
   다. 소방청장이 실시하는 1급 소방안전관리대상물의 소방안전관리에 관한 시험에 합격한 사람
3. 선임인원 : 1명 이상

12 화재예방법령상 2급 소방안전관리대상물의 범위, 안전관리자의 자격요건 및 선임인원을 쓰시오.

1. 2급 소방안전관리대상물의 범위
   「소방시설 설치 및 관리에 관한 법률 시행령」 별표 2의 특정소방대상물 중 다음의 어느 하나에 해당하는 것(제1호에 따른 특급 소방안전관리대상물 및 제2호에 따른 1급 소방안전관리대상물은 제외한다)
   가. 「소방시설 설치 및 관리에 관한 법률 시행령」 별표 4 제1호다목에 따라 옥내소화전설비를 설치해야 하는 특정소방대상물, 같은 호 라목에 따라 스프링클러설비를 설치해야 하는 특정소방대상물 또는 같은 호 바목에 따라 물분무등소화설비[화재안전기준에 따라 호스릴(hose reel) 방식의 물분무등소화설비만을 설치할 수 있는 특정소방대상물은 제외한다]를 설치해야 하는 특정소방대상물
   나. 가스 제조설비를 갖추고 도시가스사업의 허가를 받아야 하는 시설 또는 가연성 가스를 100톤 이상 1천톤 미만 저장·취급하는 시설
   다. 지하구
   라. 「공동주택관리법」 제2조제1항제2호의 어느 하나에 해당하는 공동주택(「소방시설 설치 및 관리에 관한 법률 시행령」 별표 4 제1호다목 또는 라목에 따른 옥내소화전설비 또는 스프링클러설비가 설치된 공동주택으로 한정한다)
   마. 「문화유산의 보존 및 활용에 관한 법률」 제23조에 따라 보물 또는 국보로 지정된 목조 건축물
2. 2급 소방안전관리대상물에 선임해야 하는 소방안전관리자의 자격
   다음의 어느 하나에 해당하는 사람으로서 2급 소방안전관리자 자격증을 발급받은 사람, 제1호에 따른 특급 소방안전관리대상물 또는 제2호에 따른 1급 소방안전관리대상물의 소방안전관리자 자격증을 발급받은 사람
   가. 위험물기능장·위험물산업기사 또는 위험물기능사 자격이 있는 사람
   나. 소방공무원으로 3년 이상 근무한 경력이 있는 사람

다. 소방청장이 실시하는 2급 소방안전관리대상물의 소방안전관리에 관한 시험에 합격한 사람
라. 「기업활동 규제완화에 관한 특별조치법」 제29조, 제30조 및 제32조에 따라 소방안전관리자로 선임된 사람(소방안전관리자로 선임된 기간으로 한정한다)
3. 선임인원 : 1명 이상

13 화재예방법령상 3급 소방안전관리대상물의 범위, 안전관리자의 자격요건 및 선임인원을 쓰시오.

1. 3급 소방안전관리대상물의 범위
   「소방시설 설치 및 관리에 관한 법률 시행령」 별표 2의 특정소방대상물 중 다음의 어느 하나에 해당하는 것(제1호에 따른 특급 소방안전관리대상물, 제2호에 따른 1급 소방안전관리대상물 및 제3호에 따른 2급 소방안전관리대상물은 제외한다)
   가. 「소방시설 설치 및 관리에 관한 법률 시행령」 별표 4 제1호마목에 따라 간이스프링클러설비(주택전용 간이스프링클러설비는 제외한다)를 설치해야 하는 특정소방대상물
   나. 「소방시설 설치 및 관리에 관한 법률 시행령」 별표 4 제2호다목에 따른 자동화재탐지설비를 설치해야 하는 특정소방대상물
2. 3급 소방안전관리대상물에 선임해야 하는 소방안전관리자의 자격
   다음의 어느 하나에 해당하는 사람으로서 3급 소방안전관리자 자격증을 발급받은 사람 또는 제1호부제3호까지의 규정에 따라 특급 소방안전관리대상물, 1급 소방안전관리대상물 또는 2급 소방안전관리대상물의 소방안전관리자 자격증을 발급받은 사람
   가. 소방공무원으로 1년 이상 근무한 경력이 있는 사람
   나. 소방청장이 실시하는 3급 소방안전관리대상물의 소방안전관리에 관한 시험에 합격한 사람
   다. 「기업활동 규제완화에 관한 특별조치법」 제29조, 제30조 및 제32조에 따라 소방안전관리자로 선임된 사람(소방안전관리자로 선임된 기간으로 한정한다)
3. 선임인원 : 1명 이상

14 화재예방법령상 소방안전관리보조자를 선임해야 하는 소방안전관리대상물의 범위를 쓰시오.

1. 「건축법 시행령」 별표 1 제2호가목에 따른 아파트 중 300세대 이상인 아파트
2. 연면적이 1만5천제곱미터 이상인 특정소방대상물(아파트 및 연립주택은 제외한다)
3. 1 및 2에 따른 특정소방대상물을 제외한 특정소방대상물 중 다음의 어느 하나에 해당하는 특정소방대상물
   가. 공동주택 중 기숙사
   나. 의료시설
   다. 노유자 시설
   라. 수련시설
   마. 숙박시설(숙박시설로 사용되는 바닥면적의 합계가 1천500제곱미터 미만이고 관계인이 24시간 상시 근무하고 있는 숙박시설은 제외한다)

15 화재예방법령상 소방안전관리자의 업무사항 9가지를 쓰시오.

1. 제36조에 따른 피난계획에 관한 사항과 대통령령으로 정하는 사항이 포함된 소방계획서의 작성 및 시행
2. 자위소방대(自衛消防隊) 및 초기대응체계의 구성, 운영 및 교육
3. 「소방시설 설치 및 관리에 관한 법률」 제16조에 따른 피난시설, 방화구획 및 방화시설의 관리
4. 소방시설이나 그 밖의 소방 관련 시설의 관리
5. 제37조에 따른 소방훈련 및 교육
6. 화기(火氣) 취급의 감독
7. 행정안전부령으로 정하는 바에 따른 소방안전관리에 관한 업무수행에 관한 기록·유지(제3호·제4호 및 제6호의 업무를 말한다)
8. 화재발생 시 초기대응
9. 그 밖에 소방안전관리에 필요한 업무

16 화재예방법령상 소방안전관리대상물의 관계인이 제24조에 따라 소방안전관리자 또는 소방안전관리보조자를 선임한 경우에는 행정안전부령으로 정하는 바에 따라 선임한 날부터 14일 이내에 소방본부장 또는 소방서장에게 신고하고, 소방안전관리대상물의 출입자가 쉽게 알 수 있도록 소방안전관리자의 성명과 그 밖에 행정안전부령으로 정하는 사항을 게시해야 한다. 행정안전부령으로 정하는 사항 4가지를 쓰시오.

1. 소방안전관리대상물의 명칭 및 등급
2. 소방안전관리자의 성명 및 선임일자
3. 소방안전관리자의 연락처
4. 소방안전관리자의 근무 위치(화재 수신기 또는 종합방재실을 말한다)

17 화재예방법령상 관리의 권원이 분리된 특정소방대상물로서 권원별 관계인이 각각 소방안전관리자를 선임해야 하는 특정소방대상물의 종류를 쓰시오.

1. 복합건축물(지하층을 제외한 층수가 11층 이상 또는 연면적 3만제곱미터 이상인 건축물)
2. 지하가(지하의 인공구조물 안에 설치된 상점 및 사무실, 그 밖에 이와 비슷한 시설이 연속하여 지하도에 접하여 설치된 것과 그 지하도를 합한 것을 말한다)
3. 그 밖에 대통령령으로 정하는 특정소방대상물[판매시설 중 도매시장, 소매시장 및 전통시장]

18 다음은 화재예방법령상 관리의 권원별 소방안전관리자 선임 및 조정 기준에 관한 조문이다. ( )에 들어갈 내용을 쓰시오.

① 법 제35조제1항 본문에 따라 관리의 권원이 분리되어 있는 특정소방대상물의 관계인은 소유권, 관리권 및 점유권에 따라 각각 소방안전관리자를 선임해야 한다. 다만, 둘 이상의 소유권, 관리권 또는 점유권이 동일인에게 귀속된 경우에는 하나의 관리 권원으로 보아 소방안전관리자를 선임할 수 있다.

② 제1항에도 불구하고 다음 각 호의 어느 하나에 해당하는 경우에는 해당 호에서 정하는 바에 따라 소방안전관리자를 선임할 수 있다.
  1. 법령 또는 계약 등에 따라 공동으로 관리하는 경우 : (ㄱ   )
  2. 화재 수신기 또는 소화펌프(가압송수장치를 포함한다. 이하 이 항에서 같다)가 별도로 설치되어 있는 경우 : (ㄴ   )
  3. 하나의 화재 수신기 및 소화펌프가 설치된 경우 : (ㄷ   )

③ 제1항 및 제2항에도 불구하고 소방본부장 또는 소방서장은 법 제35조제1항 각 호 외의 부분 단서에 따라 관리의 권원이 많아 효율적인 소방안전관리가 이루어지지 않는다고 판단되는 경우 제1항 각 호의 기준 및 해당 특정소방대상물의 화재위험성 등을 고려하여 관리의 권원이 분리되어 있는 특정소방대상물의 관리의 권원을 조정하여 소방안전관리자를 선임하도록 할 수 있다.

정답
ㄱ - 하나의 관리 권원으로 보아 소방안전관리자 1명 선임
ㄴ - 설치된 화재 수신기 또는 소화펌프가 화재를 감지·소화 또는 경보할 수 있는 부분을 각각 하나의 관리 권원으로 보아 각각 소방안전관리자 선임
ㄷ - 하나의 관리 권원으로 보아 소방안전관리자 1명 선임

19 화재예방법령상 소방안전관리자를 선임해야 하는 건설현장 소방안전관리대상물을 모두 쓰시오.

정답
1. 신축·증축·개축·재축·이전·용도변경 또는 대수선을 하려는 부분의 연면적의 합계가 1만5천제곱미터 이상인 것
2. 신축·증축·개축·재축·이전·용도변경 또는 대수선을 하려는 부분의 연면적이 5천제곱미터 이상인 것으로서 다음 각 목의 어느 하나에 해당하는 것
   가. 지하층의 층수가 2개 층 이상인 것
   나. 지상층의 층수가 11층 이상인 것
   다. 냉동창고, 냉장창고 또는 냉동·냉장창고

20 화재예방법령상 소방안전관리대상물의 관계인이 피난시설의 위치, 피난경로 또는 대피요령이 포함된 피난유도 안내정보를 근무자 또는 거주자에게 정기적으로 제공하는 방법 4가지를 쓰시오.

정답
1. 연 2회 피난안내 교육을 실시하는 방법
2. 분기별 1회 이상 피난안내방송을 실시하는 방법
3. 피난안내도를 층마다 보기 쉬운 위치에 게시하는 방법
4. 엘리베이터, 출입구 등 시청이 용이한 장소에 피난안내영상을 제공하는 방법

소방시설 설치 및 관리에 관한 법률

01 소방시설법령에서 규정하는 아래 용어의 정의를 쓰시오.

① "화재안전기준"이란 소방시설 설치 및 관리를 위한 다음 각 목의 기준을 말한다.
  ㉠ 성능기준 :
  ㉡ 기술기준 :
② "무창층"(無窓層) :
③ "피난층" :

①의 ㉠ : 화재안전 확보를 위하여 재료, 공간 및 설비 등에 요구되는 안전성능으로서 소방청장이 고시로 정하는 기준
①의 ㉡ : 위 ㉠에 따른 성능기준을 충족하는 상세한 규격, 특정한 수치 및 시험방법 등에 관한 기준으로서 행정안전부령으로 정하는 절차에 따라 소방청장의 승인을 받은 기준
② : 지상층 중 다음 각 목의 요건을 모두 갖춘 개구부(건축물에서 채광·환기·통풍 또는 출입 등을 위하여 만든 창·출입구, 그 밖에 이와 비슷한 것을 말한다. 이하 같다)의 면적의 합계가 해당 층의 바닥면적(「건축법 시행령」 제119조제1항제3호에 따라 산정된 면적을 말한다. 이하 같다)의 30분의 1 이하가 되는 층을 말한다.
  가. 크기는 지름 50센티미터 이상의 원이 통과할 수 있을 것
  나. 해당 층의 바닥면으로부터 개구부 밑부분까지의 높이가 1.2미터 이내일 것
  다. 도로 또는 차량이 진입할 수 있는 빈터를 향할 것
  라. 화재 시 건축물로부터 쉽게 피난할 수 있도록 창살이나 그 밖의 장애물이 설치되지 않을 것
  마. 내부 또는 외부에서 쉽게 부수거나 열 수 있을 것
③ : 곧바로 지상으로 갈 수 있는 출입구가 있는 층을 말한다.

02 소방시설법 시행령[별표 2]에 따른 지하가와 지하구에 해당되는 특정소방대상물의 종류를 쓰시오.

1. 지하가
   지하의 인공구조물 안에 설치되어 있는 상점, 사무실, 그 밖에 이와 비슷한 시설이 연속하여 지하도에 면하여 설치된 것과 그 지하도를 합한 것
   가. 지하상가
   나. 터널 : 차량(궤도차량용은 제외한다) 등의 통행을 목적으로 지하, 수저 또는 산을 뚫어서 만든 것
2. 지하구
   가. 전력·통신용의 전선이나 가스·냉난방용의 배관 또는 이와 비슷한 것을 집합수용하기 위하여 설치한 지하 인공구조물로서 사람이 점검 또는 보수를 하기 위하여 출입이 가능한 것 중 다음의 어느 하나에 해당하는 것

1) 전력 또는 통신사업용 지하 인공구조물로서 전력구(케이블 접속부가 없는 경우는 제외한다) 또는 통신구 방식으로 설치된 것
2) 1)외의 지하 인공구조물로서 폭이 1.8m 이상이고 높이가 2m 이상이며 길이가 50m 이상인 것
나. 「국토의 계획 및 이용에 관한 법률」 제2조제9호에 따른 공동구

03 다음은 소방시설법 시행령 [별표 2]에 따른 특정소방대상물 중 복합건축물에 관한 내용이다. ( )에 들어갈 내용을 쓰시오.

> 30. 복합건축물
> 가. 하나의 건축물이 제1호부터 제27호까지의 것 중 둘 이상의 용도로 사용되는 것. 다만, 다음의 어느 하나에 해당하는 경우에는 복합건축물로 보지 않는다.
>   1) 관계 법령에서 주된 용도의 부수시설로서 그 설치를 의무화하고 있는 용도 또는 시설
>   2) 「주택법」 제35조제1항제3호 및 제4호에 따라 주택 안에 부대시설 또는 복리시설이 설치되는 특정소방대상물
>   3) 건축물의 주된 용도의 기능에 필수적인 용도로서 다음의 어느 하나에 해당하는 용도
>   가) (ㄱ)
>   나) (ㄴ)
>   다) (ㄷ)
> 나. 하나의 건축물이 (ㄹ)의 용도와 주택의 용도로 함께 사용되는 것

ㄱ - 건축물의 설비(제23호마목의 전기저장시설을 포함한다), 대피 또는 위생을 위한 용도, 그 밖에 이와 비슷한 용도
ㄴ - 사무, 작업, 집회, 물품저장 또는 주차를 위한 용도, 그 밖에 이와 비슷한 용도
ㄷ - 구내식당, 구내세탁소, 구내운동시설 등 종업원후생복리시설(기숙사는 제외한다) 또는 구내소각시설의 용도, 그 밖에 이와 비슷한 용도
ㄹ - 근린생활시설, 판매시설, 업무시설, 숙박시설 또는 위락시설

04 소방시설법 시행령 [별표 2]에 따라 둘 이상의 특정소방대상물을 하나의 특정소방대상물로 볼 수 있는 연결 통로(복도 또는 통로)의 구조에 대해 쓰시오.

1. 내화구조로 된 연결통로가 다음의 어느 하나에 해당되는 경우
   가. 벽이 없는 구조로서 그 길이가 6m 이하인 경우
   나. 벽이 있는 구조로서 그 길이가 10m 이하인 경우. 다만, 벽 높이가 바닥에서 천장까지의 높이의 2분의 1 이상인 경우에는 벽이 있는 구조로 보고, 벽 높이가 바닥에서 천장까지의 높이의 2분의 1 미만인 경우에는 벽이 없는 구조로 본다.
2. 내화구조가 아닌 연결통로로 연결된 경우
3. 컨베이어로 연결되거나 플랜트설비의 배관 등으로 연결되어 있는 경우

4. 지하보도, 지하상가, 지하가로 연결된 경우
5. 자동방화셔터 또는 60분+ 방화문이 설치되지 않은 피트(전기설비 또는 배관설비 등이 설치되는 공간을 말한다)로 연결된 경우
6. 지하구로 연결된 경우

05
소방시설법 시행령 [별표 2]에 따라 연결통로 또는 지하구와 특정소방대상물의 양쪽에 어떠한 시설을 설치하는 경우 각각 별개의 특정소방대상물로 보는지 쓰시오.

1. 화재 시 경보설비 또는 자동소화설비의 작동과 연동하여 자동으로 닫히는 자동방화셔터 또는 60분+ 방화문이 설치된 경우
2. 화재 시 자동으로 방수되는 방식의 드렌처설비 또는 개방형 스프링클러헤드가 설치된 경우

06
소방시설법 시행령 [별표 2]에 따라 특정소방대상물의 지하층이 지하가와 연결되어 있는 경우에도 불구하고 해당 지하층의 부분을 지하가로 보지 않는 경우에 대해 쓰시오.

지하가와 연결되는 지하층에 지하층 또는 지하가에 설치된 자동방화셔터 또는 60분+ 방화문이 화재 시 경보설비 또는 자동소화설비의 작동과 연동하여 자동으로 닫히는 구조이거나 그 윗부분에 드렌처설비가 설치된 경우

07
소방시설법 시행령 [별표 3]에 따른 소방용품의 종류를 모두 쓰시오. (단, 그 밖에 행정안전부령으로 정하는 소방 관련 제품 또는 기기는 제외한다)

1. 소화설비를 구성하는 제품 또는 기기
   가. 별표 1 제1호가목의 소화기구(소화약제 외의 것을 이용한 간이소화용구는 제외한다)
   나. 별표 1 제1호나목의 자동소화장치
   다. 소화설비를 구성하는 소화전, 관창(菅槍), 소방호스, 스프링클러헤드, 기동용 수압개폐장치, 유수제어밸브 및 가스관선택밸브
2. 경보설비를 구성하는 제품 또는 기기
   가. 누전경보기 및 가스누설경보기
   나. 경보설비를 구성하는 발신기, 수신기, 중계기, 감지기 및 음향장치(경종만 해당한다)
3. 피난구조설비를 구성하는 제품 또는 기기
   가. 피난사다리, 구조대, 완강기(지지대를 포함한다) 및 간이완강기(지지대를 포함한다)
   나. 공기호흡기(충전기를 포함한다)
   다. 피난구유도등, 통로유도등, 객석유도등 및 예비 전원이 내장된 비상조명등
4. 소화용으로 사용하는 제품 또는 기기
   가. 소화약제[별표 1 제1호나목2) 및 3)의 자동소화장치와 같은 호 마목3)부터 9)까지의 소화설비용만 해당한다]
   나. 방염제(방염액·방염도료 및 방염성물질을 말한다)

08 소방시설법령상 건축허가 동의 대상에서 제외되는 경우 3가지를 쓰시오.

1. 특정소방대상물에 설치되는 소화기구, 자동소화장치, 누전경보기, 단독경보형감지기, 가스누설경보기 및 피난구조설비(비상조명등은 제외한다)가 화재안전기준에 적합한 경우 해당 특정소방대상물
2. 건축물의 증축 또는 용도변경으로 인하여 해당 특정소방대상물에 추가로 소방시설이 설치되지 않는 경우 해당 특정소방대상물
3. 「소방시설공사업법 시행령」 제4조에 따른 소방시설공사의 착공신고 대상에 해당하지 않는 경우 해당 특정소방대상물

09 소방시설법령상 내진설계 기준에 맞게 설치해야 하는 소방시설의 종류 3가지를 쓰시오.

옥내소화전설비, 스프링클러설비 및 물분무등소화설비

10 소방시설법령상 성능위주설계를 해야 하는 특정소방대상물의 범위를 쓰시오.

1. 연면적 20만제곱미터 이상인 특정소방대상물. 다만, 별표 2 제1호가목에 따른 아파트등(이하 "아파트등"이라 한다)은 제외한다.
2. 50층 이상(지하층은 제외한다)이거나 지상으로부터 높이가 200미터 이상인 아파트등
3. 30층 이상(지하층을 포함한다)이거나 지상으로부터 높이가 120미터 이상인 특정소방대상물(아파트등은 제외한다)
4. 연면적 3만제곱미터 이상인 특정소방대상물로서 다음 각목의 어느 하나에 해당하는 특정소방대상물
   가. 별표 2 제6호나목의 철도 및 도시철도 시설
   나. 별표 2 제6호다목의 공항시설
5. 별표 2 제16호의 창고시설 중 연면적 10만제곱미터 이상인 것 또는 지하층의 층수가 2개 층 이상이고 지하층의 바닥면적의 합계가 3만제곱미터 이상인 것
6. 하나의 건축물에 「영화 및 비디오물의 진흥에 관한 법률」 제2조제10호에 따른 영화상영관이 10개 이상인 특정소방대상물
7. 「초고층 및 지하연계 복합건축물 재난관리에 관한 특별법」 제2조제2호에 따른 지하연계 복합건축물에 해당하는 특정소방대상물
8. 별표 2 제27호의 터널 중 수저(水底)터널 또는 길이가 5천미터 이상인 것

11 소방시설법령상 스프링클러설비를 설치해야 하는 특정소방대상물에 대한 다음 물음에 답하시오.

1) 문화 및 집회시설, 운동시설, 종교시설의 경우 모든 층에 스프링클러설비를 설치해야 하는 경우를 쓰시오.

---

1. 수용인원이 100명 이상인 것
2. 영화상영관의 용도로 쓰는 층의 바닥면적이 지하층 또는 무창층인 경우에는 500㎡ 이상, 그 밖의 층의 경우에는 1천㎡ 이상인 것
3. 무대부가 지하층 · 무창층 또는 4층 이상의 층에 있는 경우에는 무대부의 면적이 300㎡ 이상인 것
4. 무대부가 위 3 외의 층에 있는 경우에는 무대부의 면적이 500㎡ 이상인 것

2) 바닥면적의 합계가 600m^2이상인 경우 모든 층에 스프링클러설비를 설치해야 하는 용도

---

1. 근린생활시설 중 조산원 및 산후조리원
2. 의료시설 중 정신의료기관
3. 의료시설 중 종합병원, 병원, 치과병원, 한방병원 및 요양병원
4. 노유자 시설
5. 숙박이 가능한 수련시설
6. 숙박시설

12 다음은 소방시설법령상 물분무등소화설비를 설치해야 하는 특정소방대상물에 관한 내용이다. ( )에 들어갈 내용을 쓰시오.

물분무등소화설비를 설치해야 하는 특정소방대상물(위험물 저장 및 처리 시설 중 가스시설 및 지하구는 제외한다)은 다음의 어느 하나에 해당하는 것으로 한다.
1) 항공기 및 자동차 관련 시설 중 항공기 격납고
2) (ㄱ)
3) 건축물의 내부에 설치된 차고 · 주차장으로서 차고 또는 주차의 용도로 사용되는 면적이 200㎡ 이상인 경우 해당 부분(50세대 미만 연립주택 및 다세대주택은 제외한다)
4) 기계장치에 의한 주차시설을 이용하여 20대 이상의 차량을 주차할 수 있는 시설
5) 특정소방대상물에 설치된 전기실 · 발전실 · 변전실(ㄴ) · 축전지실 · 통신기기실 또는 전산실, 그 밖에 이와 비슷한 것으로서 바닥면적이 300㎡ 이상인 것[하나의 방화구획 내에 둘 이상의 실(室)이 설치되어 있는 경우에는 이를 하나의 실로 보아 바닥면적을 산정한다]. 다만, 내화구조로 된 공정제어실 내에 설치된 주조정실로서 양압시설(외부 오염 공기 침투를 차단하고 내부의 나쁜 공기가 자연스럽게 외부로 흐를 수 있도록 한 시설을 말한다)이 설치되고 전기기기에 220볼트 이하인 저전압이 사용되며 종업원이 24시간 상주하는 곳은 제외한다.
6) 소화수를 수집 · 처리하는 설비가 설치되어 있지 않은 중 · 저준위방사성폐기물의 저장시설. 이 시설에는 (ㄷ)를 설치해야 한다.
7) 지하가 중 예상 교통량, 경사도 등 터널의 특성을 고려하여 행정안전부령으로 정하는 터널. 이 시설에는 물분무소화설비를 설치해야 한다.

8) 국가유산 중 「문화유산의 보존 및 활용에 관한 법률」에 따른 지정문화유산(문화유산자료를 제외한다) 또는 「자연유산의 보존 및 활용에 관한 법률」에 따른 천연기념물등(자연유산자료를 제외한다)으로서 소방청장이 국가유산청장과 협의하여 정하는 것

ㄱ - 차고, 주차용 건축물 또는 철골 조립식 주차시설. 이 경우 연면적 800㎡ 이상인 것만 해당한다.
ㄴ - 가연성 절연유를 사용하지 않는 변압기·전류차단기 등의 전기기기와 가연성 피복을 사용하지 않은 전선 및 케이블만을 설치한 전기실·발전실 및 변전실은 제외한다
ㄷ - 이산화탄소소화설비, 할론소화설비 또는 할로겐화합물 및 불활성기체 소화설비

13 소방시설법령상 자동화재탐지설비를 설치해야 하는 특정소방대상물 중 의료시설에 대한 설치대상을 쓰시오.

1. 의료시설(정신의료기관 및 요양병원은 제외한다)로서 연면적 600㎡ 이상인 경우에는 모든 층
2. 의료시설 중 정신의료기관 또는 요양병원으로서 다음의 어느 하나에 해당하는 시설
  가) 요양병원(의료재활시설은 제외한다)
  나) 정신의료기관 또는 의료재활시설로 사용되는 바닥면적의 합계가 300㎡ 이상인 시설
  다) 정신의료기관 또는 의료재활시설로 사용되는 바닥면적의 합계가 300㎡ 미만이고, 창살(철재·플라스틱 또는 목재 등으로 사람의 탈출 등을 막기 위하여 설치한 것을 말하며, 화재 시 자동으로 열리는 구조로 되어 있는 창살은 제외한다)이 설치된 시설

14 소방시설법령상 자동화재속보설비 설치대상을 쓰시오.

자동화재속보설비를 설치해야 하는 특정소방대상물은 다음의 어느 하나에 해당하는 것으로 한다. 다만, 방재실 등 화재 수신기가 설치된 장소에 24시간 화재를 감시할 수 있는 사람이 근무하고 있는 경우에는 자동화재속보설비를 설치하지 않을 수 있다.
1. 노유자 생활시설
2. 노유자 시설로서 바닥면적이 500㎡ 이상인 층이 있는 것
3. 수련시설(숙박시설이 있는 것만 해당한다)로서 바닥면적이 500㎡ 이상인 층이 있는 것
4. 문화유산 중 「문화유산의 보존 및 활용에 관한 법률」 제23조에 따라 보물 또는 국보로 지정된 목조건축물
5. 근린생활시설 중 다음의 어느 하나에 해당하는 시설
  가) 의원, 치과의원 및 한의원으로서 입원실이 있는 시설
  나) 조산원 및 산후조리원
6. 의료시설 중 다음의 어느 하나에 해당하는 것
  가) 종합병원, 병원, 치과병원, 한방병원 및 요양병원(의료재활시설은 제외한다)
  나) 정신병원 및 의료재활시설로 사용되는 바닥면적의 합계가 500㎡ 이상인 층이 있는 것
7. 판매시설 중 전통시장

15 소방시설법령상 객석유도등을 설치해야 하는 특정소방대상물을 쓰시오.

1. 유흥주점영업시설(「식품위생법 시행령」 제21조제8호라목의 유흥주점영업 중 손님이 춤을 출 수 있는 무대가 설치된 카바레, 나이트클럽 또는 그 밖에 이와 비슷한 영업시설만 해당한다)
2. 문화 및 집회시설
3. 종교시설
4. 운동시설

16 소방시설법령상 비상조명등을 설치해야 하는 특정소방대상물을 쓰시오.

비상조명등을 설치해야 하는 특정소방대상물(창고시설 중 창고 및 하역장, 위험물 저장 및 처리 시설 중 가스시설 및 사람이 거주하지 않거나 벽이 없는 축사 등 동물 및 식물 관련 시설은 제외한다)은 다음의 어느 하나에 해당하는 것으로 한다.
1. 지하층을 포함하는 층수가 5층 이상인 건축물로서 연면적 3천㎡ 이상인 경우에는 모든 층
2. 위 1에 해당하지 않는 특정소방대상물로서 그 지하층 또는 무창층의 바닥면적이 450㎡ 이상인 경우에는 해당 층
3. 지하가 중 터널로서 그 길이가 500m 이상인 것

17 소방시설법령상 휴대용비상조명등을 설치해야 하는 특정소방대상물을 쓰시오.

1. 숙박시설
2. 수용인원 100명 이상의 영화상영관, 판매시설 중 대규모점포, 철도 및 도시철도 시설 중 지하역사, 지하가 중 지하상가

18 소방시설법령상 옥외소화전 설비의 설치대상 중 행정안전부령으로 정하는 연소우려가 있는 구조에 대해 쓰시오.

다음 각 호의 기준에 모두 해당하는 구조를 말한다.
1. 건축물대장의 건축물 현황도에 표시된 대지경계선 안에 둘 이상의 건축물이 있는 경우
2. 각각의 건축물이 다른 건축물의 외벽으로부터 수평거리가 1층의 경우에는 6미터 이하, 2층 이상의 층의 경우에는 10미터 이하인 경우
3. 개구부(영 제2조제1호 각 목 외의 부분에 따른 개구부를 말한다)가 다른 건축물을 향하여 설치되어 있는 경우

19 소방시설법령상 수용인원의 산정 방법에 대해 쓰시오.

1. 숙박시설이 있는 특정소방대상물
   가. 침대가 있는 숙박시설 : 해당 특정소방대상물의 종사자 수에 침대 수(2인용 침대는 2개로 산정한다)를 합한 수
   나. 침대가 없는 숙박시설 : 해당 특정소방대상물의 종사자 수에 숙박시설 바닥면적의 합계를 3㎡로 나누어 얻은 수를 합한 수
2. 제1호 외의 특정소방대상물 점12회
   가. 강의실·교무실·상담실·실습실·휴게실 용도로 쓰는 특정소방대상물 : 해당 용도로 사용하는 바닥면적의 합계를 1.9㎡로 나누어 얻은 수
   나. 강당, 문화 및 집회시설, 운동시설, 종교시설 : 해당 용도로 사용하는 바닥면적의 합계를 4.6㎡로 나누어 얻은 수(관람석이 있는 경우 고정식 의자를 설치한 부분은 그 부분의 의자 수로 하고, 긴 의자의 경우에는 의자의 정면너비를 0.45m로 나누어 얻은 수로 한다)
   다. 그 밖의 특정소방대상물 : 해당 용도로 사용하는 바닥면적의 합계를 3㎡로 나누어 얻은 수

비고
1. 위 표에서 바닥면적을 산정할 때에는 복도(「건축법 시행령」 제2조제11호에 따른 준불연재료 이상의 것을 사용하여 바닥에서 천장까지 벽으로 구획한 것을 말한다), 계단 및 화장실의 바닥면적을 포함하지 않는다.
2. 계산 결과 소수점 이하의 수는 반올림한다.

20 소방시설법령상 "인화성 물품을 취급하는 작업 등 대통령령으로 정하는 작업"의 종류를 쓰시오.

1. 인화성·가연성·폭발성 물질을 취급하거나 가연성 가스를 발생시키는 작업
2. 용접·용단(금속·유리·플라스틱 따위를 녹여서 절단하는 일을 말한다) 등 불꽃을 발생시키거나 화기(火氣)를 취급하는 작업
3. 전열기구, 가열전선 등 열을 발생시키는 기구를 취급하는 작업
4. 알루미늄, 마그네슘 등을 취급하여 폭발성 부유분진(공기 중에 떠다니는 미세한 입자를 말한다)을 발생시킬 수 있는 작업
5. 그 밖에 제1호부터 제4호까지와 비슷한 작업으로 소방청장이 정하여 고시하는 작업

21 소방시설법 시행령 [별표 8]에 따른 임시소방시설의 종류 7가지를 쓰시오.

1. 소화기
2. 간이소화장치 : 물을 방사(放射)하여 화재를 진화할 수 있는 장치로서 소방청장이 정하는 성능을 갖추고 있을 것
3. 비상경보장치 : 화재가 발생한 경우 주변에 있는 작업자에게 화재사실을 알릴 수 있는 장치로서 소방청장이 정하는 성능을 갖추고 있을 것
4. 가스누설경보기 : 가연성 가스가 누설되거나 발생된 경우 이를 탐지하여 경보하는 장치로서 법 제37조에 따른 형식승인 및 제품검사를 받은 것

5. 간이피난유도선 : 화재가 발생한 경우 피난구 방향을 안내할 수 있는 장치로서 소방청장이 정하는 성능을 갖추고 있을 것
6. 비상조명등 : 화재가 발생한 경우 안전하고 원활한 피난활동을 할 수 있도록 자동 점등되는 조명장치로서 소방청장이 정하는 성능을 갖추고 있을 것
7. 방화포 : 용접·용단 등의 작업 시 발생하는 불티로부터 가연물이 점화되는 것을 방지해주는 천 또는 불연성 물품으로서 소방청장이 정하는 성능을 갖추고 있을 것

22 소방시설법 시행령 [별표 8]에 따른 임시소방시설을 설치해야 하는 공사의 종류와 규모를 쓰시오.

1. 소화기 : 법 제6조제1항에 따라 소방본부장 또는 소방서장의 동의를 받아야 하는 특정소방대상물의 신축·증축·개축·재축·이전·용도변경 또는 대수선 등을 위한 공사 중 법 제15조제1항에 따른 화재위험작업의 현장(이하 이 표에서 "화재위험작업현장"이라 한다)에 설치한다.
2. 간이소화장치 : 다음의 어느 하나에 해당하는 공사의 화재위험작업현장에 설치한다.
   가. 연면적 3천㎡ 이상
   나. 지하층, 무창층 또는 4층 이상의 층. 이 경우 해당 층의 바닥면적이 600㎡ 이상인 경우만 해당한다.
3. 비상경보장치 : 다음의 어느 하나에 해당하는 공사의 화재위험작업현장에 설치한다.
   가. 연면적 400㎡ 이상
   나. 지하층 또는 무창층. 이 경우 해당 층의 바닥면적이 150㎡ 이상인 경우만 해당한다.
4. 가스누설경보기 : 바닥면적이 150㎡ 이상인 지하층 또는 무창층의 화재위험작업현장에 설치한다.
5. 간이피난유도선 : 바닥면적이 150㎡ 이상인 지하층 또는 무창층의 화재위험작업현장에 설치한다.
6. 비상조명등 : 바닥면적이 150㎡ 이상인 지하층 또는 무창층의 화재위험작업현장에 설치한다.
7. 방화포 : 용접·용단 작업이 진행되는 화재위험작업현장에 설치한다.

23 소방시설법 시행령 [별표 8]에 따른 임시소방시설과 기능 및 성능이 유사한 소방시설로서 임시소방시설을 설치한 것으로 보는 소방시설을 모두 쓰시오.

1. 간이소화장치를 설치한 것으로 보는 소방시설 : 소방청장이 정하여 고시하는 기준에 맞는 소화기(연결송수관설비의 방수구 인근에 설치한 경우로 한정한다) [연결송수관설비의 방수구 인근에 대형소화기를 6개 이상 배치한 경우] 또는 옥내소화전설비
2. 비상경보장치를 설치한 것으로 보는 소방시설 : 비상방송설비 또는 자동화재탐지설비
3. 간이피난유도선을 설치한 것으로 보는 소방시설 : 피난유도선, 피난구유도등, 통로유도등 또는 비상조명등

24 다음은 소방시설법령상 소방시설기준 적용의 특례 및 강화된 소방시설기준의 적용대상에 관한 조문의 일부이다. ( )에 들어갈 소방시설을 쓰시오.

- 소방시설법 제13조(소방시설기준 적용의 특례) 中
  ① 소방본부장이나 소방서장은 제12조제1항 전단에 따른 대통령령 또는 화재안전기준이 변경되어 그 기준이 강화되는 경우 기존의 특정소방대상물(건축물의 신축·개축·재축·이전 및 대수선 중인 특정소방대상물을 포함한다)의 소방시설에 대하여는 변경 전의 대통령령 또는 화재안전기준을 적용한다. 다만, 다음 각 호의 어느 하나에 해당하는 소방시설의 경우에는 대통령령 또는 화재안전기준의 변경으로 강화된 기준을 적용할 수 있다.
  1. 다음 각 목의 소방시설 중 대통령령 또는 화재안전기준으로 정하는 것
     가. 소화기구
     나. 비상경보설비
     다. (ㄱ)
     라. (ㄴ)
     마. 피난구조설비
  2. 다음 각 목의 특정소방대상물에 설치하는 소방시설 중 대통령령 또는 화재안전기준으로 정하는 것
     가. 「국토의 계획 및 이용에 관한 법률」 제2조제9호에 따른 공동구
     나. 전력 및 통신사업용 지하구
     다. 노유자(老幼者) 시설
     라. 의료시설
                    - 이하 생략 -

- 소방시설법 시행령 제13조(강화된 소방시설기준의 적용대상)
  법 제13조제1항제2호 각 목 외의 부분에서 "대통령령으로 정하는 것"이란 다음 각 호의 소방시설을 말한다.
  1. 「국토의 계획 및 이용에 관한 법률」 제2조제9호에 따른 공동구에 설치하는 (ㄷ)
  2. 전력 및 통신사업용 지하구에 설치하는 (ㄹ)
  3. 노유자 시설에 설치하는 (ㅁ)
  4. 의료시설에 설치하는 (ㅂ)

ㄱ - 자동화재탐지설비
ㄴ - 자동화재속보설비
ㄷ - 소화기, 자동소화장치, 자동화재탐지설비, 통합감시시설, 유도등 및 연소방지설비
ㄹ - 소화기, 자동소화장치, 자동화재탐지설비, 통합감시시설, 유도등 및 연소방지설비
ㅁ - 간이스프링클러설비, 자동화재탐지설비 및 단독경보형 감지기
ㅂ - 스프링클러설비, 간이스프링클러설비, 자동화재탐지설비 및 자동화재속보설비

25. 소방시설법령상 특정소방대상물의 증축 또는 용도변경 시의 소방시설기준 적용의 특례에 따라 특정소방대상물이 증축되는 경우에는 기존 부분을 포함한 특정소방대상물의 전체에 대하여 증축 당시의 소방시설의 설치에 관한 대통령령 또는 화재안전기준을 적용해야 함에도 불구하고, 기존 부분에 대해서 증축 당시의 소방시설의 설치에 관한 대통령령 또는 화재안전기준을 적용하지 않는 경우에 대하여 쓰시오.

1. 기존 부분과 증축 부분이 내화구조(耐火構造)로 된 바닥과 벽으로 구획된 경우
2. 기존 부분과 증축 부분이 「건축법 시행령」 제46조제1항제2호에 따른 자동방화셔터(이하 "자동방화셔터"라 한다) 또는 같은 영 제64조제1항제1호에 따른 60분+ 방화문(이하 "60분+ 방화문"이라 한다)으로 구획되어 있는 경우
3. 자동차 생산공장 등 화재 위험이 낮은 특정소방대상물 내부에 연면적 33제곱미터 이하의 직원 휴게실을 증축하는 경우
4. 자동차 생산공장 등 화재 위험이 낮은 특정소방대상물에 캐노피(기둥으로 받치거나 매달아 놓은 덮개를 말하며, 3면 이상에 벽이 없는 구조의 것을 말한다)를 설치하는 경우

26. 소방시설법령상 특정소방대상물의 증축 또는 용도변경 시의 소방시설기준 적용의 특례에 따라 특정소방대상물이 용도변경되는 경우에는 용도변경되는 부분에 대해서만 용도변경 당시의 소방시설의 설치에 관한 대통령령 또는 화재안전기준을 적용해야 함에도 불구하고, 특정소방대상물 전체에 대하여 용도변경 전에 해당 특정소방대상물에 적용되던 소방시설의 설치에 관한 대통령령 또는 화재안전기준을 적용하는 경우에 대하여 쓰시오.

1. 특정소방대상물의 구조·설비가 화재연소 확대 요인이 적어지거나 피난 또는 화재진압활동이 쉬워지도록 변경되는 경우
2. 용도변경으로 인하여 천장·바닥·벽 등에 고정되어 있는 가연성 물질의 양이 줄어드는 경우

27. 소방시설법 시행령 [별표 5]에 따른 소방시설 설치의 면제 기준 중 자동화재탐지설비의 설치 면제 기준을 쓰시오.

자동화재탐지설비의 기능(감지·수신·경보기능을 말한다)과 성능을 가진 화재알림설비, 스프링클러설비 또는 물분무등소화설비를 화재안전기준에 적합하게 설치한 경우에는 그 설비의 유효범위에서 설치가 면제된다.

28. 소방시설법 시행령 [별표 5]에 따른 소방시설 설치의 면제 기준 중 스프링클러설비의 설치 면제 기준을 쓰시오.

정답
1. 스프링클러설비를 설치해야 하는 특정소방대상물(발전시설 중 전기저장시설은 제외한다)에 적응성 있는 자동소화장치 또는 물분무등소화설비를 화재안전기준에 적합하게 설치한 경우에는 그 설비의 유효범위에서 설치가 면제된다.
2. 스프링클러설비를 설치해야 하는 전기저장시설에 소화설비를 소방청장이 정하여 고시하는 방법에 따라 설치한 경우에는 그 설비의 유효범위에서 설치가 면제된다.

29
소방시설법 시행령 [별표 5]에 따른 소방시설 설치의 면제 기준 중 연결살수설비의 설치 면제 기준을 쓰시오.

정답
1. 연결살수설비를 설치해야 하는 특정소방대상물에 송수구를 부설한 스프링클러설비, 간이스프링클러설비, 물분무소화설비 또는 미분무소화설비를 화재안전기준에 적합하게 설치한 경우에는 그 설비의 유효범위에서 설치가 면제된다.
2. 가스 관계 법령에 따라 설치되는 물분무장치 등에 소방대가 사용할 수 있는 연결송수구가 설치되거나 물분무장치 등에 6시간 이상 공급할 수 있는 수원(水源)이 확보된 경우에는 설치가 면제된다.

30
다음은 소방시설법 시행령 [별표 6]에 따른 소방시설을 설치하지 않을 수 있는 특정소방대상물 및 소방시설의 범위에 관한 내용이다. ( )에 들어갈 내용을 쓰시오.

구분	특정소방대상물	설치하지 않을 수 있는 소방시설
1. 화재 위험도가 낮은 특정소방대상물	(ㄱ)	옥외소화전 및 연결살수설비
2. 화재안전기준을 적용하기 어려운 특정소방대상물	펄프공장의 작업장, 음료수 공장의 세정 또는 충전을 하는 작업장, 그 밖에 이와 비슷한 용도로 사용하는 것	스프링클러설비, 상수도소화용수설비 및 연결살수설비
	정수장, 수영장, 목욕장, 농예·축산·어류양식용 시설, 그 밖에 이와 비슷한 용도로 사용되는 것	자동화재탐지설비, 상수도소화용수설비 및 연결살수설비
3. 화재안전기준을 달리 적용해야 하는 특수한 용도 또는 구조를 가진 특정소방대상물	원자력발전소, 중·저준위방사성폐기물의 저장시설	(ㄴ)
4. 「위험물 안전관리법」 제19조에 따른 자체소방대가 설치된 특정소방대상물	자체소방대가 설치된 제조소등에 부속된 사무실	(ㄷ)

ㄱ - 석재, 불연성금속, 불연성 건축재료 등의 가공공장·기계조립공장 또는 불연성 물품을 저장하는 창고
ㄴ - 연결송수관설비 및 연결살수설비
ㄷ - 옥내소화전설비, 소화용수설비, 연결살수설비 및 연결송수관설비

31 다음은 소방시설법령상 방염성능기준 이상의 실내장식물 등을 설치해야 하는 특정소방대상물에 관한 조문이다. ( )에 들어갈 내용을 쓰시오.

> - 소방시설법 시행령 제30조(방염성능기준 이상의 실내장식물 등을 설치해야 하는 특정소방대상물)
> 법 제20조제1항에서 "대통령령으로 정하는 특정소방대상물"이란 다음 각 호의 것을 말한다.
> 1. 근린생활시설 중 의원, 조산원, 산후조리원, 체력단련장, 공연장 및 종교집회장
> 2. 건축물의 옥내에 있는 다음 각 목의 시설
>   가. (ㄱ)
>   나. (ㄴ)
>   다. (ㄷ)
> 3. 의료시설
> 4. 교육연구시설 중 합숙소
> 5. 노유자 시설
> 6. 숙박이 가능한 수련시설
> 7. 숙박시설
> 8. (ㄹ)
> 9. (ㅁ)
> 10. 제1호부터 제9호까지의 시설에 해당하지 않는 것으로서 층수가 11층 이상인 것(아파트등은 제외한다)

ㄱ - 문화 및 집회시설
ㄴ - 종교시설
ㄷ - 운동시설(수영장은 제외한다)
ㄹ - 방송통신시설 중 방송국 및 촬영소
ㅁ – 다중이용업소

32 소방시설법령상 방염대상물품의 종류를 모두 쓰시오.

1. 제조 또는 가공 공정에서 방염처리를 한 다음 각 목의 물품
   가. 창문에 설치하는 커튼류(블라인드를 포함한다)
   나. 카펫
   다. 벽지류(두께가 2밀리미터 미만인 종이벽지는 제외한다)

라. 전시용 합판·목재 또는 섬유판, 무대용 합판·목재 또는 섬유판(합판·목재류의 경우 불가피하게 설치 현장에서 방염처리한 것을 포함한다)
마. 암막·무대막(「영화 및 비디오물의 진흥에 관한 법률」 제2조제10호에 따른 영화상영관에 설치하는 스크린과 「다중이용업소의 안전관리에 관한 특별법 시행령」 제2조제7호의4에 따른 가상체험 체육시설업에 설치하는 스크린을 포함한다)
바. 섬유류 또는 합성수지류 등을 원료로 하여 제작된 소파·의자(「다중이용업소의 안전관리에 관한 특별법 시행령」 제2조제1호나목 및 같은 조 제6호에 따른 단란주점영업, 유흥주점영업 및 노래연습장업의 영업장에 설치하는 것으로 한정한다)
2. 건축물 내부의 천장이나 벽에 부착하거나 설치하는 다음 각 목의 것. 다만, 가구류(옷장, 찬장, 식탁, 식탁용 의자, 사무용 책상, 사무용 의자, 계산대, 그 밖에 이와 비슷한 것을 말한다. 이하 이 조에서 같다)와 너비 10센티미터 이하인 반자돌림대 등과 「건축법」 제52조에 따른 내부 마감재료는 제외한다.
가. 종이류(두께 2밀리미터 이상인 것을 말한다)·합성수지류 또는 섬유류를 주원료로 한 물품
나. 합판이나 목재
다. 공간을 구획하기 위하여 설치하는 간이 칸막이(접이식 등 이동 가능한 벽체나 천장 또는 반자가 실내에 접하는 부분까지 구획하지 않는 벽체를 말한다)
라. 흡음(吸音)을 위하여 설치하는 흡음재(흡음용 커튼을 포함한다)
마. 방음(防音)을 위하여 설치하는 방음재(방음용 커튼을 포함한다)

33 소방시설법령상 대통령령으로 정하는 방염성능기준을 쓰시오.

1. 버너의 불꽃을 제거한 때부터 불꽃을 올리며 연소하는 상태가 그칠 때까지 시간은 20초 이내일 것 [잔염시간 : 20초 이내]
2. 버너의 불꽃을 제거한 때부터 불꽃을 올리지 아니하고 연소하는 상태가 그칠 때까지 시간은 30초 이내일 것 [잔진시간 : 30초 이내]
3. 탄화(炭化)한 면적은 50제곱센티미터 이내, 탄화한 길이는 20센티미터 이내일 것
4. 불꽃에 의하여 완전히 녹을 때까지 불꽃의 접촉 횟수는 3회 이상일 것
5. 소방청장이 정하여 고시한 방법으로 발연량(發煙量)을 측정하는 경우 최대연기밀도는 400 이하일 것

34 소방시설법령상 소방시설등 자체점검의 종류 및 정의를 쓰시오.

1. 작동점검 : 소방시설등을 인위적으로 조작하여 소방시설이 정상적으로 작동하는지를 소방청장이 정하여 고시하는 소방시설등 작동점검표에 따라 점검하는 것을 말한다.
2. 종합점검 : 소방시설등의 작동점검을 포함하여 소방시설등의 설비별 주요 구성 부품의 구조기준이 화재안전기준과 「건축법」 등 관련 법령에서 정하는 기준에 적합한 지 여부를 소방청장이 정하여 고시하는 소방시설등 종합점검표에 따라 점검하는 것을 말하며, 다음과 같이 구분한다.
   가. 최초점검 : 법 제22조제1항제1호에 따라 소방시설이 새로 설치되는 경우 「건축법」 제22조에 따라 건축물을 사용할 수 있게 된 날부터 60일 이내 점검하는 것을 말한다.
   나. 그 밖의 종합점검 : 최초점검을 제외한 종합점검을 말한다.

35 소방시설법령상 간이스프링클러설비 또는 자동화재탐지설비가 설치된 특정소방대상물의 경우 작동점검을 실시할 수 있는 기술인력을 모두 쓰시오.

1. 관계인
2. 관리업에 등록된 기술인력 중 소방시설관리사
3. 「소방시설공사업법 시행규칙」 별표 4의2에 따른 특급점검자
4. 소방안전관리자로 선임된 소방시설관리사 및 소방기술사

36 소방시설법령상 최초점검을 제외한 종합점검을 실시해야 하는 대상 5가지를 쓰시오.

1. 스프링클러설비가 설치된 특정소방대상물
2. 물분무등소화설비[호스릴(hose reel) 방식의 물분무등소화설비만을 설치한 경우는 제외한다]가 설치된 연면적 5,000㎡ 이상인 특정소방대상물(제조소등은 제외한다)
3. 「다중이용업소의 안전관리에 관한 특별법 시행령」 제2조제1호나목, 같은 조 제2호(비디오물소극장업은 제외한다)·제6호·제7호·제7호의2 및 제7호의5의 다중이용업의 영업장이 설치된 특정소방대상물로서 연면적이 2,000㎡ 이상인 것
4. 제연설비가 설치된 터널
5. 「공공기관의 소방안전관리에 관한 규정」 제2조에 따른 공공기관 중 연면적(터널·지하구의 경우 그 길이와 평균 폭을 곱하여 계산된 값을 말한다)이 1,000㎡ 이상인 것으로서 옥내소화전설비 또는 자동화재탐지설비가 설치된 것. 다만, 「소방기본법」 제2조제5호에 따른 소방대가 근무하는 공공기관은 제외한다.

37 소방시설법령상 종합점검(최초점검포함)의 점검 시기에 대해 쓰시오.

1. 최초점검에 해당하는 특정소방대상물은 「건축법」 제22조에 따라 건축물을 사용할 수 있게 된 날부터 60일 이내 실시한다.
2. 위 1을 제외한 특정소방대상물은 건축물의 사용승인일이 속하는 달에 실시한다. 다만, 「공공기관의 안전관리에 관한 규정」 제2조제2호 또는 제5호에 따른 학교의 경우에는 해당 건축물의 사용승인일이 1월에서 6월 사이에 있는 경우에는 6월 30일까지 실시할 수 있다.
3. 건축물 사용승인일 이후 가목 4) [다중이용업의 영업장이 설치된 특정소방대상물로서 연면적 2,000m² 이상]에 따라 종합점검 대상에 해당하게 된 경우에는 그 다음 해부터 실시한다.
4. 하나의 대지경계선 안에 2개 이상의 자체점검 대상 건축물 등이 있는 경우에는 그 건축물 중 사용승인일이 가장 빠른 연도의 건축물의 사용승인일을 기준으로 점검할 수 있다.

38 다음은 소방시설법 시행령 [별표 3]에 따른 공동주택의 세대별 점검방법에 대한 내용이다. ( )에 들어갈 내용을 쓰시오.

> 가. 관리자(관리소장, 입주자대표회의 및 소방안전관리자를 포함한다. 이하 같다) 및 입주민(세대 거주자를 말한다)은 (ㄱ)년 주기로 모든 세대에 대하여 점검을 해야 한다.
> 나. 가목에도 불구하고 (ㄴ)가 설치되어 있는 경우에는 수신기에서 원격 점검할 수 있으며, 점검할 때마다 모든 세대를 점검해야 한다. 다만, 자동화재탐지설비의 선로 단선이 확인되는 때에는 단선이 난 세대 또는 그 경계구역에 대하여 현장점검을 해야 한다.
> 다. 관리자는 수신기에서 원격 점검이 불가능한 경우 매년 작동점검만 실시하는 공동주택은 1회 점검 시 마다 전체 세대수의 (ㄷ)퍼센트 이상, 종합점검을 실시하는 공동주택은 1회 점검 시 마다 전체 세대수의 (ㄹ)퍼센트 이상 점검하도록 자체점검 계획을 수립·시행해야 한다.
> 라. 관리자 또는 해당 공동주택을 점검하는 관리업자는 입주민이 세대 내에 설치된 소방시설 등을 스스로 점검할 수 있도록 소방청 또는 사단법인 한국소방시설관리협회의 홈페이지에 게시되어 있는 공동주택 세대별 점검 동영상을 입주민이 시청할 수 있도록 안내하고, 점검서식(별지 제36호서식 소방시설 외관점검표를 말한다)을 사전에 배부해야 한다.
> 마. 입주민은 점검서식에 따라 스스로 점검하거나 관리자 또는 관리업자로 하여금 대신 점검하게 할 수 있다. 입주민이 스스로 점검한 경우에는 그 점검 결과를 관리자에게 제출하고 관리자는 그 결과를 관리업자에게 알려주어야 한다.
> 바. 관리자는 관리업자로 하여금 세대별 점검을 하고자 하는 경우에는 사전에 점검 일정을 입주민에게 사전에 공지하고 세대별 점검 일자를 파악하여 관리업자에게 알려주어야 한다. 관리업자는 사전 파악된 일정에 따라 세대별 점검을 한 후 관리자에게 점검 현황을 제출해야 한다.
> 사. 관리자는 관리업자가 점검하기로 한 세대에 대하여 입주민의 사정으로 점검을 하지 못한 경우 입주민이 스스로 점검할 수 있도록 다시 안내해야 한다. 이 경우 입주민이 관리업자로 하여금 다시 점검받기를 원하는 경우 관리업자로 하여금 추가로 점검하게 할 수 있다.
> 아. 관리자는 세대별 점검현황(입주민 부재 등 불가피한 사유로 점검을 하지 못한 세대 현황을 포함한다)을 작성하여 자체점검이 끝난 날부터 2년간 자체 보관해야 한다.

정답
ㄱ - 2 ㄴ - 아날로그감지기 등 특수감지기
ㄷ - 50 ㄹ - 30

---

39 소방시설법 시행령 [별표 3]에 따른 점검장비를 모두 쓰시오.

정답

소방시설	점검 장비	규격
모든 소방시설	방수압력측정계, 절연저항계(절연저항측정기), 전류전압측정계	
소화기구	저울	
옥내소화전설비 옥외소화전설비	소화전밸브압력계	

스프링클러설비 포소화설비	헤드결합렌치(볼트, 너트, 나사 등을 죄거나 푸는 공구)	
이산화탄소소화설비 분말소화설비 할론소화설비 할로겐화합물 및 불활성기체 소화설비	검량계, 기동관누설시험기, 그 밖에 소화약제의 저장량을 측정할 수 있는 점검기구	
자동화재탐지설비 시각경보기	열감지기시험기, 연(煙)감지기시험기, 공기주입시험기, 감지기시험기연결막대, 음량계	
누전경보기	누전계	누전전류 측정용
무선통신보조설비	무선기	통화시험용
제연설비	풍속풍압계, 폐쇄력측정기, 차압계(압력차 측정기)	
통로유도등 비상조명등	조도계(밝기 측정기)	최소눈금이 0.1럭스 이하인 것

40 다음은 소방시설법 시행령에 따른 소방시설등의 자체점검 결과의 조치 등에 관한 조문이다. (　　　)에 들어갈 내용을 쓰시오.

① 관리업자 또는 소방안전관리자로 선임된 소방시설관리사 및 소방기술사(이하 "관리업자 등"이라 한다)는 자체점검을 실시한 경우에는 법 제22조제1항 각 호 외의 부분 후단에 따라 그 점검이 끝난 날부터 (ㄱ) 이내에 별지 제9호서식의 소방시설등 자체점검 실시결과 보고서(전자문서로 된 보고서를 포함한다)에 소방청장이 정하여 고시하는 소방시설등점검표를 첨부하여 관계인에게 제출해야 한다.
② 제1항에 따른 자체점검 실시결과 보고서를 제출받거나 스스로 자체점검을 실시한 관계인은 법 제23조제3항에 따라 자체점검이 끝난 날부터 (ㄴ) 이내에 별지 제9호서식의 소방시설등 자체점검 실시결과 보고서(전자문서로 된 보고서를 포함한다)에 다음 각 호의 서류를 첨부하여 소방본부장 또는 소방서장에게 서면이나 소방청장이 지정하는 전산망을 통하여 보고해야 한다.
  1. 점검인력 배치확인서(관리업자가 점검한 경우만 해당한다)
  2. 별지 제10호서식의 소방시설등의 자체점검 결과 이행계획서
③ 제1항 및 제2항에 따른 자체점검 실시결과의 보고기간에는 공휴일 및 토요일은 산입하지 않는다.
④ 제2항에 따라 소방본부장 또는 소방서장에게 자체점검 실시결과 보고를 마친 관계인은 소방시설등 자체점검 실시결과 보고서(소방시설등점검표를 포함한다)를 점검이 끝난 날부터 (ㄷ)간 자체 보관해야 한다.
⑤ 제2항에 따라 소방시설등의 자체점검 결과 이행계획서를 보고받은 소방본부장 또는 소방

서장은 다음 각 호의 구분에 따라 이행계획의 완료 기간을 정하여 관계인에게 통보해야 한다. 다만, 소방시설등에 대한 수리 · 교체 · 정비의 규모 또는 절차가 복잡하여 다음 각 호의 기간 내에 이행을 완료하기가 어려운 경우에는 그 기간을 달리 정할 수 있다.
1. 소방시설등을 구성하고 있는 기계 · 기구를 수리하거나 정비하는 경우 : [ㄹ]
2. 소방시설등의 전부 또는 일부를 철거하고 새로 교체하는 경우 : [ㅁ]

⑥ 제5항에 따른 완료기간 내에 이행계획을 완료한 관계인은 이행을 완료한 날부터 10일 이내에 별지 제11호 서식의 소방시설등의 자체점검 결과 이행완료 보고서(전자문서로 된 보고서를 포함한다)에 다음 각 호의 서류(전자문서를 포함한다)를 첨부하여 소방본부장 또는 소방서장에게 보고해야 한다.
1. 이행계획 건별 전 · 후 사진 증명자료
2. 소방시설공사 계약서

ㄱ - 10일
ㄴ - 15일
ㄷ - 2년
ㄹ - 보고일부터 10일 이내
ㅁ - 보고일부터 20일 이내

41 소방시설법 시행령 [별표 4]에 따른 점검인력의 배치기준 중 점검인력 1단위에 대해 쓰시오.

1. 관리업자가 점검하는 경우에는 주된 점검인력인 특급점검자 1명과 보조 점검인력인 영 별표 9에 따른 주된 기술인력 또는 보조 기술인력 2명을 점검인력 1단위로 하되, 점검인력 1단위에 보조 점검인력으로 2명(같은 건축물을 점검할 때는 4명) 이내의 주된 기술인력 또는 보조 기술인력을 추가할 수 있다.
2. 소방안전관리자로 선임된 소방시설관리사 또는 소방기술사가 점검하는 경우에는 주된 점검인력인 소방시설관리사 또는 소방기술사 중 1명과 보조 점검인력 2명을 점검인력 1단위로 하되, 점검인력 1단위에 2명 이내의 보조 점검인력을 추가할 수 있다. 이 경우 보조 점검인력은 해당 특정소방대상물의 관계인, 소방안전관리보조자 또는 관리업자 소속의 소방기술인력으로 할 수 있다.
3. 관계인이 점검하는 경우에는 주된 점검인력인 관계인 1명과 보조 점검인력 2명을 점검인력 1단위로 한다. 이 경우 보조 점검인력은 해당 특정소방대상물의 관계인, 소방안전관리자, 소방안전관리보조자 또는 관리업자 소속의 소방기술인력으로 할 수 있다.

42 다음은 소방시설법 시행령 [별표 4]에 따른 관리업자가 점검하는 경우의 점검인력 배치기준에 대한 내용이다. (   )에 들어갈 내용을 쓰시오.

구분	주된 기술인력	보조 기술인력
가. 50층 이상 또는 성능위주설계를 한 특정소방대상물	(ㄱ)	(ㄴ)
	(ㄷ)	(ㄹ)
나.「화재의 예방 및 안전관리에 관한 법률 시행령」별표 4 제1호에 따른 특급소방안전관리대상물(가목의 특정소방대상물은 제외한다)	소방시설관리사 경력 1년 이상인 특급점검자 1명 이상	중급점검자 이상의 기술인력 1명 이상 및 초급점검자 이상의 기술인력 1명 이상
라.「화재의 예방 및 안전관리에 관한 법률 시행령」별표 4 제4호에 따른 3급 소방안전관리대상물	특급점검자 1명 이상	초급점검자 이상의 기술인력 2명 이상

비고
1. "주된 점검인력"이란 해당 점검 업무 전반을 총괄하는 사람을 말한다.
2. "보조 점검인력"이란 주된 점검인력을 보조하고, 주된 점검인력의 지시를 받아 점검 업무를 수행하는 사람을 말한다.
3. 점검인력의 등급구분(특급점검자, 고급점검자, 중급점검자, 초급점검자)은 「소방시설공사업법 시행규칙」별표 4의2에서 정하는 기준에 따른다.

정답
ㄱ - 소방시설관리사 경력 5년 이상인 특급점검자 1명 이상
ㄴ - 고급점검자 이상의 기술인력 1명 이상 및 중급점검자 이상의 기술인력 1명 이상
ㄷ - 소방시설관리사 경력 3년 이상인 특급점검자 1명 이상
ㄹ - 고급점검자 이상의 기술인력 1명 이상 및 초급점검자 이상의 기술인력 1명 이상

43 다음은 소방시설법 시행령 [별표 4]에 따른 점검인력 1단위가 하루동안 점검할 수 있는 특정소방대상물의 연면적에 관한 내용이다. [   ]에 들어갈 내용을 쓰시오.

■ 점검인력 1단위가 하루 동안 점검할 수 있는 특정소방대상물의 연면적(이하 "점검한도 면적"이라 한다)은 다음 각 목과 같다.
　가. 종합점검 : [ㄱ]m^2
　나. 작동점검 : [ㄴ]m^2
■ 점검인력 1단위에 보조 점검인력을 1명씩 추가할 때마다 종합점검의 경우에는 [ㄷ]m^2, 작동점검의 경우에는 [ㄹ]m^2씩을 점검한도 면적에 더한다. 다만, 하루에 2개 이상의 특정소방대상물을 배치할 경우 1일 점검 한도면적은 특정소방대상물별로 투입된 점검인력에 따른 점검 한도면적의 평균값으로 적용하여 계산한다.

정답
ㄱ - 8,000　　ㄴ - 10,000
ㄷ - 2,000　　ㄹ - 2,500

44

다음은 소방시설법 시행령 [별표 4]에 따른 소방시설의 자체점검 시 점검인력의 배치기준 중 일부이다. ( )에 들어갈 내용을 쓰시오.

- 점검인력은 하루에 5개의 특정소방대상물에 한하여 배치할 수 있다. 다만 2개 이상의 특정소방대상물을 2일 이상 연속하여 점검하는 경우에는 배치기한을 초과해서는 안 된다.
- 관리업자등이 하루 동안 점검한 면적은 실제 점검면적(지하구는 그 길이에 [ㄱ]를 곱한 값을 말한다. 다만, 한쪽 측벽에 소방시설이 설치된 4차로 이상인 터널의 경우에는 그 길이와 폭의 길이 3.5m를 곱한 값을 말한다. 이하 같다)에 다음의 각 목의 기준을 적용하여 계산한 면적(이하 "점검면적"이라 한다)으로 하되, 점검면적은 점검한도 면적을 초과해서는 안 된다.

가. 실제 점검면적에 다음의 가감계수를 곱한다

구분	대상용도	가감계수
1류	문화 및 집회시설, [ㄴ], 수련시설, 숙박시설, 위락시설, 창고시설, 교정시설, 발전시설, 지하가, 복합건축물	1.1
2류	공동주택, 근린생활시설, 운수시설, 교육연구시설, 운동시설, 업무시설, 방송통신시설, 공장, 항공기 및 자동차 관련 시설, 군사시설, 관광휴게시설, 장례시설, 지하구	1.0
3류	위험물 저장 및 처리시설, 문화재, 동물 및 식물 관련 시설, 자원순환 관련 시설, 묘지 관련 시설	0.9

나. 점검한 특정소방대상물이 다음의 어느 하나에 해당할 때에는 다음에 따라 계산된 값을 가목에 따라 계산된 값에서 뺀다.
  1) 영 별표 4 제1호라목에 따라 스프링클러설비가 설치되지 않은 경우 : 가목에 따라 계산된 값에 0.1을 곱한 값
  2) 영 별표 4 제1호바목에 따라 물분무등소화설비(호스릴 방식의 물분무등소화설비는 제외한다)가 설치되지 않은 경우 : 가목에 따라 계산된 값에 0.1을 곱한 값
  3) 영 별표 4 제5호가목에 따라 제연설비가 설치되지 않은 경우 : 가목에 따라 계산된 값에 0.1을 곱한 값

다. 2개 이상의 특정소방대상물을 하루에 점검하는 경우에는 특정소방대상물 [ㄷ]를 곱한 값을 점검 한도면적에서 뺀다.

ㄱ - 폭의 길이 1.8m를 곱하여 계산된 값을 말하며, 터널은 3차로 이하인 경우에는 그 길이에 폭의 길이 3.5m를 곱하고, 4차로 이상인 경우에는 그 길이에 폭의 길이 7m
ㄴ - 종교시설, 판매시설, 의료시설, 노유자시설
ㄷ - 상호간의 좌표 최단거리 5km마다 점검 한도면적에 0.02

> **Reference**
>
> 제3호부터 제6호까지의 규정에도 불구하고 아파트등(공용시설, 부대시설 또는 복리시설은 포함하고, 아파트등이 포함된 복합건축물의 아파트등 외의 부분은 제외한다. 이하 이 표에서 같다)를 점검할 때에는 다음 각 목의 기준에 따른다.
> 가. 점검인력 1단위가 하루 동안 점검할 수 있는 아파트등의 세대수(이하 "점검한도 세대수"라 한다)는 종합점검 및 작동점검에 관계없이 250세대로 한다.
> 나. 점검인력 1단위에 보조 기술인력을 1명씩 추가할 때마다 60세대씩을 점검한도 세대수에 더한다.
> 다. 관리업자등이 하루 동안 점검한 세대수는 실제 점검 세대수에 다음의 기준을 적용하여 계산한 세대수(이하 "점검세대수"라 한다)로 하되, 점검세대수는 점검한도 세대수를 초과해서는 안 된다.
>   1) 점검한 아파트등이 다음의 어느 하나에 해당할 때에는 다음에 따라 계산된 값을 실제 점검 세대수에서 뺀다.
>   가) 영 별표 4 제1호라목에 따라 스프링클러설비가 설치되지 않은 경우 : 실제 점검 세대수에 0.1을 곱한 값
>   나) 영 별표 4 제1호바목에 따라 물분무등소화설비(호스릴 방식의 물분무등소화설비는 제외한다)가 설치되지 않은 경우 : 실제 점검 세대수에 0.1을 곱한 값
>   다) 영 별표 4 제5호가목에 따라 제연설비가 설치되지 않은 경우 : 실제 점검 세대수에 0.1을 곱한 값
>   2) 2개 이상의 아파트를 하루에 점검하는 경우에는 아파트 상호간의 좌표 최단거리 5km마다 점검한도 세대수에 0.02를 곱한 값을 점검한도 세대수에서 뺀다.
> 8. 아파트등과 아파트등 외 용도의 건축물을 하루에 점검할 때에는 종합점검의 경우 제7호에 따라 계산된 값에 32, 작동점검의 경우 제7호에 따라 계산된 값에 40을 곱한 값을 점검대상 연면적으로 보고 제2호 및 제3호를 적용한다.
> 9. 종합점검과 작동점검을 하루에 점검하는 경우에는 작동점검의 점검대상 연면적 또는 점검대상 세대수에 0.8을 곱한 값을 종합점검 점검대상 연면적 또는 점검대상 세대수로 본다.
> 10. 제3호부터 제9호까지의 규정에 따라 계산된 값은 소수점 이하 둘째 자리에서 반올림한다.

46 다음 조건의 경우 점검인력 1단위 일때와 보조 1인이 추가된 경우의 점검일수를 각각 구하시오.

서울 ○○노인요양원, 종합점검실시

※ 대상물 현황 : 노유자 시설, 지하1층/지상5층, 1개동, 연면적 19,200m²
(SP설비 있음, 제연설비 없음, 물분무등소화설비 없음)

가. 점검 면적 : 16,896m²
① [별표 2] 4호 가목에 의한 용도별 가감계수를 반영한 면적
 =19,200m²(실제 연면적)×1.1(노유자시설 가감계수)=21,120m²

② [별표 2] 4호 나목에 의한 감소 면적
→ 제연설비 없음 : 0.1, 물분무등소화설비 없음 : 0.1
= 21,120 − (21,120×0.1) − (21,120×0.1) = 16,896m²

나. 배치하는 점검인력에 따른 점검한도 면적 및 점검일수
- 주인력 1인 + 보조인력 2인 : 16,896m² ÷ 8,000m² = 2.11 ⇒ 3일
- 주인력 1인 + 보조인력 3인 : 16,896m² ÷ 10,000m² = 1.68 ⇒ 2일

46 다음 조건의 경우 점검인력 1단위가 점검해야 하는 점검일수를 구하시오.

○○프라자 종합점검 / ○○정신병원 종합점검

※ 대상물 현황
- 1대상 : 근린생활시설 : 지하2층/지상7층, 2개동, 연면적 34,100m²
  (SP설비 있음, 제연설비 없음, 물분무등소화설비 없음)
- 2대상 : 의료시설, 지하2층/지상6층, 2개동, 연면적 38,938m²
  (SP설비 있음, 제연설비 있음, 물분무등소화설비 없음)
- 1대상에서 2대상 건물의 상호 좌표최단거리 : 8km

가. 1대상 점검 면적 : 27,280.0m²
① [별표 2] 4호 가목에 의한 용도별 가감계수를 반영한 면적
= 34,100m²(실제 연면적) × 1.0(근린생활 가감계수) = 34,100m²
② [별표 23] 4호 나목에 의한 감소 면적
cf) 제연설비 없음 : 0.1, 물분무등소화설비 없음 : 0.1
= (34,100m² × 0.1) + (34,100m² × 0.1) = 6,820m²
③ (①−②) = 34,100m² − 6,820m² = 27,280m²

나. 2대상 점검 면적 : 38,548.6 m²
① [별표 2] 4호 가목에 의한 용도별 가감계수를 반영한 면적
= 38,938m²(실제 연면적) × 1.1(의료시설 가감계수) = 42,831.8m²
② [별표 2] 4호 가목에 의한 감소 면적
cf) 물분무등소화설비 없음 : 0.1
= (42,831.8m² × 0.1) = 4283.18m² = 4283.2m²
③ (①−②) = 42,831.8m² − 4,283.2m² = 38,548.6m²

다. 상호간의 좌표 최단거리 5km마다 점검 한도면적에 0.02곱한값을 뺀다. 따라서 점검한도 면적은 8,000m² − 8,000m² × 0.04 = 7,680m²

라. 합산 점검 면적 : 65,828.6m²

마. 배치하는 점검인력에 따른 점검한도 면적 및 점검일수
- 주인력 1인 + 보조인력 2인 : 65,828.6m² ÷ 7,680m² = 8.57 ⇒ 9일

47. 소방시설법령상 자체점검 결과 소화펌프 고장 등 대통령령으로 정하는 중대위반사항 4가지 쓰시오.

1. 소화펌프(가압송수장치를 포함한다. 이하 같다), 동력·감시 제어반 또는 소방시설용 전원(비상전원을 포함한다)의 고장으로 소방시설이 작동되지 않는 경우
2. 화재 수신기의 고장으로 화재경보음이 자동으로 울리지 않거나 화재 수신기와 연동된 소방시설의 작동이 불가능한 경우
3. 소화배관 등이 폐쇄·차단되어 소화수(消火水) 또는 소화약제가 자동 방출되지 않는 경우
4. 방화문 또는 자동방화셔터가 훼손되거나 철거되어 본래의 기능을 못하는 경우

48. 소방시설법 시행규칙 25조에 따른 자체점검 결과의 게시에 관한 기준을 쓰시오.

시행규칙 제25조(자체점검 결과의 게시) 소방본부장 또는 소방서장에게 자체점검 결과 보고를 마친 관계인은 법 제24조제1항에 따라 보고한 날부터 10일 이내에 별표 5의 소방시설등 자체점검기록표를 작성하여 특정소방대상물의 출입자가 쉽게 볼 수 있는 장소에 30일 이상 게시해야 한다.

위험물안전관리법

01 위험물안전관리법령상 위험물의 운반시 운반용기에 부착하는 주의사항을 위험물의 종류별로 쓰시오.

- 제1류 위험물
  - 알칼리금속의 과산화물 : "화기·충격주의", "물기엄금" 및 "가연물접촉주의"
  - 그 밖의 것 : "화기·충격주의" 및 "가연물접촉주의"
- 제2류 위험물
  - 철분·금속분·마그네슘 : "화기주의" 및 "물기엄금"
  - 인화성 고체 : "화기엄금"
  - 그 밖의 것 : "화기주의"
- 제3류 위험물
  - 자연발화성물질 : "화기엄금" 및 "공기접촉엄금"
  - 금수성 물질 : "물기엄금"
- 제4류 위험물 : "화기엄금"
- 제5류 위험물 : "화기엄금" 및 "충격주의"
- 제6류 위험물 : "가연물접촉주의"

다중이용업소의 안전관리에 관한 특별법

01 다중이용업소의 안전관리에 관한 특별법령에서 규정하는 다음 용어의 정의를 쓰시오.

(1) 다중이용업
(2) 안전시설등
(3) 밀폐구조의 영업장 점15회
(4) 영업장의 내부구획
(5) 화재위험평가

(1) 다중이용업 : 불특정 다수인이 이용하는 영업 중 화재 등 재난 발생 시 생명·신체·재산 상의 피해가 발생할 우려가 높은 것으로서 대통령령으로 정하는 영업
(2) 안전시설등 : 소방시설, 비상구, 영업장 내부 피난통로, 그 밖의 안전시설로서 대통령령으로 정하는 것
(3) 밀폐구조의 영업장 : 지상층에 있는 다중이용업소의 영업장 중 채광·환기·통풍 및 피난 등이 용이하지 못한 구조로 되어 있으면서 대통령령으로 정하는 기준에 해당하는 영업장
(4) 영업장의 내부구획 : 다중이용업소의 영업장 내부를 이용객들이 사용할 수 있도록 벽 또는 칸막이 등을 사용하여 구획된 실(室)을 만드는 것
(5) 화재위험평가 : 다중이용업소가 밀집한 지역 또는 건축물에 대하여 화재발생 가능성과 화재로 인한 불특정 다수인의 생명·신체·재산상의 피해 및 주변에 미치는 영향을 예측·분석하고 이에 대한 대책을 마련하는 것

다중이용업소의 안전관리에 관한 특별법 제2조(정의)

---

02 다중이용업소의 안전관리에 관한 특별법령상 다음에 해당하는 다중이용업의 종류를 쓰시오.

1) 대통령령으로 정하는 영업의 종류
2) 행정안전부령으로 정하는 영업의 종류

1) 대통령령으로 정하는 영업의 종류
「다중이용업소의 안전관리에 관한 특별법」(이하 "법"이라 한다) 제2조제1항제1호에서 "대통령령으로 정하는 영업"이란 다음 각 호의 영업을 말한다. 다만, 영업을 옥외 시설 또는 옥외 장소에서 하는 경우 그 영업은 제외한다.
  1. 「식품위생법 시행령」 제21조제8호에 따른 식품접객업 중 다음 각 목의 어느 하나에 해당하는 것
    가. 휴게음식점영업·제과점영업 또는 일반음식점영업으로서 영업장으로 사용하는 바닥면적(「건축법 시행령」 제119조제1항제3호에 따라 산정한 면적을 말한다. 이하

같다)의 합계가 100제곱미터(영업장이 지하층에 설치된 경우에는 그 영업장의 바닥면적 합계가 66제곱미터) 이상인 것. 다만, 영업장(내부계단으로 연결된 복층구조의 영업장을 제외한다)이 다음의 어느 하나에 해당하는 층에 설치되고 그 영업장의 주된 출입구가 건축물 외부의 지면과 직접 연결되는 곳에서 하는 영업을 제외한다.
　　1) 지상 1층
　　2) 지상과 직접 접하는 층
　나. 단란주점영업과 유흥주점영업
1의2.「식품위생법 시행령」제21조제9호에 따른 공유주방 운영업 중 휴게음식점영업·제과점영업 또는 일반음식점영업에 사용되는 공유주방을 운영하는 영업으로서 영업장 바닥면적의 합계가 100제곱미터(영업장이 지하층에 설치된 경우에는 그 바닥면적 합계가 66제곱미터) 이상인 것. 다만, 영업장(내부계단으로 연결된 복층구조의 영업장은 제외한다)이 다음 각 목의 어느 하나에 해당하는 층에 설치되고 그 영업장의 주된 출입구가 건축물 외부의 지면과 직접 연결되는 곳에서 하는 영업은 제외한다.
　가. 지상 1층
　나. 지상과 직접 접하는 층
2.「영화 및 비디오물의 진흥에 관한 법률」제2조제10호, 같은 조 제16호가목·나목 및 라목에 따른 영화상영관·비디오물감상실업·비디오물소극장업 및 복합영상물제공업
3.「학원의 설립·운영 및 과외교습에 관한 법률」제2조제1호에 따른 학원(이하 "학원"이라 한다)으로서 다음 각 목의 어느 하나에 해당하는 것
　가.「소방시설 설치 및 관리에 관한 법률 시행령」별표 7에 따라 산정된 수용인원(이하 "수용인원"이라 한다)이 300명 이상인 것
　나. 수용인원 100명 이상 300명 미만으로서 다음의 어느 하나에 해당하는 것. 다만, 학원으로 사용하는 부분과 다른 용도로 사용하는 부분(학원의 운영권자를 달리하는 학원과 학원을 포함한다)이「건축법 시행령」제46조에 따른 방화구획으로 나누어진 경우는 제외한다.
　　(1) 하나의 건축물에 학원과 기숙사가 함께 있는 학원
　　(2) 하나의 건축물에 학원이 둘 이상 있는 경우로서 학원의 수용인원이 300명 이상인 학원
　　(3) 하나의 건축물에 제1호, 제2호, 제4호부터 제7호까지, 제7호의2부터 제7호의5까지 및 제8호의 다중이용업 중 어느 하나 이상의 다중이용업과 학원이 함께 있는 경우
4. 목욕장업으로서 다음 각 목에 해당하는 것
　가. 하나의 영업장에서「공중위생관리법」제2조제1항제3호가목에 따른 목욕장업 중 맥반석·황토·옥 등을 직접 또는 간접 가열하여 발생하는 열기나 원적외선 등을 이용하여 땀을 배출하게 할 수 있는 시설 및 설비를 갖춘 것으로서 수용인원(물로 목욕을 할 수 있는 시설부분의 수용인원은 제외한다)이 100명 이상인 것
　나.「공중위생관리법」제2조제1항제3호나목의 시설 및 설비를 갖춘 목욕장업
5.「게임산업진흥에 관한 법률」제2조제6호·제6호의2·제7호 및 제8호의 게임제공업·인터넷컴퓨터게임시설제공업 및 복합유통게임제공업. 다만, 게임제공업 및 인터넷컴퓨터게임시설제공업의 경우에는 영업장(내부 계단으로 연결된 복층구조의 영업장은 제외한다)이 다음 각 목의 어느 하나에 해당하는 층에 설치되고 그 영업장의 주된 출입구가 건축물 외부의 지면과 직접 연결된 구조에 해당하는 경우는 제외한다.
　가. 지상 1층
　나. 지상과 직접 접하는 층
6.「음악산업진흥에 관한 법률」제2조제13호에 따른 노래연습장업
7.「모자보건법」제2조제10호에 따른 산후조리업
7의2. 고시원업[구획된 실(室) 안에 학습자가 공부할 수 있는 시설을 갖추고 숙박 또는 숙식을 제공하는 형태의 영업]

7의3. 「사격 및 사격장 안전관리에 관한 법률 시행령」 제2조제1항 및 별표 1에 따른 권총사격장(실내사격장에 한정하며, 같은 조 제1항에 따른 종합사격장에 설치된 경우를 포함한다)
7의4. 「체육시설의 설치·이용에 관한 법률」 제10조제1항제2호에 따른 가상체험 체육시설업(실내에 1개 이상의 별도의 구획된 실을 만들어 골프 종목의 운동이 가능한 시설을 경영하는 영업으로 한정한다)
7의5. 「의료법」 제82조제4항에 따른 안마시술소
8. 법 제15조제2항에 따른 화재안전등급(이하 "화재안전등급"이라 한다)이 제11조제1항에 해당하거나 화재발생 시 인명피해가 발생할 우려가 높은 불특정다수인이 출입하는 영업으로서 행정안전부령으로 정하는 영업. 이 경우 소방청장은 관계 중앙행정기관의 장과 미리 협의하여야 한다.

2) 행정안전부령으로 정하는 영업의 종류
1. 전화방업·화상대화방업 : 구획된 실(室) 안에 전화기·텔레비전·모니터 또는 카메라 등 상대방과 대화할 수 있는 시설을 갖춘 형태의 영업
2. 수면방업 : 구획된 실(室) 안에 침대·간이침대 그 밖에 휴식을 취할 수 있는 시설을 갖춘 형태의 영업
3. 콜라텍업 : 손님이 춤을 추는 시설 등을 갖춘 형태의 영업으로서 주류판매가 허용되지 아니하는 영업
4. 방탈출카페업 : 제한된 시간 내에 방을 탈출하는 놀이 형태의 영업
5. 키즈카페업 : 다음 각 목의 영업
   가. 「관광진흥법 시행령」 제2조제1항제5호다목에 따른 기타유원시설업으로서 실내공간에서 어린이(「어린이 안전관리에 관한 법률」 제3조제1호에 따른 어린이를 말한다. 이하 같다)에게 놀이를 제공하는 영업
   나. 실내에 「어린이놀이시설 안전관리법」 제2조제2호 및 같은 법 시행령 별표 2 제13호에 해당하는 어린이 놀이시설을 갖춘 영업
   다. 「식품위생법 시행령」 제21조제8호가목에 따른 휴게음식점영업으로서 실내공간에서 어린이에게 놀이를 제공하고 부수적으로 음식류를 판매·제공하는 영업
6. 만화카페업 : 만화책 등 다수의 도서를 갖춘 다음 각 목의 영업. 다만, 도서를 대여·판매만 하는 영업인 경우와 영업장으로 사용하는 바닥면적의 합계가 50제곱미터 미만인 경우는 제외한다.
   가. 「식품위생법 시행령」 제21조제8호가목에 따른 휴게음식점영업
   나. 도서의 열람, 휴식공간 등을 제공할 목적으로 실내에 다수의 구획된 실(室)을 만들거나 입체 형태의 구조물을 설치한 영업

03 다중이용업소의 안전관리에 관한 특별법 시행령에 따른 식품접객업 중 일반음식점영업이 1) 다중이용업에 포함될 조건과 2) 다중이용업에서 제외될 조건을 각각 쓰시오.

1) 해당 영업장으로 사용하는 바닥면적의 합계가 100㎡(지하층에 설치시 66㎡) 이상인 경우
2) 영업장(내부계단으로 연결된 복층구조의 영업장은 제외)이 지상 1층 또는 지상과 직접 접하는 층에 설치되고 그 영업장의 주된 출입구가 건축물 외부의 지면과 직접 연결되는 곳인 경우

다중이용업소의 안전관리에 관한 특별법 시행령 제2조

04 연면적 2,000㎡ 이상으로 다중이용업소의 안전관리에 관한 특별법에서 정의한 영업 중 소방시설등 종합점검을 해야 하는 업종 9가지를 쓰시오.

1. 단란주점 영업
2. 유흥주점 영업
3. 영화상영관
4. 비디오물감상실업
5. 복합영상물제공업
6. 노래연습장업
7. 산후조리업
8. 고시원업
9. 안마시술소

소방시설의 설치 및 관리에 관한 법률 시행규칙 별표 3

05 다중이용업을 하려는 자(다중이용업을 하고 있는 자를 포함한다)는 어떠한 경우에 안전시설등을 설치하기 전에 미리 소방본부장이나 소방서장에게 행정안전부령으로 정하는 안전시설등의 설계도서를 첨부하여 행정안전부령으로 정하는 바에 따라 신고해야 하는지 쓰시오.

1. 안전시설등을 설치하려는 경우
2. 영업장 내부구조를 변경하려는 경우로서 다음의 어느 하나에 해당하는 경우
  가. 영업장 면적의 증가
  나. 영업장의 구획된 실의 증가
  다. 내부통로 구조의 변경
3. 안전시설등의 공사를 마친 경우

특별법 제9조(다중이용업소의 안전관리기준 등)

06 다중이용업소에 설치하는 실내장식물은 불연재료 또는 준불연재료로 설치해야 하지만, 부득이 합판 또는 목재로 실내장식물을 설치하는 경우로서 방염성능기준 이상의 것으로 설치할 수 있는 면적 기준을 쓰시오.

합판 또는 목재로 실내장식물을 설치한 면적이 영업장 천장과 벽을 합한 면적의 10분의 3(스프링클러설비 또는 간이스프링클러설비가 설치된 경우에는 10분의 5) 이하인 부분

특별법 제10조(다중이용업소의 실내장식물)

07 다중이용업소의 안전관리에 관한 특별법령상 대통령령으로 정하는 안전시설등의 종류를 쓰시오.

1. 소방시설
   가. 소화설비
      1) 소화기 또는 자동확산소화기
      2) 간이스프링클러설비(캐비닛형 간이스프링클러설비를 포함한다)
   나. 경보설비
      1) 비상벨설비 또는 자동화재탐지설비
      2) 가스누설경보기
   다. 피난설비
      1) 피난기구
         가) 미끄럼대
         나) 피난사다리
         다) 구조대
         라) 완강기
         마) 다수인피난장비
         바) 승강식피난기
      2) 피난유도선
      3) 유도등, 유도표지 또는 비상조명등
      4) 휴대용비상조명등
2. 비상구
3. 영업장 내부 피난통로
4. 그 밖의 안전시설
   가. 영상음향차단장치
   나. 누전차단기
   다. 창문

해설: 다중이용업소법 시행령 별표1(안전시설등)

08 다중이용업소의 안전관리에 관한 특별법령에 따른 다음 각 물음에 답하시오.

1) 밀폐구조의 영업장에 대한 정의를 쓰시오.
2) 대통령령으로 정하는 밀폐구조의 영업장 기준을 쓰시오.

1) 지상층에 있는 다중이용업소의 영업장 중 채광·환기·통풍 및 피난 등이 용이하지 못한 구조로 되어 있으면서 대통령령으로 정하는 기준에 해당하는 영업장을 말한다.
2) 다음에 따른 요건을 모두 갖춘 개구부의 면적의 합계가 영업장으로 사용하는 바닥면적의 30분의 1 이하가 되는 것을 말한다.
   가. 크기는 지름 50cm 이상의 원이 통과할 수 있는 것
   나. 해당 층의 바닥면으로부터 개구부 밑부분까지의 높이가 1.2m 이내일 것
   다. 도로 또는 차량이 진입할 수 있는 빈터를 향할 것
   라. 화재 시 건축물로부터 쉽게 피난할 수 있도록 창살이나 그 밖의 장애물이 설치되지 않을 것
   마. 내부 또는 외부에서 쉽게 부수거나 열 수 있을 것

해설
1) 다중이용업소법 제2조(정의)
2) 다중이용업소법 시행령 제3조의2(밀폐구조의 영업장)

09
다중이용업소의 안전관리에 관한 특별법령상 다음의 소방시설등을 설치 및 유지해야 하는 다중이용업소 영업장의 종류를 쓰시오.
(1) 간이스프링클러(캐비닛형 간이스프링클러설비를 포함한다) 점20회
(2) 가스누설경보기
(3) 피난유도선

정답
(1) ① 지하층에 설치된 영업장
② 숙박을 제공하는 형태의 다중이용업소의 영업장 중 다음에 해당하는 영업장. 다만, 지상 1층에 있거나 지상과 직접 맞닿아 있는 층(영업장의 주된 출입구가 건축물 외부의 지면과 직접 연결된 경우를 포함한다)에 설치된 영업장은 제외한다.
㉠ 산후조리업의 영업장
㉡ 고시원업(이하 이 표에서 "고시원업"이라 한다)의 영업장
③ 밀폐구조의 영업장
④ 권총사격장의 영업장
(2) 가스시설을 사용하는 주방이나 난방시설이 있는 영업장
(3) 영업장 내부 피난통로 또는 복도가 있는 영업장

해설
다중이용업소법 시행령 별표1의2(다중이용업소에 설치·유지해야 하는 안전시설등)

10
다중이용업소의 안전관리에 관한 특별법령상 다중이용업소의 영업장에 설치하는 비상구에 대한 다음 각 물음에 답하시오.
(1) 비상구의 정의
(2) 비상구의 설치위치 점10회
(3) 비상구 규격 점10회
(4) 비상구 구조 점20회
(5) 문이 열리는 방향 점20회
(6) 문의 재질 점20회
(7) 다중이용업소의 영업장에 비상구를 설치하지 않을 수 있는 경우에 대하여 쓰시오.

정답
(1) "비상구"란 주된 출입구와 주된 출입구 외에 화재 발생 시 등 비상시 영업장의 내부로부터 지상·옥상 또는 그 밖의 안전한 곳으로 피난할 수 있도록 「건축법 시행령」에 따른 직통계단·피난계단·옥외피난계단 또는 발코니에 연결된 출입구를 말한다.
(2) 비상구의 설치위치
비상구는 영업장(2개 이상의 층이 있는 경우에는 각각의 층별 영업장을 말한다. 이하 이

표에서 같다) 주된 출입구의 반대방향에 설치하되, 주된 출입구 중심선으로부터의 수평거리가 영업장의 가장 긴 대각선 길이, 가로 또는 세로 길이 중 가장 긴 길이의 2분의 1 이상 떨어진 위치에 설치할 것. 다만, 건물구조로 인하여 주된 출입구의 반대방향에 설치할 수 없는 경우에는 주된 출입구 중심선으로부터의 수평거리가 영업장의 가장 긴 대각선 길이, 가로 또는 세로 길이 중 가장 긴 길이의 2분의 1 이상 떨어진 위치에 설치할 수 있다.

(3) 비상구의 규격
  가로 75센티미터 이상, 세로 150센티미터 이상(문틀을 제외한 가로길이 및 세로길이를 말한다)으로 할 것

(4) 비상구의 구조
  ① 비상구등은 구획된 실 또는 천장으로 통하는 구조가 아닌 것으로 할 것. 다만, 영업장 바닥에서 천장까지 불연재료로 구획된 부속실(전실), 「모자보건법」 제2조제10호에 따른 산후조리원에 설치하는 방풍실 또는 「녹색건축물 조성 지원법」에 따라 설계된 방풍구조는 그렇지 않다.
  ② 비상구등은 다른 영업장 또는 다른 용도의 시설(주차장은 제외한다)을 경유하는 구조가 아닌 것이어야 할 것
  ※ [참고] 영업장의 구획 등
    층별 영업장은 다른 영업장 또는 다른 용도의 시설과 불연재료·준불연재료로 된 차단벽이나 칸막이로 분리되도록 할 것. 다만, 가목부터 다목까지의 경우에는 분리 또는 구획하는 별도의 차단벽이나 칸막이 등을 설치하지 않을 수 있다.
    가. 둘 이상의 영업소가 주방 외에 객실부분을 공동으로 사용하는 등의 구조인 경우
    나. 「식품위생법 시행규칙」 별표 14 제8호가목5)다)에 해당되는 경우
    다. 영 제9조에 따른 안전시설등을 갖춘 경우로서 실내에 설치한 유원시설업의 허가 면적 내에 「관광진흥법 시행규칙」 별표 1의2 제1호가목에 따라 청소년게임제공업 또는 인터넷컴퓨터게임시설제공업이 설치된 경우

(5) 문이 열리는 방향 : 피난방향으로 열리는 구조로 할 것

(6) 문의 재질
  주요 구조부(영업장의 벽, 천장 및 바닥을 말한다. 이하 이 표에서 같다)가 내화구조인 경우 비상구등의 문은 방화문으로 설치할 것. 다만, 다음의 어느 하나에 해당하는 경우에는 불연재료로 설치할 수 있다.
  (1) 주요 구조부가 내화구조가 아닌 경우
  (2) 건물의 구조상 비상구등의 문이 지표면과 접하는 경우로서 화재의 연소 확대 우려가 없는 경우
  (3) 비상구등의 문이 「건축법 시행령」 제35조에 따른 피난계단 또는 특별피난계단의 설치기준에 따라 설치해야 하는 문이 아니거나 같은 영 제46조에 따라 설치되는 방화구획이 아닌 곳에 위치한 경우

(7) 다중이용업소의 영업장에 비상구를 설치하지 않을 수 있는 경우
  ① 주된 출입구 외에 해당 영업장 내부에서 피난층 또는 지상으로 통하는 직통계단이 주된 출입구 중심선으로부터 수평거리로 영업장의 긴 변 길이의 2분의 1 이상 떨어진 위치에 별도로 설치된 경우
  ② 피난층에 설치된 영업장[영업장으로 사용하는 바닥면적이 33제곱미터 이하인 경우로서 영업장 내부에 구획된 실(室)이 없고, 영업장 전체가 개방된 구조의 영업장을 말한다]으로서 그 영업장의 각 부분으로 부터 출입구까지의 수평거리가 10미터 이하인 경우

---

(1), (7) : 다중이용업소법 시행령 별표1의2(다중이용업소에 설치·유지해야 하는 안전시설등)
(2)~(6) : 다중이용업소법 시행규칙 별표2(안전시설등의 설치·유지 기준)

11 다중이용업소의 영업장 내부에 피난통로를 설치해야 하는 영업장의 종류를 쓰시오.

점17회

구획된 실(室)이 있는 영업장에만 설치
[현행 영업장 종류 삭제]

다중이용업소법 시행령 [별표 1의2] (다중이용업소에 설치·유지해야 하는 안전시설등)

12 다중이용업소로서 복층구조의 영업장에 설치하는 비상구의 기준을 쓰시오.

1. 각 층마다 영업장 외부의 계단 등으로 피난할 수 있는 비상구를 설치할 것
2. 비상구등의 문이 열리는 방향은 실내에서 외부로 열리는 구조로 할 것
3. 비상구등의 문의 재질은 주요 구조부(영업장의 벽, 천장 및 바닥을 말한다. 이하 이 표에서 같다)가 내화구조인 경우 비상구등의 문은 방화문으로 설치할 것. 다만, 다음의 어느 하나에 해당하는 경우에는 불연재료로 설치할 수 있다.
   가. 주요 구조부가 내화구조가 아닌 경우
   나. 건물의 구조상 비상구등의 문이 지표면과 접하는 경우로서 화재의 연소 확대 우려가 없는 경우
   다. 비상구등의 문이 「건축법 시행령」 제35조에 따른 피난계단 또는 특별피난계단의 설치 기준에 따라 설치해야 하는 문이 아니거나 같은 영 제46조에 따라 설치되는 방화구획이 아닌 곳에 위치한 경우
4. 영업장의 위치 및 구조가 다음의 어느 하나에 해당하는 경우에는 위의 1에도 불구하고 그 영업장으로 사용하는 어느 하나의 층에 비상구를 설치할 것
   가. 건축물 주요 구조부를 훼손하는 경우
   나. 옹벽 또는 외벽이 유리로 설치된 경우 등

다중이용업소법 시행규칙 [별표 2] (안전시설등의 설치·유지 기준)

13 다중이용업소로서 2층 이상 4층 이하에 위치하는 영업장의 발코니 또는 부속실과 연결되는 비상구의 설치 기준을 쓰시오.

1. 피난 시에 유효한 발코니[활하중 5킬로뉴턴/제곱미터($5kN/m^2$) 이상, 가로 75센티미터 이상, 세로 150센티미터 이상, 면적 1.12제곱미터 이상, 난간의 높이 100센티미터 이상인 것을 말한다. 이하 이 목에서 같다] 또는 부속실(불연재료로 바닥에서 천장까지 구획된 실로서 가로 75센티미터 이상, 세로 150센티미터 이상, 면적 1.12제곱미터 이상인 것을 말한다. 이하 이 목에서 같다)을 설치하고, 그 장소에 적합한 피난기구를 설치할 것

[※ 참고 : 피난기구의 종류 : 미끄럼대 · 피난사다리 · 구조대 · 완강기 · 다수인피난장비 · 승강식피난기]

2. 부속실을 설치하는 경우 부속실 입구의 문과 건물 외부로 나가는 문의 규격은 비상구등의 규격[가로 75센티미터 이상, 세로 150센티미터 이상(문틀을 제외한 가로길이 및 세로길이를 말한다)]으로 할 것. 다만, 120센티미터 이상의 난간이 있는 경우에는 발판 등을 설치하고 건축물 외부로 나가는 문의 규격과 재질을 가로 75센티미터 이상, 세로 100센티미터 이상의 창호로 설치할 수 있다.

3. 추락 등의 방지를 위하여 다음 사항을 갖추도록 할 것
   가. 발코니 및 부속실 입구의 문을 개방하면 경보음이 울리도록 경보음 발생 장치를 설치하고, 추락위험을 알리는 표지를 문(부속실의 경우 외부로 나가는 문도 포함한다)에 부착할 것
   나. 부속실에서 건물 외부로 나가는 문 안쪽에는 기둥 · 바닥 · 벽 등의 견고한 부분에 탈착이 가능한 쇠사슬 또는 안전로프 등을 바닥에서부터 120센티미터 이상의 높이에 가로로 설치할 것. 다만, 120센티미터 이상의 난간이 설치된 경우에는 쇠사슬 또는 안전로프 등을 설치하지 않을 수 있다.

 다중이용업소법 시행규칙[별표 2] (안전시설등의 설치 · 유지 기준)

14 다중이용업소에 설치하는 영업장 내부 피난통로의 설치 기준을 쓰시오.

1. 내부 피난통로의 폭은 120cm 이상으로 할 것. 다만, 양 옆에 구획된 실이 있는 영업장으로서 구획된 실의 출입문 열리는 방향이 피난통로 방향인 경우에는 150cm 이상으로 설치해야 한다.
2. 구획된 실부터 주된 출입구 또는 비상구까지의 내부 피난통로의 구조는 세 번 이상 구부러지는 형태로 설치하지 말 것

 다중이용업소법 시행규칙[별표 2] (안전시설등의 설치 · 유지 기준)

15 다중이용업소의 영업장 내부를 구획하고자 할 때 영업장의 천장(반자속)까지 구획해야 하는 업종과 내부구획 기준을 쓰시오.

1. 업종
   가. 단란주점 영업
   나. 유흥주점 영업
   다. 노래연습장업
2. 내부구획 기준
   다중이용업소의 영업장 내부를 구획함에 있어 배관 및 전선관 등이 영업장 또는 천장(반자속)의 내부구획된 부분을 관통하여 틈이 생긴 때에는 다음의 어느 하나에 해당하는 재료를

사용하여 그 틈을 메워야 한다.
가.「산업표준화법」에 따른 한국산업표준에서 내화충전성능을 인정한 구조로 된 것
나.「과학기술분야 정부출연연구기관 등의 설립·운영에 관한 법률」에 따라 설립된 한국건설기술연구원의 장이 국토교통부장관이 정하여 고시하는 기준에 따라 내화충전성능을 인정한 구조로 된 것

16 다중이용업소 설치하는 안전시설 중 창문의 설치 기준을 쓰시오.

1. 영업장 층별로 가로 50cm 이상, 세로 50cm 이상 열리는 창문을 1개 이상 설치할 것
2. 영업장 내부 피난통로 또는 복도에 바깥 공기와 접하는 부분에 설치할 것(구획된 실에 설치하는 것은 제외)

다중이용업소법 시행규칙[별표 2] (안전시설등의 설치·유지 기준)

17 다중이용업소 중 노래연습장등에 설치하는 영상음향차단장치의 설치 기준을 쓰시오. 점17회

1. 화재 시 자동화재탐지설비의 감지기에 의하여 자동으로 음향 및 영상이 정지될 수 있는 구조로 설치하되, 수동(하나의 스위치로 전체의 음향 및 영상장치를 제어할 수 있는 구조를 말한다)으로도 조작할 수 있도록 설치할 것
2. 영상음향차단장치의 수동차단스위치를 설치하는 경우에는 관계인이 일정하게 거주하거나 일정하게 근무하는 장소에 설치할 것. 이 경우 수동차단스위치와 가장 가까운 곳에 "영상음향차단스위치"라는 표지를 부착해야 한다.
3. 전기로 인한 화재발생 위험을 예방하기 위하여 부하용량에 알맞은 누전차단기(과전류차단기를 포함한다)를 설치할 것
4. 영상음향차단장치의 작동으로 실내 등의 전원이 차단되지 않는 구조로 설치할 것

다중이용업소법 시행규칙[별표 2] (안전시설등의 설치·유지 기준)

18 다중이용업소의 안전관리에 관한 특별법령에 따른 안전검검에 대한 다음 각 물음에 답하시오.
(1) 안전점검의 대상
(2) 안전점검자의 자격
(3) 점검주기
(4) 점검방법

(1) 안전점검 대상 : 다중이용업소의 영업장에 설치된 안전시설등
(2) 안전점검자의 자격
   ① 해당 영업장의 다중이용업주 또는 다중이용업소가 위치한 특정소방대상물의 소방안전관리자(소방안전관리자가 선임된 경우)
   ② 해당 업소의 종업원 중 소방안전관리자 자격을 취득한 자, 소방기술사·소방설비기사 또는 소방설비산업기사 자격을 취득한 자, 소방시설관리사 자격을 취득한 자
   ③ 소방시설관리업자
(3) 점검주기 : 매 분기별 1회 이상 점검.
   다만, 소방시설의 자체점검을 실시한 경우에는 자체점검을 실시한 그 분기에는 점검을 실시하지 아니할 수 있다.
(4) 점검방법 : 안전시설등의 작동 및 유지·관리 상태를 점검

다중이용업소법 시행규칙 제14조(안전점검의 대상, 점검자의 자격등)

19 다중이용업소의 안전관리에 관한 특별법령상 소방청장, 소방본부장 또는 소방서장이 화재를 예방하고 화재로 인한 생명·신체·재산상의 피해를 방지하기 위하여 화재위험평가를 실시할 수 있는 경우 3가지를 쓰시오.

1. 2천㎡ 지역 안에 다중이용업소가 50개 이상 밀집하여 있는 경우
2. 5층 이상인 건축물로서 다중이용업소가 10개 이상 있는 경우
3. 하나의 건축물에 다중이용업소로 사용하는 영업장 바닥면적의 합계가 1천㎡ 이상인 경우

다중이용업소법 제15조(다중이용업소에 대한 화재위험평가 등)

20 다중이용업소의 안전관리에 관한 특별법령에 따른 화재안전등급표를 작성하시오.

화재안전등급

등급	평가점수
A	80 이상
B	60 이상 79 이하
C	40 이상 59 이하
D	20 이상 39 이하
E	20 미만

비고
"평가점수"란 다중이용업소에 대하여 화재예방, 화재감지·경보, 피난, 소화설비, 건축방재 등의 항목별로 소방청장이 정하여 고시하는 기준을 갖추었는지에 대하여 평가한 점수를 말한다.

다중이용업소법 시행령 [별표 4] (안전등급)

21 다중이용업소의 안전관리에 관한 특별법령에 따른 피난안내도 비치 대상등에 관한 다음 각 물음에 답하시오.

(1) 다중이용업의 영업장에 피난안내도를 비치하지 않을 수 있는 경우 두가지를 쓰시오.
(2) 피안안내 영상물의 상영 대상을 쓰시오.
(3) 피난안내도의 비치 위치에 대하여 쓰시오.
(4) 피난안내 영상물의 상영 시간를 쓰시오.
(5) 피난안내도 및 피난안내 영상물에 포함되어야 할 내용을 쓰시오.
(6) 피난안내도의 크기 및 재질을 쓰시오.

(1) 피난안내도의 비치 제외 대상
  가. 영업장으로 사용하는 바닥면적의 합계가 33㎡ 이하인 경우
  나. 영업장내 구획된 실이 없고, 영업장 어느 부분에서도 출입구 및 비상구를 확인할 수 있는 경우
(2) 피난안내 영상물의 상영 대상
  가. 영화상영관 및 비디오물소극장업의 영업장
  나. 노래연습장업의 영업장
  다. 단란주점영업 및 유흥주점영업의 영업장. 다만, 피난안내 영상물을 상영할 수 있는 시설이 설치된 경우만 해당한다.
  라. 화재안전등급이 D등급 또는 E등급인 영업장, 전화방업, 화상대화방업, 콜라텍업, 수면방업, 방탈출카페업, 키즈카페업, 만화카페업으로서 피난안내 영상물을 상영할 수 있는 시설을 갖춘 영업장
(3) 피난안내도의 비치 위치
  가. 영업장 주 출입구 부분의 손님이 쉽게 볼 수 있는 위치
  나. 구획된 실의 벽, 탁자 등 손님이 쉽게 볼 수 있는 위치
  다. 인터넷컴퓨터게임시설제공업 영업장의 인터넷컴퓨터게임시설이 설치된 책상. 다만, 책상 위에 비치된 컴퓨터에 피난안내도를 내장하여 새로운 이용객이 컴퓨터를 작동할 때마다 피난안내도가 모니터에 나오는 경우에는 책상에 피난안내도가 비치된 것으로 본다.
(4) 피난안내 영상물의 상영 시간
  가. 영화상영관 및 비디오물소극장업 : 매 회 영화상영 또는 비디오물 상영 시작 전
  나. 노래연습장업 등 그 밖의 영업 : 매 회 새로운 이용객이 입장하여 노래방 기기(機器) 등을 작동할 때
(5) 피난안내도 및 피난안내 영상물에 포함되어야 할 내용
  가. 화재 시 대피할 수 있는 비상구 위치
  나. 구획된 실 등에서 비상구 및 출입구까지의 피난 동선
  다. 소화기, 옥내소화전 등 소방시설의 위치 및 사용방법
  라. 피난 및 대처방법
(6) 피난안내도의 크기 및 재질
  가. 크기 : B4(257㎜×364㎜) 이상의 크기로 할 것. 다만, 각 층별 영업장의 면적 또는 영업장이 위치한 층의 바닥면적이 각각 400㎡ 이상인 경우에는 A3(297㎜×420㎜) 이상의 크기로 해야 한다.

나. 재질 : 종이(코팅처리한 것을 말한다), 아크릴, 강판 등 쉽게 훼손 또는 변형되지 않는
　　　　것으로 할 것
　※ 그 외 기준
　-. 피난안내도 및 피난안내영상물에 사용하는 언어
　　: 피난안내도 및 피난안내영상물은 한글 및 1개 이상의 외국어를 사용하여 작성해야 한다.
　-. 장애인을 위한 피난안내 영상물 상영
　　:「영화 및 비디오물의 진흥에 관한 법률」제2조10호에 따른 영화상영관 중 전체 객석 수의
　　　합계가 300석 이상인 영화상영관의 경우 피난안내 영상물은 장애인을 위한 한국수어·폐
　　　쇄자막·화면해설 등을 이용하여 상영해야 한다.

다중이용업소법 시행규칙 별표 2의2(피난안내도 비치 대상 등)

22　다중이용업소의 안전관리에 관한 특별법령상 안전시설등 세부점검표상의 점검사항을 10가지 쓰시오.

① 소화기 또는 자동확산소화기의 외관점검
　- 구획된 실마다 설치되어 있는지 확인
　- 약제 응고상태 및 압력게이지 지시침 확인
② 간이스프링클러설비 작동기능점검
　- 시험밸브 개방 시 펌프기동, 음향경보 확인
　- 헤드의 누수·변형·손상·장애 등 확인
③ 경보설비 작동기능점검
　- 비상벨설비의 누름스위치, 표시등, 수신기 확인
　- 자동화재탐지설비의 감지기, 발신기, 수신기 확인
　- 가스누설경보기 정상작동여부 확인
④ 피난설비 작동기능점검 및 외관점검 점20회
　- 유도등·유도표지 등 부착상태 및 점등상태 확인
　- 구획된 실마다 휴대용비상조명등 비치 여부
　- 화재신호 시 피난유도선 점등상태 확인
　- 피난기구(완강기, 피난사다리 등) 설치상태 확인
⑤ 비상구 관리상태 확인
　- 비상구 폐쇄·훼손, 주변 물건 적치 등 관리상태
　- 구조변형, 금속표면 부식·균열, 용접부·접합부 손상 등 확인(건축물 외벽에 발코니
　　형태의 비상구를 설치한 경우만 해당)
⑥ 영업장 내부 피난통로 관리상태 확인
　- 영업장 내부 피난통로 상 물건 적치 등 관리상태
⑦ 창문(고시원) 관리상태 확인
⑧ 영상음향차단장치 작동기능점검
　- 경보설비와 연동 및 수동작동 여부 점검
　　(화재신호 시 영상음향차단 되는 지 확인)
⑨ 누전차단기 작동 여부 확인
⑩ 피난안내도 설치 위치 확인

다중이용업소법 시행규칙 별지 제10호서식(안전시설등의 세부점검표)
이 외에도
⑪ 피난안내영상물 상영 여부 확인
⑫ 실내장식물 · 내부구획 재료 교체 여부 확인
  - 커튼, 카페트 등 방염선처리제품 사용 여부
  - 합판 · 목재 방염성능확보 여부
  - 내부구획재료 불연재료 사용 여부
⑬ 방염 소파 · 의자 사용 여부 확인
⑭ 안전시설등 세부점검표 분기별 작성 및 1년간 보관여부
⑮ 화재배상 책임보험 가입여부 및 계약기간 확인

초고층 및 지하연계 복합건축물 재난관리에 관한 특별법

01 초고층 및 지하연계 복합건축물 재난관리에 관한 특별법령에 따른 다음 용어의 정의를 쓰시오.
(1) 초고층 건축물
(2) 지하연계 복합건축물

(1) "초고층 건축물"이란 층수가 50층 이상 또는 높이가 200미터 이상인 건축물을 말한다(「건축법」 제84조에 따른 높이 및 층수를 말한다. 이하 같다).

(2) "지하연계 복합건축물"이란 지하부분이 지하역사 또는 지하도상가와 연결된 건축물로서 다음 각 목의 요건을 모두 갖춘 것을 말한다. 다만, 화재 발생 시 열과 연기의 배출이 쉬운 구조를 갖춘 건축물로서 대통령령으로 정하는 건축물은 제외한다.
  가. 층수가 11층 이상이거나 용도별 바닥면적 등을 고려하여 대통령령으로 정하는 산정기준에 따른 수용 인원이 5천명 이상인 건축물
  나. 건축물 안에 「건축법」 제2조제2항제5호에 따른 문화 및 집회시설, 같은 항 제7호에 따른 판매시설, 같은 항 제8호에 따른 운수시설, 같은 항 제14호에 따른 업무시설, 같은 항 제15호에 따른 숙박시설, 같은 항 제16호에 따른 위락(慰樂)시설 중 유원시설업(遊園施設業)의 시설 또는 대통령령으로 정하는 용도의 시설이 하나 이상 있는 건축물

02 초고층 및 지하연계 복합건축물 재난관리에 관한 특별법의 적용대상이 되는 건축물 및 시설물을 쓰시오.

1. 초고층 건축물
2. 지하연계 복합건축물
3. 그 밖에 제1호 및 제2호에 준하여 재난관리가 필요한 것으로 대통령령으로 정하는 건축물 및 시설물
※ 대통령령으로 정하는 건축물 및 시설물이란 「건축법 시행령」 별표 1 제9호가목 중 종합병원과 요양병원을 말한다.

03 초고층 및 지하연계 복합건축물 재난관리에 관한 특별법령에 따른 선큰의 설치 기준을 쓰시오.

1. 다음 각 목의 구분에 따라 용도(「건축법 시행령」 별표 1에 따른 용도를 말한다)별로 산정한 면적을 합산한 면적 이상으로 설치할 것
  가. 문화 및 집회시설 중 공연장, 집회장 및 관람장은 해당 면적의 21퍼센트 이상

나. 판매시설 중 소매시장은 해당 면적의 7퍼센트 이상
다. 그 밖의 용도는 해당 면적의 3퍼센트 이상
2. 다음 각 목의 기준에 맞게 설치할 것
  가. 지상 또는 피난층(직접 지상으로 통하는 출입구가 있는 층 및 제1항에 따른 피난안전구역을 말한다)으로 통하는 너비 1.8미터 이상의 직통계단을 설치하거나, 너비 1.8미터 이상 및 경사도 12.5퍼센트 이하의 경사로를 설치할 것
  나. 거실(건축물 안에서 거주, 집무, 작업, 집회, 오락, 그 밖에 이와 유사한 목적을 위하여 사용되는 방을 말한다. 이하 같다) 바닥면적 100제곱미터마다 0.6미터 이상을 거실에 접하도록 하고, 선큰과 거실을 연결하는 출입문의 너비는 거실 바닥면적 100제곱미터마다 0.3미터로 산정한 값 이상으로 할 것
3. 다음 각 목의 기준에 맞는 설비를 갖출 것
  가. 빗물에 의한 침수 방지를 위하여 차수판(遮水板), 집수정(集水井), 역류방지기를 설치할 것
  나. 선큰과 거실이 접하는 부분에 제연설비[드렌처(수막)설비 또는 공기조화설비와 별도로 운용하는 제연설비를 말한다]를 설치할 것. 다만, 선큰과 거실이 접하는 부분에 설치된 공기조화설비가「소방시설 설치 및 관리에 관한 법률」제12조제1항에 따른 화재안전기준에 맞게 설치되어 있고, 화재발생시 제연설비 기능으로 자동 전환되는 경우에는 제연설비를 설치하지 않을 수 있다.

04 초고층 및 지하연계 복합건축물 재난관리에 관한 특별법령에 따른 종합방재의 설치 기준을 쓰시오.

- 초고층 및 지하연계 복합건축물 재난관리에 관한 특별법 시행규칙 제7조 (종합방재실 설치 기준)
① 초고층 건축물등의 관리주체는 법 제16조제1항에 따라 다음 각 호의 기준에 맞는 종합방재실을 설치·운영해야 한다.
  1. 종합방재실의 개수 : 1개. 다만, 100층 이상인 초고층 건축물등[「건축법」제2조제2항제2호에 따른 공동주택(같은 법 제11조에 따른 건축허가를 받아 주택 외의 시설과 주택을 동일 건축물로 건축하는 경우는 제외한다. 이하 "공동주택"이라 한다)은 제외한다]의 관리주체는 종합방재실이 그 기능을 상실하는 경우에 대비하여 종합방재실을 추가로 설치하거나, 관계지역 내 다른 종합방재실에 보조종합재난관리체제를 구축하여 재난관리 업무가 중단되지 아니하도록 해야 한다.
  2. 종합방재실의 위치
    가. 1층 또는 피난층. 다만, 초고층 건축물등에「건축법 시행령」제35조에 따른 특별피난계단(이하 "특별피난계단"이라 한다)이 설치되어 있고, 특별피난계단 출입구로부터 5미터 이내에 종합방재실을 설치하려는 경우에는 2층 또는 지하 1층에 설치할 수 있으며, 공동주택의 경우에는 관리사무소 내에 설치할 수 있다.
    나. 비상용 승강장, 피난 전용 승강장 및 특별피난계단으로 이동하기 쉬운 곳
    다. 재난정보 수집 및 제공, 방재 활동의 거점(據點) 역할을 할 수 있는 곳
    라. 소방대(消防隊)가 쉽게 도달할 수 있는 곳
    마. 화재 및 침수 등으로 인하여 피해를 입을 우려가 적은 곳
  3. 종합방재실의 구조 및 면적
    가. 다른 부분과 방화구획(防火區劃)으로 설치할 것. 다만, 다른 제어실 등의 감시를 위하여 두께 7밀리미터 이상의 망입(網入)유리(두께 16.3밀리미터 이상의 접합유리 또는 두께 28밀리미터 이상의 복층유리를 포함한다)로 된 4제곱미터 미만의 붙박이창을 설치할 수 있다.

나. 제2항에 따른 인력의 대기 및 휴식 등을 위하여 종합방재실과 방화구획된 부속실(附屬室)을 설치할 것
　　다. 면적은 20제곱미터 이상으로 할 것
　　라. 재난 및 안전관리, 방범 및 보안, 테러 예방을 위하여 필요한 시설·장비의 설치와 근무 인력의 재난 및 안전관리 활동, 재난 발생 시 소방대원의 지휘 활동에 지장이 없도록 설치할 것
　　마. 출입문에는 출입 제한 및 통제 장치를 갖출 것
　4. 종합방재실의 설비 등
　　가. 조명설비(예비전원을 포함한다) 및 급수·배수설비
　　나. 상용전원(常用電源)과 예비전원의 공급을 자동 또는 수동으로 전환하는 설비
　　다. 급기(給氣)·배기(排氣) 설비 및 냉방·난방 설비
　　라. 전력 공급 상황 확인 시스템
　　마. 공기조화·냉난방·소방·승강기 설비의 감시 및 제어시스템
　　바. 자료 저장 시스템
　　사. 지진계 및 풍향·풍속계(초고층 건축물에 한정한다)
　　아. 소화 장비 보관함 및 무정전(無停電) 전원공급장치
　　자. 피난안전구역, 피난용 승강기 승강장 및 테러 등의 감시와 방범·보안을 위한 폐쇄회로텔레비전(CCTV)
② 초고층 건축물등의 관리주체는 종합방재실에 재난 및 안전관리에 필요한 인력을 3명 이상 상주(常住)하도록 해야 한다.
③ 초고층 건축물등의 관리주체는 종합방재실의 기능이 항상 정상적으로 작동되도록 종합방재실의 시설 및 장비 등을 수시로 점검하고, 그 결과를 보관해야 한다.

05 초고층 및 지하연계 복합건축물 재난관리에 관한 특별법령에 따른 피난안전구역의 설치 대상을 쓰시오.

1. 초고층 건축물 : 「건축법 시행령」 제34조제3항에 따른 피난안전구역을 설치할 것
2. 30층 이상 49층 이하인 지하연계 복합건축물 : 「건축법 시행령」 제34조제4항에 따른 피난안전구역을 설치할 것
3. 16층 이상 29층 이하인 지하연계 복합건축물 : 지상층별 거주밀도가 제곱미터당 1.5명을 초과하는 층은 해당 층의 사용형태별 면적의 합의 10분의 1에 해당하는 면적을 피난안전구역으로 설치할 것
4. 초고층 건축물등의 지하층이 법 제2조제2호나목의 용도로 사용되는 경우 : 해당 지하층에 별표 2의 피난안전구역 면적 산정기준에 따라 피난안전구역을 설치하거나, 선큰[지표 아래에 있고 외기(外氣)에 개방된 공간으로서 건축물 사용자 등의 보행·휴식 및 피난 등에 제공되는 공간을 말한다. 이하 같다]을 설치할 것

06 초고층 및 지하연계 복합건축물 재난관리에 관한 특별법령에 따른 피난안전구역에 설치해야 하는 소방시설의 종류를 쓰시오.

> **정답**
> 1. 소화설비 중 소화기구(소화기 및 간이소화용구만 해당한다), 옥내소화전설비 및 스프링클러설비
> 2. 경보설비 중 자동화재탐지설비
> 3. 피난설비 중 방열복, 공기호흡기(보조마스크를 포함한다), 인공소생기, 피난유도선(피난안전구역으로 통하는 직통계단 및 특별피난계단을 포함한다), 피난안전구역으로 피난을 유도하기 위한 유도등·유도표지, 비상조명등 및 휴대용비상조명등
> 4. 소화활동설비 중 제연설비, 무선통신보조설비

07 초고층 및 지하연계 복합건축물 재난관리에 관한 특별법령에 따라 설치해야 하는 설비 중 소방시설과 선큰외에 행정안전부령으로 정하는 기타 설비의 종류를 쓰시오.

> **정답**
> 1. 자동심장충격기 등 심폐소생술을 할 수 있는 응급장비
> 2. 다음 각 목의 구분에 따른 수량의 방독면
>   가. 초고층 건축물에 설치된 피난안전구역: 피난안전구역 위층의 재실자 수(「건축물의 피난·방화구조 등의 기준에 관한 규칙」 별표 1의2에 따라 산정된 재실자 수를 말한다)의 10분의 1 이상
>   나. 지하연계 복합건축물에 설치된 피난안전구역: 피난안전구역이 설치된 층의 수용인원(영 별표 2에 따라 산정된 수용인원을 말한다)의 10분의 1 이상

08 초고층 및 지하연계 복합건축물 재난관리에 관한 특별법령에 따른 피난안전구역의 면적 산정 기준을 쓰시오.

> **정답**
> 1. 지하층이 하나의 용도로 사용되는 경우
>   피난안전구역 면적 = (수용인원 × 0.1) × 0.28㎡
> 2. 지하층이 둘 이상의 용도로 사용되는 경우
>   피난안전구역 면적 = (사용형태별 수용인원의 합 × 0.1) × 0.28㎡
>
> 비고
> 1. 수용인원은 사용형태별 면적과 거주밀도를 곱한 값을 말한다. 다만, 업무용도와 주거용도의 수용인원은 용도의 면적과 거주밀도를 곱한 값으로 한다.
> 2. 건축물의 사용형태별 거주밀도는 다음 표와 같다.

건축용도	사용형태별	거주밀도 (명/㎡)	비고
가. 문화 · 집회 용도	1) 좌석이 있는 극장 · 회의장 · 전시장 및 기타 이와 비슷한 것 　가) 고정식 좌석 　나) 이동식 좌석 　다) 입석식 2) 좌석이 없는 극장 · 회의장 · 전시장 및 기타 이와 비슷한 것 3) 회의실 4) 무대 5) 게임제공업 6) 나이트클럽 7) 전시장(산업전시장)	 n 1.30 2.60 1.80 1.50 0.70 1.00 1.70 0.70	1. n은 좌석 수를 말한다. 2. 극장 · 회의장 · 전시장 및 그 밖에 이와 비슷한 것에는 「건축법 시행령」별표 1 제4호마목의 공연장을 포함한다. 3. 극장 · 회의장 · 전시장에는 로비 · 홀 · 전실을 포함한다.
나. 상업 용도	1) 매장 2) 연속식 점포 　가) 매장 　나) 통로 3) 창고 및 배송공간 4) 음식점(레스토랑) · 바 · 카페	0.50 0.50 0.25 0.37 1.00	연속식 점포 : 벽체를 연속으로 맞대거나 복도를 공유하고 있는 점포 수가 둘 이상인 경우를 말한다.
다. 업무 용도		0.25	
라. 주거 용도		0.05	
마. 의료 용도	1) 입원치료구역 2) 수면구역	20 미만	

건축관련법령

01 다음 각 물음에 답하시오.
(1) 고층건축물과 초고층건축물의 정의를 쓰시오.
(2) 다중이용업소와 다중이용 건축물의 정의를 쓰시오.

(1) 고층건축물과 초고층건축물의 정의
　① 고층건축물이란 30층 이상이거나 높이가 120m 이상인 건축물로서 초고층건축물이 아닌 건축물을 말한다.
　② 초고층건축물이란 층수가 50층 이상이거나 높이가 200m 이상인 건축물을 말한다.

(2) 다중이용업소와 다중이용 건축물의 정의
　① 다중이용업소란 불특정 다수인이 이용하는 영업 중 화재 등 재난 발생 시 생명·신체·재산상의 피해가 발생할 우려가 높은 것으로서 대통령령으로 정하는 영업을 말한다.
　② 다중이용 건축물이란 불특정한 다수의 사람들이 이용하는 건축물을 말한다.

 Reference

건축물 시행령 제2조 (정의) 中
17. "다중이용 건축물"이란 다음 각 목의 어느 하나에 해당하는 건축물을 말한다.
　가. 다음의 어느 하나에 해당하는 용도로 쓰는 바닥면적의 합계가 5천제곱미터 이상인 건축물
　　1) 문화 및 집회시설(동물원 및 식물원은 제외한다)
　　2) 종교시설
　　3) 판매시설
　　4) 운수시설 중 여객용 시설
　　5) 의료시설 중 종합병원
　　6) 숙박시설 중 관광숙박시설
　나. 16층 이상인 건축물

02 건축법 시행령에 따른 대지안의 피난 및 소화에 필요한 통로의 설치기준을 쓰시오.

① 건축물의 대지 안에는 그 건축물 바깥쪽으로 통하는 주된 출구와 지상으로 통하는 피난계단 및 특별피난계단으로부터 도로 또는 공지(공원, 광장, 그 밖에 이와 비슷한 것으로서 피난 및 소화를 위하여 해당 대지의 출입에 지장이 없는 것을 말한다. 이하 이 조에서 같다)로 통하는 통로를 다음 각 호의 기준에 따라 설치해야 한다.
　1. 통로의 너비는 다음 각 목의 구분에 따른 기준에 따라 확보할 것

가. 단독주택 : 유효 너비 0.9미터 이상
나. 바닥면적의 합계가 500제곱미터 이상인 문화 및 집회시설, 종교시설, 의료시설, 위락시설 또는 장례식장 : 유효 너비 3미터 이상
다. 그 밖의 용도로 쓰는 건축물 : 유효 너비 1.5미터 이상
2. 필로티 내 통로의 길이가 2미터 이상인 경우에는 피난 및 소화활동에 장애가 발생하지 아니하도록 자동차 진입억제용 말뚝 등 통로 보호시설을 설치하거나 통로에 단차(段差)를 둘 것
② 제1항에도 불구하고 다중이용 건축물, 준다중이용 건축물 또는 층수가 11층 이상인 건축물이 건축되는 대지에는 그 안의 모든 다중이용 건축물, 준다중이용 건축물 또는 층수가 11층 이상인 건축물에「소방기본법」제21조에 따른 소방자동차(이하 "소방자동차"라 한다)의 접근이 가능한 통로를 설치해야 한다. 다만, 모든 다중이용 건축물, 준다중이용 건축물 또는 층수가 11층 이상인 건축물이 소방자동차의 접근이 가능한 도로 또는 공지에 직접 접하여 건축되는 경우로서 소방자동차가 도로 또는 공지에서 직접 소방활동이 가능한 경우에는 그러하지 아니하다.

03 건축법 시행령에 따른 방화구획 등의 설치기준을 쓰시오.

① 법 제49조제2항 본문에 따라 주요구조부가 내화구조 또는 불연재료로 된 건축물로서 연면적이 1천 제곱미터를 넘는 것은 국토교통부령으로 정하는 기준에 따라 다음 각 호의 구조물로 구획(이하 "방화구획"이라 한다)을 해야 한다. 다만, 「원자력안전법」제2조제8호 및 제10호에 따른 원자로 및 관계시설은 같은 법에서 정하는 바에 따른다.
1. 내화구조로 된 바닥 및 벽
2. 제64조제1항제1호ㆍ제2호에 따른 방화문 또는 자동방화셔터(국토교통부령으로 정하는 기준에 적합한 것을 말한다. 이하 같다)

② 다음 각 호에 해당하는 건축물의 부분에는 제1항을 적용하지 않거나 그 사용에 지장이 없는 범위에서 제1항을 완화하여 적용할 수 있다.
1. 문화 및 집회시설(동ㆍ식물원은 제외한다), 종교시설, 운동시설 또는 장례시설의 용도로 쓰는 거실로서 시선 및 활동공간의 확보를 위하여 불가피한 부분
2. 물품의 제조ㆍ가공 및 운반 등(보관은 제외한다)에 필요한 고정식 대형 기기(器機) 또는 설비의 설치를 위하여 불가피한 부분. 다만, 지하층인 경우에는 지하층의 외벽 한쪽 면(지하층의 바닥면에서 지상층 바닥 아래면까지의 외벽 면적 중 4분의 1 이상이 되는 면을 말한다) 전체가 건물 밖으로 개방되어 보행과 자동차의 진입ㆍ출입이 가능한 경우로 한정한다.
3. 계단실ㆍ복도 또는 승강기의 승강장 및 승강로로서 그 건축물의 다른 부분과 방화구획으로 구획된 부분. 다만, 해당 부분에 위치하는 설비배관 등이 바닥을 관통하는 부분은 제외한다.
4. 건축물의 최상층 또는 피난층으로서 대규모 회의장ㆍ강당ㆍ스카이라운지ㆍ로비 또는 피난안전구역 등의 용도로 쓰는 부분으로서 그 용도로 사용하기 위하여 불가피한 부분
5. 복층형 공동주택의 세대별 층간 바닥 부분
6. 주요구조부가 내화구조 또는 불연재료로 된 주차장
7. 단독주택, 동물 및 식물 관련 시설 또는 국방ㆍ군사시설(집회, 체육, 창고 등의 용도로 사용되는 시설만 해당한다)로 쓰는 건축물
8. 건축물의 1층과 2층의 일부를 동일한 용도로 사용하며 그 건축물의 다른 부분과 방화구획으로 구획된 부분(바닥면적의 합계가 500제곱미터 이하인 경우로 한정한다)

③ 건축물 일부의 주요구조부를 내화구조로 하거나 제2항에 따라 건축물의 일부에 제1항을 완화하여 적용한 경우에는 내화구조로 한 부분 또는 제1항을 완화하여 적용한 부분과 그 밖의 부분을 방화구획으로 구획해야 한다.

④ 공동주택 중 아파트로서 4층 이상인 층의 각 세대가 2개 이상의 직통계단을 사용할 수 없는 경우에는 발코니에 인접 세대와 공동으로 또는 각 세대별로 다음 각 호의 요건을 모두 갖춘 대피공간을 하나 이상 설치해야 한다. 이 경우 인접 세대와 공동으로 설치하는 대피공간은 인접 세대를 통하여 2개 이상의 직통계단을 쓸 수 있는 위치에 우선 설치되어야 한다.
  1. 대피공간은 바깥의 공기와 접할 것
  2. 대피공간은 실내의 다른 부분과 방화구획으로 구획될 것
  3. 대피공간의 바닥면적은 인접 세대와 공동으로 설치하는 경우에는 3제곱미터 이상, 각 세대별로 설치하는 경우에는 2제곱미터 이상일 것
  4. 대피공간으로 통하는 출입문은 제64조제1항제1호에 따른 60분+방화문으로 설치할 것
  5. 국토교통부장관이 정하는 기준에 적합할 것
⑤ 제4항에도 불구하고 아파트의 4층 이상인 층에서 발코니에 다음 각 호의 어느 하나에 해당하는 구조 또는 시설을 갖춘 경우에는 대피공간을 설치하지 않을 수 있다.
  1. 발코니와 인접 세대와의 경계벽이 파괴하기 쉬운 경량구조 등인 경우
  2. 발코니의 경계벽에 피난구를 설치한 경우
  3. 발코니의 바닥에 국토교통부령으로 정하는 하향식 피난구를 설치한 경우
  4. 국토교통부장관이 제4항에 따른 대피공간과 동일하거나 그 이상의 성능이 있다고 인정하여 고시하는 구조 또는 시설(이하 이 호에서 "대체시설"이라 한다)을 갖춘 경우. 이 경우 국토교통부장관은 대체시설의 성능에 대해 미리 「과학기술분야 정부출연연구기관 등의 설립·운영 및 육성에 관한 법률」 제8조제1항에 따라 설립된 한국건설기술연구원(이하 "한국건설기술연구원"이라 한다)의 기술검토를 받은 후 고시해야 한다.
⑥ 요양병원, 정신병원, 「노인복지법」 제34조제1항제1호에 따른 노인요양시설(이하 "노인요양시설"이라 한다), 장애인 거주시설 및 장애인 의료재활시설의 피난층 외의 층에는 다음 각 호의 어느 하나에 해당하는 시설을 설치해야 한다.
  1. 각 층마다 별도로 방화구획된 대피공간
  2. 거실에 접하여 설치된 노대등
  3. 계단을 이용하지 아니하고 건물 외부의 지상으로 통하는 경사로 또는 인접 건축물로 피난할 수 있도록 설치하는 연결복도 또는 연결통로
⑦ 법 제49조제2항 단서에서 "대규모 창고시설 등 대통령령으로 정하는 용도 및 규모의 건축물"이란 제2항제2호에 해당하여 제1항을 적용하지 않거나 완화하여 적용하는 부분이 포함된 창고시설을 말한다.

04 건축법 시행령에 따른 다음 각 물음에 답하시오.
(1) 비상용 승강기의 설치 기준을 쓰시오.
(2) 피난용 승강기의 설치 기준을 쓰시오.

---

(1) 비상용 승강기의 설치 기준
  ① 법 제64조제2항에 따라 높이 31미터를 넘는 건축물에는 다음 각 호의 기준에 따른 대수 이상의 비상용 승강기(비상용 승강기의 승강장 및 승강로를 포함한다. 이하 이 조에서 같다)를 설치하여야 한다. 다만, 법 제64조 제1항에 따라 설치되는 승강기를 비상용 승강기의 구조로 하는 경우에는 그러하지 아니하다.
    1. 높이 31미터를 넘는 각 층의 바닥면적 중 최대 바닥면적이 1천500제곱미터 이하인 건축물 : 1대 이상
    2. 높이 31미터를 넘는 각 층의 바닥면적 중 최대 바닥면적이 1천500제곱미터를 넘는 건축물 : 1대에 1천500제곱미터를 넘는 3천 제곱미터 이내마다 1대씩 더한 대수 이상

② 제1항에 따라 2대 이상의 비상용 승강기를 설치하는 경우에는 화재가 났을 때 소화에 지장이 없도록 일정한 간격을 두고 설치하여야 한다.
③ 건축물에 설치하는 비상용 승강기의 구조 등에 관하여 필요한 사항은 국토교통부령으로 정한다.

2) 피난용 승강기의 설치 기준
법 제64조제3항에 따른 피난용승강기(피난용승강기의 승강장 및 승강로를 포함한다. 이하 이 조에서 같다)는 다음 각 호의 기준에 맞게 설치하여야 한다.
1. 승강장의 바닥면적은 승강기 1대당 6제곱미터 이상으로 할 것
2. 각 층으로부터 피난층까지 이르는 승강로를 단일구조로 연결하여 설치할 것
3. 예비전원으로 작동하는 조명설비를 설치할 것
4. 승강장의 출입구 부근의 잘 보이는 곳에 해당 승강기가 피난용승강기임을 알리는 표지를 설치할 것
5. 그 밖에 화재예방 및 피해경감을 위하여 국토교통부령으로 정하는 구조 및 설비 등의 기준에 맞을 것

05 건축법 시행령에 따른 방화문에 대한 다음 각 물음에 답하시오.

(1) 60분+ 방화문의 정의를 쓰시오.

60분+ 방화문 : 연기 및 불꽃을 차단할 수 있는 시간이 60분 이상이고, 열을 차단할 수 있는 시간이 30분 이상인 방화문

(2) 60분 방화문의 정의를 쓰시오.

60분 방화문 : 연기 및 불꽃을 차단할 수 있는 시간이 60분 이상인 방화문

(3) 30분 방화문의 정의를 쓰시오.

30분 방화문 : 연기 및 불꽃을 차단할 수 있는 시간이 30분 이상 60분 미만인 방화문

06 다음 각 물음에 답하시오.

(1) 건축법령에 따른 내화구조와 방화구조의 정의를 쓰시오.
(2) 건축물의 피난·방화구조 등의 기준에 관한 규칙에 따른 방화구조의 기준을 쓰시오.

(1) 건축법령에 따른 내화구조와 방화구조의 정의
① "내화구조"란 화재에 견딜 수 있는 성능을 가진 구조로서 국토교통부령으로 정하는 기준에 적합한 구조를 말한다.

② "방화구조"란 화염의 확산을 막을 수 있는 성능을 가진 구조로서 국토교통부령으로 정하는 기준에 적합한 구조를 말한다.

(2) 건축물의 피난·방화구조 등의 기준에 관한 규칙에 따른 방화구조의 기준
① 철망모르타르로서 그 바름두께가 2센티미터 이상인 것
② 석고판 위에 시멘트모르타르 또는 회반죽을 바른 것으로서 그 두께의 합계가 2.5센티미터 이상인 것
③ 시멘트모르타르 위에 타일을 붙인 것으로서 그 두께의 합계가 2.5센티미터 이상인 것
④ 심벽에 흙으로 맞벽치기한 것
⑤ 「산업표준화법」에 따른 한국산업표준(이하 "한국산업표준"이라 한다)에 따라 시험한 결과 방화 2급 이상에 해당하는 것

07 건축물의 피난·방화구조 등의 기준에 관한 규칙에 따른 방화구획의 설치기준에 관한 다음 각 물음에 답하시오.

(1) 방화구획의 설정기준을 쓰시오.

정답

① 10층 이하의 층은 바닥면적 1천제곱미터(스프링클러 기타 이와 유사한 자동식 소화설비를 설치한 경우에는 바닥면적 3천제곱미터)이내마다 구획할 것
② 매층마다 구획할 것. 다만, 지하 1층에서 지상으로 직접 연결하는 경사로 부위는 제외한다.
③ 11층 이상의 층은 바닥면적 200제곱미터(스프링클러 기타 이와 유사한 자동식 소화설비를 설치한 경우에는 600제곱미터)이내마다 구획할 것. 다만, 벽 및 반자의 실내에 접하는 부분의 마감을 불연재료로 한 경우에는 바닥면적 500제곱미터(스프링클러 기타 이와 유사한 자동식 소화설비를 설치한 경우에는 1천500제곱미터)이내마다 구획해야 한다.
④ 필로티나 그 밖에 이와 비슷한 구조(벽면적의 2분의 1 이상이 그 층의 바닥면에서 위층 바닥 아랫면까지 공간으로 된 것만 해당한다)의 부분을 주차장으로 사용하는 경우 그 부분은 건축물의 다른 부분과 구획할 것

(2) 다음은 방화구획 설치기준에 대한 조문의 일부이다. [   ]에 들어갈 내용을 쓰시오.

② 제1항에 따른 방화구획은 다음 각 호의 기준에 적합하게 설치해야 한다.
　1. 영 제46조에 따른 방화구획으로 사용하는 (ㄱ   ) 자동적으로 닫히는 구조로 할 것. 다만, 연기 또는 불꽃을 감지하여 자동적으로 닫히는 구조로 할 수 없는 경우에는 온도를 감지하여 자동적으로 닫히는 구조로 할 수 있다.
　2. 다음 각 목에 해당하는 경우 그 부분을 별표 1 제1호에 따른 내화시간[(ㄴ   )이 인정된 구조로 메워지는 구성 부재에 적용되는 내화시간을 말한다) 이상 견딜 수 있는 (ㄴ   )이 인정된 구조로 메울 것
　　가. (ㄷ   )
　　나. (ㄹ   )
　　다. (ㅁ   )
　　라. (ㅂ   )
　3. 환기·난방 또는 냉방시설의 풍도가 방화구획을 관통하는 경우에는 그 관통부분 또는 이에 근접한 부분에 다음 각 목의 기준에 적합한 댐퍼를 설치할 것. 다만, 반도체 공장건축물로서 방화구획을 관통하는 풍도의 주위에 스프링클러헤드를 설치하는 경우에는 그렇지 않다.

가. 화재로 인한 연기 또는 불꽃을 감지하여 자동적으로 닫히는 구조로 할 것. 다만, 주방 등 연기가 항상 발생하는 부분에는 온도를 감지하여 자동적으로 닫히는 구조로 할 수 있다.
나. 국토교통부장관이 정하여 고시하는 비차열(非遮熱) 성능 및 방연성능 등의 기준에 적합할 것
다. 삭제 <2019. 8. 6.>
라. 삭제 <2019. 8. 6.>
4. 영 제46조제1항제2호 및 제81조제5항제5호에 따라 설치되는 자동방화셔터는 다음 각 목의 요건을 모두 갖출 것. 이 경우 자동방화셔터의 구조 및 성능기준 등에 관한 세부사항은 국토교통부장관이 정하여 고시한다.
가. 피난이 가능한 60분+ 방화문 또는 60분 방화문으로부터 3미터 이내에 별도로 설치할 것
나. 전동방식이나 수동방식으로 개폐할 수 있을 것
다. 불꽃감지기 또는 연기감지기 중 하나와 열감지기를 설치할 것
라. 불꽃이나 연기를 감지한 경우 일부 폐쇄되는 구조일 것
마. 열을 감지한 경우 완전 폐쇄되는 구조일 것

ㄱ – 60분+ 방화문 또는 60분 방화문은 언제나 닫힌 상태를 유지하거나 화재로 인한 연기 또는 불꽃을 감지하여
ㄴ – 내화채움성능
ㄷ – 급수관ㆍ배전관 또는 그 밖의 관이나 전선 등이 방화구획을 관통하여 관통부가 생기는 경우
ㄹ – 방화구획의 벽과 벽, 벽과 바닥, 바닥과 바닥 사이에 접합부가 생기는 경우
ㅁ – 방화구획과 외벽 사이에 접합부가 생기는 경우
ㅂ – 방화구획에 그 밖의 틈이 생기는 경우

건축물의 피난ㆍ방화구조 등의 기준에 관한 규칙 제14조(방화구획의 설치기준)

08 건축물의 피난ㆍ방화구조 등의 기준에 관한 규칙에 따른 방화벽의 구조를 쓰시오.

1. 내화구조로서 홀로 설 수 있는 구조일 것
2. 방화벽의 양쪽 끝과 윗쪽 끝을 건축물의 외벽면 및 지붕면으로부터 0.5m 이상 튀어 나오게 할 것
3. 방화벽에 설치하는 출입문의 너비 및 높이는 각각 2.5m 이하로 하고, 해당 출입문에는 60분+ 방화문 또는 60분 방화문을 설치할 것

건축물의 피난ㆍ방화구조 등의 기준에 관한 규칙 제21조(방화벽의 구조)

09 건축물의 피난·방화구조 등의 기준에 관한 규칙에 따른 방화지구 내 건축물의 인접대지경계선에 접하는 외벽에 설치하는 창문등으로서 연소할 우려가 있는 부분에 설치해야하는 방화설비를 쓰시오.

1. 60분+ 방화문 또는 60분 방화문
2. 소방법령이 정하는 기준에 적합하게 창문등에 설치하는 드렌처
3. 당해 창문등과 연소할 우려가 있는 다른 건축물의 부분을 차단하는 내화구조나 불연재료로 된 벽·담장 기타 이와 유사한 방화설비
4. 환기구멍에 설치하는 불연재료로 된 방화커버 또는 그물눈이 2mm 이하인 금속망

해설 건축물의 피난·방화구조 등의 기준에 관한 규칙 제23조(방화지구안의 지붕·방화문 및 외벽 등)

10 「건축물의 피난·방화구조 등의 기준에 관한 규칙」에 따른 피난용승강기의 설치기준에 대한 각 물음에 답하시오.

(1) 피난용승강기 승강장의 구조를 쓰시오.

1. 승강장의 출입구를 제외한 부분은 해당 건축물의 다른 부분과 내화구조의 바닥 및 벽으로 구획할 것
2. 승강장은 각 층의 내부와 연결될 수 있도록 하되, 그 출입구에는 60분+ 방화문 또는 60분 방화문을 설치할 것. 이 경우 방화문은 언제나 닫힌 상태를 유지할 수 있는 구조이어야 한다.
3. 실내에 접하는 부분(바닥 및 반자 등 실내에 면한 모든 부분을 말한다)의 마감(마감을 위한 바탕을 포함한다)은 불연재료로 할 것
4. 다음의 어느 하나에 해당하는 설비를 설치할 것
   1) 배연설비
   2) 「소방시설 설치 및 관리에 관한 법률 시행령」 별표 4 제5호가목에 따른 제연설비

(2) 피난용승강기 승강로의 구조를 쓰시오.

1. 승강로는 해당 건축물의 다른 부분과 내화구조로 구획할 것
2. 승강로 상부에 배연설비 또는 제연설비를 설치할 것

(3) 피난용승강기 기계실의 구조를 쓰시오.

1. 출입구를 제외한 부분은 해당 건축물의 다른 부분과 내화구조의 바닥 및 벽으로 구획할 것
2. 출입구에는 60분+ 또는 60분 방화문을 설치할 것

(4) 피난용승강기 전용 예비전원의 설치기준을 쓰시오. 점17회

1. 정전시 피난용승강기, 기계실, 승강장 및 폐쇄회로 텔레비전 등의 설비를 작동할 수 있는 별도의 예비전원 설비를 설치할 것
2. 위 1에 따른 예비전원은 초고층 건축물의 경우에는 2시간 이상, 준초고층 건축물의 경우에는 1시간 이상 작동이 가능한 용량일 것
3. 상용전원과 예비전원의 공급을 자동 또는 수동으로 전환이 가능한 설비를 갖출 것
4. 전선관 및 배선은 고온에 견딜 수 있는 내열성 자재를 사용하고, 방수조치를 할 것

건축물의 피난·방화구조등의 기준에 관한 규칙 제30조(피난용승강기의 설치기준)
<참고> 건축법시행령 제91조(피난용승강기의 설치)
  1. 승강장의 바닥면적은 승강기 1대 당 6m² 이상으로 할 것
  2. 각 층으로부터 피난층까지 이르는 승강로를 단일구조로 연결하여 설치할 것
  3. 예비전원으로 작동하는 조명설비를 설치할 것
  4. 승강장의 출입구 부근의 잘 보이는 곳에 해당 승강기가 피난용 승강기임을 알리는 표지를 설치할 것
  5. 그 밖에 화재예방 및 피해 경감을 위하여 국토교통부령으로 정하는 구조 및 설비 등의 기준에 맞을 것

11 「건축물의 설비기준 등에 관한 규칙」에 따른 비상용승강기의 구조기준에 대한 각 물음에 답하시오.

(1) 비상용승강기 승강장의 구조기준을 쓰시오.

① 승강장의 창문·출입구 기타 개구부를 제외한 부분은 당해 건축물의 다른 부분과 내화구조의 바닥 및 벽으로 구획할 것. 다만, 공동주택의 경우에는 승강장과 특별피난계단(「건축물의 피난·방화구조 등의 기준에 관한 규칙」 제9조의 규정에 의한 특별피난계단을 말한다. 이하 같다)의 부속실과의 겸용부분을 특별피난계단의 계단실과 별도로 구획하는 때에는 승강장을 특별피난계단의 부속실과 겸용할 수 있다.
② 승강장은 각 층의 내부와 연결될 수 있도록 하되, 그 출입구(승강로의 출입구는 제외한다)에는 60분+ 또는 60분 방화문을 설치할 것. 다만, 피난층에는 60분+ 또는 60분 방화문을 설치하지 아니할 수 있다.
③ 노대 또는 외부를 향하여 열 수 있는 창문이나 배연설비를 설치할 것
④ 벽 및 반자가 실내에 접하는 부분의 마감재료(마감을 위한 바탕을 포함한다)는 불연재료로 할 것
⑤ 채광이 되는 창문이 있거나 예비전원에 의한 조명설비를 할 것
⑥ 승강장의 바닥면적은 비상용승강기 1대에 대하여 6m² 이상으로 할 것. 다만, 옥외에 승강장을 설치하는 경우에는 그러하지 아니하다.
⑦ 피난층이 있는 승강장의 출입구(승강장이 없는 경우에는 승강로의 출입구)로부터 도로 또는 공지(공원·광장 기타 이와 유사한 것으로서 피난 및 소화를 위한 당해 대지에의 출입에 지장이 없는 것을 말한다)에 이르는 거리가 30m 이하일 것
⑧ 승강장 출입구 부근의 잘 보이는 곳에 당해 승강기가 비상용승강기임을 알 수 있는 표지를 할 것

(2) 비상용승강기 승강로의 구조기준을 쓰시오.

1. 승강로는 해당 건축물의 다른 부분과 내화구조로 구획할 것
2. 각 층으로부터 피난층까지 이르는 승강로를 단일구조로 연결하여 설치할 것

건축물의 설비기준 등에 관한 규칙 제10조(비상용승강기의 승강장 및 승강로의 구조)

12 「건축물의 설비기준 등에 관한 규칙」에 따른 배연설비의 설치기준을 쓰시오.

배연설비를 설치하여야 하는 건축물에는 다음 각 호의 기준에 적합하게 배연설비를 설치해야 한다. 다만, 피난층인 경우에는 그렇지 않다.
1. 건축물이 방화구획으로 구획된 경우에는 그 구획마다 1개소 이상의 배연창을 설치하되, 배연창의 상변과 천장 또는 반자로부터 수직거리가 0.9m 이내일 것. 다만, 반자높이가 바닥으로부터 3m 이상인 경우에는 배연창의 하변이 바닥으로부터 2.1m 이상의 위치에 놓이도록 설치해야 한다.
2. 배연창의 유효면적은 산정된 면적이 1제곱미터 이상으로서 그 면적의 합계가 당해 건축물의 바닥면적의 100분의 1이상일 것. 이 경우 바닥면적의 산정에 있어서 거실바닥면적의 20분의 1 이상으로 환기창을 설치한 거실의 면적은 이에 산입하지 아니한다.
3. 배연구는 연기감지기 또는 열감지기에 의하여 자동으로 열 수 있는 구조로 하되, 손으로도 열고 닫을 수 있도록 할 것
4. 배연구는 예비전원에 의하여 열 수 있도록 할 것
5. 기계식 배연설비를 하는 경우에는 제1호 내지 제4호의 규정에 불구하고 소방관계법령의 규정에 적합하도록 할 것

건축물의 설비기준 등에 관한 규칙 제14조(배연설비)
<참고> 특별피난계단 및 비상용승강기의 승강장에 설치하는 배연설비의 구조 기준
1. 배연구 및 배연풍도는 불연재료로 하고, 화재가 발생한 경우 원활하게 배연시킬 수 있는 규모로서 외기 또는 평상시에 사용하지 아니하는 굴뚝에 연결할 것
2. 배연구에 설치하는 수동개방장치 또는 자동개방장치(열감지기 또는 연기감지기에 의한 것을 말한다)는 손으로도 열고 닫을 수 있도록 할 것
3. 배연구는 평상시에는 닫힌 상태를 유지하고, 연 경우에는 배연에 의한 기류로 인하여 닫히지 아니하도록 할 것
4. 배연구가 외기에 접하지 아니하는 경우에는 배연기를 설치할 것
5. 배연기는 배연구의 열림에 따라 자동적으로 작동하고, 충분한 공기배출 또는 가압 능력이 있을 것
6. 배연기에는 예비전원을 설치할 것
7. 공기유입방식을 급기가압방식 또는 급·배기방식으로 하는 경우에는 제1호 내지 제6호의 규정에 불구하고 소방관계법령의 규정에 적합하게 할 것

13 건축법령에 따라 공동주택 중 아파트로서 4층 이상인 층의 각 세대가 2개 이상의 직통계단을 사용할 수 없는 경우 발코니(발코니의 외부에 접하는 경우를 포함한다)에 인접 세대와 공동으로 또는 각 세대별로 하나 이상 설치해야 하는 대피공간이 갖추어야 하는 요건을 쓰시오. (단, 기타 국토교통부장관이 정하는 기준은 제외한다)

1. 대피공간은 바깥의 공기와 접할 것
2. 대피공간은 실내의 다른 부분과 방화구획으로 구획될 것
3. 대피공간의 바닥면적은 인접 세대와 공동으로 설치하는 경우에는 3제곱미터 이상, 각 세대별로 설치하는 경우에는 2제곱미터 이상일 것
4. 대피공간으로 통하는 출입문은 60분+ 방화문으로 설치할 것

14 건축법령상 아파트의 4층 이상인 층에서 발코니에 대피공간을 설치하지 않을 수 있는 경우를 쓰시오.

1. 발코니와 인접 세대와의 경계벽이 파괴하기 쉬운 경량구조 등인 경우
2. 발코니의 경계벽에 피난구를 설치한 경우
3. 발코니의 바닥에 국토교통부령으로 정하는 하향식 피난구를 설치한 경우
4. 국토교통부장관이 제4항에 따른 대피공간과 동일하거나 그 이상의 성능이 있다고 인정하여 고시하는 구조 또는 시설(이하 이 호에서 "대체시설"이라 한다)을 갖춘 경우. 이 경우 국토교통부장관은 대체시설의 성능에 대해 미리 「과학기술분야 정부출연연구기관 등의 설립·운영 및 육성에 관한 법률」 제8조제1항에 따라 설립된 한국건설기술연구원(이하 "한국건설기술연구원"이라 한다)의 기술검토를 받은 후 고시해야 한다.

15 건축법령상 특별피난계단으로만 직통계단을 설치해야 하는 대상을 쓰시오. (단, 판매시설의 경우는 제외한다)

1. 건축물(갓복도식 공동주택은 제외한다)의 11층(공동주택의 경우에는 16층) 이상인 층(바닥면적이 400제곱미터 미만인 층은 제외한다)으로부터 피난층 또는 지상으로 통하는 직통계단
2. 지하 3층 이하인 층(바닥면적이 400제곱미터미만인 층은 제외한다)으로부터 피난층 또는 지상으로 통하는 직통계단

16 건축물의 피난·방화구조 등의 기준에 관한 규칙에 따른 건축물의 내부에 설치하는 피난계단의 구조를 쓰시오.

1. 계단실은 창문·출입구 기타 개구부(이하 "창문등"이라 한다)를 제외한 당해 건축물의 다른 부분과 내화 구조의 벽으로 구획할 것

2. 계단실의 실내에 접하는 부분(바닥 및 반자 등 실내에 면한 모든 부분을 말한다)의 마감(마감을 위한 바탕을 포함한다)은 불연재료로 할 것
3. 계단실에는 예비전원에 의한 조명설비를 할 것
4. 계단실의 바깥쪽과 접하는 창문등(망이 들어 있는 유리의 붙박이창으로서 그 면적이 각각 1제곱미터 이하인 것을 제외한다)은 당해 건축물의 다른 부분에 설치하는 창문등으로부터 2미터 이상의 거리를 두고 설치할 것
5. 건축물의 내부와 접하는 계단실의 창문등(출입구를 제외한다)은 망이 들어 있는 유리의 붙박이창으로서 그 면적을 각각 1제곱미터 이하로 할 것
6. 건축물의 내부에서 계단실로 통하는 출입구의 유효너비는 0.9미터 이상으로 하고, 그 출입구에는 피난의 방향으로 열 수 있는 것으로서 언제나 닫힌 상태를 유지하거나 화재로 인한 연기 또는 불꽃을 감지하여 자동적으로 닫히는 구조로 된 영 제64조제1항제1호의 60분+ 방화문(이하 "60분+ 방화문"이라 한다) 또는 같은 항 제2호의 60분 방화문(이하 "60분 방화문"이라 한다)을 설치할 것. 다만, 연기 또는 불꽃을 감지하여 자동적으로 닫히는 구조로 할 수 없는 경우에는 온도를 감지하여 자동적으로 닫히는 구조로 할 수 있다.
7. 계단은 내화구조로 하고 피난층 또는 지상까지 직접 연결되도록 할 것

17 건축물의 피난·방화구조 등의 기준에 관한 규칙에 따른 건축물의 바깥쪽에 설치하는 피난계단의 구조를 쓰시오.

1. 계단은 그 계단으로 통하는 출입구외의 창문등(망이 들어 있는 유리의 붙박이창으로서 그 면적이 각각 1제곱미터 이하인 것을 제외한다)으로부터 2미터 이상의 거리를 두고 설치할 것
2. 건축물의 내부에서 계단으로 통하는 출입구에는 60분+ 방화문 또는 60분 방화문을 설치할 것
3. 계단의 유효너비는 0.9미터 이상으로 할 것
4. 계단은 내화구조로 하고 지상까지 직접 연결되도록 할 것

18 건축물의 피난·방화구조 등의 기준에 관한 규칙에 따른 특별피난계단의 구조를 쓰시오.

1. 건축물의 내부와 계단실은 노대를 통하여 연결하거나 외부를 향하여 열 수 있는 면적 1제곱미터 이상인 창문(바닥으로부터 1미터 이상의 높이에 설치한 것에 한한다) 또는 「건축물의 설비기준 등에 관한 규칙」 제14조의 규정에 적합한 구조의 배연설비가 있는 면적 3제곱미터 이상인 부속실을 통하여 연결할 것
2. 계단실·노대 및 부속실(「건축물의 설비기준 등에 관한 규칙」 제10조제2호 가목의 규정에 의하여 비상용승강기의 승강장을 겸용하는 부속실을 포함한다)은 창문등을 제외하고는 내화구조의 벽으로 각각 구획할 것
3. 계단실 및 부속실의 실내에 접하는 부분(바닥 및 반자 등 실내에 면한 모든 부분을 말한다)의 마감(마감을 위한 바탕을 포함한다)은 불연재료로 할 것
4. 계단실에는 예비전원에 의한 조명설비를 할 것
5. 계단실·노대 또는 부속실에 설치하는 건축물의 바깥쪽에 접하는 창문등(망이 들어 있는 유리의 붙박이창으로서 그 면적이 각각 1제곱미터이하인 것을 제외한다)은 계단실·노대 또는 부속실외의 당해 건축물의 다른 부분에 설치하는 창문등으로부터 2미터 이상의 거리를 두고 설치할 것

6. 계단실에는 노대 또는 부속실에 접하는 부분외에는 건축물의 내부와 접하는 창문등을 설치하지 아니할 것
7. 계단실의 노대 또는 부속실에 접하는 창문등(출입구를 제외한다)은 망이 들어 있는 유리의 붙박이창으로서 그 면적을 각각 1제곱미터 이하로 할 것
8. 노대 및 부속실에는 계단실외의 건축물의 내부와 접하는 창문등(출입구를 제외한다)을 설치하지 아니할 것
9. 건축물의 내부에서 노대 또는 부속실로 통하는 출입구에는 60분+ 방화문 또는 60분 방화문을 설치하고, 노대 또는 부속실로부터 계단실로 통하는 출입구에는 60분+ 방화문, 60분 방화문 또는 영 제64조제1항제3호의 30분 방화문을 설치할 것. 이 경우 방화문은 언제나 닫힌 상태를 유지하거나 화재로 인한 연기 또는 불꽃을 감지하여 자동적으로 닫히는 구조로 해야 하고, 연기 또는 불꽃으로 감지하여 자동적으로 닫히는 구조로 할 수 없는 경우에는 온도를 감지하여 자동적으로 닫히는 구조로 할 수 있다.
10. 계단은 내화구조로 하되, 피난층 또는 지상까지 직접 연결되도록 할 것
11. 출입구의 유효너비는 0.9미터 이상으로 하고 피난의 방향으로 열 수 있을 것

19
다음은 건축물의 피난·방화구조 등의 기준에 관한 규칙에 따른 피난안전구역의 구조 및 설비기준에 관한 내용이다. ( )에 들어갈 내용을 쓰시오.

> ① 피난안전구역의 바로 아래층 및 윗층은 (㉠)를 설치할 것. 이 경우 아래층은 최상층에 있는 거실의 반자 또는 지붕 기준을 준용하고, 윗층은 최하층에 있는 거실의 바닥 기준을 준용할 것
> ② 피난안전구역의 내부마감재료는 (㉡)로 설치할 것
> ③ 건축물의 내부에서 피난안전구역으로 통하는 계단은 (㉢)의 구조로 설치할 것
> ④ 비상용승강기는 피난안전구역에서 승하차 할 수 있는 구조로 설치할 것
> ⑤ 피난안전구역에는 (㉣) 이상 설치하고 (㉤)에 의한 (㉥)를 설치할 것
> ⑥ 관리사무소 또는 방재센터 등과 긴급연락이 가능한 경보 및 통신시설을 설치할 것
> ⑦ 별표 1의2에서 정하는 기준에 따라 산정한 면적 이상일 것
> ⑧ 피난안전구역의 높이는 (㉦)m 이상일 것
> ⑨ 「건축물의 설비기준 등에 관한 규칙」 제14조에 따른 배연설비를 설치할 것
> ⑩ 그 밖에 소방청장이 정하는 소방 등 재난관리를 위한 설비를 갖출 것

㉠ 단열재 ㉡ 불연재료 ㉢ 특별피난계단
㉣ 식수공급을 위한 급수전을 1개소 ㉤ 예비전원 ㉥ 조명설비 ㉦ 2.1

20
다음은 건축물의 피난·방화구조 등의 기준에 관한 규칙에 따른 헬리포트 및 구조공간의 설치기준에 관한 조문이다. ( )에 들어갈 내용을 쓰시오.

> ① 영 제40조제4항제1호에 따라 건축물에 설치하는 헬리포트는 다음 각 호의 기준에 적합해야 한다.
> 1. 헬리포트의 길이와 너비는 각각 (ㄱ)미터이상으로 할 것. 다만, 건축물의 옥상바닥의 길이와 너비가 각각 (ㄴ)미터이하인 경우에는 헬리포트의 길이와 너비를 각각 (ㄷ)미

터까지 감축할 수 있다.
2. 헬리포트의 중심으로부터 반경 (ㄹ)미터 이내에는 헬리콥터의 이·착륙에 장애가 되는 건축물, 공작물, 조경시설 또는 난간 등을 설치하지 아니할 것
3. 헬리포트의 주위한계선은 백색으로 하되, 그 선의 너비는 (ㅁ)센티미터로 할 것
4. 헬리포트의 중앙부분에는 지름 (ㅂ)미터의 "ⓗ"표지를 백색으로 하되, "H"표지의 선의 너비는 (ㅅ)센티미터로, "○"표지의 선의 너비는 (ㅇ)센티미터로 할 것
5. 헬리포트로 통하는 출입문에 영 제40조제3항 각 호 외의 부분에 따른 비상문자동개폐장치(이하 "비상　문자동개폐장치"라 한다)를 설치할 것

② 영 제40조제4항제1호에 따라 옥상에 헬리콥터를 통하여 인명 등을 구조할 수 있는 공간을 설치하는 경우에는 직경 (ㅈ)미터 이상의 구조공간을 확보해야 하며, 구조공간에는 구조활동에 장애가 되는 건축물, 공작물 또는 난간 등을 설치해서는 안 된다. 이 경우 구조공간의 표시기준 및 설치기준 등에 관하여는 제1항제3호부터 제5호까지의 규정을 준용한다.

③ 영 제40조제4항제2호에 따라 설치하는 대피공간은 다음 각 호의 기준에 적합해야 한다.
1. 대피공간의 면적은 지붕 수평투영면적의 (ㅊ) 이상 일 것
2. 특별피난계단 또는 피난계단과 연결되도록 할 것
3. 출입구·창문을 제외한 부분은 해당 건축물의 다른 부분과 내화구조의 바닥 및 벽으로 구획할 것
4. 출입구는 유효너비 (ㅋ)미터 이상으로 하고, 그 출입구에는 (ㅌ)을 설치할 것
4의2. 제4호에 따른 방화문에 (ㅍ)를 설치할 것
5. 내부마감재료는 (ㅎ)로 할 것
6. 예비전원으로 작동하는 조명설비를 설치할 것
7. 관리사무소 등과 긴급 연락이 가능한 통신시설을 설치할 것

정답
ㄱ : 22　　ㄴ : 22　　ㄷ : 15　　ㄹ : 12　　ㅁ : 38
ㅂ : 8　　ㅅ : 38　　ㅇ : 60　　ㅈ : 10
ㅊ : 10분의 1　　ㅋ : 0.9　　ㅌ : 60분+ 방화문 또는 60분 방화문
ㅍ : 비상문자동개폐장치　　ㅎ : 불연재료

21
다음은 건축물의 피난·방화구조 등의 기준에 관한 규칙에 따른 방화구획의 설치기준에 관한 조문의 일부이다. ( )에 들어갈 내용을 쓰시오.

환기·난방 또는 냉방시설의 풍도가 방화구획을 관통하는 경우에는 그 관통부분 또는 이에 근접한 부분에 다음 각 목의 기준에 적합한 댐퍼를 설치할 것. 다만, 반도체공장건축물로서 방화구획을 관통하는 풍도의 주위에 스프링클러헤드를 설치하는 경우에는 그렇지 않다.
가. (　　　　ㄱ　　　　)
나. (　　　　ㄴ　　　　)

정답
ㄱ : 화재로 인한 연기 또는 불꽃을 감지하여 자동적으로 닫히는 구조로 할 것. 다만, 주방 등 연기가 항상 발생하는 부분에는 온도를 감지하여 자동적으로 닫히는 구조로 할 수 있다.
ㄴ : 국토교통부장관이 정하여 고시하는 비차열 성능 및 방연 성능 등의 기준에 적합할 것

22 다음은 건축물의 피난·방화구조 등의 기준에 관한 규칙에 따른 복합건축물의 피난시설 등에 관한 조문이다. ( )에 들어갈 내용을 쓰시오.

> 제14조의2(복합건축물의 피난시설 등)
> 영 제47조제1항 단서의 규정에 의하여 같은 건축물안에 공동주택·의료시설·아동관련시설 또는 노인복지시설(이하 이 조에서 "공동주택등"이라 한다)중 하나 이상과 위락시설·위험물 저장 및 처리시설·공장 또는 자동차정비공장(이하 이 조에서 "위락시설등"이라 한다)중 하나 이상을 함께 설치하고자 하는 경우에는 다음 각 호의 기준에 적합하여야 한다.
> 1. 공동주택등의 출입구와 위락시설등의 출입구는 서로 그 보행거리가 (ㄱ) 이상이 되도록 설치할 것
> 2. 공동주택등(당해 공동주택등에 출입하는 통로를 포함한다)과 위락시설등(당해 위락시설등에 출입하는 통로를 포함한다)은 내화구조로 된 바닥 및 벽으로 구획하여 서로 차단할 것
> 3. 공동주택등과 위락시설등은 서로 이웃하지 아니하도록 배치할 것
> 4. 건축물의 주요 구조부를 (ㄴ)로 할 것
> 5. 거실의 벽 및 반자가 실내에 면하는 부분(반자돌림대·창대 그 밖에 이와 유사한 것을 제외한다. 이하 이 조에서 같다)의 마감은 (ㄷ)로 하고, 그 거실로부터 지상으로 통하는 주된 복도·계단 그밖에 통로의 벽 및 반자가 실내에 면하는 부분의 마감은 (ㄹ)로 할 것

ㄱ : 30미터
ㄴ : 내화구조
ㄷ : 불연재료·준불연재료 또는 난연재료
ㄹ : 불연재료 또는 준불연재료

23 건축물의 피난·방화구조 등의 기준에 관한 규칙에 따른 지하층에 설치하는 비상탈출구의 기준을 쓰시오.

1. 비상탈출구의 유효너비는 0.75m 이상으로 하고, 유효높이는 1.5m 이상으로 할 것
2. 비상탈출구의 문은 피난방향으로 열리도록 하고, 실내에서 항상 열 수 있는 구조로 해야 하며, 내부 및 외부에는 비상탈출구의 표시를 할 것
3. 비상탈출구는 출입구로부터 3m 이상 떨어진 곳에 설치할 것
4. 지하층의 바닥으로부터 비상탈출구의 아랫부분까지의 높이가 1.2m 이상이 되는 경우에는 벽체에 발판의 너비가 20cm 이상인 사다리를 설치할 것
5. 비상탈출구는 피난층 또는 지상으로 통하는 복도나 직통계단에 직접 접하거나 통로 등으로 연결될 수 있도록 설치해야 하며, 피난층 또는 지상으로 통하는 복도나 직통계단까지 이르는 피난통로의 유효너비는 0.75m 이상으로 하고, 피난통로의 실내에 접하는 부분의 마감과 그 바탕은 불연재료로 할 것
6. 비상탈출구의 진입부분 및 피난통로에는 통행에 지장이 있는 물건을 방치하거나 시설물을 설치하지 아니할 것
7. 비상탈출구의 유도등과 피난통로의 비상조명등의 설치는 소방법령이 정하는 바에 의할 것

24 층수가 11층 이상인 건축물로서 11층 이상인 층의 바닥면적의 합계가 1만 제곱미터 이상인 건축물 옥상의 경사지붕아래에 설치하는 대피공간 적합기준을 쓰시오.

1. 대피공간의 면적은 지붕 수평투영면적의 10분의 1 이상일 것
2. 특별피난계단 또는 피난계단과 연결되도록 할 것
3. 출입구·창문을 제외한 부분은 해당 건축물의 다른 부분과 내화구조의 바닥 및 벽으로 구획할 것
4. 출입구는 유효너비 0.9미터 이상으로 하고, 그 출입구에는 60분+ 또는 60분 방화문을 설치할 것
4의2. 제4호에 따른 방화문에 비상문자동개폐장치를 설치할 것
5. 내부마감재료는 불연재료로 할 것
6. 예비전원으로 작동하는 조명설비를 설치할 것
7. 관리사무소 등과 긴급 연락이 가능한 통신시설을 설치할 것

25 건축물의 피난·방화구조 등의 기준에 관한 규칙에 따른 고층건축물 피난안전구역 등의 피난용도 표시 기준을 쓰시오.

1. 피난안전구역
   가. 출입구 상부 벽 또는 측벽의 눈에 잘 띄는 곳에 "피난안전구역" 문자를 적은 표시판을 설치할 것
   나. 출입구 측벽의 눈에 잘 띄는 곳에 해당 공간의 목적과 용도, 다른 용도로 사용하지 아니할 것을 안내하는 내용을 적은 표시판을 설치할 것
2. 특별피난계단의 계단실 및 부속실, 피난계단의 계단실 및 피난용 승강기 승강장
   가. 출입구 측벽의 눈에 잘 띄는 곳에 해당 공간의 목적과 용도, 다른 용도로 사용하지 아니할 것을 안내하는 내용을 적은 표시판을 설치할 것
   나. 해당 건축물에 피난안전구역이 있는 경우 가목에 따른 표시판에 피난안전구역이 있는 층을 적을 것
3. 대피공간 : 출입문에 해당 공간이 화재등의 경우 대피장소이므로 물건적치 등 다른 용도로 사용하지 아니할 것을 안내하는 내용을 적은 표시판을 설치할 것

소방용품의 형식승인(성능인증) 및 제품검사의 기술기준

01 감지기의 형식승인 및 제품검사의 기술기준에 따른 불꽃감지기의 유효감지거리 및 시야각 기준을 쓰시오.

1. 유효감지거리 범위는 20m 미만은 1m 간격으로, 20m 이상은 5m 간격으로 설정해야 하며, 단일 유효감지거리, 복수 유효감지거리, 단일 유효감지거리 범위 또는 복수 유효감지거리 범위로 설정할 수 있다.
2. 제1호에 따른 복수의 유효감지거리 및 유효감지거리 범위는 다수의 단계로 분할하여 설정할 수 있다. 다만, 유효감지거리를 범위로 설정한 경우에는 각 단계별 유효감지거리 세부 범위는 연속되도록 설정해야 한다.
3. 시야각은 5° 간격으로 설정한다.

02 감지기의 형식승인 및 제품검사의 기술기준에 따른 감지기의 절연저항시험 및 절연내력시험기준을 쓰시오.

1. 절연저항시험
   감지기의 절연된 단자간의 절연저항 및 단자와 외함간의 절연저항은 직류 500V의 절연저항계(절연저항측정기)로 측정한 값이 50MΩ(정온식감지선형감지기는 선간에서 1m당 1,000MΩ) 이상이어야 한다.
2. 절연내력시험
   감지기의 단자와 외함간의 절연내력은 60Hz의 정현파에 가까운 실효전압 500V(정격전압이 60V를 초과하고 150V 이하인 것은 1,000V, 정격전압이 150V를 초과하는 것은 그 정격전압에 2를 곱하여 1,000V를 더한 값)의 교류전압을 가하는 시험에서 1분간 견디는 것이어야 한다.

03 감지기의 형식승인 및 제품검사의 기술기준에 따른 감지기의 외피에 표시해야 하는 사항 중 정온식기능을 가진 감지기(감지선형)에는 외피에 공칭작동온도를 색상으로 표시하는데 그 기준을 쓰시오.

1. 공칭작동온도가 80℃ 미만인 것은 백색
2. 공칭작동온도가 80℃ 이상 120℃ 미만인 것은 청색
3. 공칭작동온도가 120℃ 이상인 것은 적색

04 방염제품의 성능인증 및 제품검사의 기술기준에 따라 방염제품에 표시해야 하는 사항을 쓰시오.

1. "방염제품"이라는 표시
2. 품명 및 성능인증번호
3. 제조년월 및 제조번호(또는 로트번호)
4. 제조업체명 또는 상호
5. 소재혼용률
6. 규격(크기, 길이, 폭 등)
7. 사용상 주의사항(세탁, 표백, 건조방법 등)

05 비상문자동개폐장치의 성능인증 및 제품검사의 기술기준에 따른 자동개폐장치의 작동시험방법을 쓰시오.

자동개폐장치는 5초 이내에 개폐부가 개방되어야 하며, 외부수동조작신호에 의한 복귀신호나 인위적 조작 없이는 개방상태를 유지하여야 하고 개방된 경우 개방상태를 확인할 수 있어야 한다. 이 경우 시험방법은 다음 각 호를 따른다.
1. 제어함과 수신기의 출력부(경종 또는 전용신호선)를 연결하고 제어함에 주전원을 공급할 것
2. 수신기의 화재신호 및 자동개폐장치의 비상장치로 작동시킬 것
3. 이때 수신기에서 제어함으로 송신하는 화재신호 전압은 DC24 볼트와 맥류 24 볼트를 각각 사용할 것
3의2. 수신기의 화재신호가 무전압접점신호(무전압접점신호로 자동개폐장치의 개폐부가 개방되는 것에 한한다. 이하 같다)로 작동하는 경우에는 무전압접점신호를 송신하는 수신기를 사용 할 것
4. 자동개폐장치가 화재신호를 수신하거나 비상장치를 조작한 후부터 개폐부가 개방될 때까지의 시간을 초 단위까지 측정할 것
5. 5초 이후 개폐부의 개방상태를 쉽게 확인할 수 있는지 관찰할 것

06 소방용밸브의 성능인증 및 제품검사의 기술기준에 따른 개폐밸브에 표시하여야 하는 사항을 쓰시오.

1. 품명 및 성능인증번호
2. 사용압력 및 호칭
3. 제조업체명 또는 상호(수입하는 경우 수입원)
4. 제조년도 및 제조번호(로트번호)
5. 유수방향(방향성이 있는 경우에 한함)
6. 압력손실값
7. 배관 접속부의 규격

07 소화기의 형식승인 및 제품검사의 기술기준에 따른 대형소화기에 충전하는 소화약제의 양을 쓰시오.

1. 물소화기 : 80L 이상
2. 강화액소화기 : 60L 이상
3. 할로겐화합물소화기 : 30kg 이상
4. 이산화탄소소화기 : 50kg 이상
5. 분말소화기 : 20kg 이상
6. 포소화기 : 20L 이상

08 수신기의 형식승인 및 제품검사의 기술기준 중 제어기능에 대한 다음 각 물음에 답하시오.

1) 옥내·외소화전설비, 물분무소화설비 및 포소화설비의 제어기능에 대하여 쓰시오.

1. 각 펌프의 작동여부를 확인할 수 있는 표시등 및 음향경보기능이 있어야 한다.
2. 각 펌프를 자동 및 수동으로 작동시키거나 작동을 중단시킬 수 있어야 한다.
3. 수조 또는 물올림탱크가 저수위로 될 때 표시등 및 음향으로 경보되어야 한다.

2) 스프링클러설비의 제어기능에 대하여 쓰시오.

1. 각 유수검지장치, 일제개방밸브 및 펌프의 작동여부를 확인할 수 있는 표시기능이 있어야 한다.
2. 수원 또는 물올림탱크의 저수위 감시 표시기능이 있어야 한다.
3. 일제개방밸브를 개방시킬 수 있는 스위치를 설치해야 한다.
4. 각 펌프를 수동으로 작동 또는 중단시킬 수 있는 스위치를 설치해야 한다.
5. 일제개방밸브를 사용하는 설비의 화재감지를 화재감지기에 의하는 경우에는 경계회로 별로 화재표시를 할 수 있어야 한다.

3) 이산화탄소소화설비, 할로겐화합물소화설비 및 분말소화설비의 제어기능에 대하여 쓰시오.

1. 수동기동장치 또는 감지기에서의 신호를 수신하여 음향경보장치를 작동, 소화약제의 방출 또는 지연 등의 제어기능을 가져야 한다. 다만, 약제방출 지연시간은 경보음을 발한 후 30초 이내로 하며, 지연시간을 조정할 수 있는 장치는 조정된 시간의 표시가 쉽게 판별될 수 있어야 한다.
2. 각 방호구역마다 음향경보장치의 조작 및 감지기의 작동을 명시하는 표시등과 이와 연동하여 작동하는 벨, 부저 등의 경보장치를 부착해야 한다. 이 경우 음향장치의 조작 및 감지기의 작동을 명시하는 표시등을 겸용할 수 있다.
3. 수동식 기동장치에 있어서는 그 방출용 스위치와 작동을 명시하는 표시등을 설치해야 한다.
4. 소화약제의 방출을 명시하는 표시등을 설치해야 한다.
5. 자동식 기동장치에 있어서는 자동, 수동의 전환을 명시하는 표시등을 설치해야 한다.

09 수신기의 형식승인 및 제품검사의 기술기준에 따른 다음 각 물음에 답하시오.

(1) 다음 용어의 정의를 쓰시오.
   ① 화재알림형 수신기
   ② 속보기능
   ③ 보정식

---

① "화재알림형 수신기"란 화재알림형 감지기나 발신기에서 발하는 화재정보신호 또는 화재신호 등을 직접 수신하거나 화재알림형 중계기를 통해 수신하여 화재의 발생을 표시 및 경보하고, 화재정보신호 및 화재신호 등을 자동으로 저장하며, 자체 내장된 속보기능에 의해 화재발생 등을 자동적으로 통신망을 통하여 음성 등으로 소방관서에 통보하고 문자로 관계인에게 통보하는 장치를 말한다.
② "속보기능"이란 화재발생 및 해당 소방대상물의 위치 등을 통신망을 통해 음성 등으로 소방관서에 통보하고 문자로 관계인에 통보하는 것을 말한다.
③ "보정식"이란 접속된 화재알림형 감지기의 화재정보신호를 수신하여 일정농도 이상의 연기가 일정시간 이상 연속하는 것을 전기적으로 검출하여 작동 감도를 자동적으로 보정하는 방식의 수신기를 말한다.

(2) 화재알림형 수신기의 적합기준을 쓰시오.

---

1. 음성 등으로 속보하는 경우는 다음과 같아야 한다.
    가. 20초 이내에 소방관서에 자동적으로 신호를 발하여 통보하되, 3회 이상 속보할 수 있어야 하고, 다이얼링 후 소방관서와 전화접속이 이루어지지 않는 경우에는 최초 다이얼링을 포함하여 10회이상 반복적으로 접속을 위한 다이얼링이 이루어져야 한다. 이 경우 매회 다이얼링 완료 후 호출은 30초 이상 지속되어야 한다.
    나. 가목에 의한 속보는 당해 소방대상물의 위치, 관계인연락처, 화재발생 및 화재알림형 수신기에 의한 신고임을 포함한 내용을 음성으로 통보하여야 하며, 음성속보방식 외에 데이터 또는 코드전송방식 등을 이용한 속보기능을 부가로 설치 할 수 있다. 이 경우 데이터 및 코드전송방식은 「자동화재속보설비의 속보기의 성능인증 및 제품검사의 기술기준」 별표1에 따라 소방관서 등에 구축된 접수시스템에 적합하여야 한다.
2. 문자로 속보하는 경우는 다음과 같아야 한다.
    가. 관계인에게 문자로 20초 이내에 화재예비경보발생, 화재축적경보발생, 화재발생 중 해당하는 내용을 통보할 것. 이 경우 속보내용은 소방대상물의 위치, 화재알림형 수신기에 의한 신고임을 포함하여야 한다.

(3) 화재알림형 수신기의 자동보정기능에 대하여 쓰시오.

화재알림형 수신기(보정식에 한한다)는 다음 각 호에 적합하여야한다.
1. 화재알림형 수신기는 보정값을 확인할 수 있는 장치가 있어야 한다.
2. 24시간마다 화재알림형 감지기로부터 수신된 화재정보신호값을 자동보정하는 기능이 있어야 한다.
3. 보정값은 화재경보를 위한 작동농도 감광률 또는 전리전류변화율의 50% 이내로 보정값을 조정하여야 한다.
4. 보정값이 화재경보를 위한 작동농도 감광률 또는 전리전류변화율의 (45~50)%인 범위에서 고장표시를 하여야 한다.

(4) 수신기(화재알림형 수신기 제외)의 기록장치에 저장하는 데이터의 종류를 쓰시오.

수신기의 기록장치에 저장하여야 하는 데이터는 다음 각 목과 같다. 이 경우 데이터의 발생시각을 표시하여야 한다.
1. 주전원과 예비전원의 on/off 상태
2. 경계구역의 감지기, 중계기 및 발신기 등의 화재신호와 소화설비, 소화활동설비, 소화용수설비의 작동신호
3. 수신기와 외부배선(지구음향장치용의 배선, 확인장치용의 배선 및 전화장치용의 배선을 제외한다)과의 단선 상태
4. 수신기에서 제어하는 설비로의 수동작동에 의한 신호, 출력신호와 수신기에 설비의 작동확인표시가 있는 경우 확인신호
5. 수신기의 주경종스위치, 지구경종스위치, 복구스위치 등 기준 제11조(수신기의 제어기능)을 조작하기 위한 스위치의 정지 상태
6. 가스누설신호(단, 가스누설신호표시가 있는 경우에 한함)
7. 제15조의2제2항에 해당하는 신호(무선식 감지기 · 무선식 중계기 · 무선식 발신기 · 무선식 경종 · 무선식 시각경보장치와 연결되는 경우에 한함) <신설 2017. 12. 6.>
8. 제15조의2제3항에 의한 확인신호, 제15조의2제4항에 의한 통신점검신호 및 재확인신호를 수신하지 못한 내역(무선식 감지기 · 무선식 중계기 · 무선식 발신기 · 무선식 경종 · 무선식 시각경보장치와 연결되는 경우에 한함)
9. 제12조제9항제4호 · 제5호의 예비경보 · 축적경보에 의한 신호(아날로그식 축적형인 수신기에 한함)
10. 제3조제21의2호의 차단된 회로에 의한 신호
11. 제15조의3제1항의 단선 · 단락에 의한 신호(아날로그식 감지기, 주소형 감지기 또는 중계기와 접속되는 경우에 한함)
12. 제15조의3제2항의 단선 · 단락에 의한 신호(단선단락감시형에 한함)
13. 제15조의3제4항의 고장에 의한 신호(아날로그식 또는 주소형 광전식스포트형감지기와 접속되는 경우에 한함)
14. 제15조의3제5항의 고장에 의한 신호(광전식스포트형감지기 또는 이온화식스포트형감지기 중 보정식을 접속되는 경우에 한함)

10 수신기의 형식승인 및 제품검사의 기술기준에 따른 수신기의 절연저항시험 및 절연내력시험 기준을 쓰시오. 점16회

1) 절연저항시험
① 수신기의 절연된 충전부와 외함간의 절연저항은 직류 500V의 절연저항계로 측정한 값이 5MΩ(교류입력측과 외함간에는 20MΩ) 이상이어야 한다. 다만, P형, P형복합식, GP형 및 GP형복합식의 수신기로서 접속되는 회선수가 10 이상인 것 또는 R형, R형 복합식, GR형 및 GR형 복합식의 수신기로서 접속되는 중계기가 10 이상인 것은 교류입력측과 외함간을 제외하고 1회선당 50MΩ 이상이어야 한다.
② 절연된 선로간의 절연저항은 직류 500V의 절연저항계로 측정한 값이 20MΩ 이상이어야 한다.
2) 절연내력시험
절연내력은 60Hz의 정현파에 가까운 실효전압 500V(정격전압이 60V를 초과하고 150V 이하인 것은 1000V, 정격전압이 150V를 초과하는 것은 그 정격전압에 2를 곱하여 1천을 더한 값)의 교류전압을 가하는 시험에서 1분간 견디는 것이어야 한다.

11 유도등의 형식승인 및 제품검사 기술기준에 따른 유도등의 표시면 색상기준을 쓰시오.

피난구유도등인 경우 녹색바탕에 백색문자로, 통로유도등인 경우는 백색바탕에 녹색문자를 사용해야 한다.

12 유도등의 형식승인 및 제품검사의 기술기준에 따른 유도등의 절연저항시험 및 절연내력시험 기준을 쓰시오.

1. 절연저항시험
   유도등의 교류입력측과 외함 사이, 교류입력측과 충전부 사이 및 절연된 충전부와 외함 사이의 각 절연저항의 DC 500V의 절연저항계로 측정한 값이 5MΩ 이상이어야 한다.
2. 절연내력시험
   유도등의 절연내력은 제14조에 규정된 시험부에 60Hz의 정현파에 가까운 실효전압 500V(정격전압이 60V를 초과하고 150V 이하인 것은 1kV, 정격전압이 150V를 초과하는 것은 그 정격전압에 2를 곱하여 1kV를 더한 값)의 교류전압을 가하는 시험에서 1분간 견디는 것이어야 한다.

13 포소화약제혼합장치등의 성능인증 및 제품검사의 기술기준에 따른 다음 용어의 정의를 쓰시오.
(1) 펌프 프로포셔너방식
(2) 프레셔 프로포셔너방식
(3) 라인 프로포셔너방식
(4) 프레셔사이드 프로포셔너방식
(5) 압축공기포 혼합장치
(6) 압축공기포 혼합방식
(7) 압축공기포

(1) "펌프 프로포셔너방식"이란 펌프의 토출관과 흡입관 사이의 배관도중에 설치한 흡입기에 펌프에서 토출된 물의 일부를 보내고, 농도조정밸브에서 조정된 포소화약제의 필요량을 포소화약제 탱크에서 펌프 흡입측으로 보내어 이를 혼합하는 방식을 말한다.
(2) "프레셔 프로포셔너방식"이란 펌프와 발포기의 중간에 설치된 벤추리관의 벤추리작용과 펌프가압수의 포소화약제 저장탱크에 대한 압력에 따라 포소화약제를 흡입·혼합하는 방식을 말한다.
(3) "라인 프로포셔너방식"이란 펌프와 발포기의 중간에 설치된 벤추리관의 벤추리 작용에 따라 포소화약제를 흡입·혼합하는 방식을 말한다.
(4) "프레셔사이드 프로포셔너방식"이란 펌프의 토출관에 압입기를 설치하여 포소화약제 압입용펌프로 포소화약제를 압입시켜 혼합하는 방식을 말한다.
(5) "압축공기포 혼합장치"란 포수용액에 압축공기 또는 질소를 연속적으로 혼합하여 공기포를 토출하는 장치를 말한다.

(6) "압축공기포 혼합방식"이란 포수용액에 가압원으로 압축된 공기 또는 질소를 일정비율로 혼합하는 방식을 말한다.
(7) "압축공기포"란 포수용액에 압축공기 또는 질소가 혼합된 것을 말한다.

14 캐비닛형 간이스프링클러설비의 성능인증 및 제품검사의 기술기준에 따른 간이스프링클러설비의 작동성능에 대하여 쓰시오.

간이설비는 다음 각 호에 적합하여야 한다. 이 경우 전기를 사용하는 설비의 전원전압은 정격전압으로 한다.
1. 최장배관의 말단에 설치된 간이스프링클러헤드(이하 "간이헤드"라 한다)의 방수량은 50L/min 이상이어야 한다.
2. 최장배관 및 최단배관 말단의 간이헤드 2개를 동시 개방하였을 경우 간이헤드는 선단의 방수압력이 0.1MPa 이상(이하 "유효방수압력"이라 한다)이어야한다.
3. 방수시간은 신청자가 제시하는 시간(최소 10분) 이상이어야 하며, 10분 단위로 추가하여 신청할 수 있다.
4. 간이헤드 또는 신청자가 제시하는 헤드 1개를 개방하고 음향장치로부터 1m 떨어진 위치에서 음량을 측정하였을 때, 90dB 이상의 음량이 신청자가 제시한 방수시간 이상 지속되어야 한다.
5. 상용전원 차단시 자동으로 비상전원으로 전환되어야 하며, 비상전원으로 운전시 간이헤드의 유효방수압력 (별도의 헤드를 제시하는 경우는 신청 방수압력) 유지 및 음향장치의 작동은 신청자가 제시한 방수시간 이상 지속되어야 한다. 다만, 무전원 방식의 경우에는 모든 기능의 작동이 신청자가 제시한 방수시간 이상 지속되어야 한다.

15 감지기의 형식승인 및 제품검사의 기술기준에 따른 건전지를 주전원으로 하는 단독경보형 감지기의 건전지 용량산정 시 고려사항을 모두 쓰시오.

1. 감시상태의 소비전류
2. 점검 등에 따른 소비전류
3. 건전지의 자연방전전류
4. 건전지 교체 표시에 따른 소비전류
5. 부가장치가 설치된 경우에는 부가장치의 작동에 따른 소비전류
6. 기타 전류를 소모하는 기능에 대한 소비전류
7. 안전 여유율

> **Reference**
>
> 무선식 감지기의 기능 중 건전지를 주전원으로 하는 감지기(단독경보형감지기 중 연동식 감지기는 제외한다)의 건전지 용량산정 시 고려사항
>
> 1. 감시상태의 소비전류
> 2. 수신기의 수동 통신점검에 따른 소비전류
> 3. 수신기의 자동 통신점검에 따른 소비전류
> 4. 건전지의 자연방전전류
> 5. 건전지 교체 표시에 따른 소비전류
> 6. 부가장치가 설치된 경우에는 부가장치의 작동에 따른 소비전류
> 7. 기타 전류를 소모하는 기능에 대한 소비전류
> 8. 안전 여유율

16 소방청장이 정하여 고시한 상업용주방자동소화장치의 성능인증 및 제품검사의 기술기준에서 규정하는 상업용주방자동소화장치의 제어부 기준을 쓰시오.

1. 감지부로부터 화재신호를 수신한 경우에 화재신호를 자동적으로 표시함과 동시에 경보음을 발하여야 하며, 차단장치 및 작동장치를 작동하도록 신호를 발하여야 하고 제어부에는 작동표시 기능이 있어야 한다.
2. 감지부의 화재신호에 따라 작동장치가 작동되도록 신호를 발하는 구조인 경우에는 일시적으로 발생한 열·연기 또는 먼지 등에 의하여 작동되지 아니하도록 오작동방지회로를 설치해야 한다.
3. 감지부, 예비전원 및 작동장치 회로의 단선이 생기는 경우 이를 알려주는 표시를 해야 한다.
4. 수동작동 스위치나 복구스위치 또는 경보 등의 정지스위치를 설치하는 경우에는 각각의 목적에만 사용되도록 설치해야 한다.
5. 주전원이 정지한 경우에는 자동적으로 예비전원으로 전환되고 주전원이 복귀한 경우에는 자동적으로 예비전원으로부터 주 전원으로 전환되는 구조이어야 하며, 제어부 전면에는 주전원 및 예비전원의 상태를 감시할 수 있는 장치가 설치되어야 한다.
6. 내부의 부품 등에서 발생되는 열에 의하여 구조 및 성능에 이상이 생길 우려가 있는 것은 방열판 또는 방열공 등을 두어 보호조치를 해야 한다. 다만, 방폭형은 방열공을 설치하지 아니할 수 있다.
7. 반도체는 최대사용전압 및 최대사용전류에 충분히 견딜 수 있는 것이어야 한다.

17 감지기의 형식승인 및 제품검사의 기술기준에 따른 단독경보형감지기의 음향기준에 대해 쓰시오.

1. 사용전압의 80%인 전압에서 소리를 내어야 한다.
2. 사용전압에서의 음압은 무향실내에서 정위치에 부착된 음향장치의 중심으로부터 1m떨어진 지점에서 85dB 이상이어야 한다.

3. 사용전압으로 8시간 연속하여 울리게 하는 시험 또는 정격전압에서 3분20초 동안 울리고 6분40초 동안 정지하는 작동을 반복하여 합산한 울린시간이 20시간이 되도록 시험하는 경우 그 구조 또는 기능에 이상이 생기지 아니해야 한다.

18 소화기의 형식승인 및 제품검사의 기술기준에 따른 차량용 소화기의 종류를 쓰시오.

자동차에 설치하는 소화기(이하 "차량용소화기"라 한다)는 강화액소화기(안개모양으로 방사되는 것에 한한다), 할로겐화물소화기, 이산화탄소소화기, 포소화기 또는 분말소화기이어야 한다.

19 소화기의 형식승인 및 제품검사의 기술기준 중 호스를 부착하지 않을 수 있는 소화기 종류를 쓰시오.

소화기에는 호스를 부착해야 한다. 다만, 다음 각 호의 경우에는 부착하지 아니할 수 있다.
1. 소화약제의 중량이 4kg 이하인 할로겐화물소화기
2. 소화약제의 중량이 3kg 이하인 이산화탄소소화기
3. 소화약제의 중량이 2kg 이하의 분말소화기
4. 소화약제의 용량이 3L 이하의 액체계 소화기

20 소화기의 형식승인 및 제품검사의 기술기준에 따른 소화기의 사용온도 범위에 대해 쓰시오.

1. 소화기는 그 종류에 따라 다음의 온도범위에서 사용할 경우 소화 및 방사의 기능을 유효하게 발휘할 수 있는 것이어야 한다.
   가. 강화액소화기 : -20℃ 이상 40℃ 이하
   나. 분말소화기 : -20℃ 이상 40℃ 이하
   다. 그 밖의 소화기 : 0℃ 이상 40℃ 이하
2. 제1호의 규정에도 불구하고 사용온도의 범위를 확대하고자 할 경우에는 10℃ 단위로 해야 한다.

21 유도등의 형식승인 및 제품검사의 기술기준에 따른 조도시험 기준을 쓰시오.

통로유도등 및 객석유도등은 그 유도등은 비상전원의 성능에 따라 유효점등시간 동안 등을 켠 후 주위조도가 0lx인 상태에서 다음과 같은 방법으로 측정하는 경우, 그 조도는 각각 다음 각 호에 적합해야 한다.

1. 계단통로유도등은 바닥면 또는 디딤바닥 면으로부터 높이 2.5m의 위치에 그 유도등을 설치하고 그 유도등의 바로 밑으로부터 수평거리로 10m 떨어진 위치에서의 법선 조도가 0.5 lx 이상이어야 한다.
2. 복도통로유도등은 바닥면으로부터 1m 높이에, 거실통로유도등은 바닥면으로부터 2m 높이에 설치하고 그 유도등의 중앙으로부터 0.5m 떨어진 위치의 바닥면 조도와 유도등의 전면 중앙으로부터 0.5m 떨어진 위치의 조도가 1lx 이상이어야 한다. 다만, 바닥면에 설치하는 통로유도등은 그 유도등의 바로 윗부분 1m의 높이에서 법선조도가 1lx 이상이어야 한다.
3. 객석유도등은 바닥면 또는 디딤 바닥면에서 높이 0.5m의 위치에 설치하고 그 유도등의 바로 밑에서 0.3m 떨어진 위치에서의 수평조도가 0.2lx 이상이어야 한다.

22 중계기의 형식승인 및 제품검사의 기술기준 중 수신기, 가스누설경보기의 탐지부, 가스누설경보기의 수신부, 자동소화설비의 제어반 또는 다른 중계기 등으로부터 전력을 공급받는 방식인 중계기의 기능에 대해 쓰시오.

1. 중계기로부터 외부부하에 직접 전력을 공급하는 각각의 회로에는 퓨즈 또는 브레이커 등을 설치하여 전력공급 중 퓨즈가 녹아 끊어지거나 브레이커 등이 차단되는 경우에는 자동적으로 수신기에 퓨즈의 끊어짐이나 브레이커의 차단 등에 대한 신호를 보낼 수 있어야 하며 차단 후 차단된 회선 이외의 다른 회선에 영향을 미치지 않아야 한다. 다만, 단선단락 자동검출형 중계기인 경우에는 퓨즈 또는 브레이커 등을 설치하지 않을 수 있다.
2. 지구음향장치를 울리게 하는 것은 수신기에서 조작하지 아니하는 한 울림을 계속할 수 있어야 한다.
3. 화재신호에 영향을 미칠 염려가 있는 조작부를 설치하지 아니해야 한다.

23 중계기의 형식승인 및 제품검사 기술기준 중 수신기, 가스누설경보기의 탐지부, 가스누설경보기의 수신부, 자동소화설비의 제어반 또는 다른 중계기로부터 전력을 공급받지 아니하는 방식인 중계기(주전원이 건전지인 무선식 중계기는 제외)의 기능에 대해 쓰시오.

1. 지구음향장치를 울리게 하는 것은 수신기에서 조작하는 경우를 제외하고는 울림을 계속할 수 있어야 한다.
2. 화재신호에 영향을 줄 염려가 있는 조작부를 설치하지 않아야 한다.
3. 전원입력회로 및 외부부하에 직접 전력을 공급하는 각각의 회로에는 퓨즈 또는 브레이커 등을 설치하여 전력을 공급 중 주전원의 정지, 퓨즈의 끊어짐, 브레이커의 차단 등에 대한 신호를 보낼 수 있어야 하며 차단 후 차단된 회선 이외의 다른 회선에 영향을 미치지 아니하여야 한다. 다만, 단선단락 자동검출형 중계기인 경우에는 외부부하에 직접 전력을 공급하는 각각의 회로에 퓨즈 또는 브레이커 등을 설치하지 아니할 수 있다.
4. 내부에 예비전원이 있어야 한다. 다만, 방화상 유효한 조치를 마련한 것은 그러하지 아니하다.
5. 중계기는 최대부하에 연속하여 견딜 수 있는 용량을 가져야 한다.
6. 주전원이 정지한 경우에는 자동적으로 예비전원으로 전환되고, 주전원이 정상상태로 복귀한 경우에는 예비 전원으로부터 주전원으로 전환되는 장치가 설치되어야 한다.

7. 정류기의 직류측에 자동복귀형스위치를 설치하고 그 스위치의 조작에 의하여 전류가 흐르도록 부하를 가하는 경우 그 단자전압을 측정할 수 있는 장치를 설치하거나 예비전원의 저전압(제조사 설계 값을 말한다) 상태를 자동적으로 확인할 수 있는 장치를 설치하여야 한다.
8. 내부에 주전원의 양극을 동시에 개폐할 수 있는 전원스위치를 설치할 수 있다.

24 스프링클러헤드의 형식승인 및 제품검사 기술기준 중 반응시간지수에 대한 정의, 공식, 분류를 쓰시오.

1. 반응시간지수(RTI)의 정의
   RTI(Response Time Index)란 헤드의 열에 대한 민감도 즉, 열감도를 의미하여 폐쇄형 헤드 감열부의 용융·이탈·파괴에 필요한 열을 주위로부터 얼마나 빠른 시간에 흡수할 수 있는지를 나타내는 헤드 작동시간에 따른 지수이다. 점12회

2. 반응시간지수 공식
   $$RTI = \tau\sqrt{u}$$
   RTI : $\sqrt{m \cdot sec}$, τ : 감열체의 시간상수(sec), u : 기류의 속도(m/sec)

3. 반응시간지수(RTI)에 따른 분류
   가. 표준반응형(Standard Response) 헤드
       : RTI가 80 초과 350 이하인 헤드로 가장 일반적인 헤드
   나. 특수반응형(Special Response) 헤드
       : RTI가 50 초과 80 이하인 헤드
   다. 조기반응형(Fast Response) 헤드
       : RTI가 50 이하인 헤드로 속동형 헤드 또는 조기반응형 헤드라 한다.

25 소화설비용헤드의 성능인증 및 제품검사 기술기준 중 포헤드의 25%환원시간 시험에 대해 쓰시오.

25% 환원시간은 포헤드에 사용하는 포소화약제의 혼합농도의 상한값 및 하한값에 있어서 사용압력의 상한값 및 하한값으로 발포하는 경우 포소화약제의 종류에 따라 각각 다음표의 수치 이상이어야 한다.

포소화약제의 종류	25% 환원시간(초)
단백포소화약제	60
합성계면활성제포소화약제	180
수성막포소화약제	60

1. 25% 환원시간 시험은 포발포 시험과 동시에 실시한다.
2. 포의 25% 환원시간은 채집한 포로부터 떨어지는 포수용액량이 용기내의 포에 포함되어 있는 포수용액량의 25%(1/4)가 환원되는 시간을 측정한다.
3. 물을 유지하는 능력의 정도, 포의 유동성을 측정하며, 이 측정은 발포배율 측정의 시료로

하고 포시료의 정미중량을 4등분함으로써 포에 함유되어 있는 포수용액의 25% 용량(단위 : mL)을 얻는다.

4. 단백포 및 합성계면활성포소화약제의 포가 환원되는 시간을 알기 위해서는 콘테이너를 콘테이너대에 놓고 일정시간 내에 콘테이너의 바닥에 고이는 액을 100mL 용량의 투명용기에 받는다. [포시료의 정미중량 180g일 때(1g을 1mL로 환산)]

5. 수성막포소화약제의 포시료의 정미중량을 4등분함으로서 포에 함유되어 있는 포 수용액의 25% 용량(단위 : mL)을 얻는다. 포를 환원하는 시간을 알기 위해서는 메스실린더를 평탄한 시험대에 놓고 일정 시간내에 메스실린더의 바닥에 고인 액을 포와 쉽게 판별할 수 있을 때의 계량선을 읽는다. [포시료의 정미중량 200g일 때(1g을 1mL로 환산)]

점검장비 종류 및 사용법

01 점검장비의 종류를 쓰시오.

소방시설	점검 장비	규격
모든 소방시설	방수압력측정계, 절연저항계(절연저항측정기), 전류전압측정계	
소화기구	저울	
옥내소화전설비 옥외소화전설비	소화전밸브압력계	
스프링클러설비 포소화설비	헤드결합렌치(볼트, 너트, 나사 등을 죄거나 푸는 공구)	
이산화탄소소화설비 분말소화설비 할론소화설비 할로겐화합물 및 불활성기체 소화설비	검량계, 기동관누설시험기, 그 밖에 소화약제의 저장량을 측정할 수 있는 점검기구	
자동화재탐지설비 시각경보기	열감지기시험기, 연(煙)감지기시험기, 공기주입시험기, 감지기시험기연결막대, 음량계	
누전경보기	누전계	누전전류 측정용
무선통신보조설비	무선기	통화시험용
제연설비	풍속풍압계, 폐쇄력측정기, 차압계(압력차 측정기)	
통로유도등 비상조명등	조도계(밝기 측정기)	최소눈금이 0.1럭스 이하인 것

02 방수압력측정계 사용법을 쓰시오.

정답
1. 용도 : 옥내, 외 소화전설비의 방수 압력을 측정하며 동압을측정하는데 사용(수압 측정 및 유량 측정)
2. 사용법 : 방수노즐로부터 D/2(D : 노즐구경)의 거리에 방수압력 측정계를 대고 지시된 압력을 읽는다.
   가. 압력 측정 : 수압계는 관, Nozzle Orifice에서 대기로 유체가 흐를 때 손실수두에 해당하는 압력(동압)측정
   나. 유량 계산
3. 주의사항
   가. 물에 불순물이 완전히 배출된 후에 측정(불순물로 피토 튜브가 막힘)
   나. 물에 공기가 완전히 배출된 후 측정(정확한 압력 측정 불가)
   다. 반드시 직사형 관창 사용
   라. 최상층 소화전 (말단 최대 2개) 모두 개방한 후 측정 고려

03 소화전밸브압력계 사용법을 쓰시오.

정답
1. 소화전 호스를 분리시킨다
2. 소화전밸브압력계의 어댑터를 소화전밸브에 연결시킨다
3. 소화전밸브를 개방한다
4. 압력계를 읽는다(정압측정)
5. 측정완료후 소화전밸브를 잠근다
6. 코크밸브를 열어 내압을 제거한다
7. 소화전밸브압력계를 분리한다
8. 호스를 결합시킨다

04 전류전압측정계 사용법에 대한 빈칸에 들어갈 답을 쓰시오.

① 0점조정
② 배터리체크
③ 직류전류측정
   가) (㉠)색도선을 측정기의 - 단자에, (㉡)색 도선을 + 단자에 접속시킨다.
   나) 선택스위치를 직류 A에 고정시킨다.
   다) 도선의 양측 말단을 피측정회로에 (㉢)로 접속시킨다.
   라) 계기판의 직류 A 눈금값을 읽는다.
④ 직류전압측정
   가) (㉠)색도선을 측정기의 - 단자에, (㉡)색 도선을 + 단자에 접속시킨다.
   나) 선택스위치를 직류 V에 고정시킨다.

다) 도선의 양측 말단을 피측정회로에 (ㄹ)로 접속시킨다.
라) 계기판의 직류 V 눈금값을 읽는다.

⑤ 저항측정
  가) (ㄱ)색도선을 측정기의 - 단자에, (ㄴ)색 도선을 + 단자에 접속시킨다.
  나) 선택스위치를 저항 Ω에 고정시킨다.
  다) 0점조정 : +, - 두 도선을 (ㅁ)시켜 저항0점 조정기를 이용하여 지침이 0Ω을 가르키도록 0점을 조정한다.
  라) 피측정 저항의 양 끝에 도선을 접속시키고 Ω의 눈금값을 읽는다.

⑥ 콘덴서품질시험
  가) (ㄱ)색도선을 측정기의 - 단자에, (ㄴ)색 도선을 + 단자에 접속시킨다.
  나) 선택스위치는 저항 Ω에 고정시킨다. (범위선택 10kΩ)
  다) 리드선을 콘덴서의 양단자에 접속시킨다.
  라) 판정
    ㉠ 지침이 순간적으로 흔들리다가 서서히 무한대위치로 돌아오는 경우 : (ㅂ)
    ㉡ 지침이 움직이지 않는 경우 : (ㅅ)
    ㉢ 바늘이 움직인채 그대로 있으며 무한대 위치로 돌아오지 않는 경우 : (ㅇ)

 ㉠ 흑 ㉡ 적 ㉢ 직렬 ㉣ 병렬 ㉤ 단락
㉥ 정상콘덴서 ㉦ 불량콘덴서 ㉧ 단락된 콘덴서

---

05 **절연저항측정계 사용법에 대한 빈칸에 들어갈 답을 쓰시오.**

① 0점조정
② 배터리체크
③ (ㄱ)색리드선은 접지(E)단자에, (ㄴ)색리드선은 라인(L)단자에 연결한다.

> ※ 주의사항
> 1. 전로나 기기를 충분히 방전시킨다.
> 2. 전기용고무장갑 착용
> 3. 도선간의 절연저항 측정시 개폐기를 모두 개방시킨다.
> 4. 사용전압에 적합한 정격의 절연저항계를 선정하여 측정한다.
> 5. 선간 절연저항 측정시 계기용변성기, 콘덴서, 부하등을 측정회로에서 분리시킨후 측정한다.

④ 배선상호간 절연저항 측정시 두 리드선을 각 배선에 접속하여 측정
⑤ 배선과 대지사이 절연저항 측정시 (ㄴ)색리드선은 일괄배선에, (ㄱ)색리드선은 접지극(대지)에 접속하여 측정
⑥ 측정된 절연저항은 다음과 같다.

절연저항계	절연저항	대상
DC (ⓒ)V	0.1 [MΩ] 이상	1경계구역 선로간의 절연저항
DC (㉢) V	(㉣) [MΩ] 이상	수신기(10회로 미만) 절연된 충전부와 외함사이
	(㉤) [MΩ] 이상	수신기 교류입력측과 외함사이 수신기 절연된 선로사이
	(㉥) [MΩ] 이상	수신기(10회로 이상) 절연된 충전부와 외함사이 감지기 절연된 단자와 외함사이(정온식감지선형감지기 제외)
	1000 [MΩ] 이상	정온식감지선형감지기

정답 ㉠ 흑 ㉡ 적 ㉢ 250 ㉣ 500 ㉤ 5 ㉥ 20 ㉦ 50

06 다음 각 설비의 음량계 이용 기준 음압을 쓰시오.

(1) 스프링클러 사이렌

정답 부착된 음향장치의 중심으로부터 1m 떨어진 위치에서 90dB 이상이 되는 것으로 할 것

(2) 단독경보형감지기 화재경보음

정답 감지기로부터 1m 떨어진 위치에서 85dB 이상으로 10분 이상 계속하여 경보할 수 있을 것

(3) 단독경보형감지기 건전지교체음

정답 감지기로부터 1m 떨어진 거리에서 70dB(음성안내는 60dB) 이상으로 72시간 이상 발할 수 있을 것

(4) 누전경보기 경보음향

정답 음향장치의 중심으로부터 1m 떨어진 지점에서 누전경보기는 70dB 이상이어야 한다. 다만, 고장표시장치용 등의 음압은 60dB이상이어야 한다.

(5) 가스누설경보기 경보음향

정답 음향장치의 중심으로부터 1m 떨어진 지점에서 주음향장치용의 것은 90dB(단, 단독형 및 분리형중 영업용인 경우에는 70dB)이상이어야 한다. 다만, 고장표시용 등의 음압은 60dB 이상이어야 한다.

07 조도계를 이용한 조도측정시 통로유도등 및 객석유도등의 조도기준을 쓰시오.

정답
1. 계단통로유도등은 바닥면 또는 디딤바닥 면으로부터 높이 2.5m의 위치에 그 유도등을 설치하고 그 유도등의 바로 밑으로부터 수평거리로 10m 떨어진 위치에서의 법선조도가 0.5 lx 이상이어야 한다.
2. 복도통로유도등은 바닥면으로부터 1m 높이에, 거실통로유도등은 바닥면으로부터 2m 높이에 설치하고 그 유도등의 중앙으로부터 0.5m 떨어진 위치의 바닥면 조도와 유도등의 전면 중앙으로부터 0.5m 떨어진 위치의 조도가 1lx 이상이어야 한다. 다만, 바닥면에 설치하는 통로유도등은 그 유도등의 바로 윗부분 1m의 높이에서 법선조도가 1lx 이상이어야 한다.
3. 객석유도등은 바닥면 또는 디딤 바닥면에서 높이 0.5m의 위치에 설치하고 그 유도등의 바로 밑에서 0.3m 떨어진 위치에서의 수평조도가 0.2lx 이상이어야 한다.

> **Reference**
>
> **조도E[lx]**
> 실내 바닥의 P점으로부터 위로 4m높이에 광도 1,000cd인 비상조명등을 설치한 경우
> P점으로부터 수평으로 3m떨어진 지점에서의 법선조도(lx), 수평면조도(lx), 수직면조도(lx)를 답하시오[6점]
>
> **풀이 및 정답**
>
> 법선조도(직선조도) $E_n = \dfrac{I(광도)}{r(직선거리)^2} = \dfrac{1000}{5^2} = 40\,lx$
>
> 직선거리 $= \sqrt{4^2 + 3^2} = 5m$
>
> 수평면조도 $E_h = E_n \times \cos\theta = 40lx \times \dfrac{4}{5} = 32\,lx$
>
> 수직면조도 $E_v = E_n \times \sin\theta = 40lx \times \dfrac{3}{5} = 24\,lx$

08 공기주입시험기를 이용하여 차동식분포형 공기관식감지기를 테스트하려고 한다. 화재작동시험에 대한 다음 물음에 답하시오.

① 목적
② 방법
③ 가부판정시 기준치 이상일 경우 원인 3가지
④ 가부판정시 기준치 미달일 경우 원인 3가지

정답
① 목적
  감지기의 작동여부 및 작동시간의 정상 여부를 시험하는 것
② 방법
  ㉠ 검출부의 시험구멍(T)에 공기주입시험기를 접속한다.

ⓒ 검출부의 콕크(절환)레버를 PA위치로 한다.
ⓒ 검출부에 지정된 공기량(압력)을 공기관에 주입시킨다.
ⓒ 공기주입 후 감지기의 접점이 작동되기까지 검출부에 지정된 시간을 측정한다.
③ 가부판정시 기준치 이상일 경우 원인 3가지
 ㉠ 리크저항치가 규정치보다 작다.
 ㉡ 접점 수고값이 규정치보다 높다.
 ㉢ 공기관의 누설, 폐쇄, 변형
 ㉣ 공기관의 길이가 너무 길다.
 ㉤ 공기관 접점의 접촉 불량
④ 가부판정시 기준치 미달일 경우 원인 3가지
 ㉠ 리크저항치가 규정치보다 크다.
 ㉡ 접점 수고값이 규정치보다 낮다.
 ㉢ 공기관의 길이가 주입량에 비해 짧다.

09 다음은 기동관누설시험기의 사용법에 관한 내용이다. 이때 기동관 누설시험기를 이용하여 누설여부를 확인해야 하는 동관의 위치(동관이 설치되는 부분)를 쓰시오.

> 사용법 ㉠ 호스에 부착된 밸브를 잠그고 압력조정기 연결부에 호스를 연결한다.
> ㉡ 호스끝을 기동관에 견고히 연결한다.
> ㉢ 용기에 부착된 밸브를 서서히 연다.
> ㉣ 게이지 압력을 1MPa[10(kg/㎠)] 미만으로 조정하고 압력조정기의 레버를 서서히 조인다.
> ㉤ 본 용기와 연결된 차단밸브가 모두 잠겼는지 확인한다.
> ㉥ 호스 끝에 부착된 밸브를 서서히 열어 압력이 5(kg/㎠)이 되게 한다.
> ㉦ 거품액을 붓에 묻혀 기동관의 각 부분에 칠을 하여 누설여부를 확인한다.
> ㉧ 확인이 끝나면 용기밸브를 먼저 잠그고 호스밸브를 잠근 후 연결부를 분리시킨다.

정답
① 저장용기와 저장용기 사이 연결동관
② 기동용기와 선택밸브 사이 연결동관
③ 선택밸브(기동용기)와 저장용기 사이 연결동관
④ 선택밸브 2차측과 압력스위치 사이 연결동관

설비별 점검절차 및 문제점 분석

01 소화기구 및 자동소화장치 점검 중 주거용주방자동소화장치의 점검방법을 쓰시오.

① 화재시 정상작동여부 점검
온도센서 가열 → 1차 온도센서(90℃) 동작 → 수신부에 신호 전달 → 음향장치발신, 가스밸브 차단 및 수신부의 예비화재표시등 점등 → 2차 온도센서(135℃) 동작 → 화재표시등 점등 → 소화약제방사
② 가스누설시 정상작동여부 점검
탐지부에 시험용가스 분사 → 탐지부에서 가스 누설 탐지 → 수신부 신호전달 → 음향장치 작동, 가스누설표시등 점등 및 가스차단장치 동작

02 옥내/외소화전 점검에 대한 다음 각 물음에 답하시오.

1) 압력챔버 공기주입방법

㉠ 동력제어반(MCC)에서 주펌프 및 충압펌프를 "수동" 또는 "정지"위치로 한다.
㉡ 압력챔버와 주배관의 연결밸브(V_1)를 잠근다.
㉢ 챔버하부의 배수밸브(V_2)를 개방한다(배수가 잘 안 될 경우 챔버 상부의 안전밸브(V_3)를 개방하고, 안전밸브의 개방이 어려운 경우는 압력계를 풀거나 압력스위치연결용 동관을 푼다).
㉣ 급수밸브(V_1)를 개방과 폐쇄를 반복하면서 챔버내부를 세척한 후 완전 배수한다.
㉤ 챔버 하부의 배수밸브(V_2)를 잠근다.(안전밸브 폐쇄확인)
㉥ 급수밸브(V_1)를 개방하여 챔버내부에 가압수를 채운다.
㉦ 제어반에서 충압펌프의 기동스위치를 "자동"위치로 한다.
㉧ 충압펌프가 기동되어 설정압력이 되면 정지한다.
㉨ 주펌프의 기동스위치를 "자동"위치로 한다.

2) 압력스위치의 표면에 주펌프와 충압펌프의 구분 표시가 없는 경우 구분할수 있는 방법을 3가지 답하시오 (압력스위치의 동작시험 3가지, 동력제어반에서 주펌프 및 충압펌프 수동정지상태, 펌프기동은 하지 않고 감시제어반에서 압력스위치 동작을 이용하여 확인)

① 압력스위치의 접점을 수동으로 눌러 동작, 감시제어반에서 압력스위치작동표시등 확인
② 기동용수압개폐장치의 급수개폐밸브 폐쇄후 배수밸브 개방, 동작하는 압력스위치 확인후 감시제어반 작동표시등확인
③ 압력스위치 연결선로를 수동으로 단락시켜 감시제어반 작동표시등확인

> **Reference**
> ① 동력제어반(MCC)에서 주펌프의 운전 선택스위치를 "수동" 위치로 한다.
> ② 동력제어반(MCC)에서 충압펌프의 운전 선택스위치를 "자동" 위치로 한다.
> ③ 두 압력스위치의 커버를 열고 드라이버등을 이용하여 동작확인침(접점)을 강제로 하나씩 붙여본다.
> ④ 두 개중 충압펌프가 기동하게 된 스위치가 충압펌프의 압력스위치(수신반 충압펌프 기동확인)
> ⑤ 나머지 한 개 동작시 수신반에서 주펌프 기동확인 램프 및 경보음 확인.
> ⑥ 이후 복구

3) 릴리프밸브 개방압력 설정하는 방법

① 주밸브(V_1)를 잠근다.
② 동력제어반(MCC)에서 주펌프 및 충압펌프의 운전 선택스위치를 "수동" 위치로 한다.
③ 릴리프밸브 상부 캡을 열고 스패너로 조정나사를 시계방향으로 돌려 개방압력을 최대치로 만든다.
④ 성능시험배관의 (V_2), (V_3) 밸브를 개방한다.
⑤ 동력제어반에서 주펌프를 수동으로 기동시킨다.
⑥ 성능시험배관상의 유량조절밸브(V_3)를 서서히 잠그면서 펌프 토출측의 압력계 지침이 릴리프밸브를 개방시키고자 하는 압력이 되도록 한다.
⑦ 릴리프밸브 상부의 조정나사를 스패너를 이용하여 반시계방향으로 (개방압력을 낮춤)돌려서 릴리프밸브를 개방(작동)되게 한다(순환배관으로 물이 흐르는 것으로 확인).
⑧ 주펌프를 "수동-OFF"로 하여 주펌프를 수동으로 정지시킨다.
⑨ V_2, V_3를 폐쇄하고 주밸브(V_1)를 연다.
⑩ 동력제어반에서 충압펌프의 운전선택스위치를 "자동" 위치로 한다.
⑪ 주펌프의 운전선택 스위치를 "자동" 위치로 한다.

4) 충압펌프가 자주 기동할 때의 원인

① 옥상수조에 설치하는 스윙체크밸브는 수평형이므로 이물질이 끼게 되어 옥상수조로 역류하는 때
② 토출측에 설치된 스모렌스키 체크밸브의 기능이상에 따라 1차측으로 가압수가 역류되는 때
③ 스모렌스키 첵크밸브의 바이패스밸브가 개방되어 저수조 쪽으로 역류되는 때
④ 알람밸브의 드레인밸브가 미세하게 개방된 때
⑤ 펌프 주밸브 2차측 배관 및 설비 연결부분등에서 누수가 발생되는 때
⑥ 스프링클러 말단시험밸브가 미세하게 개방된 때
⑦ 압력챔버에 압축공기가 없을 때
⑧ 옥외송수구 연결배관의 체크밸브로 역류되는 때
⑨ 기동용 압력스위치 중 충압펌프용 압력스위치의 Diff값이 작을 때

5) 물올림장치 점검하는 방법

① 자동급수장치 점검
  ㉠ 물올림탱크의 배수밸브(V_2)를 개방한다.
  ㉡ 호수조 물이 감수되어 유효수량의 2/3가 되었을 때 자동 급수되는지를 확인한다.
  ㉢ 자동급수되면 배수밸브(V_2)를 잠그고 호수조에 유효수량이 확보되면 급수가 자동 차단되는지 확인한다.
② 저수위(감수) 경보장치 점검
  ㉠ 자동급수장치의 급수밸브(V_1)를 폐쇄한다.
  ㉡ 물올림탱크의 배수밸브(V_2)를 개방한다.
  ㉢ 호수조의 물이 감수되어 유효수량의 1/2이 되었을 때
  ㉣ 저수위 경보발령 확인 및 수신반의 물올림탱크 저수위표시등의 점등을 확인한다.
  ㉤ 경보가 발령되면 배수밸브(V_2)를 잠그고 자동급수밸브(V_1)를 개방하여 복구한다.

6) 방수시험시 펌프가 기동하지 않은 경우 원인

① 동력제어반(MCC)에 설치된 기동스위치가 "수동" 또는 "정지" 위치에 있을 경우
② 기동용 압력스위치의 고장
③ 기동용 압력스위치와 제어반 연결 전선의 단선 또는 단락
④ 상용전원의 정전 및 비상전원의 고장
⑤ 펌프 자체의 고장
⑥ 주 배관과 압력챔버 연결배관의 폐쇄

7) 펌프 성능시험 방법

조건

1. 순환배관상의 릴리프밸브는 최대압력에서 개방되도록 시계방향으로 최대한 돌린 상태이다.
2. 성능시험 완료후 릴리프밸브의 개방압력을 별도로 조정할 예정이다.
3. 감시제어반에서는 현재 자동상태이며 동력제어반의 수동기동으로 점검
4. 성능시험순서는 과부하운전→정격운전→체절운전 순서로 점검함

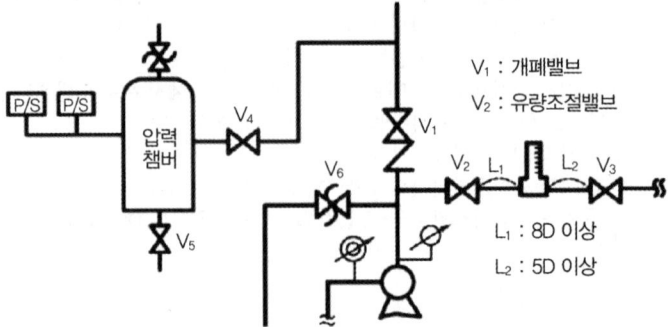

1) 준비과정
   ① 동력제어반에서 주펌프 및 충압펌프 수동,정지위치
   ② 주펌프 토출측 개폐밸브(V_1) 폐쇄
   ③ 성능시험배관의 개폐밸브(V_2) 개방
   ④ 성능시험배관의 유량조절밸브(V_3) 완전개방
2) 과부하운전시험
   ⑤ 동력제어반에서 주펌프 수동기동
   ⑥ 유량조절밸브(V_3)를 정격토출량의 150%가 되게끔 서서히 잠금
   ⑦ 정격토출량의 150%운전시 토출압력이 정격토출압력의 65%이상인지 확인
3) 정격운전시험
   ⑧ 유량조절밸브(V_3)를 정격토출량이 되게끔 서서히 잠금
   ⑨ 정격토출량으로 운전시 토출압력이 정격토출압력이상인지 확인
4) 체절운전시험
   ⑩ 유량조절밸브(V_3)를 완전폐쇄
   ⑪ 체절운전시 토출압력이 정격토출압력의 140%이하인지 확인
5) 복구과정
   ⑫ 동력제어반에서 주펌프 수동정지
   ⑬ 성능시험배관 개폐밸브(V_2)폐쇄
   ⑭ 주펌프 토출측 개폐밸브(V_1)개방
   ⑮ 동력제어반에서 충압펌프 자동위치
   ⑯ 동력제어반에서 주펌프 자동위치

8) 펌프 성능시험표 작성 방법

> **조건**
> - 펌프 2대를 병렬연결하여 설치하였다.
> - 각 펌프의 명판에 기재된 양정은 50m이고, 토출량은 1,000LPM이다.

성능시험 후 아래표의 (   )에 들어갈 수치를 쓰시오. [10m = 0.1MPa]

구분	체절운전	정격운전(100%)	정격유량의 150% 운전
토출량(ℓ/min)	0	(①)ℓ/min	(②)ℓ/min
토출압(MPa)	(③)MPa 이하	(④)MPa	(⑤)MPa 이상

① 2,000 ② 3,000 ③ 0.7 ④ 0.5 ⑤ 0.325

9) 풋밸브 및 스모렌스키 체크밸브 확인 방법

① 수원의 수위가 펌프보다 낮을 때(흡입배관이 부압(−)일 때)
　㉠ 물올림장치의 급수배관을 폐쇄한다.
　㉡ 펌프의 물올림컵을 서서히 열어본다.
　㉢ 물올림컵의 수위상태를 확인한다.
　　• 수위의 변화가 없을 때 : 정상
　　• 물이 계속하여 넘칠 때 : 스모렌스키 체크밸브의 역류방지기능 이상
　　• 물이 빨려 들어갈 때 : 풋밸브의 역류방지기능 이상
② 수원의 수위가 펌프보다 높을 때(흡입배관이 정압(+)일 때)
　㉠ 펌프 흡입측 개폐밸브를 폐쇄한다.
　㉡ 펌프의 물올림컵을 서서히 열어본다.
　㉢ 물올림컵의 수위상태를 확인한다.
　　• 수위의 변화가 없을 때 : 정상
　　• 물이 계속하여 넘칠 때 : 스모렌스키 체크밸브의 역류방지기능 이상

10) 동력제어반(MCC)의 전로기구 및 관리상태이상의 원인 5가지

① 동력제어반 펌프 제어용 셀렉터 스위치 수동(정지) 상태
② 동력제어반 주 전원 공급용 배선용 차단기 전원 차단 상태 또는 배선용 차단기 불량하여 전원 공급 불가
③ 동력제어반 내 주 전원 공급용 전자접촉기 불량하여 전원 공급 불가
④ 동력제어반 내 주 전원 공급용 열동계전기 불량 또는 트립된 상태로 전원 공급 불가
⑤ 동력제어반 내 제어회로용 퓨즈 단선 되어 전자접촉기 자동 동작 불가

11) 소방펌프 에어락현상 원인 및 대책

① 이유
　펌프 작동 중일 때 공기빼기밸브를 개방하면 대기 중 공기가 펌프로 인입되며, 압력계 눈금이 올라가지 않는다.
② 대책
　㉠ 수조 청소로 인한 흡입배관 공기인입일 경우 공기나 가스 배출
　㉡ 펌프 흡입측 개폐표시형 밸브가 잠겨 있을 경우 개방함
　㉢ 펌프 흡입측 여과기가 막힐 경우 여과기 청소
　㉣ 펌프 흡입측 배관에 공기 흡입될 경우 배관 및 관부속 연결부분 조임
　㉤ 유효흡입양정 부족할 경우 실제 유효흡입양정 조사

12) 기동용수압개폐장치 압력스위치 동작 및 수동조작시 펌프 기동하지 않은 경우 원인

① 동력제어반 전원차단기 OFF상태
② 동력제어반 제어회로의 퓨즈용단상태
③ 열동계전기 트립상태
④ 푸쉬버튼스위치 접촉불량
⑤ 단자접촉불량
⑥ 보조릴레이, 타이머등의 접점불량
⑦ 전자접촉기, 릴레이타이머 등의 코일 단선

03 스프링클러설비의 점검에 대한 다음 각 물음에 답하시오.

1) 습식스프링클러설비의 시험밸브 개방시 확인사항

① 해당 방호구역의 음향경보 확인
② 유수검지장치의 압력스위치작동 및 수신반의 화재표시등 점등 확인
③ 기동용 수압개폐장치의 작동과 가압송수장치의 기동 확인

2) 습식스프링클러설비의 화재발생시 헤드개방 후 복구순서

① 소화확인 후 제어반에서 주펌프를 수동으로 정지시킨다.
② 유수검지장치 1차측 제어밸브 폐쇄한다.
③ 드레인밸브를 개방하여 개방된 헤드에서 살수되지 않도록 배수 후 폐쇄한다.
④ 파손된 헤드의 교체 및 주변 복구작업을 끝낸다.
⑤ 1차측 제어밸브를 개방하여 2차측으로 물을 유입시킨다.
⑥ 말단시험밸브를 개방하여 Air를 제거한다, 물이 나오는 것을 확인 후 폐쇄
⑦ 1차측, 2차측 압력에 의해서 클래퍼가 폐쇄된다.
⑧ 충압펌프 자동기동 후 자동정지(잔압보충) 확인
⑨ 주펌프 자동위치

3) 습식스프링클러설비의 감시제어반 부저 발령 원인

① 물올림탱크의 저수위경보회로가 동작한 경우
② 소화수조의 저수위경보회로가 동작한 경우
③ 급수배관에 설치된 개폐밸브가 잠길 경우
④ 압력챔버의 압력스위치가 동작된 경우
⑤ 펌프가 기동된 경우

4) 준비작동식스프링클러설비의 인터락시스템

① 싱글인터락시스템
   감지기 동작신호에 의해 배관 내 소화수가 유입되는 방식
② 논-인터락시스템
   감지기 또는 스프링클러헤드의 동작신호에 의해 준비작동식유수검지장치가 동작되는 방식
③ 더블인터락시스템
   감지기 및 스프링클러헤드의 동시 동작신호에 의해 준비작동식유수검지장치가 동작되는 방식

5) 준비작동식 스프링클러설비의 시험작동 후 밸브셋팅이 되지 않는 경우 그 원인

① 솔레노이드밸브가 정상복구되지 않은 경우
② 다이아프램(클램프)이 파손된 경우
③ 다이아프램(클램프)시트사이에 이물질이 있는 경우
④ 수동밸브가 개방된 경우
⑤ 크린체크밸브에 이물질이 존재하여 중간챔버(실린더실)에 가압수가 급수되지 않은 경우

6) 준비작동식 유수검지장치 명칭

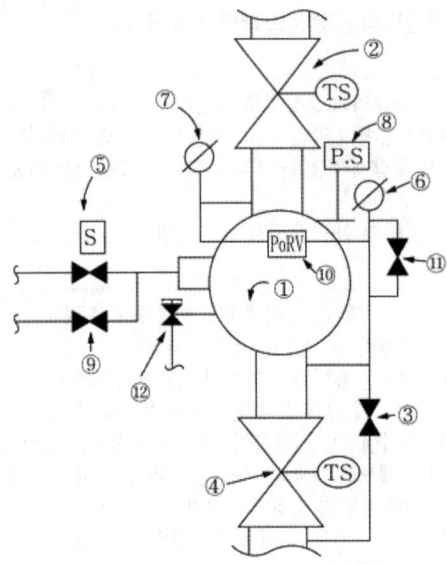

 정답

① 준비작동식밸브 본체
② 2차측 개폐밸브
③ 세팅밸브(중간챔버 가압수공급)
④ 1차측 개폐밸브
⑤ 전자개방밸브(솔레노이드밸브)
⑥ 1차측 압력계
⑦ 2차측 압력계
⑧ 압력스위치
⑨ 수동개방밸브
⑩ PORV(준비작동식밸브가 개방된 동안 중간챔버에 물이 유입되는 것을 막아 밸브폐쇄되는 것을 방지)
⑪ 경보시험밸브
⑫ 배수밸브

7) 준비작동식 유수검지장치 화재시 개방, 이후 복구 순서
   [펌프는 수동으로 정지, 해당구역 프리액션밸브 1차측 개폐밸브는 폐쇄하여 더 이상 소화수가 나오지 않는 상태이며 1차측 폐쇄상태에서 충압펌프의 자동기동으로 잔압보충하였고 주펌프도 이후 압력스위치 복구되어 충압 및 주펌프 자동상태이다. 싸이렌 음향등 정지상태]

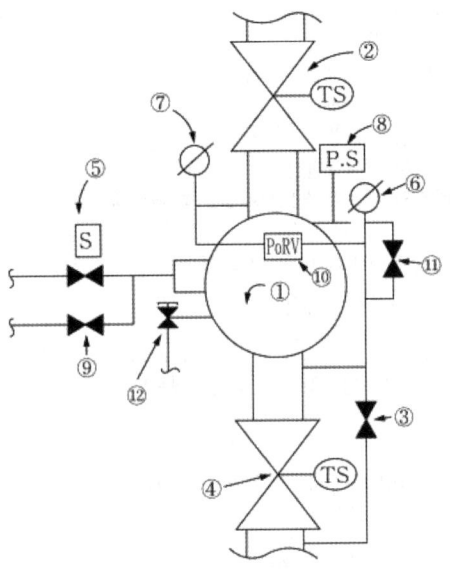

 정답

1. 배수밸브(⑫)개방, 완전배수 확인
2. 수신기 복구
3. 현장복구 (감지기 및 선로, 헤드 등 복구)
4. 2차측 개폐밸브 폐쇄
5. 프리액션밸브 본체전면 개방, 클래퍼 주위 이물질 제거 후 시트안착
6. 프리액션밸브 본체전면 폐쇄
7. 세팅밸브(③)서서히 개방
8. 1차측 압력계 또는 중간챔버 압력계 확인
9. 1차측 개폐밸브 서서히 개방
10. 배수밸브쪽으로 배수되지 않을 경우 셋팅완료
11. 배수밸브 폐쇄
12. 2차측 개폐밸브 개방
13. 1차측 개폐밸브 개방
14. 수신기 복구 및 음향, 싸이렌, 밸브개방 연동위치

8) 준비작동식 유수검지장치 평상시 개방, 폐쇄상태 여부

1차측제어밸브, 2차측제어밸브, 중간챔버급수밸브(세팅밸브), 경보정지밸브, 게이지연결밸브, 수동기동밸브, 경보시험밸브, 배수밸브, 자동기동밸브

- 폐쇄상태 : 중간챔버급수밸브(세팅밸브), 수동기동밸브, 경보시험밸브, 배수밸브, 자동기동밸브
- 개방상태 : 1차측제어밸브, 2차측제어밸브, 경보정지밸브, 게이지연결밸브

9) 준비작동식 스프링클러설비의 화재시 밸브개방 후 싸이렌 미동작시 그 원인

① 싸이렌 고장
② 싸이렌 선로단선
③ 싸이렌 정지상태
④ 압력스위치 고장
⑤ 압력스위치 선로단선
⑥ 압력스위치 연결 경보정지밸브 폐쇄상태

10) 부압식스프링클러설비에 대한 다음 물음에 답하시오.
 (1) 사용하는 유수검지장치의 명칭

준비작동식유수검지장치(프리액션밸브)

 (2) 유수검지장치의 평상시 1차측/2차측 상태

1차측 - 가압수, 2차측 - 부압수

 (3) 평상시 2차측을 부압수 상태로 유지하는 이유에 대해 2가지 간단히 설명하시오.

① 습식스프링클러설비에서의 비화재시 누수 또는 헤드파손 등으로 인한 가압수 살수시 수손피해 방지
② 준비작동식스프링클러설비에서의 밸브개방시 배관내 말단부분에 고압의 압축공기 형성, 헤드 개방시 살수시간 지연 및 헤드파편등으로 인한 손실 방지

 (4) 부압식스프링클러설비에서 추가되는 부품 3가지

① 진공펌프 ② 진공(모터)밸브 ③ 진공압력스위치

 (5) 부압식스프링클러설비의 화재시 동작순서를 설명하시오. [감지기 동작으로 인한 밸브개방 후 헤드개방, 교차회로방식 미사용, 감지기 동작시 밸브개방 및 음향경보(사이렌)]

① 화재발생
② A감지기 동작
③ 제어반확인
④ 음향경보
⑤ 진공펌프 정지상태로 제어, 진공밸브 폐쇄상태로 유지
⑥ B감지기 동작

⑦ 프리액션밸브 개방
⑧ 2차측 가압
⑨ 압력스위치 작동
⑩ 밸브개방 확인
⑪ 헤드개방
⑫ 살수, 소화, 펌프기동

(6) 부압식스프링클러설비의 비화재시(오동작시) 동작순서를 쓰시오.

---

① 스프링클러헤드 개방, 파손 또는 배관누수
② 개방된 헤드(부분)로 공기흡입
③ 2차측 압력상승
④ 진공압력스위치 동작
⑤ 제어반 확인
⑥ 진공펌프기동 및 진공밸브개방
⑦ 2차측 배관내 부압수 배수배관으로 흡입, 배수

11) 건식스프링클러설비에 대한 다음 물음에 답하시오.
   (1) 건식밸브의 Water columning현상을 쓰시오.

---

① 정의 : 건식밸브의 2차측 내 수분의 응축수 또는 2차측에 남아있던 잔유수에 의해 클래퍼2차측에 물기둥이 형성되어 건식밸브의 지연동작 또는 작동오류를 발생시킬수 있는 현상
② 발생원인
   ㉠ 2차측 배관 내 압축공기의 응축수 누적
   ㉡ 2차측 배관 내 잔류한 소화수의 누적
   ㉢ 건식밸브 사용장소에서 온도차이에 의한 결로발생

(2) 건식밸브 작동 후 복구시 초기주입수의 주입목적에 대하여 쓰시오.

---

① 클래퍼의 기밀성 확인
   클래퍼틈새가 생겨 누수가 발생하면 확인밸브의 드레인에서 물방울이 떨어지게 되므로 기밀확보여부를 확인할 수 있다
② 2차측 에어의 기밀성 유지
   클래퍼2차측의 압축공기의 누기방지
③ 클래퍼 1,2차측 압력균형 유지
   일정수위로 물을 채움으로서 2차측 무게를 추가하여 2차측을 낮은압력으로 유지
④ 밸브개방시 충격방지

(3) 건식백브 1차측에 작용하는 수압이 1MPa이고 클래퍼의 단면직경이 10cm이며, 클래퍼위의 초기주입수량이 1L, 셋팅후 2차측 압력은 0.6MPa인 경우 2차측의 단면적(cm^2)을 구하시오.

F_1(1차측 수압에 의한 힘) $= F_2$(2차측 수압에 의한 힘) $+$ 물올림무게

$$P_1 A_1 = P_2 A_2 + 1 kg_f$$

$$1 \times 10^6 \, N/m^2 \times \frac{\pi}{4}(0.1m)^2 = 0.6 \times 10^6 \, N/m^2 \times A_2 + 9.8N$$

$$A_2 = 0.013 m^2 = 130 cm^2$$

12) 습식스프링클러설비 알람밸브의 잦은 오보시 원인

① 리타딩챔퍼 자동배수밸브 막힘
② 알람밸브 내부 클래퍼와 시트부위에 이물질 침입
③ 충압펌프의 빈번한 기동
④ 압력스위치 기구불량
⑤ 배수밸브 완전폐쇄가 되지 않은 경우 및 2차측 누수

13) 준비작동식스프링클러설비 작동방법의 종류

① 중간 챔버에 연결된 수동기동밸브를 개방시키는 방법
② SVP의 기동스위치를 조작하는 방법
③ 감지기 2개회로 작동시키는 방법
④ 수신기측에서 밸브기동스위치로 조작하는 방법
⑤ 수신기의 동작시험 스위치를 조작하여(2회로 작동) 작동시키는 방법
※ 경보시험만 하는 경우는 클래퍼를 개방시키지 않고 경보시험밸브를 개방

04 캐비닛형 간이스프링클러설비의 성능인증 및 제품검사의 기술기준에 따른 캐비닛형 간이스프링클러설비의 작동성능 기준을 쓰시오.

간이설비는 다음 각 호에 적합하여야 한다. 이 경우 전기를 사용하는 설비의 전원전압은 정격전압으로 한다.
1. 최장배관의 말단에 설치된 간이스프링클러헤드(이하 "간이헤드"라 한다)의 방수량은 50L/min 이상이어야 한다.
2. 최장배관 및 최단배관 말단의 간이헤드 2개를 동시 개방하였을 경우 간이헤드는 선단의 방수압력이 0.1MPa 이상(이하 "유효방수압력"이라 한다)이어야한다.
3. 방수시간은 신청자가 제시하는 시간(최소 10분) 이상이어야 하며, 10분 단위로 추가하여 신청할 수 있다.
4. 간이헤드 또는 신청자가 제시하는 헤드 1개를 개방하고 음향장치로부터 1m 떨어진 위치에서 음량을 측정하였을 때, 90dB 이상의 음량이 신청자가 제시한 방수시간 이상 지속되어야 한다.
5. 상용전원 차단시 자동으로 비상전원으로 전환되어야 하며, 비상전원으로 운전시 간이헤드의 유효방수압력 (별도의 헤드를 제시하는 경우는 신청 방수압력) 유지 및 음향장치의 작동은 신청자가 제시한 방수시간 이상 지속되어야 한다. 다만, 무전원 방식의 경우에는 모든 기능의 작동이 신청자가 제시한 방수시간 이상 지속되어야 한다.

05 포소화설비점검 중 약제보충시 조작순서를 쓰시오.

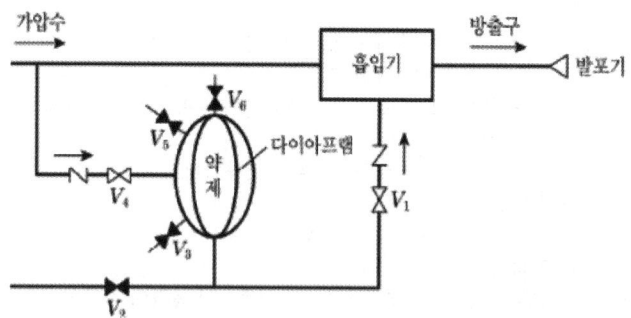

① V_1, V_4를 폐쇄한다.
② V_3, V_5를 개방하고 원액탱크내의 물을 배수한다.
③ V_6를 개방한다.
④ V_2에 포 소화약제 송액펌프를 접속한다.
⑤ V_2를 개방하고 서서히 포 소화약제를 송액한다.
⑥ 포 소화약제를 보충되었으면 V_2, V_3를 폐쇄한다.
⑦ 소화펌프를 기동한다.
⑧ V4를 서서히 개방하고 원액 탱크 내를 가압하면서 V_5, V_6를 통해 공기를 뺀 후 V_5, V_6를 폐쇄하고 소화펌프를 정지한다.
⑨ V_1을 개방한다.

06 가스계소화설비점검에 대한 다음 각 물음에 답하시오.

1) 가스계약제량 측정방법 3가지

① 중량측정법 ② 액위측정법 ③ 압력측정법 [기타 비파괴검사법]

2) 이산화탄소소화설비 작동점검 중 확인사항, 작동방법

① 작동확인
  기동용기에 설치된 솔레노이드밸브 분리 후 봉침(파괴침) 작동여부
② 작동방법
  1. 수동조작스위치 작동
  2. 감지기 2개회로 동작 스위치조작 중 택하여 실시
  ※ 주의사항 : 기동용기와 솔레노이드밸브를 반드시 분리 후 실시

3) 가스계 수동조작함 수동조작스위치를 이용하여 솔레노이드 동작상황 확인 순서

[준비과정]
① 제어반에서 솔레노이드밸브 연동 정지위치
② 기동용기 연결동관 분리
③ 솔레노이드밸브 안전핀 체결 후 기동용기로부터 분리
④ 안전핀 제거
⑤ 제어반에서 솔레노이드밸브 연동위치
[시험과정]
⑥ 수동조작함의 수동조작스위치 동작
[확인과정]
⑦ 제어반 및 화재표시반 수동기동장치 동작여부 확인
⑧ 음향경보발령 확인
⑨ 타이머동작 확인
⑩ 환기팬정지 및 자동폐쇄장치동작 확인
⑪ 비상스위치 누름(타이머순간정지 확인)
⑫ 비상스위치 복귀시 타이머재동작 확인
⑬ 타이머 설정시간(30초) 후 솔레노이드밸브동작(격발) 확인
[복구과정]
⑭ 제어반 및 화재표시반 복구
⑮ 제어반에서 솔레노이드밸브 연동 정지 위치
⑯ 솔레노이드밸브 파괴침 복구 후 안전핀 체결
⑰ 솔레노이드밸브 기동용기에 접속
⑱ 기동용기 연결동관 접속
⑲ 안전핀 제거
⑳ 제어반에서 솔레노이드밸브 연동 위치

4) 수동조작함 수동조작스위치를 이용하는 방법 외의 격발 확인방법 4가지

① 감지기 2개회로 동작 후 연동
② 제어반에서 수동기동
③ 제어반에서 동작시험 후 2개회로 감지기 선택동작 후 연동
④ 솔레노이드밸브 본체에서 수동 격발

5) 기동용기함의 압력스위치 수동동작시 확인사항

① 제어반 및 화재표시반 약제방출표시등 점등확인
② 출입구 설치된 방출표시등 점등확인
③ 음향경보(싸이렌) 연동확인

6) 감지기 동작시 솔레노이드밸브가 동작되지 않은 경우 원인 5가지

① 제어반 전원선로 단선
② 제어반내 타이머 불량
③ 제어반에서 솔레노이드밸브 연결선로 단선
④ 솔레노이드밸브 기구 불량

⑤ 제어반 연동정지 위치
기타 솔레노이드밸브 안전핀체결상태, 솔레노이드밸브 분리상태

7) 가스계 소화설비 점검시 일반적인 지적사항

① 기동용솔레노이드 안전핀 체결
② 제어반 연동정지상태
③ 방출표시등 동작불량
④ 방호구역 밀폐도 불량
⑤ 수동조작함 동작불량
⑥ 과압배출구 동작불량
⑦ 약제용기 및 기동용기 약제량 부족
⑧ 약제용기와 집합관 연결배관의 체크밸브 미설치
⑨ 기동용동관에서의 체크밸브 설치방향 오류

8) 분말소화설비 정압작동장치의 종류 3가지와 그 점검방법

① 가스압식(압력스위치방식)
  ㉠ 압력조정기가 부착된 시험용 가스용기를 정압작동장치에 동관으로 연결한다.
  ㉡ 시험용 가스용기의 밸브를 연다.
  ㉢ 압력조정기의 조정핸들을 돌려 조정압력 0MPa에서 조금씩 상승시켜 압력스위치가 동작하였을때의 압력치를 읽어둔다.
  ㉣ 판정 : 설정압력치에서 압력스위치가 동작하면 정상이다.
② 기계식(스프링식)
  ㉠ 압력조정기가 부착된 시험용 가스용기를 정압작동장치에 동관으로 연결한다.
  ㉡ 시험용 가스용기의 밸브를 연다.
  ㉢ 압력조정기의 조정핸들을 돌려 조정압력 0MPa에서 조금씩 상승시켜 로크가 해제되는 압력치를 읽어둔다.
  ㉣ 판정 : 설정압력치대로 밸브 잠금장치가 해제되면 정상이다.
③ 전기식(타이머식)
  ㉠ 압력조정기가 부착된 시험용 가스용기를 정압작동장치에 동관으로 연결한다.
  ㉡ 시험용 가스용기의 밸브를 연다.
  ㉢ 압력조정기의 조정핸들을 돌려 조정압력 0MPa에서 조금씩 상승시켜 타이머를 작동시킨다.
  ㉣ 타이머를 작동시켜 지연시간을 측정한다.
  ㉤ 판정 : 설정시간 대로 작동하면 정상이다.

9) 분말소화설비 사용 동작 후 복구방법

① 제어반을 복구한다(음향장치 정지, 설비 연동정지, 기동장치등 복구).
② 실내를 환기한다(연소가스와 분말약제를 실외로 배출).
③ 배기밸브를 개방하여 분말약제탱크내의 잔여가스를 배출한다(배출 후 폐쇄).
④ 가스도입밸브 폐쇄, 주밸브 폐쇄
⑤ 기존 가압용가스용기 분리 후 청소용가스용기 접속
⑥ 클리닝밸브를 열어 별도의 청소용 가압용가스로 배관내의 잔류약제를 청소한다.
⑦ 배관청소완료 후 청소용기 분리, 클리닝밸브 폐쇄

⑧ 소화약제 방출전에 폐쇄된 자동폐쇄장치를 복구한다.
　㉠ 전기식의 경우 : 제어반에서 복구
　㉡ 기계식의 경우 : 방호구역 밖에 설치된 댐퍼복구밸브를 개방하여 동관내 가스배출, 복구
⑨ 배출장치를 기동해서 방호구역내에 남아있는 잔류소화약제를 배출한다(설치된 경우).
⑩ 방호구역내 방출된 소화약제를 청소한다.
⑪ 방출된 가스 및 소화약제를 충전한다(기동용가스용기, 가압용가스용기 및 분말소화약제).
⑫ 가스계소화설비의 구성요소 중 문제가 있는 부분을 정비한다.
⑬ 외관점검과 작동기능점검을 시행하여 이상이 없으면 정상상태로 복구한다(가스용기접속, 가스도입밸브개방, 주밸브정압작동장치 복구확인, 주밸브 폐쇄 확인).

10) 분말소화설비 클리닝밸브 이용한 소화약제 청소방법

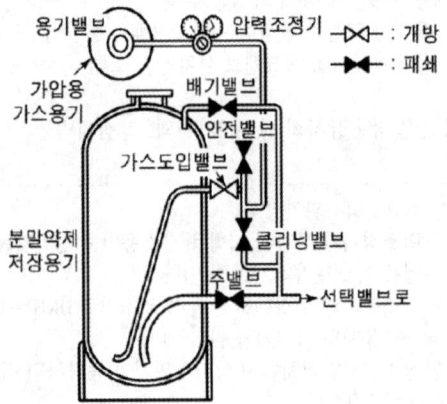

① 주밸브 폐쇄(정압작동장치 복구)
② 가스도입밸브 폐쇄
③ 배기밸브개방, 잔류가스 배출 후 폐쇄
④ 가압용가스용기 분리, 청소용가스용기 접속
⑤ 클리닝밸브 개방
⑥ 청소용가스용기 수동개방
⑦ 배관내 잔류약제 청소
⑧ 청소 후 클리닝밸브 폐쇄
⑨ 분말약제 보충
⑩ 청소용가스용기 분리, 새로운 가압용가스용기 접속
⑪ 가스도입밸브 개방

07 자동화재탐지설비점검에 대한 다음 각 물음에 답하시오.

1) 화재수신기의 스위치주의등이 점멸되는 경우

1. 주경종 정지 스위치 ON 시
2. 지구경종 정지 스위치 ON 시
3. 화재작동시험 스위치 ON 시

4. 회로도통시험 스위치 ON 시
5. 자동복구버튼 ON시

2) P형수신기 전면판넬 표시등 및 스위치류
   (1) 표시등의 종류에 대한 다음 (   ) 안에 들어갈 표시등을 답하시오.
   (순서는 상관없음)

   > 화재표시등, (①) , 교류전원표시등, 전압표시등, (②) , (③) , 스위치주의등, 도통시험표시등

    ① 지구표시등 ② 예비전원감시표시등 ③ 응답표시등(발신기응답등)

   (2) 스위치의 종류에 대한 다음 (   ) 안에 들어갈 스위치를 답하시오.
   (음향정지스위치 제외, 유도등2선식방식)

   > 주경종정지스위치, 지구경종정지스위치, (①) , 회로선택스위치 ,
   > (②) , (③) , (④) , (⑤)

    ① 예비전원시험스위치 ② 도통시험스위치 ③ 동작시험스위치
   ④ 복구스위치 ⑤ 자동복구스위치

3) P형수신기 기능시험 10가지

    ① 회로도통시험 ② 공통선시험 ③ 동시작동시험 ④ 절연저항시험
   ⑤ 저전압시험 ⑥ 회로저항시험 ⑦ 예비전원시험 ⑧ 비상전원시험
   ⑨ 음향장치작동시험 ⑩ 화재표시작동시험

4) P형수신기 회로도통시험
   (1) 목적을 답하시오.

    감지기 회로의 단선유무와 기기등의 접속상황을 확인

   (2) 도통시험방법을 답하시오.(로터리스위치방식)

    ① 도통시험스위치를 누른다
   ② 회로선택스위치를 차례로 회전시킨다.
   ③ 전압계의 지시치 확인 또는 도통시험표시등의 점등상태를 확인한다.

(3) 도통시험시 단선으로 확인되는 구역의 원인 4가지를 답하시오.

① 종단저항 미설치
② 종단저항 불량
③ 감지기선로단선
④ 수신기 단자대 선로 미결선

(4) 가부판정기준에 대한 다음 (   )안을 채우시오.
① 전압계의 경우

전압계의 지시치	판정
2~6V	(㉠)
0V	(㉡)
28V 이상	(㉢)

② 표시등(LED)의 경우

표시등의 점등색	판정
녹색	(㉣)
적색	(㉤)

㉠ 정상 ㉡ 단선 ㉢ 단락 ㉣ 정상 ㉤ 단선

5) P형수신기 공통선시험의 목적, 시험방법, 가부판정의 기준

① 목적 : 하나의 공통선이 담당하고 있는 경계구역이 7개 이하인지 확인
② 시험방법
　1) 수신기 내 단자대에서 회로 공통선 1선 제거한다.
　2) 회로 도통시험 방법에 따라 도통시험 스위치를 누른 후 회로 선택스위치를 차례로 회전시킨다.
　3) 전압계 또는 표시등(LED)의 단선이 표시되는 경계구역수를 조사한다.
③ 가부판정의 기준 : 하나의 공통선이 담당하고 있는 경계구역이 7개 이하인지 확인한다.

6) P형수신기 동시작동시험 방법 및 가부판정 기준

① 시험방법
　1. 동작시험 스위치를 누른다.
　2. 회로 선택스위치를 이용하여 5회로를 동시에 동작시킨다 (5회로 이하는 전체회로 동작)
② 가부판정의 기준
　각 회선을 동시에 작동시켰을 때에도 릴레이의 작동, 화재표시등의 점등, 지구표시등의 점등, 그 밖의 표시장치의 점등, 음향장치의 작동, 각종 연동설비(제연설비, 비상방송설비, 유도등 설비 등)의 작동상태 확인하고, 수신기의 기능에 이상이 없는 것을 확인

7) 발신기 동작시 경종이 동작하지 않는 경우

① 수신반에서 지구음향장치 정지상태
② 지구경종 기구불량
③ 지구경종 선로단선
④ 음향장치 퓨즈단선
⑤ 지구경종 연동릴레이불량

8) 발신기 단자대에서 전류전압 측정시

상태	발신기 단자대전압	도통시험시 전압
정상상태(감시상태)	(①) V ~ (②)V	2~6V
감지기 정상동작	(③) V ~ (④)V	18V이상
감지기 선로단락	(⑤)V	18V이상
감지기 선로단선 또는 종단저항 탈락	(⑥)V	0V

상태	발신기 단자대전압	도통시험시 전압
정상상태(감시상태)	20V~24V	2~6V
감지기 정상동작	4V~5V	18V이상
감지기 선로단락	0V	18V이상
감지기 선로단선 또는 종단저항 탈락	24V	0V

9) 중계기 통신램프 점등불량(통신불량) 원인 및 조치사항

① 수신기의 통신카드 불량 : 통신카드 교체
② 통신선로 단선 : 선로보수
③ 중계기 어드레스 스위치 설정오류 : 재설정

10) R형수신기 1계통 전체 중계기 통신램프 미점등시 원인 및 확인

원인	절차
수신기 자체 불량	수신기 표시 상태 점검 (이상 없을 시 제조사에 문의 후 출장 수리)
수신기에서 제일 첫 번째 연결되는 중계기의 통신 선로 단선	수신기에서 제일 첫 번째 연결되는 중계기의 배선 상태 점검
수신기에서 제일 첫 번째 연결되는 중계기의 통신 선로 오접속	수신기와 중계기 통신선로 접속 단자 확인
중계기 자체 불량	중계기 외관 상태 점검 및 중계기 교체 후 재점검 (이상 없을 시 제조사에 문의 후 출장 수리)

11) 수신기 예비전원감시등 점등시 조치사항

① 예비전원 전압확인 후 불량시 교체
② 퓨즈단자에 예비전원용 퓨즈상태 확인
③ 예비전원 연결 컨넥터 확인

12) 감지기 정상동작시 중계기가 신호입력을 못받을 때 원인

중계기에서 감지기, 종단저항까지 연결된 배선 상태 점검하여 배선의 단선 및 오접속 유무를 확인해야 하며, 이상 없을 시 중계기 자체 고장일 수 있으므로 중계기를 교체하여 재점검 한다.
① 중계기 어드레스 잘못입력 → 중계기 입출력표 확인 후 주소 재설정
② 통신선로의 상이 바뀜(+,-) → 선로 보수(∵수신기가 중계기 고장으로 인식하여 신호를 못 받음)
③ 통신선로의 단선, 단락 → 선로 보수
④ 중계기 불량 → 교체(중계기 입력단자측 전압이 안나오거나 입력단자에 종단저항 설치 후 단락시켜 통신 LED 미점멸시 중계기 불량)

08 비상방송동작시 확인사항을 쓰시오.

① 비상방송 화재표시 확인
② 비상방송 발령 층 표시확인
③ 수신기 동작 후 10초 이내 비상방송 발령 확인
④ 각층 스피커 음량 확인

09 유도등점검에 대한 다음 각 물음에 답하시오.

1) 3선식 배선 그림을 그리고 쓰시오.

3선식 배선
① 평상시 소등상태 및 충전만 실시

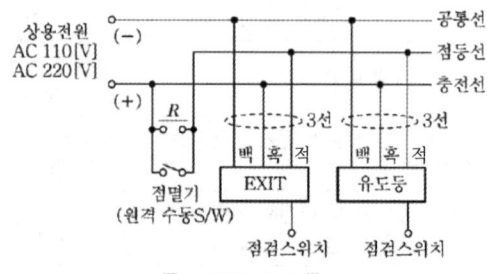

【 3선식 배선 】

② 화재 및 수동점검시 점멸기동작에 의한 점등, 정전시 예비전원에 의한 점등

2) 유도등 점검스위치 조작시 점등불량인 경우 원인

① 유도등 램프(led)불량
② 점검스위치 접점불량
③ 예비전원배터리 방전상태
④ 예비전원배터리 연결콘넥터 분리상태

3) 유도등 예비전원감시등 점등시 원인

① 예비전원배터리 방전상태
② 상용전원 정전
③ 예비전원 연결 콘넥터 분리상태

10 비상조명등 점검스위치 조작시 점등불량인 경우의 원인을 쓰시오.

① 비상조명등 램프(led)불량
② 점검스위치 접점불량
③ 예비전원배터리 방전상태
④ 예비전원배터리 연결콘넥터 분리상태

11 거실제연설비점검시 확인사항을 쓰시오.

① 수동기동장치 동작시 배기댐퍼개방 및 급기댐퍼개방여부
② 감지기 동작시 배기댐퍼개방 및 급기댐퍼개방여부
③ 댐퍼개방시 휀동작여부
④ 동일실제연, 인접구역상호제연 방식여부
⑤ 풍속계 이용, 배출기의 흡입측풍도 풍속 15m/s이하, 배출측풍도 풍속 20m/s이하인지 확인
⑥ 유입구 풍속 5m/s이하인지 확인
⑦ 유입구 하향 60도이내인지 확인

12 전실제연설비점검 중 차압계를 이용한 차압측정방법에 대한 다음 각 물음에 답하시오.

1) 차압측정 전 조치사항 4가지를 쓰시오.

① 제어반 제연설비 연동스위치 정지위치 (댐퍼 및 휀)
② 제어반 음향장치 연동정지위치
③ 승강기 운행중단
④ 계단실 및 부속실 모든 출입문 폐쇄

2) 측정전 차압계 준비 및 측정위치에 대한 다음 (   )안을 채우시오.

> (1) 차압계의 전원을 ON시킨다
> (2) 차압측정모드의 버튼을 누른다.
> (3) 0점조정버튼을 길게 눌러 0점조정을 한다.
> (4) 차압계에 측정호스를 연결한다.
> (5) 출입문에 부착된 차압측정공의 커버를 분리한다.
> (6) 차압계를 가압공간 또는 비가압공간에 위치시킨다
>   (가) " - " 측정호스 : (①) (② 또는 ③)에 위치
>   (나) " + " 측정호스 : (④) (⑤ 또는 ⑥)에 위치

① 비가압공간 ② 화재실 ③ 옥내
④ 가압공간 ⑤ 부속실 ⑥ 승강장

3) 제연송풍기가 설치된 곳으로부터 가장 가까운 층에서 점검을 실시하는 겨우 어떠한 현상이 발생할 수 있는가?

과다차압이 형성, 출입문 개방력이 110N을 초과할 가능성이 있음.

4) 차압측정 전 제연설비를 동작시키는 방법 3가지를 쓰시오. (제어반 동작 제외)

① 옥내화재감지기 동작
② 옥내화재발신기 동작
③ 제연구역 댐퍼 수동기동스위치 동작

5) 댐퍼동작 및 급기휀동작 후 차압측정시 측정압력기준을 쓰시오.

① 40Pa 이상(옥내 스프링클러 설치시 12.5Pa 이상)
② 1개층 출입문 개방시 상하 미개방층의 차압 28Pa 이상(스프링클러설치시 8.75Pa 이상)

6) 전층이 닫힌 상태에서 차압부족원인 4가지를 쓰시오.

① 송풍기 용량이 작게 설계된 경우
② 송풍기의 실제성능이 미달된 경우
③ 급기풍도 규격미달로 인한 과다 손실이 발생하는 경우
④ 전실내 출입문의 틈새로 누설량이 과다한 경우

7) 전층이 닫힌 상태에서 차압이 과다한 원인 4가지를 쓰시오.

① 송풍기 용량이 과다 설계된 경우
② 플랩댐퍼의 설치누락 또는 기능불량인 경우
③ 자동차압조절형댐퍼가 닫힌 상태에서 댐퍼에서의 누설량이 많은 경우
④ 휀룸에 설치된 풍량조절 댐퍼로 풍량이 조절되지 않은 경우

8) 비개방층의 차압부족원인 4가지를 쓰시오.

① 급기댐퍼 규격 과대로 출입문이 열린 층에서 풍량이 과다 누설되는 경우
② 송풍기 용량이 과소 설계된 경우
③ 덕트부속류의 손실이 과다한 경우
④ 급기풍도의 규격미달로 과다 손실이 발생하는 경우

9) 성능시험조사표에 따른 방연풍속측정 세부방법

① 송풍기에서 가장 먼 층을 기준으로 제연구역 1개층 (20층 초과시 연속되는 2개층) 제연구역과 옥내간의 측정을 원칙으로 하며 필요시 그 이상으로 할 수 있다.
② 방연풍속은 최소 10점 이상 균등 분할하여 측정하며, 측정시 각 측정점에 대해 제연구역을 기준으로 기류가 유입(-) 또는 배출(+) 상태를 측정지에 기록한다.
③ 유입공기배출장치(있는 경우)는 방연풍속을 측정하는 층만 개방한다.
④ 직통계단식 공동주택은 방화문 개방층의 제연구역과 연결된 세대와 면하는 외기문을 개방할 수 있다.

10) 방연풍속과 유입공기 배출량 측정방법

① 방연풍속 측정방법
　㉠ 송풍기에서 가장 먼 층을 기준으로 제연구역 1개 층(20층 초과 시 연속되는 2개 층) 제연구역과 옥내 간의 측정을 원칙으로 하며 필요시 그 이상으로 할 수 있다.
　㉡ 방연풍속은 최소 10점 이상 균등 분할하여 측정하며, 측정 시 각 측정점에 대해 제연구역을 기준으로 기류가 유입(-) 또는 배출(+) 상태를 측정지에 기록한다.
　㉢ 유입공기배출장치(있는 경우)는 방연풍속을 측정하는 층만 개방한다.
　㉣ 직통계단식 공동주택은 방화문 개방 층의 제연구역과 연결된 세대와 면하는 외기문을 개방할 수 있다.
② 유입공기배출량 측정방법
　㉠ 기계배출식은 송풍기에서 가장 먼 층의 유입공기배출댐퍼를 개방하여 측정하는 것을 원칙으로 한다.
　㉡ 기타 방식은 설계조건에 따라 적정한 위치의 유입공기배출구를 개방하여 측정하는 것을 원칙으로 한다.

13 방화문 및 방화셔터점검에 대한 다음 각 물음에 답하시오.

1) 비상문 자동개폐장치 작동시험방법

자동개폐장치는 5초 이내에 개폐부가 개방되어야 하며, 의도된 복귀신호나 인위적 조작 없이는 개방상태를 유지해야 하고 개방된 경우 개방상태를 확인할 수 있어야 한다. 이 경우 시험방법은 다음 각 호를 따른다.
1. 제어함과 수신기의 출력부(경종 또는 전용신호선)를 연결하고 제어함에 주전원을 공급할 것
2. 수신기의 화재신호 및 자동개폐장치의 비상장치로 작동시킬 것
3. 이때 수신기에서 제어함으로 송신하는 화재신호 전압은 DC24 볼트와 맥류 24 볼트를 각각 사용할 것

3의2. 수신기의 화재신호가 무전압접점신호(무전압접점신호로 자동개폐장치의 개폐부가 개방되는 것에 한한다. 이하 같다)로 작동하는 경우에는 무전압접점신호를 송신하는 수신기를 사용 할 것
4. 자동개폐장치가 화재신호를 수신하거나 비상장치를 조작한 후부터 개폐부가 개방될 때까지의 시간을 초 단위까지 측정할 것
5. 5초 이후 개폐부의 개방상태를 쉽게 확인할 수 있는지 관찰할 것

2) 방화문 및 방화셔터 점검 확인사항

① 방화문 또는 방화셔터의 자동/수동 기동 상태
② 방화문 또는 방화셔터의 개방 또는 폐쇄의 감시상태
③ 방화문 또는 방화셔터의 부속되어있는 피난구의 개방가능 여부
④ 방화문 또는 방화셔터의 폐쇄시 틈새발생여부
⑤ 방화문 또는 방화셔터의 하강부분에 장애물 비치상태

3) 방화셔터 동작불능상태 원인 및 조치사항

① 폐쇄기 자체불량 : 교체
② 연동제어기 출력릴레이불량 : 출력릴레이 교체
③ 방화셔터 하단 마감재와 가이드레일 협착 : 가이드레일 폭 보완
④ 방화셔터와 인테리어 간섭에 의한 하강불량 : 인테리어 제거등 보수
⑤ 방화셔터 하부 리미트 불량(완전밀폐안됨) : 폐쇄기 모터 교체

4) 자동방화셔터 작동시 확인사항

① 연기감지기 동작 시 수신반에서의 셔터감지기 작동표시등 점등
② 연기감지기 동작 시 연동제어기에서의 음향경보장치 작동 확인
③ 연기감지기 동작 시 셔터의 일부폐쇄 여부 확인
④ 열감지기 동작 시 셔터의 완전폐쇄 여부 확인
⑤ 셔터 완전 폐쇄 시 바닥에 완전 밀착했는지 여부 확인
⑥ 출입문 내장 셔터의 경우 출입문 개폐 원활 여부 확인

14 배연창점검에 대한 다음 각 물음에 답하시오.

1) 건축물의 설비기준 등에 관한 규칙 제14조에 따른 6층 이상인 건축물로서 문화집회시설, 종교시설, 판매시설등의 경우 설치하는 배연설비 설치기준 5가지를 기술하시오 [8점]

① 건축물이 방화구획으로 구획된 경우에는 그 구획마다 1개소 이상의 배연창을 설치하되, 배연창의 상변과 천장 또는 반자로부터 수직거리가 0.9미터 이내일 것. 다만, 반자높이가 바닥으로부터 3미터 이상인 경우에는 배연창의 하변이 바닥으로부터 2.1미터 이상의 위치에 놓이도록 설치해야 한다.
② 배연창의 유효면적은 1제곱미터 이상으로서 그 면적의 합계가 당해 건축물의 바닥면적 의 100분의 1이상일 것. 이 경우 바닥면적의 산정에 있어서 거실바닥면적의 20분의 1 이상으로 환기창을 설치한 거실의 면적은 이에 산입하지 아니한다.

③ 배연구는 연기감지기 또는 열감지기에 의하여 자동으로 열 수 있는 구조로 하되, 손으로도 열고 닫을 수 있도록 할 것
④ 배연구는 예비전원에 의하여 열 수 있도록 할 것
⑤ 기계식 배연설비를 하는 경우에는 ① 내지 ④의 규정에 불구하고 소방관계법령의 규정에 적합하도록 할 것

2) 배연창의 점검시 확인사항 10가지를 쓰시오. [10점]

① 제어반에서 배연창을 정지할 수 있는지 확인
② 설치대상 및 구조기준의 적부 확인
③ 배연창 주위에 화분등의 장애물 및 커텐 등이 적재되어 있는지 확인 및 제거
④ 해당 장소에서 수동으로 배연창 개폐 확인 → 손으로 개폐 가능 여부 확인
⑤ 제어반의 배연창을 자동(또는 연동) 상태로 둔다.
⑥ 해당 구역에 설치된 감지기를 감지기시험기로 작동 → 개방상태 확인
⑦ 수신반에서 복구 → 폐쇄상태 확인
⑧ 배연창에 연결된 상용전원 차단 후 비상전원으로 배연창이 정상적으로 개방되는지 확인
⑨ 제어반에서 배연창 제어설비를 수동상태로 둔 후 각 구역별 배연창이 제어반 조작으로 인하여 정상적으로 개폐되는지 확인
⑩ 점검완료 후 수신반의 제어설비가 정상적으로 작동되도록 상용전원 투입 및 스위치를 자동(또는 연동) 위치로 복구

소방시설등 점검표 점검항목

01 소화기구(소화기, 자동확산소화기, 간이소화용구)의 작동점검항목 8가지를 쓰시오.

○ 거주자 등이 손쉽게 사용할 수 있는 장소에 설치되어 있는지 여부
○ 설치높이 적합 여부
○ 배치거리(보행거리 소형 20m 이내, 대형 30m 이내) 적합 여부
○ 구획된 거실(바닥면적 33㎡ 이상)마다 소화기 설치 여부
○ 소화기 표지 설치상태 적정 여부
○ 소화기의 변형·손상 또는 부식 등 외관의 이상 여부
○ 지시압력계(녹색범위)의 적정 여부
○ 수동식 분말소화기 내용연수(10년) 적정 여부

02 소화기구(소화기, 자동확산소화기, 간이소화용구)의 종합점검시 추가되는 항목 2가지를 쓰시오.

● 설치수량 적정 여부
● 적응성 있는 소화약제 사용 여부

03 주거용주방자동소화장치의 작동(종합)점검항목 6가지를 쓰시오.

○ 수신부의 설치상태 적정 및 정상(예비전원, 음향장치 등) 작동 여부
○ 소화약제의 지시압력 적정 및 외관의 이상 여부
○ 소화약제 방출구의 설치상태 적정 및 외관의 이상 여부
○ 감지부 설치상태 적정 여부
○ 탐지부 설치상태 적정 여부
○ 차단장치 설치상태 적정 및 정상 작동 여부

04 상업용주방자동소화장치의 작동(종합)점검항목 3가지를 쓰시오.

○ 소화약제의 지시압력 적정 및 외관의 이상 여부
○ 후드 및 덕트에 감지부와 분사헤드의 설치상태 적정 여부
○ 수동기동장치의 설치상태 적정 여부

05 캐비닛형 자동소화장치의 작동점검항목 3가지를 쓰시오.

- ○ 분사헤드의 설치상태 적합 여부
- ○ 화재감지기 설치상태 적합 여부 및 정상 작동 여부
- ○ 개구부 및 통기구 설치 시 자동폐쇄장치 설치 여부

06 가스, 분말, 고체에어로졸 자동소화장치의 작동점검항목 3가지를 쓰시오.

- ○ 수신부의 정상(예비전원, 음향장치 등) 작동 여부
- ○ 소화약제의 지시압력 적정 및 외관의 이상 여부
- ○ 감지부(또는 화재감지기) 설치상태 적정 및 정상 작동 여부

07 옥내소화전설비 수원의 작동(종합)점검항목 2가지를 쓰시오.

- ○ 주된수원의 유효수량 적정 여부(겸용설비 포함)
- ○ 보조수원(옥상)의 유효수량 적정 여부

08 옥내소화전설비 수조의 작동점검항목 2가지를 쓰시오.

- ○ 수위계 설치상태 적정 또는 수위 확인 가능 여부
- ○ "옥내소화전설비용 수조"표지 설치상태 적정 여부

09 옥내소화전설비 수조의 종합점검시 추가되는 항목 5가지를 쓰시오.

- ● 동결방지조치 상태 적정 여부
- ● 수조 외측 고정사다리 설치상태 적정 여부(바닥보다 낮은 경우 제외)
- ● 실내설치 시 조명설비 설치상태 적정 여부
- ● 다른 소화설비와 겸용 시 겸용설비의 이름 표시한 표지 설치상태 적정 여부
- ● 수조-수직배관 접속부분"옥내소화전설비용 배관"표지 설치상태 적정 여부

10 옥내소화전설비 가압송수장치 중 펌프방식의 작동점검항목 6가지를 쓰시오.

○ 옥내소화전 방수량 및 방수압력 적정 여부
○ 성능시험배관을 통한 펌프 성능시험 적정 여부
○ 펌프 흡입측 연성계 · 진공계 및 토출측 압력계 등 부속장치의 변형 · 손상 유무
○ 기동스위치 설치 적정 여부(ON/OFF 방식)
○ 내연기관 방식의 펌프 설치 적정(정상기동(기동장치 및 제어반) 여부, 축전지상태, 연료량) 여부
○ 가압송수장치의 "옥내소화전펌프" 표지설치 여부 또는 다른 소화설비와 겸용 시 겸용설비 이름 표시 부착 여부

11 옥내소화전설비 가압송수장치 중 펌프방식의 종합점검시 추가되는 항목 7가지를 쓰시오.

● 동결방지조치 상태 적정 여부
● 감압장치 설치 여부(방수압력 0.7MPa 초과 조건)
● 다른 소화설비와 겸용인 경우 펌프 성능 확보 가능 여부
● 기동장치 적정 설치 및 기동압력 설정 적정 여부
● 주펌프와 동등이상 펌프 추가설치 여부
● 물올림장치 설치 적정(전용 여부, 유효수량, 배관구경, 자동급수) 여부
● 충압펌프 설치 적정(토출압력, 정격토출량) 여부

12 옥내소화전설비 가압송수장치 중 고가수조방식의 경우 작동(종합)점검항목 1가지를 쓰시오.

○ 수위계 · 배수관 · 급수관 · 오버플로우관 · 맨홀 등 부속장치의 변형 · 손상 유무

13 옥내소화전설비 가압송수장치 중 압력수조방식의 경우 작동점검항목 1가지를 쓰시오.

○ 수위계 · 급수관 · 급기관 · 압력계 · 안전장치 · 공기압축기 등 부속장치의 변형 · 손상 유무

14 옥내소화전설비 가압송수장치 중 압력수조방식의 경우 종합점검시 추가되는 항목 1가지를 쓰시오.

- 압력수조의 압력 적정 여부

15 옥내소화전설비 가압송수장치 중 가압수조방식의 경우 작동점검항목 1가지를 쓰시오.

- ○ 수위계 · 급수관 · 배수관 · 급기관 · 압력계 등 부속장치의 변형 · 손상 유무

16 옥내소화전설비 가압송수장치 중 가압수조방식의 경우 종합점검시 추가되는 항목 1가지를 쓰시오.

- 가압수조 및 가압원 설치장소의 방화구획 여부

17 옥내소화전설비 송수구의 작동점검항목 2가지를 쓰시오.

- ○ 설치장소 적정 여부
- ○ 송수구 마개 설치 여부

18 옥내소화전설비 송수구의 종합점검시 추가되는 항목 3가지를 쓰시오.

- 연결배관에 개폐밸브를 설치한 경우 개폐상태 확인 및 조작가능 여부
- 송수구 설치 높이 및 구경 적정 여부
- 자동배수밸브(또는 배수공) · 체크밸브 설치 여부 및 설치 상태 적정 여부

19 옥내소화전설비 배관 등의 작동점검항목 1가지를 쓰시오.

> ○ 급수배관 개폐밸브 설치(개폐표시형, 흡입측 버터플라이 제외) 적정 여부

20 옥내소화전설비 배관 등의 종합점검시 추가되는 항목 5가지를 쓰시오.

> ● 펌프의 흡입측 배관 여과장치의 상태 확인
> ● 성능시험배관 설치(개폐밸브, 유량조절밸브, 유량측정장치) 적정 여부
> ● 순환배관 설치(설치위치·배관구경, 릴리프밸브 개방압력) 적정 여부
> ● 동결방지조치 상태 적정 여부
> ● 다른 설비의 배관과의 구분 상태 적정 여부

21 옥내소화전설비 함 및 방수구 등의 작동점검항목 5가지를 쓰시오.

> ○ 함 개방 용이성 및 장애물 설치 여부 등 사용 편의성 적정 여부
> ○ 위치·기동 표시등 적정 설치 및 정상 점등 여부
> ○ "소화전"표시 및 사용요령(외국어 병기) 기재 표지판 설치상태 적정 여부
> ○ 함 내 소방호스 및 관창 비치 적정 여부
> ○ 호스의 접결상태, 구경, 방수 압력 적정 여부

22 옥내소화전설비 함 및 방수구 등의 종합점검시 추가되는 항목 3가지를 쓰시오.

> ● 대형공간(기둥 또는 벽이 없는 구조) 소화전 함 설치 적정 여부
> ● 방수구 설치 적정 여부
> ● 호스릴방식 노즐 개폐장치 사용 용이 여부

23 옥내소화전설비 전원의 작동점검항목 2가지를 쓰시오.

> ○ 자가발전설비인 경우 연료 적정량 보유 여부
> ○ 자가발전설비인 경우「전기사업법」에 따른 정기점검 결과 확인

24 옥내소화전설비 전원의 종합점검시 추가되는 항목 2가지를 쓰시오.

- 대상물 수전방식에 따른 상용전원 적정 여부
- 비상전원 설치장소 적정 및 관리 여부

25 옥내소화전설비 제어반의 종합점검 및 작동점검시 점검항목을 모두 쓰시오.

- 겸용 감시·동력 제어반 성능 적정 여부(겸용으로 설치된 경우)

[감시제어반]
○ 펌프 작동 여부 확인 표시등 및 음향경보장치 정상작동 여부
○ 펌프 별 자동·수동 전환스위치 정상작동 여부
● 펌프 별 수동기동 및 수동중단 기능 정상작동 여부
● 상용전원 및 비상전원 공급 확인 가능 여부(비상전원 있는 경우)
● 수조·물올림탱크 저수위 표시등 및 음향경보장치 정상작동 여부
○ 각 확인회로 별 도통시험 및 작동시험 정상작동 여부
○ 예비전원 확보 유무 및 시험 적합 여부
● 감시제어반 전용실 적정 설치 및 관리 여부
● 기계·기구 또는 시설 등 제어 및 감시설비 외 설치 여부

[동력제어반]
○ 앞면은 적색으로 하고, "옥내소화전설비용 동력제어반" 표지 설치 여부

26 옥내소화전설비 발전기제어반의 종합점검항목을 쓰시오.

- 소방전원보존형발전기는 이를 식별할 수 있는 표지 설치 여부

27 스프링클러설비 가압송수장치 중 펌프방식의 경우 작동점검항목 4가지를 쓰시오.

○ 성능시험배관을 통한 펌프 성능시험 적정 여부
○ 펌프 흡입측 연성계·진공계 및 토출측 압력계 등 부속장치의 변형·손상 유무
○ 내연기관 방식의 펌프 설치 적정(정상기동(기동장치 및 제어반) 여부, 축전지 상태, 연료량) 여부
○ 가압송수장치의 "스프링클러펌프" 표지설치 여부 또는 다른 소화설비와 겸용 시 겸용설비 이름 표시 부착 여부

28 스프링클러설비 가압송수장치 중 펌프방식의 경우 종합점검시 추가되는 항목 5가지를 쓰시오.

- 동결방지조치 상태 적정 여부
- 다른 소화설비와 겸용인 경우 펌프 성능 확보 가능 여부
- 기동장치 적정 설치 및 기동압력 설정 적정 여부
- 물올림장치 설치 적정(전용 여부, 유효수량, 배관구경, 자동급수) 여부
- 충압펌프 설치 적정(토출압력, 정격토출량) 여부

29 스프링클러설비 폐쇄형스프링클러설비의 방호구역 및 유수검지장치의 작동점검항목을 쓰시오.

○ 유수검지장치실 설치 적정(실내 또는 구획, 출입문 크기, 표지) 여부

30 스프링클러설비 폐쇄형스프링클러설비의 방호구역 및 유수검지장치의 종합점검시 추가되는 항목 4가지를 쓰시오.

- 방호구역 적정 여부
- 유수검지장치 설치 적정(수량, 접근·점검 편의성, 높이) 여부
- 자연낙차에 의한 유수압력과 유수검지장치의 유수검지압력 적정여부
- 조기반응형헤드 적합 유수검지장치 설치 여부

31 개방형스프링클러설비의 방수구역 및 일제개방밸브의 작동점검항목을 쓰시오.

○ 일제개방밸브실 설치 적정(실내(구획), 높이, 출입문, 표지) 여부

32 개방형스프링클러설비의 방수구역 및 일제개방밸브의 종합점검시 추가되는 항목 3가지를 쓰시오.

- 방수구역 적정 여부
- 방수구역 별 일제개방밸브 설치 여부
- 하나의 방수구역을 담당하는 헤드 개수 적정 여부

33 스프링클러설비 배관의 작동점검항목 3가지를 쓰시오.

○ 급수배관 개폐밸브 설치(개폐표시형, 흡입측 버터플라이 제외) 및 작동표시스위치 적정(제어반 표시 및 경보, 스위치 동작 및 도통시험) 여부
○ 준비작동식 유수검지장치 및 일제개방밸브 2차측 배관 부대설비 설치 적정(개폐표시형 밸브, 수직배수배관, 개폐밸브, 자동배수장치, 압력스위치 설치 및 감시제어반 개방 확인) 여부
○ 유수검지장치 시험장치 설치 적정(설치위치, 배관구경, 개폐밸브 및 개방형 헤드, 물받이통 및 배수관) 여부

34 스프링클러설비 배관의 종합점검시 추가되는 항목 6가지를 쓰시오.

● 펌프의 흡입측 배관 여과장치의 상태 확인
● 성능시험배관 설치(개폐밸브, 유량조절밸브, 유량측정장치) 적정 여부
● 순환배관 설치(설치위치ㆍ배관구경, 릴리프밸브 개방압력) 적정 여부
● 동결방지조치 상태 적정 여부
● 주차장에 설치된 스프링클러 방식 적정(습식 외의 방식) 여부
● 다른 설비의 배관과의 구분 상태 적정 여부

35 스프링클러설비 음향장치 및 기동장치의 작동점검항목 7가지를 쓰시오.

○ 유수검지에 따른 음향장치 작동 가능 여부(습식ㆍ건식의 경우)
○ 감지기 작동에 따라 음향장치 작동 여부(준비작동식 및 일제개방밸브의 경우)
○ 음향장치(경종 등) 변형ㆍ손상 확인 및 정상 작동(음량 포함) 여부
[펌프 작동]
○ 유수검지장치의 발신이나 기동용 수압개폐장치의 작동에 따른 펌프 기동 확인 (습식ㆍ건식의 경우)
○ 화재감지기의 감지나 기동용 수압개폐장치의 작동에 따른 펌프 기동 확인 (준비작동식 및 일제개방밸브의 경우)
[준비작동식유수검지장치 또는 일제개발밸브 작동]
○ 담당구역내 화재감지기 동작(수동 기동 포함)에 따라 개방 및 작동 여부
○ 수동조작함 (설치높이, 표시등) 설치 적정 여부

36 스프링클러설비 음향장치 및 기동장치의 종합점검시 추가되는 항목 3가지를 쓰시오.

● 음향장치 설치 담당구역 및 수평거리 적정 여부
● 주 음향장치 수신기 내부 또는 직근 설치 여부
● 우선경보방식에 따른 경보 적정 여부

37 스프링클러설비 헤드의 작동점검항목 3가지를 쓰시오.

○ 헤드의 변형·손상 유무
○ 헤드 설치 위치·장소·상태(고정) 적정 여부
○ 헤드 살수장애 여부

38 스프링클러설비 헤드의 종합점검시 추가되는 항목 7가지를 쓰시오.

● 무대부 또는 연소우려 있는 개구부 개방형 헤드 설치 여부
● 조기반응형 헤드 설치 여부(의무 설치 장소의 경우)
● 경사진 천장의 경우 스프링클러헤드의 배치상태
● 연소할 우려가 있는 개구부 헤드 설치 적정 여부
● 습식·부압식스프링클러 외의 설비 상향식 헤드 설치 여부
● 측벽형 헤드 설치 적정 여부
● 감열부에 영향을 받을 우려가 있는 헤드의 차폐판 설치 여부

39 스프링클러설비 송수구의 작동점검항목 3가지를 쓰시오.

○ 설치장소 적정 여부
○ 송수압력범위 표시 표지 설치 여부
○ 송수구 마개 설치 여부

40 스프링클러설비 송수구의 종합점검시 추가되는 항목 4가지를 쓰시오.

● 연결배관에 개폐밸브를 설치한 경우 개폐상태 확인 및 조작가능 여부
● 송수구 설치 높이 및 구경 적정 여부
● 송수구 설치 개수 적정 여부(폐쇄형 스프링클러설비의 경우)
● 자동배수밸브(또는 배수공)·체크밸브 설치 여부 및 설치 상태 적정 여부

41 스프링클러설비 제어반의 작동(종합)점검항목을 모두 쓰시오.

● 겸용 감시·동력 제어반 성능 적정 여부(겸용으로 설치된 경우)
[감시제어반]
○ 펌프 작동 여부 확인 표시등 및 음향경보장치 정상작동 여부

○ 펌프 별 자동ㆍ수동 전환스위치 정상작동 여부
● 펌프 별 수동기동 및 수동중단 기능 정상작동 여부
● 상용전원 및 비상전원 공급 확인 가능 여부(비상전원 있는 경우)
● 수조ㆍ물올림탱크 저수위 표시등 및 음향경보장치 정상작동 여부
○ 각 확인회로 별 도통시험 및 작동시험 정상작동 여부
○ 예비전원 확보 유무 및 시험 적합 여부
● 감시제어반 전용실 적정 설치 및 관리 여부
● 기계ㆍ기구 또는 시설 등 제어 및 감시설비 외 설치 여부
○ 유수검지장치ㆍ일제개방밸브 작동 시 표시 및 경보 정상작동 여부
○ 일제개방밸브 수동조작스위치 설치 여부
● 일제개방밸브 사용 설비 화재감지기 회로별 화재표시 적정 여부
● 감시제어반과 수신기 간 상호 연동 여부(별도로 설치된 경우)
[동력제어반]
○ 앞면은 적색으로 하고, "스프링클러설비용 동력제어반" 표지 설치 여부
[발전기제어반]
● 소방전원보존형발전기는 이를 식별할 수 있는 표지 설치 여부

42 스프링클러설비 헤드 설치제외에 대한 종합점검항목 2가지를 쓰시오.

● 헤드 설치 제외 적정 여부(설치 제외된 경우)
● 드렌처설비 설치 적정 여부

43 간이스프링클러설비 가압송수장치 중 상수도직결형의 경우 작동점검항목을 쓰시오.

○ 방수량 및 방수압력 적정 여부

44 간이스프링클러설비 배관 및 밸브의 작동(종합)점검항목을 모두 쓰시오.

○ 상수도직결형 수도배관 구경 및 유수검지에 따른 다른 배관 자동 송수 차단 여부
○ 급수배관 개폐밸브 설치(개폐표시형, 흡입측 버터플라이 제외) 및 작동표시스위치 적정(제어반 표시 및 경보, 스위치 동작 및 도통시험) 여부
● 펌프의 흡입측 배관 여과장치의 상태 확인
● 성능시험배관 설치(개폐밸브, 유량조절밸브, 유량측정장치) 적정 여부
● 순환배관 설치(설치위치ㆍ배관구경, 릴리프밸브 개방압력) 적정 여부
● 동결방지조치 상태 적정 여부
○ 준비작동식 유수검지장치 2차측 배관 부대설비 설치 적정(개폐표시형 밸브, 수직배수배관ㆍ개폐밸브, 자동배수장치, 압력스위치 설치 및 감시제어반 개방 확인) 여부

○ 유수검지장치 시험장치 설치 적정(설치위치, 배관구경, 개폐밸브 및 개방형 헤드, 물받이통 및 배수관) 여부
● 간이스프링클러설비 배관 및 밸브 등의 순서의 적정 시공 여부
● 다른 설비의 배관과의 구분 상태 적정 여부

45 간이스프링클러설비 간이헤드의 작동(종합)점검항목을 모두 쓰시오.

○ 헤드의 변형·손상 유무
○ 헤드 설치 위치·장소·상태(고정) 적정 여부
○ 헤드 살수장애 여부
● 감열부에 영향을 받을 우려가 있는 헤드의 차폐판 설치 여부
● 헤드 설치 제외 적정 여부(설치 제외된 경우)

46 화재조기진압용스프링클러설비 설치장소의 구조 종합점검항목을 쓰시오.

● 설비 설치장소의 구조(층고, 내화구조, 방화구획, 천장 기울기, 천장 자재 돌출부 길이, 보 간격, 선반 물 침투구조) 적합 여부

47 화재조기진압용스프링클러설비 설치금지 장소 종합점검항목을 쓰시오.

● 설치가 금지된 장소(제4류 위험물 등이 보관된 장소) 설치 여부

48 물분무소화설비의 기동장치 작동점검항목 3가지를 쓰시오.

○ 수동식 기동장치 조작에 따른 가압송수장치 및 개방밸브 정상 작동 여부
○ 수동식 기동장치 인근 "기동장치" 표지설치 여부
○ 자동식 기동장치는 화재감지기의 작동 및 헤드 개방과 연동하여 경보를 발하고, 가압송수장치 및 개방밸브 정상 작동 여부

49 물분무소화설비 제어밸브 등의 작동(종합)점검항목을 모두 쓰시오.

- ○ 제어밸브 설치 위치(높이) 적정 및 "제어밸브"표지 설치 여부
- ● 자동개방밸브 및 수동식 개방밸브 설치위치(높이) 적정 여부
- ● 자동개방밸브 및 수동식 개방밸브 시험장치 설치 여부

50 물분무소화설비 물분무헤드의 작동(종합)점검항목을 모두 쓰시오.

- ○ 헤드의 변형·손상 유무
- ○ 헤드 설치 위치·장소·상태(고정) 적정 여부
- ● 전기절연 확보 위한 전기기기와 헤드 간 거리 적정 여부

51 물분무소화설비 배수설비(차고·주차장의 경우)의 종합점검항목을 쓰시오.

- ● 배수설비(배수구, 기름분리장치 등) 설치 적정 여부

52 미분무소화설비의 수원에 관한 작동(종합)점검항목을 모두 쓰시오.

- ○ 수원의 수질 및 필터(또는 스트레이너) 설치 여부
- ● 주배관 유입측 필터(또는 스트레이너) 설치 여부
- ○ 수원의 유효수량 적정 여부
- ● 첨가제의 양 산정 적정 여부(첨가제를 사용한 경우)

53 미분무소화설비 배관 등의 작동(종합)점검항목을 모두 쓰시오.

- ○ 급수배관 개폐밸브 설치(개폐표시형, 흡입측 버터플라이 제외) 및 작동표시스위치 적정(제어반 표시 및 경보, 스위치 동작 및 도통시험) 여부
- ● 성능시험배관 설치(개폐밸브, 유량조절밸브, 유량측정장치) 적정 여부
- ● 동결방지조치 상태 적정 여부
- ○ 유수검지장치 시험장치 설치 적정(설치위치, 배관구경, 개폐밸브 및 개방형 헤드, 물받이통 및 배수관) 여부
- ● 주차장에 설치된 미분무소화설비 방식 적정(습식 외의 방식) 여부
- ● 다른 설비의 배관과의 구분 상태 적정 여부

54 미분무소화설비 배관 등의 점검항목 중 호스릴방식의 경우 작동(종합)점검항목을 모두 쓰시오.

- ● 방호대상물 각 부분으로부터 호스접결구까지 수평거리 적정 여부
- ○ 소화약제저장용기의 위치표시등 정상 점등 및 표지 설치 여부

55 미분무소화설비 미분무헤드의 작동점검항목 3가지를 쓰시오.

- ○ 헤드 설치 위치·장소·상태(고정) 적정 여부
- ○ 헤드의 변형·손상 유무
- ○ 헤드 살수장애 여부

56 포소화설비의 저장탱크 작동(종합)점검항목을 모두 쓰시오.

- ● 포약제 변질 여부
- ● 액면계 또는 계량봉 설치상태 및 저장량 적정 여부
- ● 그라스게이지 설치 여부(가압식이 아닌 경우)
- ○ 포소화약제 저장량의 적정 여부

57 포소화설비의 기동장치 중 수동식기동장치의 작동(종합)점검항목을 모두 쓰시오.

- ○ 직접·원격조작 가압송수장치·수동식개방밸브·소화약제혼합장치 기동 여부
- ● 기동장치 조작부의 접근성 확보, 설치 높이, 보호장치 설치 적정 여부
- ○ 기동장치 조작부 및 호스접결구 인근 "기동장치의 조작부" 및 "접결구" 표지설치 여부
- ● 수동식 기동장치 설치개수 적정 여부

58 포소화설비의 기동장치 중 자동식기동장치의 작동(종합)점검항목을 모두 쓰시오.

- ○ 화재감지기 또는 폐쇄형 스프링클러헤드의 개방과 연동하여 가압송수장치·일제개방밸브 및 포소화약제 혼합장치 기동 여부
- ● 폐쇄형 스프링클러헤드 설치 적정 여부
- ● 화재감지기 및 발신기 설치 적정 여부
- ● 동결우려 장소 자동식기동장치 자동화재탐지설비 연동 여부

59. 포소화설비의 기동장치 중 자동경보장치의 작동(종합)점검항목을 모두 쓰시오.

- ○ 방사구역 마다 발신부(또는 층별 유수검지장치) 설치 여부
- ○ 수신기는 설치 장소 및 헤드개방·감지기 작동 표시장치 설치 여부
- ● 2 이상 수신기 설치 시 수신기간 상호 동시 통화 가능 여부

60. 포소화설비 포헤드의 작동점검항목 3가지를 쓰시오.

- ○ 헤드의 변형·손상 유무
- ○ 헤드 수량 및 위치 적정 여부
- ○ 헤드 살수장애 여부

61. 포소화설비 호스릴포소화설비 및 포소화전설비의 작동(종합)점검항목을 모두 쓰시오.

[호스릴포소화설비 및 포소화전설비]
- ○ 방수구와 호스릴함 또는 호스함 사이의 거리 적정 여부
- ○ 호스릴함 또는 호스함 설치 높이, 표지 및 위치표시등 설치 여부
- ● 방수구 설치 및 호스릴·호스 길이 적정 여부

62. 포소화설비 전역방출방식의 고발포용 고정포 방출구의 작동(종합)점검항목을 모두 쓰시오.

- ○ 개구부 자동폐쇄장치 설치 여부
- ● 방호구역의 관포체적에 대한 포수용액 방출량 적정 여부
- ● 고정포방출구 설치 개수 적정 여부
- ○ 고정포방출구 설치 위치(높이) 적정 여부

63. 포소화설비 국소방출방식의 고발포용 고정포방출구설비의 종합점검항목을 모두 쓰시오.

- ● 방호대상물 범위 설정 적정 여부
- ● 방호대상물별 방호면적에 대한 포수용액 방출량 적정 여부

64 이산화탄소소화설비 고압식저장용기의 작동점검항목 2가지를 쓰시오.

○ 저장용기 설치장소 표지 설치 여부
○ 저장용기 개방밸브 자동·수동 개방 및 안전장치 부착 여부

65 이산화탄소소화설비 고압식저장용기의 종합점검시 추가되는 항목 4가지를 쓰시오.

● 설치장소 적정 및 관리 여부
● 저장용기 설치 간격 적정 여부
● 저장용기와 집합관 연결배관 상 체크밸브 설치 여부
● 저장용기와 선택밸브(또는 개폐밸브) 사이 안전장치 설치 여부

66 이산화탄소소화설비 저압식저장용기의 작동(종합)점검항목을 모두 쓰시오.

● 안전밸브 및 봉판 설치 적정(작동 압력) 여부
● 액면계·압력계 설치 여부 및 압력강하경보장치 작동 압력 적정 여부
○ 자동냉동장치의 기능

67 이산화탄소소화설비 기동장치의 작동(종합)점검항목을 모두 쓰시오.

○ 방호구역별 출입구 부근 소화약제 방출표시등 설치 및 정상 작동 여부
[수동식 기동장치]
○ 기동장치 부근에 비상스위치 설치 여부
● 방호구역별 또는 방호대상별 기동장치 설치 여부
○ 기동장치 설치 적정(출입구 부근 등, 높이, 보호장치, 표지, 전원표시등) 여부
○ 방출용 스위치 음향경보장치 연동 여부
[자동식 기동장치]
○ 감지기 작동과의 연동 및 수동기동 가능 여부
● 저장용기 수량에 따른 전자 개방밸브 수량 적정 여부(전기식 기동장치의 경우)
○ 기동용 가스용기의 용적, 충전압력 적정 여부(가스압력식 기동장치의 경우)
● 기동용 가스용기의 안전장치, 압력게이지 설치 여부(가스압력식 기동장치의 경우)
● 저장용기 개방구조 적정 여부(기계식 기동장치의 경우)

68 이산화탄소소화설비 제어반 및 화재표시반의 작동(종합)점검항목을 모두 쓰시오.

○ 설치장소 적정 및 관리 여부
○ 회로도 및 취급설명서 비치 여부
● 수동잠금밸브 개폐여부 확인 표시등 설치 여부
[제어반]
○ 수동기동장치 또는 감지기 신호 수신 시 음향경보장치 작동 기능 정상 여부
○ 소화약제 방출·지연 및 기타 제어 기능 적정 여부
○ 전원표시등 설치 및 정상 점등 여부
[화재표시반]
○ 방호구역별 표시등(음향경보장치 조작, 감지기 작동), 경보기 설치 및 작동 여부
○ 수동식 기동장치 작동표시 표시등 설치 및 정상 작동 여부
○ 소화약제 방출표시등 설치 및 정상 작동 여부
● 자동식기동장치 자동·수동 절환 및 절환표시등 설치 및 정상 작동 여부

69 이산화탄소소화설비 배관 등의 작동(종합)점검항목을 모두 쓰시오.

○ 배관의 변형·손상 유무
● 수동잠금밸브 설치 위치 적정 여부

70 이산화탄소소화설비 분사헤드의 작동(종합)점검항목을 모두 쓰시오.

[전역방출방식]
○ 분사헤드의 변형·손상 유무
● 분사헤드의 설치위치 적정 여부
[국소방출방식]
○ 분사헤드의 변형·손상 유무
● 분사헤드의 설치장소 적정 여부
[호스릴방식]
● 방호대상물 각 부분으로부터 호스접결구까지 수평거리 적정 여부
○ 소화약제저장용기의 위치표시등 정상 점등 및 표지 설치 여부
● 호스릴소화설비 설치장소 적정 여부

71 이산화탄소소화설비 화재감지기의 작동(종합)점검항목을 모두 쓰시오.

○ 방호구역별 화재감지기 감지에 의한 기동장치 작동 여부
● 교차회로(또는 NFSC 203 제7조제1항 단서 감지기) 설치 여부
● 화재감지기별 유효 바닥면적 적정 여부

72 이산화탄소소화설비 음향경보장치의 작동(종합)점검항목을 모두 쓰시오.

○ 기동장치 조작 시(수동식-방출용스위치, 자동식-화재감지기) 경보 여부
○ 약제 방사 개시(또는 방출 압력스위치 작동) 후 경보 적정 여부
● 방호구역 또는 방호대상물 구획 안에서 유효한 경보 가능 여부
[방송에 따른 경보장치]
● 증폭기 재생장치의 설치장소 적정 여부
● 방호구역·방호대상물에서 확성기 간 수평거리 적정 여부
● 제어반 복구스위치 조작 시 경보 지속 여부

73 이산화탄소소화설비 자동폐쇄장치의 작동(종합)점검항목을 모두 쓰시오.

○ 환기장치 자동정지 기능 적정 여부
○ 개구부 및 통기구 자동폐쇄장치 설치 장소 및 기능 적합 여부
● 자동폐쇄장치 복구장치 설치기준 적합 및 위치표지 적합 여부

74 이산화탄소소화설비 비상전원의 작동(종합)점검항목을 모두 쓰시오.

● 설치장소 적정 및 관리 여부
○ 자가발전설비인 경우 연료 적정량 보유 여부
○ 자가발전설비인 경우 「전기사업법」에 따른 정기점검 결과 확인

75 이산화탄소소화설비 안전시설 등의 작동점검항목을 모두 쓰시오.

○ 소화약제 방출알림 시각경보장치 설치기준 적합 및 정상 작동 여부
○ 방호구역 출입구 부근 잘 보이는 장소에 소화약제 방출 위험경고표지 부착 여부
○ 방호구역 출입구 외부 인근에 공기호흡기 설치 여부

76 할론소화설비 저장용기의 작동점검항목 3가지를 쓰시오.

○ 저장용기 설치장소 표지 설치상태 적정 여부
○ 저장용기 개방밸브 자동·수동 개방 및 안전장치 부착 여부
○ 축압식 저장용기의 압력 적정 여부

77. 할론소화설비 저장용기의 종합점검시 추가되는 항목 6가지를 쓰시오.

정답
- 설치장소 적정 및 관리 여부
- 저장용기 설치 간격 적정 여부
- 저장용기와 집합관 연결배관 상 체크밸브 설치 여부
- 저장용기와 선택밸브(또는 개폐밸브) 사이 안전장치 설치 여부
- 가압용 가스용기 내 질소가스 사용 및 압력 적정 여부
- 가압식 저장용기 압력조정장치 설치 여부

78. 할로겐화합물 및 불활성기체 소화설비 저장용기의 작동(종합)점검항목을 모두 쓰시오.

정답
- ● 설치장소 적정 및 관리 여부
- ○ 저장용기 설치장소 표지 설치 여부
- ● 저장용기 설치 간격 적정 여부
- ○ 저장용기 개방밸브 자동·수동 개방 및 안전장치 부착 여부
- ● 저장용기와 집합관 연결배관 상 체크밸브 설치 여부

79. 할로겐화합물 및 불활성기체 소화설비 분사헤드의 작동(종합)점검항목을 모두 쓰시오.

정답
- ○ 분사헤드의 변형·손상 유무
- ● 분사헤드의 설치높이 적정 여부

80. 분말소화설비 저장용기의 작동점검항목 3가지를 쓰시오.

정답
- ○ 저장용기 설치장소 표지 설치 여부
- ○ 저장용기 개방밸브 자동·수동 개방 및 안전장치 부착 여부
- ○ 저장용기 지시압력계 설치 및 충전압력 적정 여부(축압식의 경우)

81. 분말소화설비 저장용기의 종합점검시 추가되는 항목 6가지를 쓰시오.

정답
- 설치장소 적정 및 관리 여부
- 저장용기 설치 간격 적정 여부
- 저장용기와 집합관 연결배관 상 체크밸브 설치 여부
- 저장용기 안전밸브 설치 적정 여부
- 저장용기 정압작동장치 설치 적정 여부
- 저장용기 청소장치 설치 적정 여부

82 분말소화설비 가압용 가스용기의 작동점검항목 4가지를 쓰시오.

○ 가압용 가스용기 저장용기 접속 여부
○ 가압용 가스용기 전자개방밸브 부착 적정 여부
○ 가압용 가스용기 압력조정기 설치 적정 여부
○ 가압용 또는 축압용 가스 종류 및 가스량 적정 여부

83 분말소화설비 가압용가스용기의 종합점검시 추가되는 항목 1가지를 쓰시오.

● 배관 청소용 가스 별도 용기 저장 여부

84 옥외소화전설비 배관 등의 작동점검항목 2가지를 쓰시오.

○ 호스 구경 적정 여부
○ 급수배관 개폐밸브 설치(개폐표시형, 흡입측 버터플라이 제외) 적정 여부

85 옥외소화전설비 배관 등의 종합점검시 추가되는 항목 6가지를 쓰시오.

● 호스접결구 높이 및 각 부분으로부터 호스접결구까지의 수평거리 적정 여부
● 펌프의 흡입측 배관 여과장치의 상태 확인
● 성능시험배관 설치(개폐밸브, 유량조절밸브, 유량측정장치) 적정 여부
● 순환배관 설치(설치위치·배관구경, 릴리프밸브 개방압력) 적정 여부
● 동결방지조치 상태 적정 여부
● 다른 설비의 배관과의 구분 상태 적정 여부

86 옥외소화전설비 소화전함 등의 작동(종합)점검항목을 모두 쓰시오.

○ 함 개방 용이성 및 장애물 설치 여부 등 사용 편의성 적정 여부
○ 위치·기동 표시등 적정 설치 및 정상 점등 여부
○ "옥외소화전"표시 설치 여부
● 소화전함 설치 수량 적정 여부
○ 옥외소화전함 내 소방호스, 관창, 옥외소화전개방 장치 비치 여부
○ 호스의 접결상태, 구경, 방수 거리 적정 여부

87 비상경보설비의 작동점검항목 8가지를 쓰시오.

○ 수신기 설치장소 적정(관리용이) 및 스위치 정상 위치 여부
○ 수신기 상용전원 공급 및 전원표시등 정상점등 여부
○ 예비전원(축전지) 상태 적정 여부(상시 충전, 상용전원 차단 시 자동절환)
○ 지구음향장치 설치기준 적합 여부
○ 음향장치(경종 등) 변형·손상 확인 및 정상 작동(음량 포함) 여부
○ 발신기 설치 장소, 위치(수평거리) 및 높이 적정 여부
○ 발신기 변형·손상 확인 및 정상 작동 여부
○ 위치표시등 변형·손상 확인 및 정상 점등 여부

88 단독경보형감지기의 작동점검항목 3가지를 쓰시오.

○ 설치 위치(각 실, 바닥면적 기준 추가설치, 최상층 계단실) 적정 여부
○ 감지기의 변형 또는 손상이 있는지 여부
○ 정상적인 감시상태를 유지하고 있는지 여부(시험작동 포함)

89 자동화재탐지설비 경계구역의 종합점검항목 2가지를 쓰시오.

● 경계구역 구분 적정 여부
● 감지기를 공유하는 경우 스프링클러·물분무소화·제연설비 경계구역 일치 여부

90 자동화재탐지설비 수신기의 작동점검항목 5가지를 쓰시오.

○ 수신기 설치장소 적정(관리용이) 여부
○ 조작스위치의 높이는 적정하며 정상 위치에 있는지 여부
○ 경계구역 일람도 비치 여부
○ 수신기 음향기구의 음량·음색 구별 가능 여부
○ 수신기 기록장치 데이터 발생 표시시간과 표준시간 일치 여부

91 자동화재탐지설비 수신기의 종합점검시 추가되는 항목 5가지를 쓰시오.

- 개별 경계구역 표시 가능 회선수 확보 여부
- 축적기능 보유 여부(환기·면적·높이 조건 해당할 경우)
- 감지기·중계기·발신기 작동 경계구역 표시 여부(종합방재반 연동 포함)
- 1개 경계구역 1개 표시등 또는 문자 표시 여부
- 하나의 대상물에 수신기가 2 이상 설치된 경우 상호 연동되는지 여부

92 자동화재탐지설비 중계기의 종합점검항목 5가지를 쓰시오.

- 중계기 설치위치 적정 여부(수신기에서 감지기회로 도통시험하지 않는 경우)
- 설치 장소(조작·점검 편의성, 화재·침수 피해 우려) 적정 여부
- 전원입력 측 배선 상 과전류차단기 설치 여부
- 중계기 전원 정전 시 수신기 표시 여부
- 상용전원 및 예비전원 시험 적정 여부

93 자동화재탐지설비 감지기의 작동점검항목 3가지를 쓰시오.

○ 연기감지기 설치장소 적정 설치 여부
○ 감지기 설치(감지면적 및 배치거리) 적정 여부
○ 감지기 변형·손상 확인 및 작동시험 적합 여부

94 자동화재탐지설비 감지기의 종합점검시 추가되는 항목 6가지를 쓰시오.

- 부착 높이 및 장소별 감지기 종류 적정 여부
- 특정 장소(환기불량, 면적협소, 저층고)에 적응성이 있는 감지기 설치 여부
- 감지기와 실내로의 공기유입구 간 이격거리 적정 여부
- 감지기 부착면 적정 여부
- 감지기별 세부 설치기준 적합 여부
- 감지기 설치제외 장소 적합 여부

95 자동화재탐지설비 음향장치의 작동(종합)점검항목을 모두 쓰시오.

○ 주음향장치 및 지구음향장치 설치 적정 여부
○ 음향장치(경종 등) 변형·손상 확인 및 정상 작동(음량 포함) 여부
● 우선경보 기능 정상작동 여부

96 자동화재탐지설비 시각경보장치의 작동점검항목 2가지를 쓰시오.

○ 시각경보장치 설치 장소 및 높이 적정 여부
○ 시각경보장치 변형·손상 확인 및 정상 작동 여부

97 자동화재탐지설비 발신기의 작동점검항목 3가지를 쓰시오.

○ 발신기 설치 장소, 위치(수평거리) 및 높이 적정 여부
○ 발신기 변형·손상 확인 및 정상 작동 여부
○ 위치표시등 변형·손상 확인 및 정상 점등 여부

98 자동화재탐지설비 전원의 작동점검항목 2가지를 쓰시오.

○ 상용전원 적정 여부
○ 예비전원 성능 적정 및 상용전원 차단 시 예비전원 자동전환 여부

99 자동화재탐지설비 배선의 작동(종합)점검항목을 모두 쓰시오.

● 종단저항 설치 장소, 위치 및 높이 적정 여부
● 종단저항 표지 부착 여부(종단감지기에 설치할 경우)
○ 수신기 도통시험 회로 정상 여부
● 감지기회로 송배전식 적용 여부
● 1개 공통선 접속 경계구역 수량 적정 여부(P형 또는 GP형의 경우)

100 비상방송설비의 음향장치 작동(종합)점검항목을 모두 쓰시오.

- ● 확성기 음성입력 적정 여부
- ● 확성기 설치 적정(층마다 설치, 수평거리, 유효하게 경보) 여부
- ● 조작부 조작스위치 높이 적정 여부
- ● 조작부 상 설비 작동층 또는 작동구역 표시 여부
- ● 증폭기 및 조작부 설치 장소 적정 여부
- ● 우선경보방식 적용 적정 여부
- ● 겸용설비 성능 적정(화재 시 다른 설비 차단) 여부
- ● 다른 전기회로에 의한 유도장애 발생 여부
- ● 2 이상 조작부 설치 시 상호 동시통화 및 전 구역 방송 가능 여부
- ● 화재신호 수신 후 방송개시 소요시간 적정 여부
- ○ 자동화재탐지설비 작동과 연동하여 정상 작동 가능 여부

101 비상방송설비의 배선 등의 종합점검항목을 모두 쓰시오.

- ● 음량조절기를 설치한 경우 3선식 배선 여부
- ● 하나의 층에 단락, 단선 시 다른 층의 화재통보 적부

102 비상방송설비의 전원의 작동(종합)점검항목을 모두 쓰시오.

- ○ 상용전원 적정 여부
- ● 예비전원 성능 적정 및 상용전원 차단 시 예비전원 자동전환 여부

103 자동화재속보설비의 작동점검항목 3가지를 쓰시오.

- ○ 상용전원 공급 및 전원표시등 정상 점등 여부
- ○ 조작스위치 높이 적정 여부
- ○ 자동화재탐지설비 연동 및 화재신호 소방관서 전달 여부

104 통합감시시설의 작동(종합)점검항목을 모두 쓰시오.

- ● 주·보조 수신기 설치 적정 여부
- ○ 수신기 간 원격제어 및 정보공유 정상 작동 여부
- ● 예비선로 구축 여부

105 누전경보기 설치방법의 종합점검항목 2가지를 쓰시오.

- ● 정격전류에 따른 설치 형태 적정 여부
- ● 변류기 설치위치 및 형태 적정 여부

106 누전경보기 수신부의 작동(종합)점검항목을 모두 쓰시오.

- ○ 상용전원 공급 및 전원표시등 정상 점등 여부
- ● 가연성 증기, 먼지 등 체류 우려 장소의 경우 차단기구 설치 여부
- ○ 수신부의 성능 및 누전경보 시험 적정 여부
- ○ 음향장치 설치장소(상시 사람이 근무) 및 음량·음색 적정 여부

107 누전경보기 전원의 종합점검항목 3가지를 쓰시오.

- ● 분전반으로부터 전용회로 구성 여부
- ● 개폐기 및 과전류차단기 설치 여부
- ● 다른 차단기에 의한 전원차단 여부(전원을 분기할 경우)

108 가스누설경보기 수신부의 작동점검항목 3가지를 쓰시오.

- ○ 수신부 설치 장소 적정 여부
- ○ 상용전원 공급 및 전원표시등 정상 점등 여부
- ○ 음향장치의 음량·음색·음압 적정 여부

109 가스누설경보기 탐지부의 작동점검항목 2가지를 쓰시오.

○ 탐지부의 설치방법 및 설치상태 적정 여부
○ 탐지부의 정상 작동 여부

110 가스누설경보기 차단기구의 작동점검항목 2가지를 쓰시오.

○ 차단기구는 가스 주배관에 견고히 부착되어 있는지 여부
○ 시험장치에 의한 가스차단밸브의 정상 개·폐 여부

111 피난기구 공통사항 점검항목 중 작동점검항목 4가지를 쓰시오.

○ 피난에 유효한 개구부 확보(크기, 높이에 따른 발판, 창문 파괴장치) 및 관리상태
○ 피난기구의 부착 위치 및 부착 방법 적정 여부
○ 피난기구(지지대 포함)의 변형·손상 또는 부식이 있는지 여부
○ 피난기구의 위치표시 표지 및 사용방법 표지 부착 적정 여부

112 피난기구 공통사항 점검항목 중 종합점검시 추가되는 항목 3가지를 쓰시오.

● 대상물 용도별·층별·바닥면적별 피난기구 종류 및 설치개수 적정 여부
● 개구부 위치 적정(동일직선상이 아닌 위치) 여부
● 피난기구의 설치제외 및 설치감소 적합 여부

113 피난기구 점검항목 중 공기안전매트 피난사다리·(간이)완강기·미끄럼대·구조대의 종합점검항목 7가지를 쓰시오.

● 공기안전매트 설치 여부
● 공기안전매트 설치 공간 확보 여부
● 피난사다리(4층 이상의 층)의 구조(금속성 고정사다리) 및 노대 설치 여부
● (간이)완강기의 구조(로프 손상방지) 및 길이 적정 여부
● 숙박시설의 객실마다 완강기(1개) 또는 간이완강기(2개 이상) 추가 설치 여부
● 미끄럼대의 구조 적정 여부
● 구조대의 길이 적정 여부

114 피난기구 점검항목 중 다수인 피난장비의 종합점검항목 4가지를 쓰시오.

- 설치장소 적정(피난용이, 안전하게 하강, 피난층의 충분한 착지 공간) 여부
- 보관실 설치 적정(건물외측 돌출, 빗물·먼지 등으로부터 장비 보호) 여부
- 보관실 외측문 개방 및 탑승기 자동 전개 여부
- 보관실 문 오작동 방지조치 및 문 개방 시 경보설비 연동(경보) 여부

115 피난기구 점검항목 중 승강식피난기·하향식피난구용 내림식 사다리의 종합점검항목 6가지를 쓰시오.

- 대피실 출입문 60분+ 또는 60분 방화문 설치 및 표지 부착 여부
- 대피실 표지(층별 위치표시, 피난기구 사용설명서 및 주의사항) 부착 여부
- 대피실 출입문 개방 및 피난기구 작동 시 표시등·경보장치 작동 적정 여부 및 감시제어반 피난기구 작동 확인 가능 여부
- 대피실 면적 및 하강구 규격 적정 여부
- 하강구 내측 연결금속구 존재 및 피난기구 전개 시 장애발생 여부
- 대피실 내부 비상조명등 설치 여부

116 피난기구 점검항목 중 인명구조기구의 작동(종합)점검항목을 모두 쓰시오.

- ○ 설치 장소 적정(화재시 반출 용이성) 여부
- ○ "인명구조기구" 표시 및 사용방법 표지 설치 적정 여부
- ○ 인명구조기구의 변형 또는 손상이 있는지 여부
- ● 대상물 용도별·장소별 설치 인명구조기구 종류 및 설치개수 적정 여부

117 유도등의 작동점검항목 4가지를 쓰시오.

- ○ 유도등의 변형 및 손상 여부
- ○ 상시(3선식의 경우 점검스위치 작동시) 점등 여부
- ○ 시각장애(규정된 높이, 적정위치, 장애물 등으로 인한 시각장애 유무) 여부
- ○ 비상전원 성능 적정 및 상용전원 차단 시 예비전원 자동전환 여부

118 유도등의 종합점검시 추가되는 항목 3가지를 쓰시오.

- 설치 장소(위치) 적정 여부
- 설치 높이 적정 여부
- 객석유도등의 설치 개수 적정 여부

119 유도표지의 작동점검항목 4가지를 쓰시오.

○ 유도표지의 변형 및 손상 여부
○ 설치 상태(유사 등화광고물・게시물 존재, 쉽게 떨어지지 않는 방식) 적정 여부
○ 외광・조명장치로 상시 조명 제공 또는 비상조명등 설치 여부
○ 설치 방법(위치 및 높이) 적정 여부

120 피난유도선의 작동(종합)점검항목을 모두 쓰시오.

○ 피난유도선의 변형 및 손상 여부
○ 설치 방법(위치・높이 및 간격) 적정 여부
[축광방식의 경우]
● 부착대에 견고하게 설치 여부
○ 상시조명 제공 여부
[광원점등방식의 경우]
○ 수신기 화재신호 및 수동조작에 의한 광원점등 여부
○ 비상전원 상시 충전상태 유지 여부
● 바닥에 설치되는 경우 매립방식 설치 여부
● 제어부 설치위치 적정 여부

121 비상조명등의 작동(종합)점검항목을 모두 쓰시오.

○ 설치 위치(거실, 지상에 이르는 복도・계단, 그 밖의 통로) 적정 여부
○ 비상조명등 변형・손상 확인 및 정상 점등 여부
● 조도 적정 여부
○ 예비전원 내장형의 경우 점검스위치 설치 및 정상 작동 여부
● 비상전원 종류 및 설치장소 기준 적합 여부
○ 비상전원 성능 적정 및 상용전원 차단 시 예비전원 자동전환 여부

122 휴대용비상조명등의 작동점검항목 7가지를 쓰시오.

○ 설치 대상 및 설치 수량 적정 여부
○ 설치 높이 적정 여부
○ 휴대용비상조명등의 변형 및 손상 여부
○ 어둠 속에서 위치를 확인할 수 있는 구조인지 여부
○ 사용 시 자동으로 점등되는지 여부
○ 건전지를 사용하는 경우 유효한 방전 방지조치가 되어있는지 여부
○ 충전식 배터리의 경우에는 상시 충전되도록 되어 있는지의 여부

123 상수도 소화용수설비의 작동점검항목 2가지를 쓰시오.

○ 소화전 위치 적정 여부
○ 소화전 관리상태(변형 · 손상 등) 및 방수 원활 여부

124 상수도 소화용수설비 점검항목을 제외한 소화용수설비의 작동(종합)점검항목을 모두 쓰시오.

[수원]
○ 수원의 유효수량 적정 여부

[흡수관투입구]
○ 소방차 접근 용이성 적정 여부
● 크기 및 수량 적정 여부
○ "흡수관투입구"표지 설치 여부

[채수구]
○ 소방차 접근 용이성 적정 여부
● 결합금속구 구경 적정 여부
● 채수구 수량 적정 여부
○ 개폐밸브의 조작 용이성 여부

[가압송수장치]
○ 기동스위치 채수구 직근 설치 여부 및 정상 작동 여부
○ "소화용수설비펌프"표지 설치상태 적정 여부
● 동결방지조치 상태 적정 여부
● 토출측 압력계, 흡입측 연성계 또는 진공계 설치 여부
○ 성능시험배관 적정 설치 및 정상작동 여부
○ 순환배관 설치 적정 여부
● 물올림장치 설치 적정(전용 여부, 유효수량, 배관구경, 자동급수) 여부
○ 내연기관 방식의 펌프 설치 적정(제어반 기동, 채수구 원격조작, 기동표시등 설치, 축전지 설비) 여부

125 제연설비의 작동 및 종합점검항목을 모두 쓰시오.

[제연구역의 구획]
● 제연구역의 구획 방식 적정 여부
  - 제연경계의 폭, 수직거리 적정 설치 여부
  - 제연경계벽은 가동 시 급속하게 하강되지 아니하는 구조

[배출구]
● 배출구 설치 위치(수평거리) 적정 여부
○ 배출구 변형·훼손 여부

[유입구]
○ 공기유입구 설치 위치 적정 여부
○ 공기유입구 변형·훼손 여부
● 옥외에 면하는 배출구 및 공기유입구 설치 적정 여부

[배출기]
● 배출기와 배출풍도 사이 캔버스 내열성 확보 여부
○ 배출기 회전이 원활하며 회전방향 정상 여부
○ 변형·훼손 등이 없고 V-벨트 기능 정상 여부
○ 본체의 방청, 보존상태 및 캔버스 부식 여부
● 배풍기 내열성 단열재 단열처리 여부

[비상전원]
● 비상전원 설치장소 적정 및 관리 여부
○ 자가발전설비인 경우 연료 적정량 보유 여부
○ 자가발전설비인 경우 「전기사업법」에 따른 정기점검 결과 확인

[기 동]
○ 가동식의 벽·제연경계벽·댐퍼 및 배출기 정상 작동(화재감지기 연동) 여부
○ 예상제연구역 및 제어반에서 가동식의 벽·제연경계벽·댐퍼 및 배출기 수동 기동 가능 여부
○ 제어반 각종 스위치류 및 표시장치(작동표시등 등) 기능의 이상 여부

126 특별피난계단의 계단실 및 부속실 제연설비 점검표상의 점검항목을 모두 쓰시오.

[과압방지조치]
● 자동차압·과압조절형 댐퍼(또는 플랩댐퍼)를 사용한 경우 성능 적정 여부

[수직풍도에 따른 배출]
○ 배출댐퍼 설치(개폐여부 확인 기능, 화재감지기 동작에 따른 개방) 적정 여부
○ 배출용송풍기가 설치된 경우 화재감지기 연동 기능 적정 여부

[급기구]
○ 급기댐퍼 설치 상태(화재감지기 동작에 따른 개방) 적정 여부

[송풍기]
○ 설치장소 적정(화재영향, 접근·점검 용이성) 여부
○ 화재감지기 동작 및 수동조작에 따라 작동하는지 여부
● 송풍기와 연결되는 캔버스 내열성 확보 여부

[외기취입구]
○ 설치위치(오염공기 유입방지, 배기구 등으로부터 이격거리) 적정 여부
● 설치구조(빗물·이물질 유입방지, 옥외의 풍속과 풍향에 영향) 적정 여부

[제연구역의 출입문]
○ 폐쇄상태 유지 또는 화재 시 자동폐쇄 구조 여부
● 자동폐쇄장치 폐쇄력 적정 여부

[수동기동장치]
○ 기동장치 설치(위치, 전원표시등 등) 적정 여부
○ 수동기동장치(옥내 수동발신기 포함) 조작 시 관련 장치 정상 작동 여부

[제어반]
○ 비상용축전지의 정상 여부
○ 제어반 감시 및 원격조작 기능 적정 여부

[비상전원]
● 비상전원 설치장소 적정 및 관리 여부
○ 자가발전설비인 경우 연료 적정량 보유 여부
○ 자가발전설비인 경우 「전기사업법」에 따른 정기점검 결과 확인]

127 연결송수관설비 송수구의 작동점검항목 6가지를 쓰시오.

○ 설치장소 적정 여부
○ 지면으로부터 설치 높이 적정 여부
○ 급수개폐밸브가 설치된 경우 설치 상태 적정 및 정상 기능 여부
○ 수직배관별 1개 이상 송수구 설치 여부
○ "연결송수관설비송수구" 표지 및 송수압력범위 표지 적정 설치 여부
○ 송수구 마개 설치 여부

128 연결송수관설비 방수구의 작동(종합)점검항목을 모두 쓰시오.

● 설치기준(층, 개수, 위치, 높이) 적정 여부
○ 방수구 형태 및 구경 적정 여부
○ 위치표시(표시등, 축광식표지) 적정 여부
○ 개폐기능 설치 여부 및 상태 적정(닫힌 상태) 여부

129 연결송수관설비 가압송수장치의 작동(종합)점검항목을 모두 쓰시오.

- ● 가압송수장치 설치장소 기준 적합 여부
- ● 펌프 흡입측 연성계·진공계 및 토출측 압력계 설치 여부
- ● 성능시험배관 및 순환배관 설치 적정 여부
- ○ 펌프 토출량 및 양정 적정 여부
- ○ 방수구 개방시 자동기동 여부
- ○ 수동기동스위치 설치 상태 적정 및 수동스위치 조작에 따른 기동 여부
- ○ 가압송수장치 "연결송수관펌프" 표지 설치 여부
- ● 비상전원 설치장소 적정 및 관리 여부
- ○ 자가발전설비인 경우 연료 적정량 보유 여부
- ○ 자가발전설비인 경우 「전기사업법」에 따른 정기점검 결과 확인

130 연결살수설비 송수구의 작동점검항목 8가지를 쓰시오.

- ○ 설치장소 적정 여부
- ○ 송수구 구경(65mm) 및 형태(쌍구형) 적정 여부
- ○ 송수구역별 호스접결구 설치 여부(개방형 헤드의 경우)
- ○ 설치 높이 적정 여부
- ○ "연결살수설비 송수구" 표지 및 송수구역 일람표 설치 여부
- ○ 송수구 마개 설치 여부
- ○ 송수구의 변형 또는 손상 여부
- ○ 자동배수밸브 설치 상태 적정 여부

131 연결살수설비 송수구의 종합점검시 추가되는 항목 3가지를 쓰시오.

- ● 송수구에서 주배관 상 연결배관 개폐밸브 설치 여부
- ● 자동배수밸브 및 체크밸브 설치 순서 적정 여부
- ● 1개 송수구역 설치 살수헤드 수량 적정 여부(개방형 헤드의 경우)

132 연결살수설비 선택밸브의 작동점검항목 2가지를 쓰시오.

- ○ 선택밸브 적정 설치 및 정상 작동 여부
- ○ 선택밸브 부근 송수구역 일람표 설치 여부

133 비상콘센트설비 점검표에 따른 점검항목을 모두 쓰시오.

[전원]
● 상용전원 적정 여부
● 비상전원 설치장소 적정 및 관리 여부
○ 자가발전설비인 경우 연료 적정량 보유 여부
○ 자가발전설비인 경우 「전기사업법」에 따른 정기점검 결과 확인

[전원회로]
● 전원회로 방식(단상교류 220V) 및 공급용량(1.5kVA 이상) 적정 여부
● 전원회로 설치개수(각 층에 2이상) 적정 여부
● 전용 전원회로 사용 여부
● 1개 전용회로에 설치되는 비상콘센트 수량 적정(10개 이하) 여부
● 보호함 내부에 분기배선용 차단기 설치 여부

[콘센트]
○ 변형 · 손상 · 현저한 부식이 없고 전원의 정상 공급여부
● 콘센트별 배선용 차단기 설치 및 충전부 노출 방지 여부
○ 비상콘센트 설치 높이, 설치 위치 및 설치 수량 적정 여부

[보호함 및 배선]
○ 보호함 개폐 용이한 문 설치 여부
○ "비상콘센트" 표지 설치상태 적정 여부
○ 위치표시등 설치 및 정상 점등 여부
○ 점검 또는 사용상 장애물 유무

134 무선통신보조설비 점검표에 따른 점검항목을 모두 쓰시오.

[누설동축케이블 등]
○ 피난 및 통행 지장 여부(노출하여 설치한 경우)
● 케이블 구성 적정(누설동축케이블+안테나 또는 동축케이블+안테나) 여부
● 지지금구 변형 · 손상 여부
● 누설동축케이블 및 안테나 설치 적정 및 변형 · 손상 여부
● 누설동축케이블 말단 '무반사 종단저항' 설치 여부

[무선기기접속단자, 옥외안테나]
○ 설치장소(소방활동 용이성, 상시 근무장소) 적정 여부
● 단자 설치높이 적정 여부
● 지상 접속단자 설치거리 적정 여부
● 접속단자 보호함 구조 적정 여부
○ 접속단자 보호함 "무선기기접속단자" 표지 설치 여부
○ 옥외안테나 통신장애 발생 여부
○ 안테나 설치 적정(견고함, 파손우려) 여부
○ 옥외안테나에 "무선통신보조설비 안테나" 표지 설치 여부
○ 옥외안테나 통신 가능거리 표지 설치 여부
○ 수신기 설치장소 등에 옥외안테나 위치표시도 비치 여부

[분배기, 분파기, 혼합기]
● 먼지, 습기, 부식 등에 의한 기능 이상 여부
● 설치장소 적정 및 관리 여부

[증폭기 및 무선중계기]
● 상용전원 적정 여부
○ 전원표시등 및 전압계 설치상태 적정 여부
● 증폭기 비상전원 부착 상태 및 용량 적정 여부
○ 적합성 평가 결과 임의 변경 여부

[기능점검]
● 무선통신 가능 여부

135 연소방지설비 점검표에 따른 점검항목을 모두 쓰시오.

[배관]
○ 급수배관 개폐밸브 적정(개폐표시형) 설치 및 관리상태 적합 여부
● 다른 설비의 배관과의 구분 상태 적정 여부

[방수헤드]
○ 헤드의 변형·손상 유무
○ 헤드 살수장애 여부
○ 헤드상호 간 거리 적정 여부
● 살수구역 설정 적정 여부

[송수구]
○ 설치장소 적정 여부
● 송수구 구경(65mm) 및 형태(쌍구형) 적정 여부
○ 송수구 1m 이내 살수구역 안내표지 설치상태 적정 여부
○ 설치 높이 적정 여부
● 자동배수밸브 설치상태 적정 여부
● 연결배관에 개폐밸브를 설치한 경우 개폐상태 확인 및 조작 가능 여부
○ 송수구 마개 설치상태 적정 여부

[방화벽]
● 방화문 관리상태 및 정상기능 적정 여부
● 관통부위 내화성 화재차단제 마감 여부

136 기타사항 점검표에 따른 점검항목을 모두 쓰시오.

[피난 · 방화시설]
○ 방화문 및 방화셔터의 관리 상태(폐쇄 · 훼손 · 변경) 및 정상 기능 적정 여부
● 비상구 및 피난통로 확보 적정 여부(피난 · 방화시설 주변 장애물 적치 포함)

[방염]
● 선처리 방염대상물품의 적합 여부(방염성능시험성적서 및 합격표시 확인)
● 후처리 방염대상물품의 적합 여부(방염성능검사결과 확인)

137 다중이용업소 점검표에 따른 소화설비의 점검항목을 모두 쓰시오.

[소화기구(소화기, 자동확산소화기)]
○ 설치수량(구획된 실 등) 및 설치거리(보행거리) 적정 여부
○ 설치장소(손쉬운 사용) 및 설치 높이 적정 여부
○ 소화기 표지 설치상태 적정 여부
○ 외형의 이상 또는 사용상 장애 여부
○ 수동식 분말소화기 내용연수 적정여부

[간이스프링클러설비]
○ 수원의 양 적정 여부
○ 가압송수장치의 정상 작동 여부
○ 배관 및 밸브의 파손, 변형 및 잠김 여부
○ 상용전원 및 비상전원의 이상 여부
● 유수검지장치의 정상 작동 여부
● 헤드의 적정 설치 여부(미설치, 살수장애, 도색 등)
● 송수구 결합부의 이상 여부
● 시험밸브 개방시 펌프기동 및 음향 경보 여부

138 다중이용업소 점검표에 따른 경보설비의 점검항목을 모두 쓰시오.

[비상벨 · 자동화재탐지설비]
○ 구획된 실마다 감지기(발신기), 음향장치 설치 및 정상 작동 여부
○ 전용 수신기가 설치된 경우 주수신기와 상호 연동되는지 여부
○ 수신기 예비전원(축전지) 상태 적정 여부(상시 충전, 상용전원 차단 시 자동절환)

[가스누설경보기]
● 주방 또는 난방시설이 설치된 장소에 설치 및 정상 작동 여부

139 다중이용업소 점검표에 따른 피난구조설비의 점검항목을 모두 쓰시오.

[피난기구]
● 피난기구 종류 및 설치개수 적정 여부
○ 피난기구의 부착 위치 및 부착 방법 적정 여부
○ 피난기구(지지대 포함)의 변형·손상 또는 부식이 있는지 여부
○ 피난기구의 위치표시 표지 및 사용방법 표지 부착 적정 여부
● 피난에 유효한 개구부 확보(크기, 높이에 따른 발판, 창문 파괴장치) 및 관리상태

[피난유도선]
○ 피난유도선의 변형 및 손상 여부
● 정상 점등(화재 신호와 연동 포함) 여부

[유도등]
○ 상시(3선식의 경우 점검스위치 작동시) 점등 여부
○ 시각장애(규정된 높이, 적정위치, 장애물 등으로 인한 시각장애 유무) 여부
○ 비상전원 성능 적정 및 상용전원 차단 시 예비전원 자동전환 여부

[유도표지]
○ 설치 상태(유사 등화광고물·게시물 존재, 쉽게 떨어지지 않는 방식) 적정 여부
○ 외광·조명장치로 상시 조명 제공 또는 비상조명등 설치 여부

[비상조명등]
○ 설치위치의 적정 여부
● 예비전원 내장형의 경우 점검스위치 설치 및 정상 작동 여부

[휴대용비상조명등]
○ 영업장안의 구획된 실마다 잘 보이는 곳에 1개 이상 설치 여부
● 설치높이 및 표지의 적합 여부
● 사용 시 자동으로 점등되는지 여부

140 다중이용업소 점검표에 따른 비상구의 점검항목을 모두 쓰시오.

○ 피난동선에 물건을 쌓아두거나 장애물 설치 여부
○ 피난구, 발코니 또는 부속실의 훼손 여부
○ 방화문·방화셔터의 관리 및 작동상태

141 다중이용업소 점검표에 따른 영업장 내부 피난통로·영상음향차단장치·누전차단기·창문의 점검항목을 모두 쓰시오.

○ 영업장 내부 피난통로 관리상태 적합 여부
● 영상음향차단장치 설치 및 정상작동 여부
● 누전차단기 설치 및 정상작동 여부
○ 영업장 창문 관리상태 적합 여부

142 다중이용업소 점검표에 따른 피난안내도·피난안내영상물의 점검항목을 모두 쓰시오.

○ 피난안내도의 정상 부착 및 피난안내영상물 상영 여부

143 다중이용업소 점검표에 따른 방염의 점검항목을 모두 쓰시오.

● 선처리 방염대상물품의 적합 여부(방염성능시험성적서 및 합격표시 확인)
● 후처리 방염대상물품의 적합 여부(방염성능검사결과 확인)

소방시설 성능시험조사표 점검항목

01 내진설비 성능시험조사표에 따른 지진분리이음의 점검항목을 모두 쓰시오.

○ 지진분리이음 설치 위치 적정 여부
○ 65㎜이상의 수직직선배관에서 지진분리이음 설치 위치
○ 티분기 수평직선배관으로부터 수직직선배관의 지진분리이음 설치의 적합 여부
○ 수직직선배관에 중간지지부(건축물에 지지부분)가 있는 경우 지진분리이음 설치위치 적정 여부

02 내진설비 성능시험조사표에 따른 지진분리장치의 점검항목을 모두 쓰시오.

○ 지진분리장치 설치위치 적정 여부
○ 건축물 지진분리이음구간 변위량 흡수 여부
○ 지진분리장치의 전후단 1.8m 이내에 4방향 흔들림 방지버팀대 설치 여부
○ 흔들림방지 버팀대의 지진분리장치 자체에 설치되지 않았는지 여부

03 내진설비 성능시험조사표에 따른 제어반 등의 점검항목을 모두 쓰시오.

○ 제어반 수평지진하중 계산의 적합여부 및 앵커볼트 설치의 적합 여부
○ 제어반 제품의 하중이 450N 이하이고 내력벽 또는 기둥에 설치하는 경우, 직경 8㎜ 이상의 고정용 볼트로 4개소 이상 고정 여부
○ 건축물의 구조부재인 내력벽·바닥 또는 기둥 등에 고정 여부 및 바닥에 설치하는 경우 지진하중에 의한 전도방지 여부
○ 제어반 등이 지진발생 시 기능유지 여부

04 비상전원설비 성능시험조사표에 따른 공통사항을 제외한 스프링클러설비 비상전원의 점검항목 5가지를 쓰시오.

○ 옥내설치 시 급배기설비 설치 적정 여부
○ 비상전원 출력용량의 적정 여부

○ 자가발전설비 부하용도, 조건, 표지부착 적정 여부
○ 비상전원실 출입구 외부 표지판 부착 적정 여부
○ 비상전원수전설비 설치 시 작동 및 적정 설치 여부

05 고층건축물의 성능시험조사표에 따른 자동화재탐지설비 점검항목 6가지를 모두 쓰시오.

○ 아날로그 방식의 감지기 설치 적정 여부
○ 아날로그 방식 외의 감지기 설치시 적정 여부(공동주택에 한함)
○ 수신기에서 감지기 작동 및 설치지점 확인가능 여부
○ 음향장치 우선 경보기능 적정 여부
○ 통신・신호배선의 이중배선 설치여부 및 단선시 고장표시, 정상작동 여부(50층 이상인 경우)
○ 축전지 설비 또는 전기저장장치 적정설치 및 용량 적정 여부

06 고층건축물의 성능시험조사표에 따른 피난안전구역의 소방시설 점검항목 5가지를 모두 쓰시오.

○ 피난안전구역과 비제연구역간 차압 적정 여부
○ 피난유도선 설치위치, 피난유도 표시부의 너비, 종류 및 용량 적정 여부
○ 비상조명등 조도 적정 여부
○ 휴대용 비상조명등 설치개수, 건전지 및 충전식 건전지의 용량 적정 여부
○ 인명구조기구 설치개수, 설치장소, 표지판 설치 적정 여부

07 초고층 및 지하연계 복합건축물의 성능시험조사표에 따른 피난안전구역에 설치되는 소방시설 등의 점검항목을 모두 쓰시오.

○ 자동제세동기 등 심폐소생술을 할 수 있는 응급장비 설치 여부
○ 피난안전구역 위층의 재실자수의 10분의 1 이상 수량의 방독면 확보 여부
○ 지하연계 복합건축물에 설치된 피난안전구역의 경우 설치된 층의 수용인원의 10분의 1 이상 수량의 방독면 확보 여부
○ 소화기구, 옥내소화전, 스프링클러설비 설치 여부
○ 자동화재탐지설비 설치 여부
○ 방열복, 공기호흡기(보조마스크 포함), 인공소생기, 피난유도선(피난안전구역으로 통하는 직통계단 및 특별피난계단 포함), 유도등, 유도표지, 비상조명등 및 휴대용비상조명등 설치 여부
○ 제연설비, 무선통신보조설비 설치 여부

08 기타 사항(방화·피난시설 등)의 성능시험조사표상의 점검항목을 모두 쓰시오.

[방화문(피난계단 및 특별피난계단으로 통하는 출입구 방화문)]
○ 화재로 인한 연기 또는 불꽃을 감지하여 자동적으로 닫히는 구조인지 여부
○ 연기 또는 불꽃을 감지하여 자동적으로 닫히는 구조로 할 수 없는 경우에는 온도를 감지하여 자동적으로 닫히는 구조인지 여부

[자동방화셔터]
○ 연기감지기에 의한 일부폐쇄와 열감지기에 의한 완전폐쇄 작동여부

[소방자동차 전용구역]
○ 공동주택(아파트, 기숙사)에 소방자동차 전용구역 설치 적정 여부

소방시설등 외관점검표 점검항목

01 소방시설등 외관점검표상 소화기구 및 자동소화장치 중 소화기(간이소화용구포함)의 점검항목 6가지를 쓰시오.

1. 거주자 등이 손쉽게 사용할 수 있는 장소에 설치되어 있는지 여부
2. 구획된 거실(바닥면적 33㎡ 이상)마다 소화기 설치 여부
3. 소화기 표지 설치 여부
4. 소화기의 변형·손상 또는 부식이 있는지 여부
5. 지시압력계(녹색범위)의 적정 여부
6. 수동식 분말소화기 내용연수(10년) 적정 여부

02 소방시설등 외관점검표상 소화기구 및 자동소화장치 중 자동확산소화기의 점검항목 3가지를 쓰시오.

1. 견고하게 고정되어 있는지 여부
2. 소화기의 변형·손상 또는 부식이 있는지 여부
3. 지시압력계(녹색범위)의 적정 여부

03 소방시설등 외관점검표상 소화기구 및 자동소화장치 중 자동소화장치의 점검항목 4가지를 쓰시오.

1. 수신부가 설치된 경우 수신부 정상(예비 전원, 음향장치 등) 여부
2. 본체용기, 방출구, 분사헤드 등의 변형·손상 또는 부식이 있는지 여부
3. 소화약제의 지시압력 적정 및 외관의 이상 여부
4. 감지부(또는 화재감지기) 및 차단장치 설치 상태 적정 여부

04 소방시설등 외관점검표상 옥내·외소화전설비의 점검항목을 모두 쓰시오.

[수원]
• 주된수원의 유효수량 적정여부 (겸용설비 포함)

• 보조수원(옥상)의 유효수량 적정여부
• 수조 표시 설치상태 적정 여부

[가압송수장치]
• 펌프 흡입측 연성계 · 진공계 및 토출측 압력계 등 부속장치의 변형 · 손상 유무

[송수구]
• 송수구 설치장소 적정 여부 (소방차가 쉽게 접근할 수 있는 장소)

[배관]
• 급수배관 개폐밸브 설치(개폐표시형, 흡입측 버터플라이 제외) 적정 여부

[함 및 방수구 등]
• 함 개방 용이성 및 장애물 설치 여부 등 사용 편의성 적정 여부
• 위치표시등 적정 설치 및 정상 점등 여부
• 소화전 표시 및 사용요령(외국어 병기) 기재 표지판 설치상태 적정 여부
• 함 내 소방호스 및 관창 비치 적정 여부

[제어반]
• 펌프 별 자동 · 수동 전환스위치 위치 적정 여부

05 소방시설등 외관점검표상 (간이)스프링클러설비, 물분무소화설비, 미분무소화설비, 포소화설비의 점검항목을 모두 쓰시오.

[수원]
• 주된수원의 유효수량 적정여부 (겸용설비 포함)
• 보조수원(옥상)의 유효수량 적정여부
• 수조 표시 설치상태 적정 여부

[저장탱크(포소화설비)]
• 포소화약제 저장량의 적정 여부

[가압송수장치]
• 펌프 흡입측 연성계 · 진공계 및 토출측 압력계 등 부송장치의 변형 · 손상 유무

[유수검지장치]
• 유수검지장치실 설치 적정(실내 또는 구획,출입문 크기, 표지) 여부

[배관]
• 급수배관 개폐밸브 설치(개폐표시형, 흡입측버터플라이 제외) 적정 여부
• 준비작동식 유수검지장치 및 일제개방밸브 2차측 배관 부대설비 설치 적정
• 유수검지장치 시험장치 설치 적정(설치 위치, 배관구경, 개폐밸브 및 개방형 헤드, 물받이통 및 배수관) 여부
• 다른 설비의 배관과의 구분 상태 적정 여부

[기동장치]
• 수동조작함(설치높이, 표시등) 설치 적정 여부

[제어밸브 등(물분무소화설비)]
• 제어밸브 설치 위치 적정 및 표지 설치 여부

[배수설비(물분무소화설비가 설치된 차고 · 주차장)]
• 배수설비(배수구, 기름분리장치 등) 설치 적정 여부

[헤드]
- 헤드의 변형·손상 유무 및 살수장애 여부

[호스릴방식(미분무소화설비, 포소화설비)]
- 소화약제저장용기 근처 및 호스릴함 위치표시등 정상 점등 및 표지 설치 여부

[송수구]
- 송수구 설치장소 적정 여부(소방차가 쉽게 접근할 수 있는 장소)

[제어반]
- 펌프 별 자동·수동 전환스위치 정상위치에 있는지 여부

06 소방시설등 외관점검표상 이산화탄소, 할로겐화합물 및 불활성기체소화설비, 분말소화설비의 점검항목을 모두 쓰시오.

[저장용기]
- 설치장소 적정 및 관리 여부
- 저장용기 설치장소 표지 설치 여부
- 소화약제 저장량 적정 여부

[기동장치]
- 기동장치 설치 적정(출입구 부근 등, 높이 보호장치, 표지 전원표시등) 여부

[배관 등]
- 배관의 변형·손상 유무

[분사헤드]
- 분사헤드의 변형·손상 유무

[호스릴방식]
- 소화약제저장용기의 위치표시등 정상점등 및 표지 설치 여부

[안전시설 등(이산화탄소소화설비)]
- 방호구역 출입구 부근 잘 보이는 장소에 소화약제 방출 위험경고표지 부착 여부
- 방호구역 출입구 외부 인근에 공기호흡기 설치 여부

07 소방시설등 외관점검표상 자동화재탐지설비, 비상경보설비, 시각경보기의 점검항목을 모두 쓰시오.

[수신기]
- 설치장소 적정 및 스위치 정상 위치 여부
- 상용전원 공급 및 전원표시등 정상점등 여부
- 예비전원(축전지) 상태 적정 여부

[감지기]
- 감지기의 변형 또는 손상이 있는지 여부 (단독경보형감지기 포함)

[음향장치]
• 음향장치(경종 등) 변형·손상 여부

[시각경보장치]
• 시각경보장치 변형·손상 여부

[발신기]
• 발신기 변형·손상 여부
• 위치표시등 변형·손상 및 정상점등 여부

08 소방시설등 외관점검표상 비상방송설비, 자동화재속보설비의 점검항목을 모두 쓰시오.

[비상방송설비]
• 확성기 설치 적정(층마다 설치, 수평거리) 여부
• 조작부 상 설비 작동층 또는 작동구역 표시 여부

[자동화재속보설비]
• 상용전원 공급 및 전원표시등 정상 점등 여부

09 소방시설등 외관점검표상 피난기구, 유도등(유도표지), 비상조명등 및 휴대용비상조명등의 점검항목을 모두 쓰시오.

[피난기구]
• 피난에 유효한 개구부 확보(크기, 높이에 따른 발판, 창문 파괴장치) 및 관리 상태
• 피난기구(지지대 포함)의 변형·손상 또는 부식이 있는지 여부
• 피난기구의 위치표시 표지 및 사용방법 표지 부착 적정 여부

[유도등]
• 유도등 상시(3선식의 경우 점검스위치 작동 시) 점등 여부
• 유도등의 변형 및 손상 여부
• 장애물 등으로 인한 시각장애 여부

[유도표지]
• 유도표지의 변형 및 손상 여부
• 설치 상태(쉽게 떨어지지 않는 방식, 장애물 등으로 시각장애 유무) 적정 여부

[비상조명등]
• 비상조명등 변형·손상 여부
• 예비전원 내장형의 경우 점검스위치 설치 및 정상 작동 여부

[휴대용비상조명등]
• 휴대용비상조명등의 변형 및 손상 여부
• 사용 시 자동으로 점등되는지 여부

10 소방시설등 외관점검표상 제연설비, 특별피난계단의 계단실 및 부속실 제연설비의 점검항목을 모두 쓰시오.

[제연구역의 구획]
• 제연경계의 폭, 수직거리 적성 설치 여부

[배출구, 유입구]
• 배출구, 공기유입구 변형 · 훼손 여부

[기동장치]
• 제어반 각종 스위치류 표시장치(작동표시등 등) 정상 여부

[외기취입구(특별피난계단의 계단실 및 부속실 제연설비)]
• 설치위치(오염공기 유입방지, 배기구 등 으로부터 이격거리) 적정 여부
• 설치구조(빗물 · 이물질 유입방지 등) 적정 여부

[제연구역의 출입문(특별피난계단의 계단실 및 부속실 제연설비)]
• 폐쇄상태 유지 또는 화재 시 자동폐쇄 구조 여부

[수동기동장치(특별피난계단의 계단실 및 부속실 제연설비)]
• 기동장치 설치(위치,전원표시등 등) 적정 여부

11 소방시설등 외관점검표상 연결송수관설비, 연결살수설비의 점검항목을 모두 쓰시오.

[연결송수관설비 송수구]
• 표지 및 송수압력범위 표지 적정 설치 여부

[방수구]
• 위치표시(표시등, 축광식표지) 적정 여부

[방수기구함]
• 호스 및 관창 비치 적정 여부
• '방수기구함' 표지 설치상태 적정 여부

[연결살수설비 송수구]
• 표지 및 송수구역 일람표 설치 여부
• 송수구의 변형 또는 손상 여부

[연결살수설비 헤드]
• 헤드의 변형 · 손상 유무
• 헤드 살수장애 여부

12 소방시설등 외관점검표상 비상콘센트설비, 무선통신보조설비, 지하구의 점검항목을 모두 쓰시오.

[비상콘센트설비 콘센트]
• 변형 · 손상 · 현저한 부식이 없고 전원의 정상 공급여부

[비상콘센트설비 보호함]
• '비상콘센트'표지 설치상태 적정 여부
• 위치표시등 설치 및 정상 점등 여부

[무선통신보조설비 무선기기접속단자]
• 설치장소(소방활동 용이성, 상시 근무장소) 적정여부
• 보호함 '무선기기접속단지' 표지 설치 여부

[지하구(연소방지설비 등)]
• 연소방지설비 헤드의 변형 · 손상 여부
• 연소방지설비 송수구 1m 이내 살수구역 안내표지 설치상태 적정 여부

[방화벽]
• 방화문 관리상태 및 정상기능 적정 여부

13 소방시설등 외관점검표상 기타사항 점검항목을 모두 쓰시오.

[피난 · 방화시설]
• 방화문 및 방화셔터의 관리 상태(폐쇄 · 훼손 · 변경) 및 정상 기능 적정 여부
• 비상구 및 피난통로 확보 적정여부 (피난 · 방화시설 주변 장애물 적치 포함)

[방염]
• 선처리 방염대상물품의 적합 여부 (방염성능시험성적서 및 합격표시 확인)
• 후처리 방염대상물품의 적합 여부 (방염성능검사결과 확인)

14 소방시설등 외관점검표상 위험물 저장 · 취급시설의 점검항목을 모두 쓰시오.

• 가연물 방치 여부
• 채광 및 환기 설비 관리상태 이상 유무
• 위험물 종류에 따른 주의사항을 표시한 게시판 설치 유무
• 기름찌꺼기나 폐액 방치 여부
• 위험물 안전관리자 선임 여부
• 화재 시 응급조치 방법 및 소방관서 등 비상연락망 확보 여부

15 소방시설등 외관점검표상 화기시설의 점검항목을 모두 쓰시오.

- 화기시설 주변 적정(거리,수량,능력단위) 소화기 설치 유무
- 건축물의 가연성부분 및 가연성물질로부터 1m 이상의 안전거리 확보 유무
- 가연성가스 또는 증기가 발생하거나 체류할 우려가 없는 장소에 설치 유무
- 연료탱크가 연소기로부터 2m 이상의 수평 거리 확보 유무
- 채광 및 환기설비 설치 유무
- 방화환경조성 및 주의, 경고표시 유무

16 소방시설등 외관점검표상 가연성 가스시설의 점검항목을 모두 쓰시오.

- 「도시가스사업법」등에 따른 검사 실시 유무
- 채광이 되어 있고 환기 및 비를 피할 수 있는 장소에 용기 설치 유무
- 가스누설경보기 설치 유무
- 용기, 배관, 밸브 및 연소기의 파손, 변형, 노후 또는 부식 여부
- 환기설비 설치 유무
- 화재 시 연료를 차단할 수 있는 개폐밸브 설치상태 적정 여부
- 방화환경조성 및 주의, 경고표시 유무

17 소방시설등 외관점검표상 전기시설의 점검항목을 모두 쓰시오.

- 「전기사업법」에 따른 점검 또는 검사 실시 유무
- 개폐기 설치상태 등 손상 여부
- 규격 전선 사용 여부
- 전선의 접속 상태 및 전선피복의 손상 여부
- 누전차단기 설치상태 적정여부
- 방화환경조성 및 주의, 경고표시 설치 유무
- 전기 관련 기술자 등의 근무 여부

소방시설 외관점검표(세대 점검용) 점검항목

01 세대점검용 외관점검표에 따른 소화기의 점검항목 5가지를 쓰시오.

- 손쉽게 사용할 수 있는 장소에 설치 여부
- 용기 변형 · 손상 · 부식 여부
- 안전핀 체결 여부
- 지시압력계의 정상 여부
- 수동식 분말소화기 내용연수(10년) 적정 여부

02 세대점검용 외관점검표에 따른 자동확산소화기의 점검항목 2가지를 쓰시오.

- 설치상태 및 외형의 변형 · 손상 · 부식 여부
- 지시압력계의 정상 여부

03 세대점검용 외관점검표에 따른 주거용주방자동소화장치의 점검항목 2가지를 쓰시오.

- 소화약제용기 지시압력계의 정상 여부
- 수신부의 전원표시등 정상 점등 여부

04 세대점검용 외관점검표에 따른 스프링클러설비의 점검항목을 쓰시오.

- 헤드 변형 · 손상 · 부식 유무

05 세대점검용 외관점검표에 따른 자동화재탐지설비의 점검항목 및 가스누설경보기의 점검항목을 쓰시오.

[자동화재탐지설비]
- 감지기 변형·손상·탈락 여부

[가스누설경보기]
- 전원표시등 정상 점등 여부

06 세대점검용 외관점검표에 따른 완강기의 점검항목 3가지를 쓰시오.

- 피난기구 위치 적정성 여부
- 완강기 외형의 변형·손상·부식 여부
- 설치 여부 및 장애물로 인한 피난 지장 여부

07 세대점검용 외관점검표에 따른 피난구용내림식사다리의 점검항목 2가지를 쓰시오.

- 피난기구 위치 표지 및 사용방법 표지 유무
- 설치 여부 및 장애물로 인한 피난 지장 여부

08 세대점검용 외관점검표에 따른 기타설비의 점검항목을 쓰시오.

[대피공간]
- 방화문(방화구획)의 적정 여부
- 적치물(쌓아놓은 물건)로 인한 피난 장애 여부

[경량칸막이]
- 정보를 포함한 표지 부착 여부
- 적치물(쌓아놓은 물건)로 인한 피난 장애 여부

MEMO

MEMO

MEMO